普通高等教育"十一五"国家级规划教材

机械工业出版社精品教材

机械设备修理工艺学

第 3 版

主编　晏初宏

参编　苏　杭　贺建明　吴先文　周秦源

主审　唐礼盛　刘　坚

机　械　工　业　出　版　社

本书是高等职业教育机电设备维修与管理专业的适用教材。全书共七章，主要介绍了机械设备修理的基本知识，机械设备的拆卸与装配，机械修理中的零件测绘设计，机械失效零件的修复技术，机械设备修理的工量具、检具和研具的选用，机械设备修理精度检验和典型机械设备的修理等内容，各章后均附有思考题与习题。本书采用双色印刷，贯彻了现行国家标准，较系统地介绍了尺寸链知识在机械设备修理中的应用，以及在机械设备修理中所采用的新理论、新材料、新工艺、新技术和新方法。

本书可作为高等职业院校、职业大学有关专业的教材，也可供从事机械设备维修与管理工作的工程技术人员阅读参考，或作为企业、工厂中设备维修部门、管理部门工人的自学教材。

本书配有电子课件，凡使用本书作为教材的教师可登录机械工业出版社教育服务网 www.cmpedu.com 注册后免费下载。咨询电话：010-88379375。

图书在版编目（CIP）数据

机械设备修理工艺学/晏初宏主编. —3 版. —北京：机械工业出版社，2019.6（2025.1 重印）

普通高等教育"十一五"国家级规划教材　机械工业出版社精品教材
ISBN 978-7-111-62285-7

Ⅰ.①机…　Ⅱ.①晏…　Ⅲ.①机械维修-高等职业教育-教材
Ⅳ.①TH17

中国版本图书馆 CIP 数据核字（2019）第 050733 号

机械工业出版社（北京市百万庄大街 22 号　邮政编码 100037）
策划编辑：刘良超　责任编辑：刘良超
责任校对：郑　婕　封面设计：鞠　杨
责任印制：常天培
固安县铭成印刷有限公司印刷
2025 年 1 月第 3 版第 6 次印刷
184mm×260mm · 21.75 印张 · 535 千字
标准书号：ISBN 978-7-111-62285-7
定价：57.00 元

电话服务　　　　　　　　网络服务
客服电话：010-88361066　机　工　官　网：www.cmpbook.com
　　　　　010-88379833　机　工　官　博：weibo.com/cmp1952
　　　　　010-68326294　金　书　网：www.golden-book.com
封底无防伪标均为盗版　机工教育服务网：www.cmpedu.com

第3版前言

本书自 1999 年出版第 1 版以来，得到了广大师生和机械维修行业同行的支持与帮助，2006 年 8 月被教育部评为普通高等教育"十一五"国家级规划教材，2010 年 9 月修订出版第 2 版，2013 年 7 月被评选为机械工业出版社精品教材。

随着材料、机械、电子等技术的不断发展，机械设备技术有了很大的进步，新结构、新技术的应用越来越多，机械设备修理工艺也随之发生了很大的变化。要提高机械设备的修理质量，就必须深入研究机械设备修理领域中的新理论和各种工艺误差因素对修理质量影响的规律，同时需要进行大量的科学试验和生产实践，并采用新理论、新材料、新技术、新工艺、新方法以及科学管理等措施。因此，编者在吸纳教学实践和教学改革的新成果，听取专家及读者意见的基础上，对本书第 2 版进行了修订。

本书饱含了原编纂人员的心血，汇集了教学实践的精华。此次修订保留了第 2 版的总体框架，订正了有关术语；内容方面，增加了"常用工具的使用""常用量具的使用""钳工常用设备"三节；形式方面，重点内容和重点图中的线条、文字采用双色印刷，方便学生阅读时把握重点。总之，此次修订保留了本书原有的风格和特色，同时增加了适应教学需要的新内容，使之成为"老而不落伍，新而有底蕴"的教材。

本次修订工作由湖南应用技术学院晏初宏完成。由于编者水平有限，书中的缺点和错误在所难免，恳请读者能一如既往地给予批评指正。

编　者

目 录

第 3 版前言

绪论 ………………………………………… 1
 思考题与习题 …………………………… 6

第一章　机械设备修理的基本知识 ……… 7
 第一节　机械零件的失效 ……………… 7
 第二节　设备修理前的准备工作 ……… 16
 第三节　尺寸链 ………………………… 21
 第四节　修理基准和典型修理作业的内容 … 44
 第五节　设备零件修理更换的原则 …… 50
 思考题与习题 …………………………… 53

第二章　机械设备的拆卸与装配 ………… 56
 第一节　机械设备的拆卸 ……………… 56
 第二节　零件的清洗和检验 …………… 63
 第三节　机械零部件的装配 …………… 67
 第四节　装配方法 ……………………… 83
 思考题与习题 …………………………… 104

第三章　机械修理中的零件测绘设计 … 108
 第一节　零件测绘设计的工作过程和一般
    方法 …………………………… 108
 第二节　一般零件的测绘方法 ………… 118
 第三节　标准件和标准部件的处理方法 … 126
 第四节　圆柱齿轮的测绘 ……………… 127
 第五节　凸轮的测绘 …………………… 152
 思考题与习题 …………………………… 157

第四章　机械失效零件的修复技术 …… 162
 第一节　零件修复工艺概述 …………… 162
 第二节　零件的修复工艺 ……………… 166
 第三节　刮研技术 ……………………… 188
 第四节　机床导轨修理工艺 …………… 195

 思考题与习题 …………………………… 205

第五章　机械设备修理的工量具、
    检具和研具的选用 ………… 207
 第一节　常用工具的使用 ……………… 207
 第二节　常用量具的使用 ……………… 214
 第三节　钳工常用设备 ………………… 220
 第四节　平尺、平板、直角尺 ………… 224
 第五节　检验棒 ………………………… 227
 第六节　研磨棒和研磨套 ……………… 229
 第七节　水平仪和准直仪 ……………… 231
 思考题与习题 …………………………… 240

第六章　机械设备修理精度检验 ……… 241
 第一节　机械设备修理精度检验概述 … 241
 第二节　机械设备几何精度的检验方法 … 244
 第三节　装配质量的检验和机床试验 … 264
 第四节　机床的特殊检验 ……………… 268
 第五节　机床大修质量检验通用技术
    要求 …………………………… 272
 思考题与习题 …………………………… 275

第七章　典型机械设备的修理 ………… 276
 第一节　轴与轴承的修理 ……………… 276
 第二节　丝杠螺母副和曲轴连杆机构的
    修理 …………………………… 288
 第三节　分度蜗杆副的修理和传动齿轮的
    修理调整 ……………………… 292
 第四节　固定连接和壳体类零件的修理 … 298
 第五节　卧式车床的修理 ……………… 302
 思考题与习题 …………………………… 339

参考文献 ………………………………… 341

绪　论

一、机械设备修理技术在国民经济中的地位

机械设备在使用的过程中，零部件的破坏往往自表面开始，表面的局面损坏又往往造成整个零件失效，最终导致机械设备的损坏和停产。机械零部件的失效形式主要为变形、断裂、磨损和腐蚀。

零部件的变形（特别是基础零部件变形），使零部件之间相互位置精度遭到破坏，影响了各组成零部件的相互关系。国内外汽车行业对发动机缸体（包括使用和长期存放的备用缸体）测试的结果表明，几乎全部缸体均有不同程度的变形，80%以上的缸体变形超出其规定的标准。科学估算变形对寿命的影响在30%左右，对于金属切削机床类设备，由于精度要求较高，变形的影响就更加突出。

绝大多数的机械零件、工程构件产生断裂往往是由疲劳引起，在某些工业部门，疲劳破坏占断裂事故的80%~90%。通常疲劳破坏起源于表面或内部缺陷处，逐渐形成微裂纹，在循环应力作用下裂纹扩展，最后断裂。起源于表面的疲劳破坏比起源于内部缺陷的疲劳破坏更为常见。

机械零部件的磨损全部发生在表面，据我国冶金、矿山、农机、煤炭、电力和建材等行业的统计，每年仅因磨料磨损引起的损失就需补充数百万吨钢材。目前，我国进口机电设备磨损的零部件，每年需花数亿美元外汇去购买补充。

机械零部件与腐蚀介质接触和反应会出现表面腐蚀，其种类很多。据美国、德国等国公布的一些腐蚀损失资料，腐蚀造成的直接经济损失占国民经济总产值的1%~4%。因腐蚀造成的停产、效率降低、成本增高、产品污染和人身事故等间接损失更为惊人。

机械设备修理技术在修复关键零部件、替代进口配件、提高设备维修质量、扩大维修范围、节约能源和材料等方面都发挥了重要作用。比如，重载车辆的轴承磨损失效后，其内外圈配合面采用刷镀技术修复，相对耐磨性比原用新件高6.5倍。变速器的输出法兰盘采用火焰喷涂修复后，其使用寿命是原用新件的2.26倍。醋酸泵的密封环和轴套采用等离子喷涂氧化铬涂层技术进行修复，使用寿命提高10倍以上。

又如，大庆石油化工总厂对乙烯三期工程ABS装置中的ABS粉料料仓采用碳钢加表面喷涂铝代替不锈钢，施工面积达1800m²，节约投资50%。

由此可见，修理技术能直接对许多完全失效或局部失效的零部件进行修复强化，以达到重新恢复其使用价值或延长其使用寿命的目的。若再考虑在能源、原材料和停机等方面节约的费用，其经济效益和社会效益是难以估量的。修理技术在国民经济中发挥了重要作用，已成为国民经济中重要的技术支柱之一。

二、我国修理技术的发展概况

设备修理技术是一门理论与实践紧密结合的应用科学，在我国发展的重要标志是 20 世纪 60 年代初，原一机部设备动力司与中国机械工程学会共同组织编写的机械工业第一部修理技术大型工具书《机修手册》的问世。紧接着，1965 年在沈阳举行了全国机械设备维修学术会议，现场展览并演示了金属喷涂、振动堆焊、金属扣合、无槽电镀（刷镀）、环氧树脂粘接等修复新工艺，提倡修旧利废，降低修理费用。会上，代表们共同倡议筹组中国机械工程学会设备维修学会。

20 世纪 70 年代末，设备维修学会恢复筹备，并在福建省漳州市召开了学术年会。会上，决定创办会刊《设备维修》杂志。同年，与日本设备工程师协会开展了国际学术交流活动。

20 世纪 80 年代初，在成都召开的学术年会上，正式成立了中国机械工程学会设备维修学会。会后，设备维修学会开发应用了设备诊断技术，举行各种专题学术讨论会，并加强了《设备维修动态》的编辑发行工作。

20 世纪 80 年代的中后期，设备维修学会组织编写了《设备管理维修术语》《静压技术在机床改造上的应用》《设备管理与维修》等书籍。特别是我国的表面工程技术在这段时期的发展异常迅速，为现代修理技术开辟了广阔的前景。例如，中国机械工程学会于 1987 年建立了学会性质的表面工程研究所，1988 年创办了《中国表面工程》期刊并连续出版至今。

20 世纪 90 年代初，中国机械工程学会表面工程分会成立，并在国内召开了多次国际或全国性的表面工程学术会议，提出了表面工程的学科体系，如图 0-1 所示。

为了更有效地发挥表面工程技术的应用效果，在确定采用某种技术之前，要进行科学的表面工程技术设计，表面工程的技术设计体系如图 0-2 所示。

我国表面工程的研究与应用多从修理入手，并逐步扩展到了新设备与新产品的设计和制造中。通过在设备修理领域和制造领域推广应用表面工程技术，我国已经取得了几百亿元的经济效益。

三、修理技术的发展趋势

随着世界科学技术的发展，现代修理技术主要依靠计算机技术、状态监测与设备故障诊断技术和表面工程技术这三项通用技术。

1. 计算机技术

计算机技术的发展使在修理技术领域中实现修理工艺设计自动化成为了可能，通过向计算机输入被修理零部件的原始数据、修理条件和修理要求，由计算机自动地进行编码、编程直至最后输出经过优化的修理工艺规程卡片的全过程，称为计算机辅助修理工艺规程设计。

用计算机直接与修理过程连接，对修理过程及其工装设备进行监视和控制，这是计算机辅助修理的直接应用。

计算机不与修理过程直接连接，而是用来提供修理计划、进行技术准备与发出各种指令和有关信息，以进一步指导和管理修理过程，这就是计算机辅助修理的间接应用。

随着计算机技术在各部门的广泛应用，人们越来越认识到，单纯孤立地在各个部门用计算机辅助进行各项工作，远没有充分发挥出计算机控制的潜在能力，只有用更高层的计算机

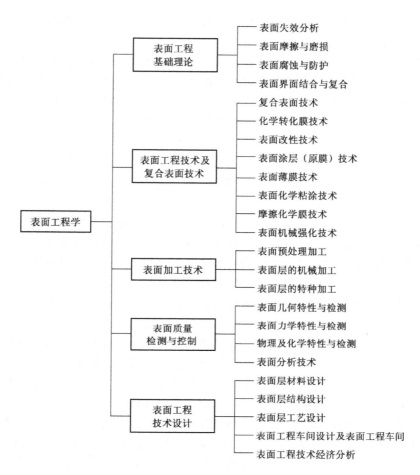

图 0-1　表面工程的学科体系

图 0-2　表面工程的技术设计体系

将各个环节集中和控制起来，组成更高水平的修理系统，才能取得更大更全面的经济效益，这就是计算机辅助修理系统。

一个大规模的计算机辅助修理系统包含有二级或三级计算机分级结构，如用一台微机控制某一个单过程，一台小型计算机负责监控一群微机，再用一台中型或大型计算机负责监控几台小型计算机，这样就形成了一个计算机网络。用这个网络对复杂的修理过程进行监督和控制，同时进行如零部件修理程序设计和安排修理作业计划等各种生产准备和管理工作。

2. 状态监测与设备故障诊断技术

设备故障诊断技术，有其发展形成的过程。早期曾有"故障检测技术""自动检查技术""状态监测技术"和"机械健康监测技术"等多种命名，直至后来被统一称为"设备故障诊断技术"。

设备故障诊断技术，初步可定义为：在设备运行过程或基本不拆卸的情况下，了解和掌握设备的运行技术状态，确定其整体或局部正常与否，及时发现故障及其原因，判断故障的部位和程度，预测故障发展趋势和今后的技术状态变化的一门技术。简要地讲是一种能够定量地监测设备的状态量，并预测其未来趋势的技术。

设备状态监测的含义是人工或用专用仪器、工具，按照规定的监测点进行间断或连续的监测，掌握设备异常的征兆和劣化程度。状态监测与故障诊断既有联系、又有区别，有时往往把状态监测称为简易诊断，因为两者的含义和功能是十分相近的。状态监测通常是通过测定设备的一个或几个单一的特征参数，例如振动、温度等参数，检查其状态是否正常，当特征参数在允许范围内时，则可认为是正常的，若超过允许范围，即可认为是异常的，若特征参数值将要达到某个设定极限值时，就应判定安排停机修理。

设备诊断技术包括检出设备存在的问题的第一次诊断（简易诊断），以及对问题作出判定的第二次诊断（精密诊断）两部分。这两种诊断要求掌握理论和设备结构方面的知识并具有充分的经验，特别是精密诊断，需要更高一级的技术知识。为提高这方面的效率并用于支援专家们的诊断工作，20世纪80年代在人工智能的基础上开发了设备诊断专家系统。

专家系统是用特定领域中的专门知识模拟人类专家解决实际问题的思维模式，将多义的、不确定的、模糊的知识和专家的经验知识汇存而成的系统。美国GE公司为排除内燃电力机车故障，1981年开始，借助于高级工程师David Smhh四十年的工作经验，开发了专家系统。到1983年，该系统有530条规则，可处理50%的故障问题；到1984年，该系统拥有1200条规则，改进到可处理80%的疑难问题，能用图像及视频回答问题，用菜单形式显示出故障区域图像及维修方案。图0-3所示为该系统的总体结构，它具有一般专家系统结构的代表性特点。

回转机械设备诊断专家系统（MDES-1）的知识结构包括问诊（对话）、简易诊断、精密诊断三部分，可按照专家提出的步骤进行诊断。该系统的构成如图0-4所示。

3. 表面工程技术

我国的表面工程技术已获得了重大发展，在国民经济中发挥了重要作用。但表面科学与工程在理论研究和工程应用的总体水平上，与工业发达国家相比仍有一定差距。表面工程技术的发展方兴未艾、前景广阔。相信在我国表面工程专家及工程技术人员的共同努力下，随着表面工程学科和技术的发展及其产业化，表面工程技术对加速和推进我国工业现代化进程，推动我国设备修理工程的高新技术的发展，将起到不可估量的促进作用。

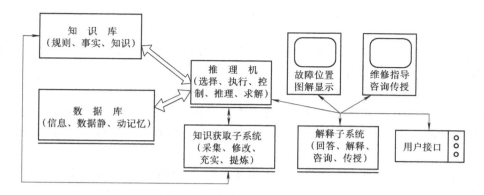

图 0-3　美国 GE 公司内燃电力机车故障诊断 DELTA/CATS 专家系统总体结构

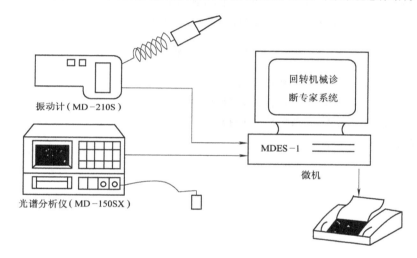

图 0-4　MDES-1 系统构成图

四、机械设备修理工艺学课程的性质和任务

机械设备修理工艺学就是以机械设备修理中的工艺问题为研究对象的一门专业技术课程。由于生产实践中的修理工艺问题牵涉面极为广泛，因此要解决好机械设备修理工艺问题，应从优质、高产、低消耗(即质量、生产率和经济性)三个方面的指标来衡量。

首先，随着工业现代化的发展，宇航、军工、电子等行业对机械设备的精度要求越来越高。要提高机械设备的修理质量，就必须深入研究在设备修理过程中的各种工艺误差因素对修理质量影响的规律，同时需要通过大量的科学实验和生产实践、采用新工艺以及科学管理等措施来保证和提高修理质量。

其次，机械设备修理工艺另一个重要的发展趋势是不断地提高劳动生产率，即采用高效率的修理方法和工装设备。精密修理工艺、表面工程技术、状态监测与设备诊断技术以及计算机技术等先进技术的应用，使机械设备修理工艺进入一个崭新的阶段。

机械设备修理工艺中的经济性是与质量、生产率有密切联系的一个综合性问题。在给定的修理对象和技术要求的条件下，选择什么修理工艺方法和什么修理工装设备来修理，就需要通过经济分析或经济论证加以确定。为了提高机械设备的修理质量或者提高劳动生产率而采用某种新的工艺方法和措施时，必须考察其获得的经济效果如何。

质量、生产率和经济性三者具有辩证关系，在解决某一具体的修理工艺技术问题时，需要全面地加以考虑。

机械设备修理工艺学是机电设备维修与管理专业的主要专业课程之一，通过学习本课程，学生应达到下列基本要求：

1）初步掌握机械设备修理工艺的基本理论与基本知识。

2）熟悉常用机械零部件修复技术的基本内容和修理方法，能正确选用常用的工具、检具、研具、量具，具有编制与实施中等复杂程度的机械设备常规修理工艺技术规程的基本能力。

3）掌握机械设备修理中零件测绘设计的基本知识，能正确确定修换件、测绘失效零件及选用测绘工具，具有正确使用技术资料、设计及绘制更换零件工作图的能力。

4）具有分析和解决修理作业中一般技术问题的能力。

5）初步掌握机械设备修理后的调试及精度检验方法。

思考题与习题

0-1 修理技术在国民经济中有何地位？

0-2 我国修理技术发展的重要标志是什么？

0-3 现代修理技术主要依靠哪些通用技术？

0-4 本门课程的性质是什么？

第一章

机械设备修理的基本知识

第一节 机械零件的失效

一、零件的变形

一个结构或零件，特别是基础零件在外加载荷的作用下发生变形，将导致零部件之间相互位置精度遭到破坏，影响各组成零件的相互关系。据估算，变形对零部件寿命的影响在30%左右。对于金属切削机床类设备，由于精度要求较高，变形的影响就更加突出。在修理实践中发现，修理质量低、大修周期短的一个重要原因就是零部件的变形。

1. 零件变形的原因

材料的变形可分为弹性变形和塑性变形。弹性变形是可以恢复的变形，应力消除后变形消失；应力超过材料的屈服强度，则产生塑性变形，应力消除后变形不能完全恢复，被保留下来的部分变形就是塑性变形。机械零件的变形有以下四个方面的原因：

（1）毛坯制造 铸造、锻造、焊接等热加工零件由于温度差异、冷却和组织转变的先后不一都会形成残余的内应力，尤其是铸造毛坯，形状复杂，厚薄不均，在浇注后的冷却过程中，形成拉伸、压缩等不同的应力状态，可能发生变形或断裂。经热处理的零件也存在内应力。毛坯的内应力是不稳定的，通常在 12~20 个月的时间内逐步消失。但随着应力的重新分布，零件会产生变形。

（2）机械加工 在切削加工过程中，由于装夹、切削力、切削热的作用，零件表层会发生塑性变形和冷作硬化，因而产生内应力，引起变形。如果毛坯是在有内应力的状态下进行切削加工，切除一部分表面层后，破坏了内应力的平衡，由于内应力重新分布，零件将发生变形。对毛坯虽然安排了消除内应力的工序，在切削加工中也达到了精度要求，然而制成后的零件经过一段时间，在残余应力的长期作用下，会发生内应力松弛而变形（就是弹性极限降低，且产生减少内应力的塑性变形）。特别是箱体类零件和长而大的基础零件，因厚薄过渡很多，极易产生残余应力，而发生内应力松弛的变形。

（3）操作使用 工程机械、矿山机械、冶金设备、锻压设备及其他热加工机械设备等，在较恶劣的工况下工作，其个别零部件在极限载荷或超载荷的情况下运行，高温导致零部件屈服强度降低，从而使零部件产生变形。由于操作不当使设备过载或产生高温，从而使零部件变形，直至因变形过大而使零部件失效。

（4）修理质量 在设备修理过程中，如果不考虑被修零件已经变形，常常会造成零件更大的变形或增加变形的危害。例如用机械加工方法修复零件（磨削导轨），制订修复工艺、确定定位基准和安装夹紧零件时，不考虑零件原来变形的情况，或修理操作不当，均会引起零件几何误差加大。特别是采用焊接、热处理、塑性变形等修复工艺方法修复零件时，如果没有考虑热应力、相变应力的作用，压力加工没有考虑弹性后效（应变逐渐恢复而落后于应力的现象），以及内应力松弛等，都将会产生应力和变形。

2. 零件的变形失效

零件产生变形后，如果出现不能承受规定的载荷、不能起到规定的作用或与其他零件的运转发生干扰等情况时，零件则产生了变形失效。变形失效可以是弹性变形失效，也可以是塑性变形失效。变形失效主要有两个特征，即体积发生变化和几何形状发生变化。例如，一辆汽车的发动机在运行几千公里后，出现失去速度控制和压力控制的情况，而且发出一种不均匀的排气声。拆开发动机分析后，发现排气阀的外层弹簧在使用中产生了25%的塑性变形，致使弹簧不能正常工作。又例如，一支商品猎枪由于枪筒在上千次的发射试验后外表面产生膨胀而无法继续使用。这种由于尺寸的变化和几何形状的变化而引起的变形失效，在机械零件的失效中是经常发生的。

（1）弹性变形失效分析 当一个零件没有明显的永久变形或涉及复杂的应力场时，必须考虑弹性变形失效，因为变形失效包含一次加载屈服，而且大部分零件在载荷的作用下将发生弹性弯曲。例如，一个曾经用高弹性模量合金制成的零件，如果改用低弹性模量的合金制作，那么在给定载荷的条件下零件的弯曲量将比用高弹性模量合金制作的要大得多。这在机床主轴的刚度计算时尤为重要，因为零件材料弹性模量的高低反映了零件工作时的刚度条件，零件的材料弹性模量高则零件工作时的刚度高，反之则零件工作时的刚度低。

（2）累积应变失效分析 当某一零件在承受稳态载荷时，还承受与主动方向不同的一个循环变化的叠加载荷，循环变化的载荷所产生的应变使零件的两端每半周一次交替发生超过屈服强度（σ_s）的应变。塑性应变将随循环周次的增加而累积，这种累积将使一个构件或零件的总体尺寸沿稳态应力方向均匀地变化，累积应变的结果是导致构件或零件发生韧性断裂或低周疲劳断裂。有些材料具有循环应变软化现象，即当叠加一个在比例极限和屈服强度之间的交变应力时，弹性极限或弹性模量出现连续下降的趋势。

（3）过载变形失效分析 每一个构件或零件都有一个承载极限，当承载载荷超过此极限时则称为过载，机械零件在过载情况下会发生变形或断裂。在强度理论定量设计中以及零件强度极限分析中，大多数情况是将应力完全限制在弹性范围内，并把材料屈服强度作为结构或零件变形失效的合理依据。

1）应力分析：在机械设计中常用的许用应力为

$$[\sigma] = \frac{\sigma_{0.2}}{n} \tag{1-1}$$

式中 $\sigma_{0.2}$——条件屈服强度；

n——安全系数。

一般在静载荷作用的情况下，对塑性材料规定的安全系数为1.2~2.0，对脆性材料规定的安全系数为2.0~3.5。

2）极限分析：在工程力学的计算中，往往将材料看成一均匀的连续体，因此在外载作用下认为该材料在达到一定的屈服强度后，材料的性质是塑性的，然而它并不产生加工硬化，而是在应力不变的情况下一直发生塑性变形。当一个结构或零件在被破坏前允许有一定塑性变形的情况下，对结构或零件本身的安全性可以采取这种极限分析的方法。

3）变形量分析：在上述两种设计计算分析中，屈服强度都被假定为是计算承受静载结构的安全载荷的判断依据，而在具体的设计工作中并未考虑变形量问题，但这些变形量问题也正是机械零件变形失效中不可忽略的问题。

3. 减轻零件变形危害的措施

零件变形是不可避免的，我们只能根据其规律，采取相应的措施，减轻其危害。

1）在机械设计中不仅要考虑零件的强度，还要考虑零件的刚度和制造、装配、使用、拆卸修理等有关问题。合理选择零件的结构尺寸，改善零件的受力状况，使零件的壁厚尽量均匀，以减少毛坯制造时的变形和残余应力。同时在设计中还应注意应用新技术、新工艺和新材料。

2）在机械加工中要采取一系列工艺措施防止和减小变形，对毛坯要进行时效处理以消除其残余内应力。时效处理可以进行自然时效处理（在自然条件下，把毛坯在露天存放 1～2 年，内应力逐渐消失）也可以进行人工时效处理（将毛坯高温退火、保温缓冷而消除内应力），还可以利用振动的作用消除内应力。在制订零件机械加工工艺规程或在机械加工过程中，均要在工序和工步安排上、工艺装备和操作上采取减少变形的工艺措施，如采用粗、精加工分开的原则等。在切削加工中和修理中减少基准的转换，保留切削加工基准留给修理时使用，如保留轴类零件的中心孔等。

3）加强生产技术管理，制订并严格执行操作规程，不超负荷运行，避免局部超载和过热，加强设备的检查和维护。

4）在设备修理中，不仅要恢复零件的尺寸、配合精度、表面质量等，还要检查和修复主要零件的形状和位置误差，制订出与变形有关的标准和修理规范。尤其是要注意铸件的修理，进行必要的时效处理以消除其残余内应力，防止变形。机械加工修复零件时，注意定位基准表面本身的精度，并要注意切削加工时和装夹的变形。采用热加工和压力加工工艺修复零件时，要采取相应措施来减小应力和变形，如施焊时，尽量减小热影响区，非施焊表面采取降温措施等。

二、零件的断裂

断裂是指在外力的作用下发生的几个原子间距的正向分离与切向分离，断裂是材料或零件的一种复杂现象，在不同的力学、物理和化学环境下会有不同的断裂形式。例如，机械零件在循环应力作用下会发生疲劳断裂，在高温持久应力作用下会发生蠕变断裂，在腐蚀环境下会发生应力腐蚀或腐蚀疲劳。在实际工程应用上常根据工程构件或机械零件的断口的宏观形态特征将断裂分为韧性断裂和脆性断裂，或按载荷性质分为一次加载断裂和疲劳断裂。

1）韧性断裂是超过强度极限前发生韧性变形后而发生断裂，多数为穿晶断裂，即裂缝是割断晶粒而穿过，一般是在切应力作用下发生，又称为切变断裂。

2）脆性断裂一般发生在应力达到条件屈服强度前，没有或只有少量的塑性变形，多为沿晶界扩展而突然发生，又称为晶界断裂，断口呈结晶状，平滑而光亮，称为解理面，因此这种断裂也称为解理断裂。低温、高应变速率、应力集中、晶粒粗大和脆性材料均有利于解理，由于裂纹扩展速率快，往往造成严重的破坏事故。

3）一次加载断裂是零件在一次静拉伸、静压缩、静扭转、静弯曲或一次冲击下的断裂。

4）疲劳断裂为反复加载断裂，即经历反复多次的应力作用或能量负荷循环后才发生断裂的现象。据估计，机械零件的断裂失效中疲劳断裂失效占 80% 左右。

1. 零件疲劳断裂的基本原理

零件承受循环载荷时，在局部将出现很大的塑性变形，表面将出现一些滑移线或滑移带，滑移带中产生一些缺口峰，如图 1-1 所示。峰底处将产生高度应力集中，在持续反复载荷作用下，经过一定周期，发展成微观裂纹，称为疲劳核心，一般从晶界与表面相交处开始。材料表面层有夹杂物、零件表面加工痕迹、表面划伤及其他缺陷也可认为

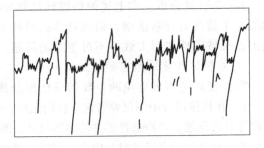

图 1-1　在滑移带中产生的缺口峰

是一些微观裂纹。微观裂纹形成后，进一步加强了滑移带的应力集中，在循环负荷作用下，裂纹将继续向内部发展。在通常情况下，裂纹的扩展占据了大部分的疲劳寿命，这一阶段称为疲劳裂纹的亚临界扩展。很多裂纹的深度增加，连接成为一个主导裂纹，当其达到临界长度后，发生突然断裂，称为疲劳裂纹的临界扩展。根据疲劳裂纹扩展的规律，应用断裂力学的原理计算，可以定量判别哪些裂纹会发展，哪些裂纹不会发展，已经有裂纹的零件还能安全工作多少时间。

几乎所有的零件，由于冶金、机械加工和使用等种种原因，均有宏观或微观裂纹，只是裂纹的大小不同而已。断由裂发展而来，断裂事故的后果是严重的，所以目前修理中对发现裂纹的零件都要加以修复或更换，重要零件一旦发现裂纹则立即报废。有裂纹的零件不一定立即断裂，都有一段亚临界扩展时间，一定条件下，裂纹还可以不发展，就是说有裂纹的零件也可以不断裂。国外某些航空发动机，对于一些重要零件都有明确规定的允许使用的裂纹长度、必须修理的裂纹长度和必须报废的裂纹长度，既保证了安全使用，又节约了大量的材料。当知道零件现有裂纹尺寸后，计算亚临界扩展的速率，可以推断出零件达到使用期限前的剩余寿命。例如，英国 50 万 kW 发电机转子运行 3500h 后，发现其惯性槽底普遍存在深达 200mm 左右的裂纹，按断裂力学方法进行疲劳剩余寿命估算，最保守估计还可安全运行 7000h，实践已证明该发电机在转子严重带伤条件下可继续运行。又如，我国刘家峡化肥厂一个高压桶，发现一处严重裂纹，当时没有备用高压桶，通过断裂力学分析，确认可安全使用 6 个月，在此期间买到了该部件，把停产损失减到了最低程度。

2. 减轻断裂危害的措施

影响断裂的因素是多方面的，要减轻断裂的危害，只有深入研究断裂的机理，充分认识断裂的规律之后，才能提出减轻断裂危害的有效措施。

（1）在机械设计中要尽量减少应力集中　如焊缝通常是疲劳断裂失效的起源区域，对 T 形焊接接头，采取适当的几何形状，焊后打磨圆角或钻孔，均能减轻应力集中的程度。零件截面改变处采用组合圆角比采用单一半径圆角能成倍增加疲劳寿命。图 1-2a 所示为设计不当的直角结构，拐角 A 处有严重的应力集中；图 1-2b 所示为小幅度改进设计，虽增加了三角加强肋，得到较小改进，拐角 B 处仍有较严重的应力集中；图 1-2c 所示为改进了的设计，使应力集中减轻，并使焊缝离开应力集中处；图 1-2d 所示为接头拐角处设计成圆角；图 1-2e 所示为用组合圆角代替普通圆角。选择适当的材料也十分重要，应全面考虑材料的力学性能，尤其是设计重载荷结构或零件时，往往倾向于选择高强度材料，材料屈服强度

提高会大幅度降低材料对脆性断裂的抗力，因此不应片面追求强度储备。为防止裂纹的发生和扩展进而防止断裂失效，设计时可以采用"裂纹防止结构"，如设计金属结构时采用组合肋板。

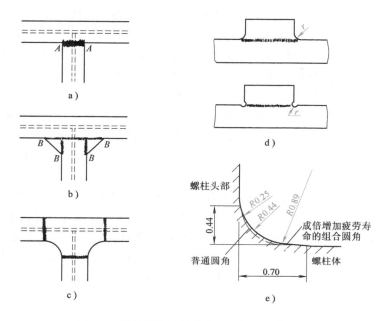

图 1-2　焊接结构及零件截面几何形状的改进

（2）在机械制造工艺方面　延长零件疲劳寿命的有效途径是引入残余压应力，如喷丸强化处理、冷滚压加工等。利用金属纤维在不同方向上力学性能的差别提高疲劳寿命，如锻造螺柱的疲劳寿命是机械加工螺柱的疲劳寿命的三倍，滚压螺纹的疲劳寿命也可延长很多。对零件进行表面热处理和化学处理，提高零件表层的强度和硬度，也能延长其疲劳寿命。

（3）机械设备在使用中的注意事项　要注意及时发现零件裂纹，定期进行无损检测；尽量减轻零件的腐蚀损伤，因为腐蚀会增加裂纹扩展的速率；尽可能减少设备运行中各部分的温差，如发动机起动时各部分温差很大，如果立即高速大负荷运转，会加大温差，由热应力引起应力集中加速有关零件疲劳损坏；设备使用中还要严格避免设备超载并尽量减少冲击。

（4）机械设备在修理中的注意事项

1）注意对断裂零件进行断口分析，以确定零件断裂的形式、原因、起源和超载程度等。断口分析以宏观分析为主，还可利用光学显微镜和电子显微镜进行微观分析。分析前要注意断口的保护，对断口要进行清洗和防锈，避免损伤。如图 1-3 所示，疲劳断口一般都有两个明显的区域，比较光滑的区域和比较粗糙的区域。疲劳裂纹发生、发展中，在循环载荷作用下多次发生撞击和研磨，形成外表光滑的疲劳区。断裂区表面粗糙，韧性材料呈纤维状，脆性材料呈结晶状。一次加载断裂则没有光滑区。从疲劳源(应力集中较大点)找出原因(如整架飞机可以毁于螺旋桨上一个检验标记)，减少局部应力集中(如材料缺陷、加工痕迹、表面粗糙、圆

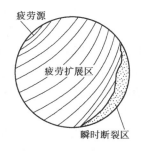

图 1-3　疲劳断口的
宏观形象

角过小、碰伤等）往往是防止疲劳断裂的有效措施。断口光滑程度大，说明载荷不大，正常工作时间长。瞬时断裂区偏心小说明疲劳源多、载荷大。

2）裂纹和断裂零件的修复方法有很多，如焊接、粘接、铆接等。对一般零件上的裂纹，可以钻止裂孔以防止或延缓其扩展，也可以采用裂纹防止结构，如附上加强件；或者采用局部更换法，去除疲劳部分，再在去除部分处焊一块金属或进行堆焊；也可只去除疲劳裂纹部分，如疲劳裂纹往往发生在紧固件周围，可对紧固孔进行切削加工去除所有裂纹部分，并换用较大的紧固件，但只有全部去除裂纹部分才有效，该方法也称"去皮修理"。

3）注意修理操作对零件断裂的影响。如修理中对零件进行拆装、存放、机械加工时均要力求避免零件表面的损伤，并保证达到零件表面要求的表面质量。对螺纹固定连接的旋紧力矩要适当，过大的旋紧力矩和过小的旋紧力矩均会降低零件的寿命。螺柱与螺钉对装配表面的相互位置精度也十分重要，螺柱斜度大不仅将造成应力集中，还将造成附加弯曲力矩，其寿命会大大降低。

4）采用延长零件寿命的修复方法，如表面去皮修理，将螺旋桨、发动机涡轮叶片等零件定期去除一薄层金属可以大大延长其使用寿命。修磨阶梯轴、曲轴等注意减小表面粗糙度值，尤其是过渡圆角部分的表面粗糙度值要小，并采用组合圆角。在产生疲劳裂纹前，用热处理方法恢复零件性能。在零件发生疲劳损伤前，采用表面喷丸强化处理，可延长其使用寿命。

5）对容易产生断裂的重要零件实行状态监测，如定期进行无损检测，利用闪频仪在零件运转中监测等。

三、零件的蚀损

零件的蚀损形式有腐蚀和气蚀。腐蚀是在周围介质作用下，零件表面发生的以化学或电化学反应为主的磨损。它与其他形式的磨损相伴发生、相互影响和相互促进，可产生严重的后果，特别是在高温和潮湿的环境中尤为严重。而气蚀是一种比较复杂的破坏现象，它不仅仅是机械作用，还有化学反应、电化学作用，液体中含有磨料时会加剧这一破坏过程。气蚀现象经常发生在柴油机气缸套外壁、水泵零件、水轮机叶片、船舶螺旋桨等部位。

1. 腐蚀

腐蚀的机理是化学反应或电化学作用。金属与气体（特别是高温气体）和非导电液体介质接触，则发生化学腐蚀。金属与电解液（酸、盐类水溶液）相接触，则发生电化学腐蚀。电化学腐蚀的原理是形成原电池，产生电流，零件作为低电位的一极而不断被腐蚀。雨水、空气中水蒸气的凝结水，加上溶解其中的各种气体和污染物形成电解液。不同的金属零件接触形成不同电极，同一零件的不同合金成分也形成不同的电极。金属表面的钝化膜与孔隙中的金属组成"膜孔电池"（如纯铝在中性水中的腐蚀）；腐蚀介质的浓度差形成"浓差电池"（如装水铁桶的腐蚀）。这些微电池形成产生的电解作用，使金属表面被腐蚀而脱离本体，因此也称为腐蚀磨损。腐蚀磨损出现的状态因介质和摩擦材料性质的不同而不同，腐蚀磨损分为以下两个方面：

（1）氧化磨损　金属与空气中的氧作用形成氧化磨损是最常见的一种腐蚀磨损形式，其特征是摩擦表面沿滑动方向呈匀细磨痕。纯净金属表面会很快形成氧化膜，其厚度增长速度随时间成指数规律减小。脆性氧化膜如氧化铁，磨损速度大于氧化速度，因此容易磨损。韧性氧化膜如氧化铝，与基体结合牢固并形成钝态，磨损速度小于氧化速度，磨损率小，因而氧化膜起了保护作用。

影响氧化磨损的因素有滑动速度、接触载荷、氧化膜的强度、介质的含氧量、温度、润滑条件及材料性能等因素。一般来说，氧化磨损比其他磨损要轻微得多。

（2）特殊介质腐蚀磨损　摩擦副与酸、碱、盐等特殊介质作用发生化学反应而形成腐蚀磨损，其机理与氧化磨损相似，在摩擦表面上沿滑动方向也有腐蚀磨损的痕迹，但磨损速度较快。

不同的合金元素抵抗特殊介质腐蚀的差别很大，如镍、铬容易生成化学结合力较高的致密钝化膜，且不容易再腐蚀，可制成"不锈钢"；钨、钼抗高温腐蚀；碳化钨、碳化钛组成的硬质合金，都具有高抗腐蚀能力。含铅、镉的滑动轴承材料容易被润滑油的酸性物质腐蚀剥落；含银、铜的轴承材料容易受高温腐蚀磨损。

金属腐蚀是一个具有普遍性的严重问题，全世界因腐蚀而损失的金属重量约占年产量的 $1/4 \sim 1/3$，所以如何减轻腐蚀的危害是一个重要的课题。其主要措施有：

1）根据工作环境条件选择合适的耐蚀材料，尽量以塑料代替金属；进行合理的结构设计，零件外形要简化，表面粗糙度值的大小要合适，避免形成原电池的条件。

2）覆盖金属保护层如镍、铬、锌等，覆盖方法有电镀、喷涂、化学镀等；非金属保护层如涂装、塑料、橡胶、搪瓷等；化学保护层如磷化、钝化、氧化等；表面合金化如渗氮、渗铬、渗铝等。

3）进行电化学保护，用比零件材料化学性能更活泼的金属铆接在零件上，人为形成原电池，零件成为阴极受到保护，从而不会发生电化学腐蚀。

4）进行介质处理，将有机缓蚀剂或无机缓蚀剂加入相应介质，减弱零件的腐蚀。

2. 气蚀

气蚀的机理是当零件与液体接触并有相对运动，接触处局部压力低于液体蒸发压力时，液体形成气泡，溶解的气体也会析出形成气泡，这些气泡运动到高压区，气泡被迫溃灭的瞬间，产生极大的冲击力和高温，这种现象称为水击现象。气泡形成与溃灭的反复作用，使零件表面材料产生疲劳而逐渐脱落，呈麻点状，逐渐扩展成泡沫海绵状，这种现象称为气蚀。气蚀严重时，可扩展为深度 20mm 的孔穴，直到穿透零件或使零件产生裂纹而损坏，因此又称为穴蚀。

气蚀破坏近年来逐渐凸显，这是由于设备向高参数化发展，如发动机有效压力和转速不断提高，结构日益紧凑，缸套壁厚减薄，耐磨性提高，有时缸套的磨损仅有 $0.01 \sim 0.03mm$，而气蚀已经很深，甚至超过壁厚的一半。因此，更换缸套常常不是由于内壁磨损而是由于外壁气蚀。减轻气蚀危害的措施有：

1）减小零件与液体接触表面的振动，以减少水击现象的发生，如增强刚性、改善支承、采取减振措施等。

2）选用耐气蚀的材料，如铸铁成分中最容易发生气蚀的是片状石墨，而球状或团状石墨耐气蚀性好，珠光体比铁素体耐气蚀。此外，不锈钢、尼龙也耐气蚀。

3）零件表面涂防气蚀材料，如塑料、陶瓷、表面镀铬等，减小表面粗糙度值也有利于减轻气蚀。

4）改进零件结构，减少液体流动时产生涡流的现象。

5）介质中添加乳化油，可减小气泡爆破时的冲击力，以减轻气蚀。

四、零件的磨损

磨损是工作表面在摩擦时沿其表面发生的微观或宏观变化过程的结果。随着这个过程的进行，可能产生表面材料的位移或脱离而使材料数量减少或表面层性质改变等。一切有滑动或滚动接触的机械零件都会受到一定程度的磨损，如轴承、齿轮、密封圈、导轨、活塞环、齿条、制动器和凸轮等。这些零件的磨损范围包括了轻度的氧化磨损及严重的快速磨损并使表面粗化，这些磨损是否构成零件的失效，必须看其是否危及零件的实际工作能力。如一个液压阀的精密配合阀柱，即使出现了轻微的抛光型磨损，也能导致严重的泄漏而失效；但如岩石破碎机的锤头，尽管有严重的压凹、碰伤仍能正常地工作。因此进行磨损失效分析时必须进行科学的分析和判断，同时在磨损失效分析时除了机械磨损因素外，还应考虑化学腐蚀所引起的磨损因素，以及温度和应力的范围。

磨损是一种很复杂的过程，它涉及的问题很广，影响的因素很多。若仅对其表面做宏观的观察，则难以完全认识其机理和规律。随着科学技术的进步，人们对磨损规律的认识已取得很大进展，已开始由宏观进入微观、由静态进入动态、由定性到定量的研究阶段，但仍远远未臻完善，至今仍未得出统一的理论。

1. 磨损的类型

磨损分类的方法很多，按表面接触性质或磨损机理可分为以下几种：

（1）按接触表面的性质分类　有固体磨损、液体磨损和气体磨损。

（2）按磨损机理分类　有磨粒磨损、粘着磨损、疲劳磨损、腐蚀磨损、微动磨损、气蚀磨损与冲蚀磨损。

2. 磨损的表示方法

为了说明材料磨损的大小及其耐磨性能，需要用定量的方法来表征其磨损现象。常用的指标如下：

（1）磨损量　表示磨损结果的指标。常用尺寸变化、体积变化和质量变化来表达，如线磨损量 U、体积磨损量 V、质量磨损量 G 等。

（2）磨损率　表示磨损快慢的指标。其表达方式有两种：

1）用磨损量与发生磨损所经过的时间之比来表述，即

$$r = \frac{\mathrm{d}U}{\mathrm{d}t}\left(\text{或}\frac{\mathrm{d}V}{\mathrm{d}t}, \frac{\mathrm{d}G}{\mathrm{d}t}\right) \tag{1-2}$$

2）用磨损量与发生磨损所经过的路程之比来表述，即

$$r = \frac{\mathrm{d}U}{\mathrm{d}L}\left(\text{或}\frac{\mathrm{d}V}{\mathrm{d}L}, \frac{\mathrm{d}G}{\mathrm{d}L}\right) \tag{1-3}$$

（3）耐磨性 ε　指材料抵抗磨损的性能。它用规定摩擦条件下磨损率的倒数来表示。即

$$\varepsilon = \frac{1}{\dfrac{\mathrm{d}U}{\mathrm{d}L}} \tag{1-4}$$

（4）相对耐磨性 ε_w　指在相同摩擦条件下，标样材料与试样材料两种磨损量的比值，即

$$\varepsilon_w = \frac{V_0}{V} \tag{1-5}$$

式中　V_0——标样材料的磨损量；

V——试样材料的磨损量。

3. 磨损的一般规律

由于磨损现象的错综复杂，影响磨损的因素很多，磨损是一个随机变量，虽然人们在探讨磨损的规律方面做过许多深入的试验研究，但是仍没有形成统一的理论，已有的某些理论也还不够完善。目前比较成熟的磨损规律是磨损与时间的关系、磨损与压强的关系和磨损与相对滑动速度的关系。

机械设备在稳定的外部工况条件下，其零部件的磨损规律如图 1-4 所示。图中的曲线称为磨损特性曲线，表示磨损量随着时间的增长而变化的规律。

（1）初期磨损阶段（又称磨合阶段） 新的摩擦副表面都具有一定的表面粗糙度值，实际接触面积较小，单位接触面积的实际载荷较大。因此，在运转初期，由于机械摩擦磨损及其产生的微粒造成的磨料磨损，使磨损速度较快。但随着磨合的进展，表面凸起逐渐磨平，如图 1-5 所示。表面粗糙度值减小，实际接触面积不断增大，单位面积压力减小，磨损速度逐渐平缓，正常工作条件逐渐形成，进入稳定磨损期。

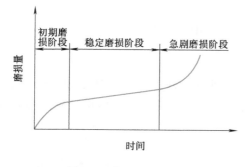

图 1-4 典型磨损规律

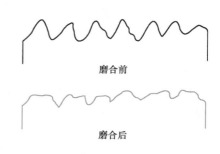

图 1-5 磨合结果

（2）稳定磨损阶段（又称工作磨损阶段） 零件经过短期磨合之后，即进入稳定磨损阶段，在此阶段，工作时间最长，磨损速度较小。图 1-4 中的曲线线段的斜率就是磨损速率，横坐标时间就是零件的耐磨寿命，磨损量与时间成正比，这就是零件的正常使用期限。

（3）急剧磨损阶段（又称强烈磨损阶段） 经过较长时间的稳定磨损以后，摩擦表面之间的间隙和表面形态改变，表面质量变坏，迫使其摩擦副表面间的工作状况发生剧烈的变化，以金属的直接接触代替原来的液体摩擦或边界摩擦，因而导致强烈的磨损。机器运转时出现附加的冲击载荷、振动和噪声，温度升高，机器在这一阶段容易发生零件完全失效，最终导致故障和事故。

4. 减少磨损的途径

根据磨损的理论研究，结合生产实践经验，可采取以下的措施来减少磨损：

1）正确选择材料是提高耐磨性的关键，例如，对于抗疲劳磨损，则要求钢材质量好，钢中有害的杂质比例低。采用抗疲劳磨损的合金材料，如采用铜铬钼合金铸铁做气门挺杆，采用球墨铸铁做凸轮等，可使其寿命大大延长。

2）为了改善零件表面的耐磨性可采用多种表面处理方法，如采用滚压加工表面强化处理，各种化学表面处理，塑性涂层、耐磨涂层，喷钼、镀铬、等离子喷涂等。

3）尽量保证液体润滑，采用合适的润滑材料和正确的润滑方法，采用润滑添加剂，注意密封等。

4）合理进行摩擦副的结构设计是提高耐磨性，减少磨损的重要条件。合理的结构设计应该保证有利于表面保护膜的形成、压力均匀分布、容易散热、容易排出磨屑、防止外界磨粒进入等，如滑动轴承的油沟不应设计在油膜承载区内。设计中可应用置换原理和转移原理，置换原理是允许系统中一个零件磨损以保护重要的配对件，如活塞环与气缸套，允许铸铁的活塞环较快磨损，以保护气缸套，使其磨损较小，这是由于活塞环成本较低，更换也容易；转移原理也是为了保护重要零件，如软金属合金衬套与曲轴，衬套磨损自身保护了曲轴。衬套易于变形，可以使轴挠曲和不对中所引起的局部高载荷重新分布。衬套又能嵌附磨料微粒，甚至在极端工况下，如短暂无润滑油时，由于衬套材料熔点很低，可使轴颈在短期内避免损伤。

5）设备的使用和维护正确与否对设备的寿命影响极大，正确地使用和维护与不正确地使用和维护，设备寿命往往可相差几倍。如设备使用初期正确地磨合，实行状态监测和技术诊断，科学地维护和修理，严格遵守操作规程等可以大大提高设备的使用寿命。

第二节　设备修理前的准备工作

一、设备修理的方式

机械设备修理主要分为两种情况：一种是按计划进行的修理，即"计划预修制"的修理；另一种是机械设备产生了故障，不排除故障则不能进行正常工作，即排除故障的修理，这种修理具有一定的随机性。

1. 计划预修制

机械设备经过一段时间的使用，其零件表面必然会磨损，从而丧失该机械设备应有的精度。有时这些机械设备看起来还能"正常"运转，但其某些零件已接近稳定磨损期的末期，如果继续运行，会产生急剧磨损，损害整个机械设备的寿命。因此，为了保持设备应有的精度和工作能力，防止设备过早因磨损产生意外事故，延长设备的使用寿命，使设备完好率保持在较高的水平，机械设备(特别是金属切削机床)要进行计划预修。计划预修的修理类别有：大修、项修、小修和定期精度调整。

（1）大修　机械设备的大修是工作量最大的一种计划修理。大修包括对机械设备的全部或大部分部件解体；修复基准件；更换或修复全部不合格的零件；修理、调整机械设备的电气系统；修复机械设备的附件以及翻新外观等。大修的目的是全面消除修前存在的缺陷，恢复机械设备的规定精度和性能。设备大修的一般工作程序如图1-6所示。

图 1-6　设备大修的工作程序

（2）项修　项目修理(简称项修)是根据机械设备的实际技术状态，对状态劣化已达不到生产工艺要求的项目，按实际需要进行针对性的修理。项修时，一般要进行部分拆卸、检查，更换或修复失效的零件，必要时对基准件进行局部修理和校正坐标，从而恢复所修部分的性能和精度。项修的工作量视实际情况而定。

（3）小修　机械设备的小修是工作量最小的一种计划修理。对于实行状态（监测）维修的机械设备，小修的工作内容主要是针对日常抽检和定期检查发现的问题，拆卸有关的零部件，进行检查、调整、更换或修复，以恢复机械设备的正常功能。对于实行定期维修的机械设备，小修的工作内容主要是根据掌握的磨损规律，更换或修复在修理间隔期内失效或即将失效的零件，并进行调整，以保证设备的正常工作能力。

机械设备大修、项修与小修工作内容的比较见表1-1。

表 1-1　机械设备大修、项修与小修工作内容的比较

修理类别 标准要求	大　修	项　修	小　修
拆卸分解程度	全部拆卸分解	针对检查部位，部分拆卸分解	拆卸、检查部分磨损严重的机件和污秽部位
修复范围和程度	修理基准件，更换或修复主要件、大型件及所有不合格的零件	根据修理项目，对修理部位进行修复，更换不合格的零件	清除污秽积垢，调整零件间隙及相对位置，更换或修复不能使用的零件，修复达不到完好程度的部位
刮研程度	加工和刮研全部滑动接合面	根据修理项目决定刮研部位	必要时局部修刮，填补划痕
精度要求	按大修精度及通用技术标准检查验收	按预定要求验收	按设备完好标准要求验收
表面修饰要求	全部外表面刮腻子、打光、涂装，手柄等零件重新电镀	补涂装或不进行	不进行

（4）定期精度调整　定期精度调整是指对精、大、稀机床的几何精度定期进行调整，使其达到（或接近）规定标准；精度调整的周期一般为一至二年。调整时间最好安排在气温变化较小的季节。如在我国北方，以每年的五六月份或九十月份为宜。实行定期精度调整，有利于保持机床精度的稳定性，保证产品质量。

2. 排除故障修理

机械设备运行一定时间后，由于某种机理障碍（主要由物理、化学等内在原因或操作失误、维护不良等外在原因引起）而使机械设备出现不正常情况或丧失局部功能的状态，称为"故障"。这种不正常情况及局部功能的丧失通常是可以修复的，我们把这种排除故障、恢复机械设备功能的工作，称为排除故障修理。按照修理的实践来划分故障，有精度性故障、磨损性故障、调整性故障和责任性故障。排除故障修理的工作程序如图1-7所示。

图 1-7　排除故障修理的工作程序

二、机械零件的修理方案

机械零件损坏失效后，多数可采用各种各样的方法修复后重新使用。利用修复可大大减

少新备件的消耗量，从而减少用于生产备件的设备负担，降低修理成本，也可以避免因备件不足而延长设备的修理时间。但是当零件无法修复或修复零件在经济上不合算时，则可更换新件。常用的修理方法有：

（1）调整法 为了便于维修，很多设备在设计时就考虑到间隙的调整问题。例如卧式车床的主轴和轴承磨损后产生的间隙，可以通过调整螺母使间隙达到卧式车床精度允许的要求。

（2）换位法 由于各种原因，设备的磨损往往是不均匀的。设备零件的某部分可能磨损较严重，而其他部分却几乎没有磨损。这时，只要适当调换这个零件的位置，就能使设备达到正常工作状态。如齿轮液压泵或叶片液压泵的壳体内表面，吸油腔为易磨损部位，简单而经济的修理方法是将泵体绕本身轴线旋转 180°，使结构相同且磨损不大的压油腔转换为吸油腔，就能使泵体正常运行，重新得到利用。

（3）维修尺寸法 配对零件磨损后，将其中一个成本相对较高的零件进行再加工，使其具有正确的几何形状，根据加工后零件的尺寸更换另一个零件，恢复配合件的工作能力。配合件的尺寸与原来不同，这个新尺寸称为维修尺寸。例如，卧式车床主轴轴颈磨损后，重新磨削至预定的尺寸，按此尺寸更换轴承。这种方法能节省材料，修复质量高而且简便，因此在修理工作中常被采用。

（4）附加零件法 当配合件磨损时，分别进行机械加工，恢复为正确的几何形状，然后在配合孔中压入一个附加零件，以达到原配合要求。例如，卧式车床主轴箱的主轴孔圆度误差大，则将孔扩大后压入铜套，并将铜套的内孔扩至配合要求。该方法适合于磨损严重的主轴箱等设备的修复。

（5）局部更换法 将零件损坏的部分切除掉，再镶上一部分使零件复原。例如，车床齿轮组中某一齿轮发生不正常磨损，可将磨损部分退火后切去，再镶上一新齿圈，铣齿后再淬火，使零件复原。

（6）恢复尺寸法 使磨损的零件恢复原来的形状尺寸和精度的方法称为恢复尺寸法。根据增补层与基体结合的方法可分为：

1）机械结合法，如金属喷镀、嵌丝补裂纹等。

2）电沉积结合法，在电场作用下，镀液中的金属离子在金属表面上还原而形成金属沉积层，如槽镀和快速电镀法，广泛用于零件的修复。

3）熔接法，如气焊、电焊、锻接等。

4）粘接法，采用 101 胶和 618 环氧树脂等粘接剂来修复导轨、轴颈的磨损面，也可直接粘接受力不大的零件。

5）挤压法，用压力加工的方法，把零件上备用的一部分金属挤压到磨损的工作面上去，以增补磨损掉的金属。

（7）更换新零件法 损坏严重、无法修复或不值得修复的零件，可以更换新的零件。可以修复的零件，有时也用新零件更换，将换下的零件集中起来成批进行修复。

三、设备修理前的准备工作

设备修理前的准备工作包括技术准备和生产准备两方面的内容。设备修理前的准备工作的程序如图 1-8 所示（实线为传递程序，虚线为信息反馈）。

设备修理前的技术准备工作由主修技术人员负责。首先要为设备的修理提供技术依据，

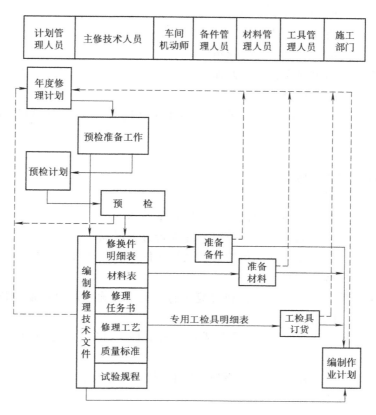

图 1-8　设备修理前准备工作程序

如设备图册、设备修理年度计划或修理准备工作计划，设备使用过程中的故障修理记录、设备的修理内容及修理的方案，设备的各项技术性能等。然后根据设备的损坏状况及年度修理计划确定设备修理的组织形式，以达到保证修理质量、缩短停修时间、降低修理费用的目的。最后要提供设备修理后的验收标准，并为设备的使用、维护与保养准备必要的资料。

　　设备修理前的生产准备工作由备件、材料、工具管理人员和修理单位的计划人员负责。它包括修理用主要材料，备件和专用工具、检具、研具的订货，制造和验收入库以及修理作业计划的编制等。

　　1. 设备修理前的技术准备工作

　　设备主修工程技术人员根据年度机械设备的修理计划，或修理准备工作计划负责修理前的技术准备工作。对实行状态(监测)维修的设备，可分析过去的故障修理记录、定期维护(包括检查)和技术状态诊断记录确定修理内容和编制修理技术文件；对实行定期维修的设备，一般应先调查修理前设备的技术状态，然后分析确定修理内容和编制修理技术文件。对大型、高精度、关键设备的大修方案，必要时应从技术和经济角度进行可行性分析。

　　(1) 修理前技术状况的调查　技术状况的调查一般可在修前二至八个月分两步进行(项修、小修设备为修前二至四个月，大型复杂设备为修前六至八个月)，若有大型铸钢件或锻件，时间还要长些。

　　第一步：查阅故障修理、定期检查、定期测试及事故等记录；向机械动力员、操作工人及维修工人等了解下列情况：

1）设备的工作精度和几何精度的变动情况。

2）设备的负荷能力的变动情况。

3）发生过故障的部位、原因及故障频率。

4）曾经检查、诊断出的隐患及其处理情况。

5）设备是否需要改善维修。

如分析上述情况后认为有必要停机复查，应由主修技术人员通知计划管理人员安排停机检查计划。

第二步：停机检查的主要内容为：

1）检查全部或主要几何精度。

2）测量性能参数降低情况。

3）检查各转动机械运动的平稳性，有无异常振动和噪声。

4）检查气压、液压及润滑系统的情况，并检查有无泄漏。

5）检查离合器、制动器、安全保护装置及操作件是否灵活可靠。

6）电气系统的失效和老化状况。

7）将设备部分解体，测量基础件和关键件的磨损量，确定需要更换和修复的零件，必要时测绘和核对修换件的图样。

停机检查应做到"三不漏检"，即大型复杂铸锻件、外购件、关键件不漏检，要逐一核查。

（2）修理技术文件的编制　设备大修理常用的技术文件有：

1）修理技术任务书。

2）修换件明细表及图样。

3）电器元件及特殊材料表（正常库存以外的品种规格）。

4）修理工艺及专用工具、检具、研具的图样及清单。

5）质量标准。

上述文件编制完成后交给修理部门的计划人员或生产准备人员，应设法保证在设备大修开始前将更换件（包括外购件）备齐，并按清单准备好所需用的工具、检具、研具。

2. 设备修理前的生产准备工作

设备修理前的生产准备工作主要包括：材料及备件准备，专用工具、检具、研具的准备，以及修理作业计划的编制。

（1）材料及备件准备　设备主管部门在编制年度修理计划的同时，应编制年度分类材料计划表，提交至材料供应部门。材料的分类为：碳素钢型材、合金钢型材、有色金属型材、电线与电缆、绝缘材料、橡胶、石棉、塑料制品、涂装、润滑油、清洗剂等。备件一般分为外购件和配件，设备管理人员按更换件明细表核对库存量后，确定需订货的品种和数量，并划分出外购和自制。外购件通常是指滚动轴承、带、链条、电器元件、液压元件、密封件以及标准紧固件等。配件一般情况下自制，如条件允许也可从配件商店、专业备件制造厂或设备制造厂购买。

（2）专用工具、检具、研具的准备　工具、检具、研具的精度要求高，应由工具管理人员向工具制造部门提出订货。工具、检具、研具制造完毕后，应按其精度等级，经具有相应检定资格的计量部门检验合格，并附有检定记录，方可办理入库。

（3）修理作业计划的编制　修理作业计划由修理单位的计划员负责编制，并组织主修机械及电气技术人员、修理工（组）长讨论审定。对一般结构不复杂的中、小型设备的大修，可采用"横道图"式作业计划和加上必要的文字说明；对于结构复杂的高精度、大型、关键设备的大修应采用网络计划。

修理作业计划的主要内容是：①作业程序；②分阶段、分部作业所需的工人数、工时及作业天数；③对分部作业之间相互衔接的要求；④需要委托外单位劳务协作的事项及时间要求；⑤对用户配合协作的要求等。

设备大修的一般作业程序如图1-9所示。图中仅表示出作业阶段，根据设备的结构特点和修理内容，可以把某些阶段再分解为若干部件，并表示出各部件修理的先后程序及相互衔接的关系。

图1-9　设备大修的作业程序

第三节　尺　寸　链

一、尺寸链的基本概念

尺寸链原理在结构设计、加工工艺及装配工艺的分析计算中应用极为广泛，因为设计和制造、修理都需要保证零件的尺寸精度和几何精度，在装配时要保证装配精度，从而达到机械设备的技术性能要求。而众多的尺寸、几何关系关联在一起时，就会相互影响并产生累积误差。一些相互联系的尺寸组合，按一定顺序排列成封闭的尺寸链环，便称为尺寸链。其中各个尺寸的误差相互累积，形成误差相互制约的尺寸链关系。尺寸链中各有关的组成部分，包括尺寸、角度、过盈量、间隙、或者位移等，称为尺寸链的"链环"，简称为"环"。在设计机械设备或零、部件时，设计图上形成的封闭的尺寸组合称为设计尺寸链，按尺寸链所在对象的不同还可分为零件尺寸链、部件尺寸链或总体尺寸链。

在加工工艺过程中，各工序的加工尺寸构成封闭的尺寸组合，或在某工序中工件、夹具、刀具、机床的有关尺寸形成了封闭的尺寸组合，这两种尺寸组合统称加工工艺尺寸链。

机械设备或部件在装配的过程中，零件或部件间有关尺寸构成的互相有联系的封闭尺寸组合称为装配尺寸链。如图1-10所示的减速箱装配图，其中箱体和箱盖形成的内腔尺寸 A_1 和 A_2，轴套凸缘高度尺寸 A_3 和 A_5，以及轴肩长度 A_4，构成一组尺寸链。这个结构装配后形成一组传动件，要求轴肩和轴套

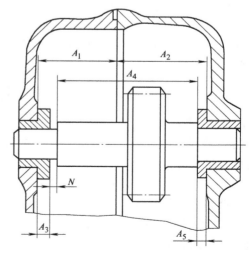

图1-10　减速箱装配图

凸缘间保留一定的间隙 N。装配尺寸链有时可以和结构设计的尺寸链一致，但也可能因装配工艺方法不同，导致装配工艺尺寸链和总体结构尺寸链不一致。有时由于采用的测量工具的影响，还可能使测量基准不一致，形成测量尺寸链。

运用尺寸链原理可以方便可靠地计算各种尺寸链，协调各尺寸的相互影响，并控制许多尺寸的累积误差。

在加工和装配的过程中，为了计算方便，常常将相互联系的尺寸或者注有几何公差的几何要素，按一定顺序排列构成的封闭尺寸组合，从图样上抽出来单独绘成一个封闭尺寸的尺寸链环图形，就形成了尺寸链图。图 1-11 所示为六环尺寸链。

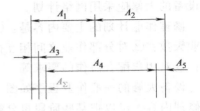

图 1-11　尺寸链图

1. 尺寸链的组成

图 1-11 所示为减速箱装配图(见图 1-10)的尺寸链图，尺寸链中的每个尺寸简称为环。

封闭环 A_Σ，是零件在加工过程中或机械设备在装配过程中间接得到的尺寸。封闭环可能是一个尺寸或角度，也可能是一个间隙(如图 1-10 中的间隙 N)，过盈量或其他数值的偏差。在装配中封闭环代表装配技术要求，体现装配质量指标。在加工中封闭环代表间接获得的尺寸，或者被代换的原设计要求尺寸。封闭环的特性是，其他环的误差综合累积在封闭环上，因此封闭环的误差是所有各组成环误差的总和。

组成环是在尺寸链中影响封闭环误差增大或减小的其他环。组成环本身的误差是由其本身的制造条件独立产生并存在的，不受其他环的影响，因此是由加工设备和加工方法而确定的。

增环(A_1、A_2)是指在尺寸链中，当其他尺寸不变时，该组成环增大，封闭环也随着增大。对于组成环的增环，在它的尺寸字母代号上加注右向箭头表示，如 $\overrightarrow{A_i}$。

减环(A_3、A_4、A_5)是指在尺寸链中，当其他尺寸不变时，该组成环增大，封闭环反而减小。对于组成环的减环，在它的尺寸字母代号上加注左向箭头表示，如 $\overleftarrow{A_i}$。

尺寸链各组成环之间的关系，可用尺寸链方程表示。封闭环的公称尺寸为所有增环与所有减环的公称尺寸之差。即

$$A_\Sigma = (\overrightarrow{A_1} + \overrightarrow{A_2}) - (\overleftarrow{A_3} + \overleftarrow{A_4} + \overleftarrow{A_5})$$

在 n 环尺寸链中，有($n-1$)个组成环，其中设增环数为 m 个，则减环数为 $n-(m+1)$ 个。则

$$A_\Sigma = \sum_{i=1}^{m} \overrightarrow{A_i} - \sum_{i=m+1}^{n-1} \overleftarrow{A_i} \tag{1-6}$$

2. 尺寸链分类

(1) 按尺寸链应用范围分类　尺寸链可以分为设计尺寸链、工艺尺寸链、装配尺寸链以及检验尺寸链。

(2) 根据尺寸链中组成环的性质分类　尺寸链可以分为线性尺寸链、角度尺寸链、平面尺寸链和空间尺寸链。

1) 线性尺寸链的各组成环尺寸在同一平面内，均为直线尺寸且彼此平行，尺寸与尺寸之间相互连接，如图 1-12 所示。

2) 角度尺寸链的组成环由各种不同的角度所组成，其中包括由误差形成的角度。角度

尺寸链最简单的形式是具有公共角顶的封闭角度图形，如图 1-13 所示。其尺寸链方程为

$$\beta_\Sigma = \beta_1 + \beta_2$$

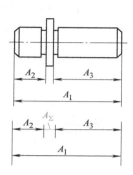

图 1-12　线性尺寸链

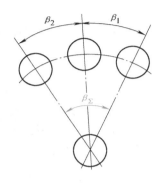

图 1-13　公共角顶的角度尺寸链

由角度组成的封闭多边形，如图 1-14 所示。其尺寸链方程为

$$\alpha_\Sigma = 360° - (\alpha_1 + \alpha_2 + \alpha_3)$$

根据有关机床的精度标准规定，若某机床主轴相对工作台台面的垂直度公差为 $\alpha_\Sigma = 0.03\text{mm}/300\text{mm}$，那么这个比值可折算成角度误差，按角度尺寸链来分析计算。

3）平面尺寸链的各组成环尺寸在同一平面内，但不一定都平行。也就是说平面尺寸链内既有线性尺寸，同时又有相互形成的角度，这样就使尺寸链中某一些尺寸互不平行。如图 1-15 所示的箱体零件，在坐标镗床上按尺寸 A_1、A_2 镗孔

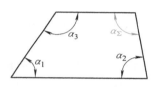

图 1-14　角度组成的封闭多边形

1、孔 2 和孔 3，则孔 1 和孔 3 的中心距 A_Σ 最后也间接得到。A_1、A_2 和 A_Σ 在同一平面内，但彼此不平行，它们构成平面尺寸链（见图 1-15b），若经换算也可以化为线性尺寸链（见图 1-15c）。

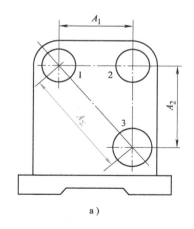

a）

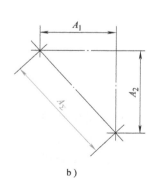

b）

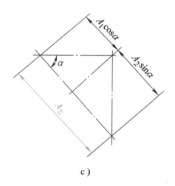

c）

图 1-15　平面尺寸链

4）空间尺寸链的各组成环尺寸不在同一平面内，且不一定互相平行。空间尺寸链在空间坐标系中各部分构件形成一定的角度和距离，组合成复杂的尺寸链。这种尺寸链多应用在空间机构的运动计算中，如图 1-16 所示的工业机器人，其底部可以回转和升降，中间的大

臂可以绕水平轴回转，同时也可以伸缩移动，大臂前端的小臂可以俯仰转动，小臂前端手腕部分可以绕小臂轴回转而使手爪转位。在这一套机构中共有六个运动部件，能够实现六种不同的运动。六种运动的组合，使工业机器人手爪实现在空间由一个位置移动到另一个位置。当对工业机器人手臂各部分的制造误差和运动误差进行分析时，就需要应用空间尺寸链的误差综合关系。

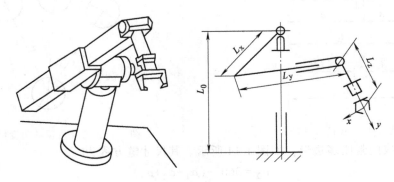

图 1-16　工业机器人

（3）按尺寸链相互联系的形态分类　尺寸链可以分为串联尺寸链、并联尺寸链和混联尺寸链。

1）串联尺寸链是各组尺寸链之间以一定的基准线互相串联结合成为相互有关的尺寸链组合，如图 1-17 所示。在串联尺寸链中，前一组尺寸链中各环的尺寸误差，引起基准线位置的变化，将引起后一组尺寸链的起始位置发生根本的变动。因此在串联尺寸链中，公共基准线是计算中应当特别注意的关键问题。

2）并联尺寸链是在各组尺寸链之间，以一定的公共环互相并联结合成的复合尺寸链。它一般由几个简单的尺寸链组成，如图 1-18 所示。并联尺寸链中的关键问题是要根据几个尺寸链的误差累积关系来分析确定公共环的尺寸公差。因此并联尺寸链的特点是几个尺寸链具有一个或几个公共环，当公共环有一定的误差存在时，将同时影响几组尺寸链关系的变化。

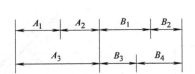

图 1-17　串联尺寸链

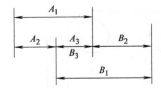

图 1-18　并联尺寸链

3）混联尺寸链是由并联尺寸链和串联尺寸链混合组成的复合尺寸链，如图 1-19 所示。混联尺寸链中，既有公共的基准线，又有公共环，这在分析混联尺寸链时应当特别注意。

3. 尺寸链所表示的基本关系

组成尺寸链的尺寸之间的相互影响关系，也就

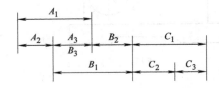

图 1-19　混联尺寸链

是"组成环"和"封闭环"之间的影响关系，在任何情况下，组成环误差都将累积在封闭环上，累积后形成封闭环的误差。由于在组成环中有增环和减环的区别，因此它们对封闭环

的影响状况也就不一样，其区别为：

1）增环对封闭环误差的积累关系为同向影响，增环误差增大（或减小）可使封闭环尺寸相应增大（或减小），而且使封闭环尺寸向偏大方向偏移。

2）减环对封闭环误差的积累关系为反向影响，减环误差增大（或减小）可使封闭环尺寸相应减小（或增大），而且使封闭环尺寸向偏小方向偏移。

3）综合增环尺寸使封闭环向偏大方向偏移、减环尺寸又使封闭环向偏小方向偏移的情况，结果导致封闭环尺寸向两个方向偏移，最后使封闭环尺寸的误差 δ_Σ 增大。由此可以看出，无论尺寸链的组成环有多少，无论它的形式和用途怎样，都反映了封闭环和组成环之间的相互影响关系，而这种相互影响关系也正是尺寸链所代表的基本关系。尺寸链所代表的基本关系是用来说明尺寸链的基本原理和本质问题的。

（1）封闭环的极限尺寸　封闭环的上极限尺寸等于各增环的上极限尺寸之和减去各减环的下极限尺寸之和。封闭环的下极限尺寸等于各增环的下极限尺寸之和减去各减环的上极限尺寸之和。即

$$A_{\Sigma \max} = \sum_{i=1}^{m} \overrightarrow{A}_{i\max} - \sum_{i=m+1}^{n-1} \overleftarrow{A}_{i\min} \tag{1-7}$$

$$A_{\Sigma \min} = \sum_{i=1}^{m} \overrightarrow{A}_{i\min} - \sum_{i=m+1}^{n-1} \overleftarrow{A}_{i\max} \tag{1-8}$$

（2）封闭环的上、下极限偏差　封闭环的上极限偏差应是封闭环上极限尺寸与公称尺寸之差，也等于各增环上极限偏差之和减去各减环下极限偏差之和。封闭环的下极限偏差应是封闭环的下极限尺寸与公称尺寸之差，也等于各增环下极限偏差之和减去各减环上极限偏差之和。即

$$B_s A_\Sigma = A_{\Sigma \max} - A_\Sigma = \sum_{i=1}^{m} B_s \overrightarrow{A}_i - \sum_{i=m+1}^{n-1} B_x \overleftarrow{A}_i \tag{1-9}$$

$$B_x A_\Sigma = A_{\Sigma \min} - A_\Sigma = \sum_{i=1}^{m} B_x \overrightarrow{A}_i - \sum_{i=m+1}^{n-1} B_s \overleftarrow{A}_i \tag{1-10}$$

（3）封闭环的公差　封闭环的公差等于封闭环的上极限尺寸减去下极限尺寸，经化简后即为各组成环公差之和。即

$$T_{A_\Sigma} = \sum_{i=1}^{n-1} T_{A_i} \tag{1-11}$$

（4）各组成环平均尺寸的计算　有时为了计算方便，往往将某些尺寸的非对称公差带变换成对称公差带的形式，这样公称尺寸就要换算成平均尺寸。如某组成环的平均尺寸按下式计算。则

$$A_{i_M} = \frac{A_{i\max} + A_{i\min}}{2} \tag{1-12}$$

同理，封闭环的平均尺寸等于各增环的平均尺寸之和减去各减环的平均尺寸之和。即

$$A_{\Sigma M} = \sum_{i=1}^{m} \overrightarrow{A}_{i_M} - \sum_{i=m+1}^{n-1} \overleftarrow{A}_{i_M} \tag{1-13}$$

（5）各组成环平均偏差的计算　各组成环的平均偏差等于各环的上极限偏差与下极限偏差之和的一半。如某组成环的平均偏差按下式计算。则

$$B_M A_i = A_{i_M} - A_i = \frac{A_{i max} + A_{i min}}{2} - A_i$$

$$= \frac{(A_{i max} - A_i) + (A_{i min} - A_i)}{2}$$

$$= \frac{B_s A_i + B_x A_i}{2} \tag{1-14}$$

同理，封闭环的平均偏差等于各增环的平均偏差之和减去各减环的平均偏差之和。即

$$B_M A_\Sigma = \sum_{i=1}^{m} B_M \overrightarrow{A_i} - \sum_{i=m+1}^{n-1} B_M \overleftarrow{A_i} \tag{1-15}$$

二、尺寸链的计算

尺寸链计算通常可分为：线性尺寸链计算、角度尺寸链计算、平面尺寸链计算和空间尺寸链计算，在这四种计算中，通常是以线性尺寸链为基本形式来建立计算公式的，而且最初是按照极值法来进行推导的。

1. 极值法计算尺寸链

极值法（又称极大极小法）计算尺寸链的基本概念，是当所有增环处于极大（或极小）尺寸，且所有减环处于极小（或极大）尺寸时，求解封闭环的上极限尺寸（或下极限尺寸）。

（1）正计算　已知各组成环的尺寸和上、下极限偏差，求封闭环的尺寸及上、下极限偏差，称为正计算。

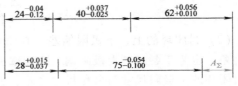

图1-20　正计算图例

例1-1　已知一尺寸链如图1-20所示，试求封闭环的尺寸及公差。

解　① 确定增环和减环：尺寸24、40、62为增环，尺寸28、75为减环。

② 求封闭环的公称尺寸，根据

$$A_\Sigma = \sum_{i=1}^{m} \overrightarrow{A_i} - \sum_{i=m+1}^{n-1} \overleftarrow{A_i}$$

则 $\qquad A_\Sigma = (24+40+62-28-75)\,\text{mm} = 23\,\text{mm}$

③ 求封闭环的极限尺寸，根据

$$A_{\Sigma max} = \sum_{i=1}^{m} \overrightarrow{A}_{i max} - \sum_{i=m+1}^{n-1} \overleftarrow{A}_{i min}$$

$$A_{\Sigma min} = \sum_{i=1}^{m} \overrightarrow{A}_{i min} - \sum_{i=m+1}^{n-1} \overleftarrow{A}_{i max}$$

则 $\qquad A_{\Sigma max} = (23.96+40.037+62.056-27.963-74.90)\,\text{mm} = 23.190\,\text{mm}$

$\qquad A_{\Sigma min} = (23.88+39.975+62.01-28.015-74.946)\,\text{mm} = 22.904\,\text{mm}$

④ 求封闭环的公差，根据

$$T_{A\Sigma} = \sum_{i=1}^{n-1} T_{Ai} = A_{\Sigma max} - A_{\Sigma min}$$

则 $\qquad T_{A\Sigma} = (23.190-22.904)\,\text{mm} = 0.286\,\text{mm}$

⑤ 求封闭环的上、下极限偏差，根据

$$B_s A_\Sigma = A_{\Sigma max} - A_\Sigma = \sum_{i=1}^{m} B_s \overrightarrow{A}_i - \sum_{i=m+1}^{n-1} B_x \overleftarrow{A}_i$$

$$B_x A_\Sigma = A_{\Sigma min} - A_\Sigma = \sum_{i=1}^{m} B_x \overrightarrow{A}_i - \sum_{i=m+1}^{n-1} B_s \overleftarrow{A}_i$$

则

$$B_s A_\Sigma = (23.190 - 23)\,\text{mm} = 0.190\text{mm}$$
$$B_x A_\Sigma = (22.904 - 23)\,\text{mm} = -0.096\text{mm}$$

故所求封闭环尺寸

$$A_\Sigma = 23^{+0.190}_{-0.096}\text{mm}$$

如果把式(1-6)、式(1-9)、式(1-10)改写成表1-2所示的竖式,在"增环"这一行中抄上尺寸24、40、62及其上、下极限偏差,在"减环"这一行中把尺寸28、75的上、下极限偏差位置对调,并改变其正负号(原来的正号改负号,原来的负号改正号),同时给减环的公称尺寸也冠以负号,然后把三列的数值进行代数和运算,即得到封闭环的公称尺寸和上、下极限偏差。这种竖式中对增、减环的处理可以归纳成一句口诀:"增环尺寸和上、下极限偏差照抄,减环尺寸上、下极限偏差对调又变号"。这种竖式主要用来验算封闭环,使尺寸链计算更简明。

表1-2　计算封闭环的竖式　　　　　　　　　　(单位:mm)

公称尺寸		$B_s A_\Sigma$	$B_x A_\Sigma$
增环	24	-0.04	-0.12
	40	+0.037	-0.025
	62	+0.056	+0.01
减环	-28	+0.037	-0.015
	-75	+0.10	+0.054
封闭环	23	+0.190	-0.096

由式

$$T_{A\Sigma} = \sum_{i=1}^{n-1} T_{Ai} = A_{\Sigma max} - A_{\Sigma min}$$

可知封闭环的公差比任一组成环的公差都大,换言之,封闭环的精度比各个组成环的精度都低。因此在设计结构零件时,应选最不重要的环作为零件尺寸链的封闭环。但在装配尺寸链中,封闭环是装配后形成的,就是机械设备和部件的装配技术要求,它却正好是最重要的尺寸环。为减小封闭环公差,就应使尺寸链组成环数目尽可能少。因此,正计算常用来校核和检查封闭环的公差是否超过技术要求。在装配尺寸链中,则常用来检查选用的装配方法是否能够保证装配精度的有关指标。

例1-2　图1-21所示为车床的部件,$A_1 = 25^{+0.084}_0$ mm,$A_2 = (25 \pm 0.065)$ mm,$A_3 = (0 \pm 0.006)$ mm,$A_\Sigma = 0^{+0.025}_0$ mm,试校核装配间隙 A_Σ 能否得到保证。

解　① 绘出尺寸链图,如图1-22所示。

② 确定增环和减环:尺寸 A_2、A_3 为增环,尺寸 A_1 为减环。

③ 求封闭环的公称尺寸:

$$A_\Sigma = A_2 + A_3 - A_1 = (25 + 0 - 25)\,\text{mm} = 0$$

④ 求封闭环的上、下极限偏差:

$$B_s A_\Sigma = (+0.065 + 0.006 - 0)\,\text{mm} = +0.071\text{mm}$$

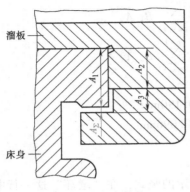

图 1-21 车床部件

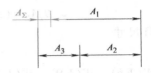

图 1-22 车床部件尺寸链图

$$B_x A_\Sigma = [-0.065 + (-0.006) - (+0.084)]\text{mm} = -0.155\text{mm}$$

⑤ 用竖式法验算：

(单位：mm)

公称尺寸		$B_s A_\Sigma$	$B_x A_\Sigma$
增环	25	+0.065	-0.065
	0	+0.006	-0.006
减环	-25	0	-0.084
封闭环	0	+0.071	-0.155

可见

$$A_\Sigma = 0^{+0.071}_{-0.155}\text{mm}$$

故经校核，间隙得不到保证，组成环的公差不合理。

（2）反计算 已知封闭环的极限尺寸（或上、下极限偏差）及其公差，求解各组成环的上、下极限偏差及公差，则称为尺寸链的反计算。反计算可以采用等公差、等精度两种计算方法。

1）等公差法是在环数不多、公称尺寸相近时，将已知的封闭环公差按 $T_M = T_{A\Sigma}/(n-1)$ 平均分配给各组成环，然后根据各环尺寸加工的难易适当调整公差，只要满足下式即可。

$$\sum_{i=1}^{n-1} T_{Ai} \leqslant T_{A\Sigma}$$

2）等精度法是在尺寸链环数较多时，先将各组成环公差定为相同的公差等级，求出公差等级系数，再计算各环公差，而后按加工难易进行适当调整，但也需满足下式。

$$T_{A\Sigma} \geqslant \sum_{i=1}^{n-1} T_{Ai}$$

我们知道各种尺寸的标准公差值是用公差单位 I 与公差单位数 a（也称公差等级系数）的乘积来表示，即 $T_i = a_i I_i$。

在不大于 500mm 的尺寸范围内，$I = 0.45\sqrt[3]{A} + 0.001A$，式中 A 为尺寸分段的几何平均值。

$$T_{A\Sigma} = \sum_{i=1}^{n-1} T_{Ai} = a_M \sum_{i=1}^{n-1} I_i \qquad (a_M = a_1 = a_2 = \cdots)$$

则

$$a_M = \frac{T_{A\Sigma}}{\sum\limits_{i=1}^{n-1} I_i} \qquad (1\text{-}16)$$

式中　　a_M——平均公差单位数。

　　各组成环可根据其所在的尺寸分段,在有关资料中查出公差单位的数值,并代入式(1-16)中算出平均公差单位数 a_M,然后在有关资料中查出相应的公差等级,并据此查出各组成环尺寸的标准公差值,最后还应对个别组成环的公差值进行适当调整。

　　在确定了组成环公差后,即可确定其上、下极限偏差。一般可按"向体原则"进行:当组成环为被包容尺寸(外尺寸,如轴类零件)时,取其上极限偏差为零;当组成环为包容尺寸(内尺寸,如孔类零件)时,取其下极限偏差为零。按"向体原则"确定组成环上、下极限偏差,可使计算简化,且有利于加工,但必须以满足式(1-9)、式(1-10)为前提。为此,应对个别组成环的上、下极限偏差按公式计算确定。对于孔的中心距,也可按对称偏差确定。

　　例 1-3　图 1-23 所示为汽车发动机曲轴,设计要求轴向装配间隙为 0.05～0.25mm,即 $A_\Sigma = 0^{+0.25}_{+0.05}$mm,在曲轴主轴颈前后两端套有止推垫片,正齿轮被压紧在主轴颈台肩上,试确定曲轴主轴颈长度 $A_1 = 43.50$mm,前后止推垫片厚度 $A_2 = A_4 = 2.5$mm,轴承座宽度 $A_3 = 38.5$mm 等尺寸的上、下极限偏差。

　　解　① 绘出尺寸链图,如图 1-24 所示。

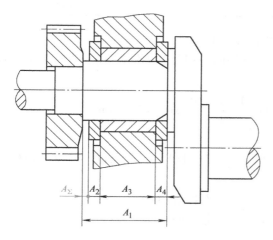

图 1-23　曲轴轴颈装配尺寸链

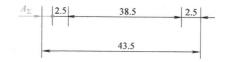

图 1-24　曲轴轴颈尺寸链图

　　② 确定增环和减环:尺寸 A_1 为增环,尺寸 A_2、A_4、A_3 为减环,尺寸 A_Σ 是封闭环。

　　③ 按等公差法计算时,则

$$T_M = \frac{T_{A\Sigma}}{n-1} = \frac{0.25-0.05}{5-1}mm = \frac{0.20}{4}mm = 0.05mm$$

根据各环加工难易调整各环公差,并按"向体原则"安排偏差位置,于是得

$$A_2 = A_4 = 2.5_{-0.04}^{\ 0}mm \qquad A_3 = 38.5_{-0.07}^{\ 0}mm$$

计算 A_1 环的上、下极限偏差,由

$$B_s A_\Sigma = \sum_{i=1}^{m} B_s \overrightarrow{A}_i - \sum_{i=m+1}^{n-1} B_x \overleftarrow{A}_i$$

根据题意得 $$B_s A_\Sigma = \overrightarrow{B_s A_1} - (\overleftarrow{B_x A_2} + \overleftarrow{B_x A_3} + \overleftarrow{B_x A_4})$$

故 $$\overrightarrow{B_s A_1} = B_s A_\Sigma + (\overleftarrow{B_x A_2} + \overleftarrow{B_x A_3} + \overleftarrow{B_x A_4})$$

得 $$\overrightarrow{B_s A_1} = [(+0.25) + (-0.04) + (-0.04) + (-0.07)]\,\text{mm}$$
$$= [(+0.25) + (-0.15)]\,\text{mm} = +0.10\,\text{mm}$$

同理 $$B_x A_\Sigma = \sum_{i=1}^{m} B_x \overrightarrow{A}_i - \sum_{i=m+1}^{n-1} B_s \overleftarrow{A}_i$$

根据题意得 $$B_x A_\Sigma = \overrightarrow{B_x A_1} - (\overleftarrow{B_s A_2} + \overleftarrow{B_s A_3} + \overleftarrow{B_s A_4})$$

故 $$\overrightarrow{B_x A_1} = B_x A_\Sigma + (\overleftarrow{B_s A_2} + \overleftarrow{B_s A_3} + \overleftarrow{B_s A_4})$$

得 $$\overrightarrow{B_x A_1} = [(+0.05) + (0 + 0 + 0)]\,\text{mm} = +0.05\,\text{mm}$$

用竖式验算封闭环，则

（单位：mm）

公称尺寸		$B_s A_\Sigma$	$B_x A_\Sigma$
增环	43.50	+0.10	+0.05
减环	-2.50	+0.04	0
	-2.50	+0.04	0
	-38.50	+0.07	0
封闭环	0	+0.25	+0.05

经由竖式验算认定符合间隙的设计要求，所以 $A_1 = 43.5^{+0.10}_{+0.05}\,\text{mm}$。

④ 按等精度法计算时，由式(1-16)算得各组成环的平均公差单位数 a_M。查有关资料得 $I_{A1} = 1.56$，$I_{A2} = I_{A4} = 0.54$，$I_{A3} = 1.56$。

故 $$a_M = \frac{T_{A\Sigma}}{\sum\limits_{i=1}^{n-1} I_i} = \frac{0.25 - 0.05}{2 \times 1.56 + 2 \times 0.54}\,\text{mm} = \frac{0.20 \times 1000}{4.2}\,\mu\text{m} = 47.60\,\mu\text{m}$$

查有关资料可知 47.6 与 40 相近，故各环公差等级均按 IT9 级定公差值，并按"向体原则"分布极限偏差。

$$T_{A2} = T_{A4} = 0.025\,\text{mm} \qquad A_2 = A_4 = 2.5^{\ 0}_{-0.025}\,\text{mm}$$
$$T_{A3} = 0.062\,\text{mm} \qquad A_3 = 38.5^{\ 0}_{-0.062}\,\text{mm}$$

以 A_1 为协调环计算上、下极限偏差，满足公式 $T_{A\Sigma} = \sum\limits_{i=1}^{n-1} T_{Ai}$ 的要求。

$$B_s A_1 = [(+0.25) + (-0.025) + (-0.062) + (-0.025)]\,\text{mm} = +0.138\,\text{mm}$$
$$B_x A_1 = [(+0.05) + (0 + 0 + 0)]\,\text{mm} = +0.05\,\text{mm}$$

竖式验算封闭环，则

（单位：mm）

公称尺寸		$B_s A_\Sigma$	$B_x A_\Sigma$
增环	43.50	+0.138	+0.05
减环	-2.5	+0.025	0
	-2.5	+0.025	0
	-38.5	+0.062	0
封闭环	0	+0.25	+0.05

经由竖式验算，也符合间隙的设计要求，所以 $A_1 = 43.5^{+0.138}_{+0.05}$ mm。

（3）中间计算　已知封闭环及部分组成环，求解尺寸链中某些组成环的计算称为中间计算。

例 1-4　图 1-25 所示为活塞，其使用性能要求保证销孔轴线至顶部的尺寸 99mm 及其公差。为使机床尺寸调整简便，在工序图上应注明以安装基准 A 标注尺寸 B，试确定该工序尺寸 B 及其公差。

解　按加工工序最后得到的封闭环 $B_\Sigma = 99^{0}_{-0.087}$ mm 为已知，求组成环 B。由图可知，显然组成环 155mm 的公差不合理，此时的工艺不能保证封闭环尺寸的精度，因此必须减小尺寸 155mm 的公差值，现将尺寸 $155^{0}_{-0.25}$ mm 改为 $155^{0}_{-0.063}$ mm。

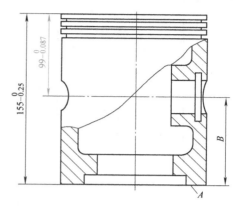

$$B = (155 - 99)\,\text{mm} = 56\text{mm}$$

由　　　　　$0\text{mm} = 0\text{mm} - \overleftarrow{B_x B}$

故　　　　　$B_x B = 0\text{mm}$

由　　$-0.087\text{mm} = -0.063\text{mm} - \overleftarrow{B_s B}$

故　　$\overleftarrow{B_s B} = [(-0.063) - (-0.087)]\,\text{mm}$
　　　　　　　$= +0.024\text{mm}$

于是得 $B = 56^{+0.024}_{0}$ mm。

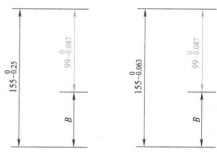

图 1-25　计算活塞工序尺寸

例 1-5　图 1-26a 所示为轴承套零件图，要求端面 A 对外圆 C 的轴线的垂直度公差 $\delta_2 = 0.05$ mm，端面 B 对外圆 C 的轴线的垂直度公差 $\delta_\Sigma = 0.05$ mm。此零件加工工艺过程如下：

工序 1：精车端面 A，精镗孔 E_1。

工序 2：以端面 A 及 E_1 定位，精车外圆 C、端面 B 并镗 E_2 孔，保证端面 B 对端面 A 平行，要求达到规定的公差 δ_1，也即是该两面的交角 $\alpha_1 = 0° \pm \Delta\alpha_1$。

工序 3：在金刚镗床上用夹具以端面 A 及孔 E_1 定位（定位夹紧后撤去心轴），细镗 E_1、E_2 两孔，并细车外圆 C，达到 $\phi 105\text{h}6$ 的要求。

求解端面 B 对端面 A 的平行度公差 δ_1 是多少，才能保证 B 面对轴线的技术要求？

解　端面 A 对外圆 C 轴线的垂直度是在工序 3 中得到保证，$\delta_2 = 0.05$ mm/240mm，即其交角 $\alpha_2 = 90° \pm \Delta\alpha_2$。端面 B 对外圆 C 轴线的垂直度是间接达到的，应是封闭环，由图上要求其公差 $\delta_\Sigma = 0.05$ mm/120mm，即其角度关系为 $\alpha_\Sigma = 90° \pm \Delta\alpha_\Sigma$。于是上述 α_1、α_2、α_Σ 组成了一个三环角度尺寸链，如图 1-26b 所示。

通常对垂直度的检验，可用一标准心轴套入 E_1、E_2 孔中来测量端面 A 和 B（机床装配检验垂直度通常用直角尺），这样就可以将垂直度转化为轴向圆跳动量，且几何公差关于垂直度公差带也是这样定义的，即"垂直度是距离为公差值，且垂直于基准直线的两平行平面之间的区域"。因此，图 1-26b 所示的尺寸链就可以转化为线性尺寸链形式，如图 1-26c 所示。

由于 $\Delta\alpha_i$ 为角度公差，而 δ_1、δ_2、δ_Σ 却是线值公差，所以 α_1、α_2、α_Σ 需用 α_1'、α_2'、α_Σ' 代替。

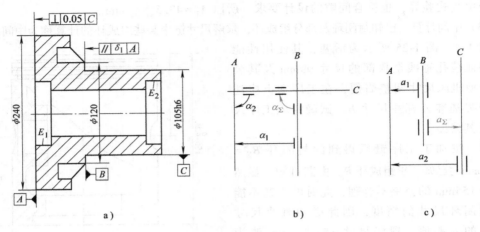

图 1-26　轴承套角度尺寸链

$$\alpha'_1 = 0 \pm \delta_1/2, \quad \alpha'_2 = 0 \pm \delta_2/2, \quad \alpha'_\Sigma = 0 \pm \delta_\Sigma/2$$

根据 $T_{A\Sigma} = \sum\limits_{i=1}^{n-1} T_{Ai}$，则

$$\delta_\Sigma = \delta_1 + \delta_2$$

所以　　　　　$\delta_1 = \delta_\Sigma - \delta_2 = 0.05/120 - 0.05/240 = 0.05/240$（或 $0.025/120$）

所以工序 2 的技术要求应是：端面 B 对端面 A 的平行度公差在 120mm 长度上不大于 0.025mm。

2. **概率法计算尺寸链**

极值法计算尺寸链的特点是简便、可靠，但在封闭环公差较小，组成环数目较多时，根据 $T_{A\Sigma} = \sum\limits_{i=1}^{n-1} T_{Ai}$ 的关系式，则分摊到各组成环的公差将过于严格，使加工困难，制造成本增加。而且实际生产中，尤其在大批量生产条件下，实际尺寸处于极限值的可能性很小，而尺寸链的各环尺寸同时等于各自的极限值的可能性就更小。如果用概率法来计算就可以克服这一缺点，并能扩大各组成环的公差值，使之更合理、更经济。

当某种零件的生产批量足够大时，其加工误差一般是符合随机误差分布规律的。就多环尺寸链来说，各环尺寸的实际值也是一个随机变量。

大量实验证明，多数加工误差符合正态分布规律。当取组成环的极限偏差 $\Delta_{\text{lim}} = \pm 3\sigma$ 时（即加工误差 $\delta \leqslant 6\sigma$ 时），其加工零件的合格率（即置信概率）$P = 99.73\%$，说明只有 0.27% 的零件可能是废品，如图 1-27 所示。

（1）正态分布的随机误差　尺寸链中各组成环的尺寸，一般情况都是独立的随机变量。由概率论原理

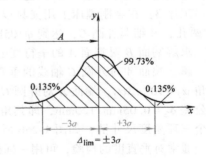

图 1-27　正态分布曲线

可知，当各组成环的尺寸均按正态分布时，各独立随机变量的标准偏差的总和 σ_Σ，等于各个独立的标准偏差 σ_i 的平方和的平方根。对于尺寸链，即封闭环的标准偏差 σ_Σ，等于各组成环标准偏差 σ_i 平方和的平方根。则

$$\sigma_{\Sigma} = \sqrt{\sigma_1^2 + \sigma_2^2 + \cdots + \sigma_{n-1}^2} = \sqrt{\sum_{i=1}^{n-1} \sigma_i^2} \qquad (1\text{-}17)$$

式中　σ_{Σ}——封闭环的均方根偏差(标准偏差);

　　　σ_i——各组成环的均方根偏差(标准偏差)。

当尺寸的公差带中心与尺寸误差的分布中心重合时(没有系统误差的影响),我们只考虑随机误差对各组成环尺寸的影响。由于各组成环均呈正态分布,故由其合成的封闭环尺寸也是正态分布,如图 1-28 所示的三环尺寸链图。

我们知道正态分布的极限误差 $\delta_{\lim}$ 与均方根偏差 σ 的关系为 $\delta_{\lim} = 6\sigma$,那么 $\sigma = \frac{1}{6}\delta_{\lim}$。这样,组成环的尺寸分散范围 $\delta_i = 6\sigma_i$,封闭环的尺寸分散范围 $\delta_{\Sigma} = 6\sigma_{\Sigma}$。经变换后可得 $\sigma_i = \frac{1}{6}\delta_i$,$\sigma_{\Sigma} = \frac{1}{6}\delta_{\Sigma}$。将其代入式(1-17)得

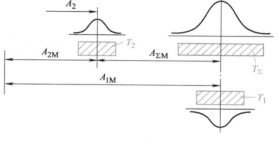

$$\delta_{\Sigma} = \sqrt{\sum_{i=1}^{n-1} \delta_i^2}$$

图 1-28　公差带中心与其尺寸误差分布中心重合

取各环的公差值与它们的尺寸的随机误差的极限值 $\delta_{\lim}$ 相等,则 $T_{Ai} = \delta_{i\lim}$,$T_{A\Sigma} = \delta_{\Sigma\lim}$ 代入上式得

$$T_{A\Sigma} = \sqrt{\sum_{i=1}^{n-1} T_{Ai}^2} \qquad (1\text{-}18)$$

于是用概率法求各组成环尺寸的平均公差 T_{AM} 应为

$$T_{AM} = \frac{T_{A\Sigma}}{\sqrt{n-1}} = \frac{\sqrt{n-1}}{n-1} T_{A\Sigma} \qquad (1\text{-}19)$$

式(1-19)说明用概率法计算平均公差,比用极值法计算平均公差时,各组成环公差值可扩大 $\sqrt{n-1}$ 倍,而可能产生的废品率仅为 0.27%,故这种计算方法是很经济合理的。

(2) 非正态分布的随机误差　如果各组成环不属于正态分布的随机误差。则

$$\sigma_i = \frac{1}{6}\delta_i K_i$$

式中　K_i——相对分布系数(可查阅有关资料),表明各种分布曲线的不同性质。当曲线是正态分布时,其 $K_i = 1$。

此时的(1-18)式应为

$$T_{A\Sigma} = \sqrt{\sum_{i=1}^{n-1} (K_i T_{Ai})^2} \qquad (1\text{-}20)$$

由概率论原理推知,直线或角度尺寸链封闭环的算术平均值 $\overline{A}_{\Sigma}$ 等于各增环算术平均值 $\overrightarrow{\overline{A}}_i$ 之和减去各减环算术平均值 $\overleftarrow{\overline{A}}_i$ 之和。即

$$\overline{A}_{\Sigma} = \sum_{i=1}^{m} \overrightarrow{\overline{A}}_i - \sum_{i=m+1}^{n-1} \overleftarrow{\overline{A}}_i \qquad (1\text{-}21)$$

当各组成环的尺寸分布属于对称分布时,即加工误差分布中心与公差带中心重合,则随

机误差的算术平均值 $\overline{A}$ 即等于公差带中心的平均尺寸 A_M，代入式（1-21）得

$$A_{\Sigma M} = \sum_{i=1}^{m} \overrightarrow{A}_{iM} - \sum_{i=m+1}^{n-1} \overrightarrow{A}_{iM}$$

上式与极值法式（1-13）完全一致，说明概率法计算尺寸链与极值法计算尺寸链，封闭环的平均尺寸不变。概率法考虑加工误差的随机性，只扩大了组成环的加工误差。

（3）非对称分布的随机误差　当组成环的尺寸分布属于非对称分布时，则算术平均值 $\overline{A}$ 相对于公差带中心 A_M，偏离一距离 Δ，如图1-29所示。

由图可知 Δ 为

$$\Delta = \overline{A} - A_M = \frac{\alpha T}{2}$$

式中　α——相对不对称系数（可查阅有关资料）。若 α

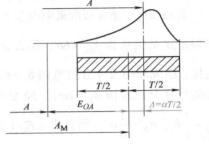

为负值，则说明 $\overline{A}$ 小于 A_M，分布曲线形状
偏向尺寸较小的一方。若 α 为零，则是对
称分布。由图1-29得

$$\overline{A} = A_M + \frac{1}{2}\alpha T = A + E_{OA} + \frac{1}{2}\alpha T \qquad (1-22)$$

图1-29　误差的非对称分布

式中　E_{OA}——尺寸 A 的平均偏差。

实际上，不论组成环的尺寸分布是何种形式，对于封闭环来说，各环误差的总和仍是随机性的，当组成环较多，且各环在总体中彼此独立时，封闭环的尺寸分布仍将与正态分布非常接近。此时，封闭环的误差分布中心仍将与其公差带中心基本重合，即相对不对称系数 $\alpha_{\Sigma} = 0$。

例1-6　用概率法求解例1-3（见图1-23）汽车发动机曲轴轴颈装配尺寸链。设备组成环的尺寸是等精度的。

解　① 求各组成环公差，并假定各环均呈正态分布，由式（1-16）、式（1-18）得

$$T_{A\Sigma} = a_M \sqrt{\sum_{i=1}^{n-1} I_i^2}$$

$$a_M = \frac{T_{A\Sigma}}{\sqrt{\sum_{i=1}^{n-1} I_i^2}} \qquad (1-23)$$

查阅有关资料分别得 $A_2 = A_4$、A_3、A_1 的 I^2 为 0.2916、2.4336、2.4336，代入式（1-23）得

$$a_M = \frac{200}{\sqrt{2 \times 0.2916 + 2 \times 2.4336}} = 85.7$$

又查阅有关资料可知85.7与64相近，按IT10级在标准公差表中查出各组成环的标准公差值为 $T_2 = T_4 = 0.04$ mm，$T_3 = 0.10$ mm，$T_1 = 0.10$ mm。

经验算　$T_{A\Sigma} = \sqrt{(0.04)^2 + (0.04)^2 + (0.10)^2 + (0.10)^2}$ mm $= 0.1523$ mm < 0.20 mm

故可以适当扩大组成环的公差，倘若按IT11级计算，则将使合成结果超出封闭环的公差。因此，只能选一个组成环作为协调环，采用非标准公差加以扩大。现以 A_1 为协调环，并将 A_2、A_3、A_4 各环以"向体原则"布置偏差。

$$T_{A1} = \sqrt{T_{A\Sigma}^2 - (T_{A2}^2 + T_{A4}^2 + T_{A3}^2)} = \sqrt{(0.20)^2 - [(0.04)^2 + (0.04)^2 + (0.10)^2]}\text{ mm}$$

$$= 0.1637\text{mm}$$

故 $\qquad A_2 = A_4 = 2.5_{-0.04}^{\ 0}\text{mm} \qquad A_3 = 38.5_{-0.10}^{\ 0}\text{mm}$

② 决定各环公差带位置

$$E_{O2} = E_{O4} = -0.02 \qquad E_{O3} = -0.05 \qquad E_{O\Sigma} = +0.10$$

A_1 用来平衡尺寸链各环的公差带位置，根据式（1-12）、式（1-13）得

$$E_{O\Sigma} = E_{O1} - (E_{O2} + E_{O4} + E_{O3})$$

$$E_{O1} = [0.10 + (-0.02 - 0.02 - 0.05)]\text{mm} = +0.01\text{mm}$$

所以 $\qquad A_1 = \left(43.5 + 0.01 \pm \dfrac{0.163}{2}\right)\text{mm} = 43.5_{-0.0715}^{+0.0915}\text{mm}$

至此，各环尺寸及公差全部确定。同前面用极值法的等精度计算结果相比，虽然封闭环公差值不变，然而用概率法算得的各组成环公差等级比极值法算得的低一级。只是当各零件装配后，在 $T_\Sigma = \pm 3\sigma_\Sigma$ 范围内的合格件数占总数的 99.73%，相应地可能有 0.27% 的零件装配后不合格。

三、装配尺寸链的建立方法

要合理地选择装配方法，达到预定的装配精度，就需要深入分析机械设备的结构和技术条件而建立装配尺寸链。

在装配图上，正确地查明相关联的装配尺寸，是建立装配尺寸链的依据，应该首先从机械设备的最终装配技术要求着手。机械设备的装配技术要求是机械设备设计的原始依据，也是装配尺寸链的封闭环，它是按国家标准或有关资料来确定的。而机构中对某项装配技术要求产生直接影响的那些零、部件的尺寸和位置关系，是该装配尺寸链的组成环。所以建立装配尺寸链时，首先沿着装配技术要求的位置和方向，以装配基准面为联系的线索，分别查明影响装配精度的相关零件的有关尺寸，直至找回到测量装配技术要求的起始基准，然后画出装配尺寸链图，写出尺寸链方程式。与某项装配精度有关的零件，每个零件只能有一个尺寸列入该项装配尺寸链，这样组成环数就等于有关的零件数目。因此，进行机械设备结构设计时，应在满足工作性能的前提下，尽量减少零件数目，以提高装配精度和经济性。

1. 单个装配尺寸链

例如，根据金属切削机床专业标准规定，一般卧式车床主轴锥孔的轴线和尾座顶尖套锥孔轴线对床身导轨的不等高度公差为 δ_Σ，只许尾座高，如图 1-30 所示。这项技术要求就是装配尺寸链的封闭环，与之有关的零件有主轴箱、主轴、轴承、尾座、顶尖套及底板。

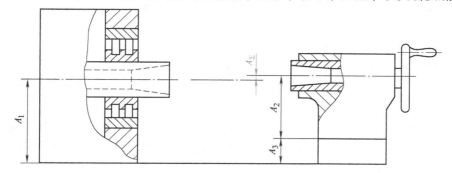

图 1-30　主轴锥孔轴线和尾座顶尖套锥孔轴线的不等高度

图 1-31 中：a 为主轴锥孔轴线；b 为主轴轴颈的轴线，它和滚动轴承内圈孔的轴线是重合的；c 为滚动轴承内圈外圆轴线；d 为滚动轴承外圈内孔的轴线；e 为滚动轴承外圈外圆轴线，它和主轴箱体轴承座孔的轴线重合；f 为顶尖套锥孔轴线；g 为顶尖套外圆轴线；h 为尾座体孔轴线。

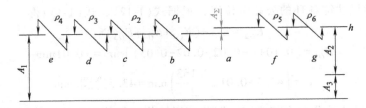

图 1-31 影响车床主轴及尾座顶尖套锥孔轴线等高的装配关系

在理想情况下，a、b、c、d、e 等各轴线都是重合的，f、g、h 等轴线也是重合的。但由于存在制造误差，这些轴线之间也会出现偏移，其偏移值分别以 ρ_1、ρ_2、ρ_3、ρ_4 及 ρ_5、ρ_6 表示。按照装配精度检验要求，主轴锥孔轴线的位置是取其摆差的平均值位置来表示和确定的（测量时，主轴回转），这显然就是主轴轴线的位置，也是滚动轴承内圈外圆轴线的位置。所以主轴锥孔对主轴颈的偏移 ρ_1 以及滚动轴承内圈内、外圆轴线的偏移 ρ_2，并不影响主轴锥孔在检验时的高度位置，故不应列入装配尺寸链。于是，就可以建立装配尺寸链方程式。即

$$A_\Sigma + \rho_3 + \rho_4 + A_1 - A_2 - A_3 - \rho_5 - \rho_6 = 0$$

式中　A_Σ——主轴锥孔的轴线和尾座顶尖套锥孔的轴线对床身导轨的不等高度；

ρ_3——由滚珠直径误差所引起的滚动轴承内圈外圆轴线对外圈孔的轴承的偏移；

ρ_4——滚动轴承外圈内、外圆轴线的偏移；

A_1——主轴箱主轴锥孔的轴线至其底面的距离；

A_2——尾座顶尖套锥孔的轴线至其底面的距离；

A_3——底板的高度；

ρ_5——顶尖套锥孔的轴线对其外圆轴线的偏移；

ρ_6——顶尖套与尾座孔的配合间隙所引起的偏移。

也可以将等高尺寸链简化为部件之间相关的尺寸链，如图 1-32 所示。其尺寸链方程式为

$$A_\Sigma + A_1 - A_2 - A_3 = 0$$

装配尺寸链建立后，则可根据需要验算装配精度或求解组成环精度。

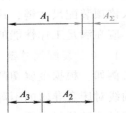

图 1-32 简化了的等高尺寸链

2. 装配尺寸链系统

对复杂的机械结构，各个零件之间的尺寸联系，远非一个装配尺寸链所能表达。为了解决机械设计和装配工艺中的问题，必须建立整个机械的装配尺寸链系统。

如图 1-33 所示，卧式车床丝杠前后轴承孔中心线与开合螺母中心线对床身导轨在垂直平面内的位置度公差为 0.3mm。该项精度可由多个尺寸链组成的尺寸链系统来保证。图1-34 所示为卧式车床上装配丝杠的尺寸链系统。

1）保证溜板箱开合螺母中心线与丝杠轴线的同轴度公差 $B_{\Sigma 1}(\pm B'_{\Sigma 1})$，如图 1-34a 所

示。则

$$B_5 + B_4 + B'_{\Sigma 1} - B_1 = 0$$

式中　B_5——溜板箱山形导轨平面交线与溜板箱结合面的距离；

　　　　B_4——开合螺母中心线与溜板箱结合面的距离；

　　　　B_1——床身导轨平面至丝杠轴线的距离。

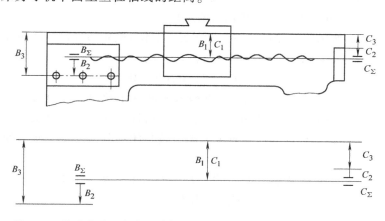

图 1-33　卧式车床丝杠与开合螺母对床身导轨在垂直平面内的位置度

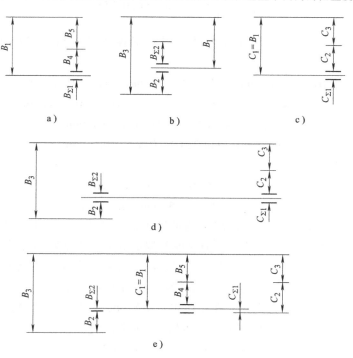

图 1-34　卧式车床上装配丝杠的尺寸链系统

2）保证丝杠轴线与进给箱上装丝杠的孔中心线的同轴度公差 $B_{\Sigma 2}(\pm B'_{\Sigma 2})$，如图1-34b所示。由于溜板箱部件自床身导轨至丝杠轴线的距离可由整体尺寸 B_1 代替 $B_5 + B_4$，故

$$B_1 + B'_{\Sigma 2} + B_2 - B_3 = 0$$

式中　B_2——进给箱上装丝杠的孔中心线至进给箱上紧固孔中心线的距离；

B_3——床身上紧固孔中心线至导轨面的距离。

3）保证丝杠轴线与后支架装丝杠的孔中心线的同轴度公差 $C_{\Sigma 1}(\pm C'_{\Sigma 1})$，如图 1-34c 所示，$C_1 = B_1$。则

$$C_1 + C'_{\Sigma 1} - C_2 - C_3 = 0$$

式中　　C_2——丝杠后支架装丝杠的孔中心线至后支架紧固孔中心线的距离；

　　　　C_3——床身上紧固孔中心线至导轨面的距离。

4）当按图 1-34b 所示的尺寸链计算（调整法或配作）确定 $B_{\Sigma 2}$ 后，需保证丝杠前后支承孔轴线的同轴度公差 $C_{\Sigma 1}(\pm C'_{\Sigma 1})$，如图 1-34d 所示。则

$$C_2 + C_3 + C'_{\Sigma 1} + B_2 - B_3 = 0$$

5）为使车床在使用过程中保持精度，在较长时间内不超出公差（0.3mm），装配时应使丝杠两端低于开合螺母中心线，若低 0.15mm，则当溜板及床身导轨磨损 0.3mm 时（即开合螺母中心线下降 0.3mm），仍能保证位置度公差，故封闭环只取正值。该系统的尺寸链如图 1-34e 所示。

按图 1-34b、c 所示的尺寸链计算，设：$B_1 = 147\text{mm}$、$B_2 = 254\text{mm}$、$B_3 = 401\text{mm}$、$C_1 = 147\text{mm}$、$C_2 = 47\text{mm}$、$C_3 = 100\text{mm}$，$B_1(C_1)$ 实为 $B_5 + B_4$ 两个零件的尺寸。

所以

$$T_\text{M} = \frac{T_{\Sigma 1}}{n-1} = \frac{0.15}{4}\text{mm} = 0.0375\text{mm}$$

这种精度显然是不经济的，如采用调整法，则根据各环经济精度可确定其公差为（约为 IT10~IT12）

$$B_1 = 147_{-0.40}^{0}\text{mm} \quad B_2 = 254_{-0.21}^{0}\text{mm} \quad B_3 = 401_{-0.25}^{0}\text{mm}$$

$$C_1 = 147_{-0.40}^{0}\text{mm} \quad C_2 = 47_{0}^{+0.10}\text{mm} \quad C_3 = 100_{-0.22}^{0}\text{mm}$$

则

$$T_{\Sigma 2} = (0.4 + 0.25 + 0.21)\text{mm} = 0.86\text{mm}$$

$$T_{\Sigma 3} = (0.4 + 0.22 + 0.10)\text{mm} = 0.72\text{mm}$$

所以最大调整补偿量 δ_i 为

$$\delta_2 = (0.86 - 0.15)\text{mm} = 0.71\text{mm}$$

$$\delta_3 = (0.72 - 0.15)\text{mm} = 0.57\text{mm}$$

例 1-7　图 1-35 所示为发动机风扇结构的装配图，这个部件装配后应保证主轴旋转自如，同时叶轮不与箱体相碰。此外，还须保证前端螺钉能可靠地紧固叶轮，后端盖与箱体接触良好。为了保证上述要求，需要建立一系列装配尺寸链，分别保证各自的装配技术要求。现以 $N_{\Sigma i}$ 为各尺寸链的封闭环建立如下的尺寸链，如图 1-36 所示。

① 装配尺寸链 a——保证主轴能在箱体中自由转动，轴向间隙为 $N_{\Sigma 1}$。

② 装配尺寸链 b——保证叶轮不与箱体相碰，间隙为 $N_{\Sigma 2}$。

③ 装配尺寸链 c——保证轴颈伸出套筒，伸出量为 $N_{\Sigma 3}$。

④ 装配尺寸链 d——保证后端盖上的孔的长度大于套筒配合部分的长度，以便加装外盖，超出的长度为 $N_{\Sigma 4}$。

⑤ 装配尺寸链 e——保证后轴颈长度不致超过套筒长度，其差值为 $N_{\Sigma 5}$。

⑥ 装配尺寸链 f——保证前轴端花键部分长度适当，以便安装叶轮，其装配长度的差值为 $N_{\Sigma 6}$。

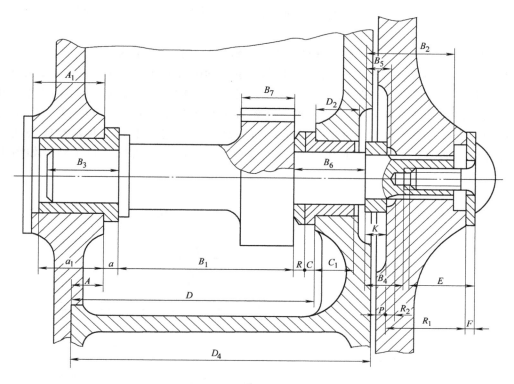

图 1-35　发动机风扇结构的装配图

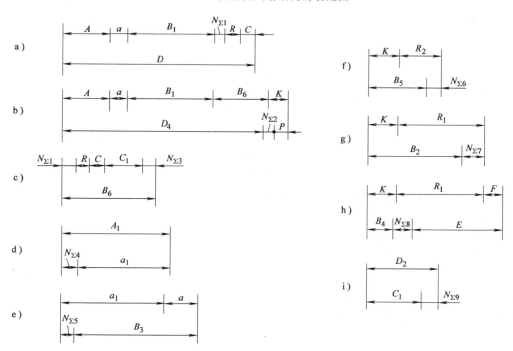

图 1-36　按单个技术要求建立的尺寸链图

⑦ 装配尺寸链 g——保证叶轮装入轴端后，叶轮孔长超出轴端，以便用螺钉压紧，超出量为 $N_{\Sigma 7}$。

⑧ 装配尺寸链 h——保证螺孔深度，以便螺钉压紧，孔深裕量为 $N_{\Sigma 8}$。

⑨ 装配尺寸链 i——保证箱体前孔长度超过套筒的配合部分的长度，其超出量为 $N_{\Sigma 9}$。

上述九项装配技术要求是根据标准或有关资料确定的，然后按这九个装配尺寸链进行初步核算，最后即可确定箱体、主轴、叶轮等全部零件的轴向尺寸和公差。由于这些尺寸链中，有些是互相关联成并联尺寸链或串联尺寸链，它们中有公共基准或公共尺寸环，计算时不能顾此失彼。因此建立整个结构的尺寸链图，就可以一目了然，如图 1-37 所示。

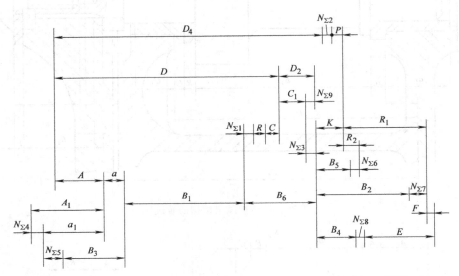

图 1-37　发动机风扇结构尺寸链系统

从图 1-37 所示可知，装配尺寸链 a 与装配尺寸链 b 共用尺寸 A、a、B_1 三个组成环，形成并联尺寸链，如图 1-38 所示。显然在计算尺寸链时，公共组成环 A、a、B_1 的公差是不能随意变动的，因为这将对两个尺寸链的封闭环产生影响。此外，从图 1-38 中还可以看出，装配尺寸链 a 与装配尺寸链 c 共用尺寸 $N_{\Sigma 1}$、R、C 三个公共尺寸环，它们所组成的并联尺寸链中，尺寸 R 和 C 均为组成环，而尺寸 $N_{\Sigma 1}$ 在装配尺寸链 a 中是封闭环，也就是说装配尺寸链 a 的各组成环误差将累积到 $N_{\Sigma 1}$ 上。而 $N_{\Sigma 1}$ 在装配尺寸链 c 中却又是组成环，方程式可表示为

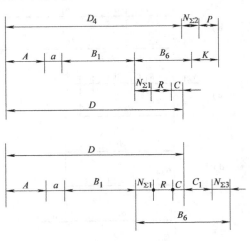

图 1-38　并联尺寸链

$$N_{\Sigma 3} = B_6 - (C_1 + C + R + N_{\Sigma 1})$$
$$= B_6 - (C_1 + C + R) - (D - A - a - B_1 - R - C)$$
$$= B_6 + A + a + B_1 - C_1 - D$$

可见，$N_{\Sigma 1}$ 是作为中间变量，经过代换得到的一个新尺寸链。利用中间变量的过渡，我们常可以把多环的复杂尺寸链分解为两个尺寸链，以进行简化计算。在已知组成环求封闭环时，先求得 $N_{\Sigma 1}$，再根据 $N_{\Sigma 1}$ 计算 $N_{\Sigma 3}$；在已知封闭环反求各组成环时，则可先根据 $N_{\Sigma 3}$ 求出 $N_{\Sigma 1}$ 及其他各组成环，再根据 $N_{\Sigma 1}$ 去求尺寸链 a 中的其他组成环。

根据上述装配尺寸链的计算结果，即可得到如图 1-39a 所示的主轴轴向尺寸的标注形式，这种尺寸标注形式完全是从结构设计方面考虑的。为了符合制造工艺方面的要求，还需进行一些修改。经修改后，可得到如图 1-39b 所示的结果。

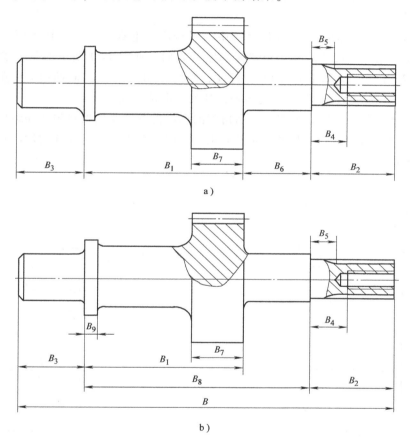

图 1-39 发动机风扇主轴装配尺寸链

3. 装配角度尺寸链

在一个部件或整台机械设备的装配技术要求中，各部分组成关系呈角度尺寸链关系，甚至在一个零件上也可能有角度尺寸链形成。一般有几何公差要求的零件或部件，如平行度、垂直度、同轴度等，都可以看成是角度尺寸链的关系，其基本关系式为

$$\alpha_{\Sigma} = \alpha_1 + \alpha_2 + \alpha_3 + \cdots + \alpha_{n-1} = \sum_{i=1}^{n-1} \alpha_i \qquad (1\text{-}24)$$

这个关系式同样说明了各组成环的角度误差综合后形成封闭环误差。但是角度尺寸链有它的特殊性，和线性尺寸链完全不同，不能应用简单的关系式来进行计算。角度尺寸链的特点可从下面的有关内容看出。

（1）角度尺寸链的封闭性 图 1-40 所示的角度尺寸链表示立式钻床主轴相对工作台垂直度的装配技术要求，从最后形成封闭环角度误差 α_Σ 来看，各个组成环的角度误差 α_i 都会有所影响，但是各个组成环所代表的夹角是封闭的。且

$$\alpha_1 = \alpha_2 = \alpha_3 = \alpha_\Sigma = 90°$$

$$\alpha_1 + \alpha_2 + \alpha_3 + \alpha_\Sigma = 360°$$

因为四个夹角之和为 360°，当其中一个角度有误差而增大时，必然有另一个夹角产生误差而减小，而且四个夹角包括它们的误差，总和恒保持 360°，这就是角度尺寸链中组成环夹角的封闭性。

（2）角度误差的方向性 角度尺寸链中的平行度、垂直度等装配技术要求在标注上有其方向性，要根据标注尺寸的具体位置来判断其方向。如图 1-41 所示的垂直度误差，从左边夹角 α_1 来看为 $-\delta_\alpha$，若以右边夹角 α_2 标注，则变为 $+\delta_\alpha$，但是左右两边的夹角都代表的是垂直度关系。如图 1-42 所示的平行度误差，其关系也是如此。

角度尺寸链的分析计算必须明确表示角度的标注位置，要根据封闭环和组成环相互形成封闭的关系正确标明，然后由此确定误差的正负方向，至于各个组成环的标注角度则要根据封闭环角度来推导确定。

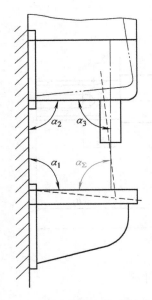

图 1-40 立式钻床的角度尺寸链

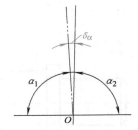

图 1-41 垂直度误差

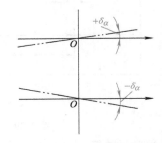

图 1-42 平行度误差

（3）角度尺寸链的增环与减环 判断角度尺寸链的组成环是增环或者减环，与线性尺寸链相似，要根据对封闭环 α_Σ 的影响来判断。但是角度尺寸链中每个环的角度，随标注角度的方向不同而影响不同。同样的技术要求数值，若以右侧标注时为"减环"，以左侧标注时则变为"增环"（见图 1-41）。因此区别角度是增环还是减环，要由具体的标注角度的方向来确定。

由于角度尺寸链的封闭性和方向性影响，在计算角度尺寸链时，判别角度的正负，往往会引起混乱，区别增环或减环也就经常会产生错误。在实际工作中判别角度的正负，一般可

采用"同顶圆"法。同顶圆法是把封闭环 α_Σ 的角顶作为基准，而把其他组成环角度转化在以 α_Σ 为角顶的同心圆上，依此来判别组成环是增环还是减环。

1）内角封闭式角度尺寸链：如图 1-43 所示的纯角度尺寸链是用同顶圆进行组成环的转化而得来的。这种纯角度尺寸链的四个内角封闭，形成内接多边形，内角之和等于 360°。

在这种情况下，可以用封闭环角顶 O 将各组成环依次顺序转移，形成同心圆上分布的角度。α_1 和 α_3 都以共同边按内错角转移，而且内错角相等，并且可以看出 α_1 和 α_3 转移前后对封闭环 α_Σ 的影响是相同的。相对 α_Σ 两边（初始和最后）的两个角 α_1 和 α_3 转移后，中间的其他夹角，如 α_2，可以从 α_1 开始按与原封闭图相反的方向顺序排列转移。这样形成同心圆后即可看出组成环 α_1、α_2 和 α_3 均为减环。因而在图 1-40 所示的角度尺寸链中，可以建立如下的关系式。即

$$\alpha_\Sigma = -(\alpha_1 + \alpha_2 + \alpha_3)$$

2）具有外角的角度尺寸链：如图 1-44 所示的纯角度尺寸链中，α_3 为封闭框图外的外角，将此外角按封闭环同顶圆转化，由于内、外角互补，转化后为 $-\alpha_3$。这样转化以后，根据同顶圆对封闭环 α_Σ 的影响，这个组成环本来使 α_Σ 减小，但它本身有"负"号，因此这个组成环为增环。由此得

$$\alpha_\Sigma = \alpha_3 - \alpha_1 - \alpha_2$$

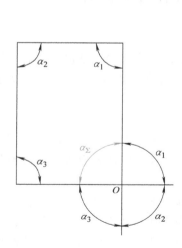

图 1-43　内角封闭式角度尺寸链

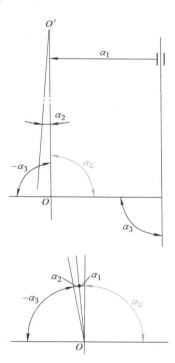

图 1-44　具有外角的角度尺寸链

3）根据以上叙述的两种情况，角度尺寸链按同顶圆转化的原则有：

① 以封闭环角顶为中心作同顶圆。

② 原与封闭环同顶的组成环不加任何转化。

③ 内错角转化时，依内错角转位，符号不变。

④ 外角、补角、同旁内角等转化后，随角度的转位，符号相应改变。

⑤ 同轴度、平行度等按同顶小角排入同顶圆，符号与原标注的符号相同。

例 1-8　如图 1-45 所示铣床，根据铣床精度标准要求，工作台平面对于主轴旋转轴线的平行度 α_Σ，要求工作台面向床身竖导轨倾斜。为了保证工作台平面对主轴旋转轴线的平行度要求、对床身竖导轨的垂直度要求，需要建立一些角度装配尺寸链，分别保证各自的装配技术要求。

根据本例中涉及的平行度、垂直度等几何公差的尺寸链，我们可以按相关零件的相互关系在三自由度内建立角度装配尺寸链。其中：

α_Σ——工作台平面对主轴旋转轴线的平行度；

α_1——工作台平面对下导轨面的平行度；

α_2——滑座上导轨面对下导轨面的平行度；

α_3——升降台横导轨面对侧导轨面的垂直度；

α_4——主轴旋转轴线对床身侧导轨面的垂直度。

图 1-45 中的"O-O"线是床身侧导轨面在 XOZ 平面内的理想垂直线，即相当于侧导轨面旋转了 90°。

如果我们对铣床结构做进一步分析，还可以有主轴旋转轴线对床身主轴孔轴线的同轴度，床身侧导轨面的直线度，升降台侧导轨面对床身侧导轨面的平行度等都可列入角度尺寸链系统。

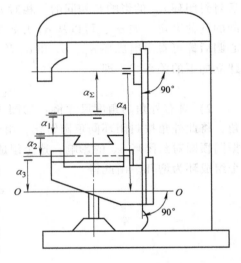

图 1-45　铣床角度尺寸链

第四节　修理基准和典型修理作业的内容

一、修理基准的选择

在修理设备时，合理地选择刮研修理基准面，对保证设备修理精度是很重要的。装配图中通过设计基准、设计尺寸来表达各部件间的位置要求，根据分析后确定下来的尺寸链关系，选择修理基准面是比较方便的。

1. 基准不变组合修理法

在修复尺寸链的精度时，只选用一个基准面，而所有作用面的修理，都以此面为基准。这样可以减少基准误差和尺寸链各组成环累积误差的影响，还可以使各组成环的修理公差放大到接近封闭环的公差。

按基准不变组合修理法选择修理基准时，最好使修理基准与设计基准相重合，以便根据尺寸链的关系检查精度。当尺寸链的设计基准不具备作为修理基准所要求的条件时，则应按修理基准要求的条件另行选择。由于修理基准不是组成封闭环的一个作用面，因此修理路线是由所选的修理基准出发，分两支组成环从两边沿尺寸链各环伸展至封闭环，每支组成环的修理公差近似为封闭环公差的 1/2。两支组成环通常应避免同时修理，在第一支组成环修复后，根据实际偏差，换算第二支组成环的公差带和中心坐标，这样可以把组成环的修理公差放大到近似封闭环的公差。应注意的是：利用这种组合法修理尺寸链时，必须按尺寸链各环的排列顺序关系逐环修理，根据上一环的实际偏差修正下一环的公差带和中心坐标，以利于对封闭环精度的控制。

根据基准不变组合原则选择刮研修理基准的条件是：

1）选择在整个尺寸链中具有高精度又便于精确测量的作用面为修理基准面，保证在这个基准面上任何位置测量时产生的误差均不超出封闭环允许的误差，并能满足各组成环所要求的精度。

2）选择尺寸链中具有高精度、无磨损和变形、不需要修理的主要作用面为基准面，以避免对此基准面进行不必要的修理。例如保证铣床工作台对主轴轴线平行度的尺寸链，应以立柱上的完好的主轴支承孔为修理基准，如图1-46所示。

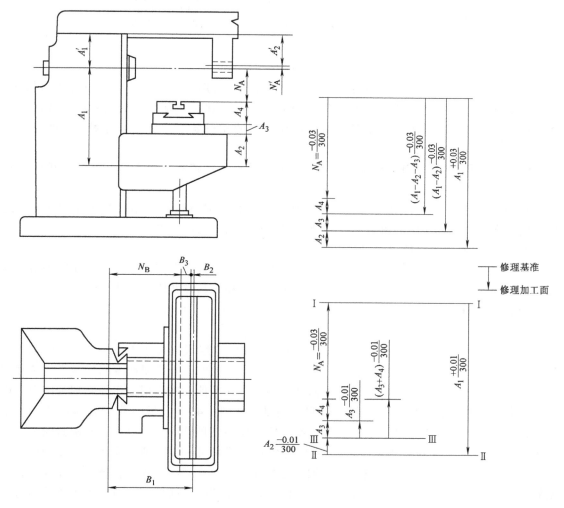

图 1-46　铣床尺寸链

3）修理基准面选择在尺寸链中刚性好的零件上，以避免因外界影响而变形，保证修理基准的精度在整个修理过程中能够保持稳定。

4）并联或串联尺寸链的修理基准面，最好选在几个尺寸链的公共面上，以保证有关尺寸链间的相对精度。例如，保证牛头刨床工作台面对横向导轨的平行度和工作台支架导轨面对工作台横向导轨的平行度的串联尺寸链，应选横梁导轨为修理基准，如图1-47所示。

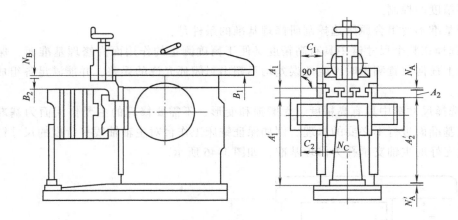

图 1-47 牛头刨床尺寸链

5）选择修理工作量最大的作用面（修刮的面积最大，形状复杂或所处的位置不易加工）为修理基准面，用修复尺寸链中其他作用面的办法，达到对此基准面的相对精度要求。这样，在开始修刮基准面时，可不考虑对其他作用面的相对要求，简化了对基准面的修理工作，也减少了整个尺寸链的修理工作量。

6）选用原来的加工基准作为修理基准，对于装配关系较复杂的零件（如床身、箱体等），容易保持原有的装配关系。

7）根据修理程序与装配程序一致的原则，应将修理基准选在开始装配的作用面上。这样，便于在装配过程中随时测量，校正装配误差和修刮的累积误差。

2. 基准变换组合修理法

有些修理尺寸链，单用一个修理基准很不方便，必须采用多基准修理。由此便提出了基准变换的问题，基准变换组合法分多基准串联组合法和多基准并联组合法。

（1）多基准串联组合法 沿着尺寸链的排列顺序关系，以前一环的末面作为下一环的基准面。

（2）多基准并联组合法 在修理尺寸链中，大部分组成环能够共用一个修理基准面，但当其中一环或几环需要的精度较高，或由于测量不方便时，则需要改变修理基准。单独控制较容易掌握时，除了选定的修理基准面外，还可选择其他一些作用面作为修理基准面，以便于控制配合精度较高的各环或便于修刮时测量。在图 1-46 中，除选定设计基准Ⅰ—Ⅰ基准面以外，还可选择Ⅱ—Ⅱ、Ⅲ—Ⅲ等一些作用面作为修理基准面，以便于修刮时测量。如图 1-48 所示，为了便于控制配合精度较高的各环，增加Ⅱ—Ⅱ、Ⅲ—Ⅲ面作为修理基准。除了以工作台为基准面测量主轴与尾座轴的等高性以外，修磨尾座轴时，按尾座孔配磨；修刮轴承时，按主轴配刮，以便于控制配合间隙。在使用基准变换修理法时，各组成环的公差需要经过换算，它们的关系是

$$T'_M = \frac{T_\Sigma}{n} \qquad (1-25)$$

式中 T'_M——基准变换后各组成环的平均公差；

T_Σ——封闭环公差；

n——修理基准的总数目。

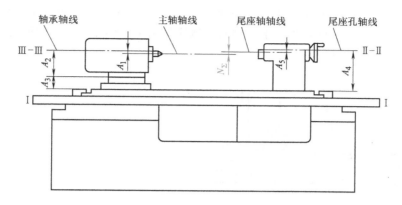

图 1-48 磨床主轴与尾座中心线等高精度的尺寸链

由式（1-25）可见，修理基准的数目越少，组成环的修理公差越大，从而越有利于修理工作的顺利进行。

二、修理尺寸链的分析方法

分析修理尺寸链，首先要研究所修理设备的装配图及其装配特点。根据设备各零件表面间存在的关系，或部件之间的相互尺寸关系，找出全部尺寸链。分析设备尺寸链应从最基本的尺寸链即保证设备工作精度的尺寸链开始。最简单的方法是利用设备的精度检验标准，找出以此标准允许的误差为封闭环的各修理尺寸链，然后根据各部件的装配技术要求，查明其他装配尺寸链。根据精度检验标准所规定的各项公差和其他装配技术要求，就可以确定有关修理尺寸链的封闭环及其公差。为查找尺寸链方便，应将所查明的尺寸链关系分别标明在设备的总布置图上。根据设备在使用和修理过程中产生过大偏差的一般规律，可将尺寸链分为三类：

1）精度显然不会改变的尺寸链。

2）精度可能受到破坏的尺寸链。

3）精度肯定不合乎要求的尺寸链。

修理时，第一类尺寸链不用考虑。对第二类尺寸链需经过拆卸前后和拆卸过程中的严格检查，才能确定其是否需要修理。第三类尺寸链必须修复。对需要修理的尺寸链，应充分研究它们的结构特点，合理选择计算尺寸链的方法，使修理工作合理可靠。

三、修理程序的安排

在设备修理过程中，修理尺寸链的关系和精度经过分析和计算确定之后，正确安排修理程序，对于保证尺寸链所要求的精度能起到很大的作用。

当尺寸链各环的排列顺序和装配顺序一致时，零件的刮研修理顺序应按照装配的顺序依次修理。这样既可根据尺寸联锁关系，用前环修复的实际误差，修正下一环公差带的中心坐标，又便于随时装配随时校正装配误差对封闭环精度的影响。

尺寸链并联时，修理工作从公共环开始，按顺序修理与公共环有关的各组尺寸链的组成环。

尺寸链串联时，修理工作从公共基准面开始，分别沿两支尺寸链按顺序进行。

对于几个有相对位置精度要求的作用面，要从保证精度、减少修理工作量等方面考虑修理的先后次序。一般应遵循下述原则：

（1）先刮大面，后修小面　如图1-49所示，外圆磨床床身的工作台导轨和砂轮架导轨，在水平面内要求垂直。在同样条件下，刮研导轨应先刮工作台导轨，后刮砂轮架导轨，这样刮研工作量小，容易达到要求。

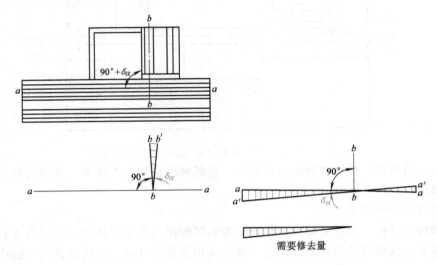

图1-49　磨床前后床身导轨修理基准分析

（2）先刮复杂面，后修简单面　例如磨床的工作台上下面要求平行，上面是简单平面，下面是与床身配合的复杂导轨面，为满足平行度要求，应先刮下导轨面，后刮上平面。

（3）加工困难的作用面先修，加工容易的作用面后修　如图1-50所示，平面磨床磨头支架的水平导轨与垂直导轨要求互相垂直，首先不考虑它们的垂直度要求，刮研较难加工的水平导轨面，然后在修刮垂直导轨时再控制它们的垂直度，这样较容易保证精度要求。

（4）技术要求较高的作用面先修，技术要求较低的作用面后修　如图1-51所示，为保证镗床立柱导轨与床身导轨的垂直度要求，应先将两组导轨修刮好，然后修刮接触点要求较低的立柱与床身的结合面。

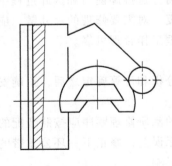

图1-50　平面磨床磨头支架

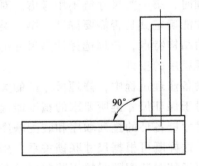

图1-51　镗床床身与立柱

当两相配件配刮时，确定修理次序应按下面的条件进行：

1）大的作用面先刮，例如卧式车床床身导轨和溜板配合面的配刮。床身导轨先刮，溜板导轨后配刮，这样以大配小，以长配短，容易达到接触吻合。

2）大工件先刮，小工件后配。在配刮时容易搬动和翻转。

3）刚性好的工件先刮，精度稳定，修配的精度容易保证。

4）便于用标准工具或机床加工的作用面先修，例如主轴与轴承的修配，轴颈应先磨，轴承后配。又如车床溜板与中滑板配合面，如图 1-52 所示。为保证它们接触良好和平直，先按标准平板刮研中滑板的下平面 1，然后配刮大溜板的上导轨面 2，再用标准三角平尺刮研大溜板斜面 3 及 4，然后配刮中滑板斜面 5，对其全长的直线度用三角平尺校对。

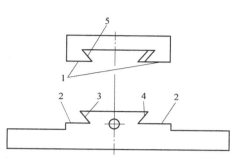

图 1-52　车床溜板与中滑板

四、典型修理作业的内容

金属切削机床大修的一般工艺流程如图 1-53 所示。

金属切削机床大修前应该进行预检，预检的目的是全面了解其技术状态，初步确定一些主要零件是否需要更换，以便对已确定的更换件（非备件）进行预制，其命中率应达到一定百分比要求。确定需要更换的锻、铸件一次命中率应达到 100%，但最后哪些零件要更换，哪些零件要加以修复，哪些零件可继续使用，还要在设备拆卸并清洗，经有关人员鉴定后才能确定。由主修技术人员编制更换件和修复件明细表，这是修理过程中的重要原始文件。按修复件明细表组织零件的修复工作，其中复杂、重要修复件还要编制必要的修复工艺卡。按更换件明细表，在备件库办理备件领取、购买或制造手续，对需制造的零件提供零件图样或进行测绘工作。而后做好技术协调和生产调度以及制成件的检验工作，以保证正常的停修期和修理质量。此外机床设备送修时，还应该经过清整。

根据修复件、外购件、外协件、新制件的完成进度，按修理工艺规程组织平行、交叉和顺序作业，修理过程复杂的设备和修理作业周期长的设备应编制网络图。

修理中的装配与新制设备的装配不同，装配时一些零部件可能未完全制造好，一些修复件的修理常常与装配同时进行，装配与整个修理过程难以分开，这种情况使修理工作更加复杂化，因此对修理工作的正确组织和协调十分重要。要装配的所有零件均应经过修整、去毛刺和清洗，装配过程中不能损伤零件表面，使用的各种工具一定要适当。装配时应严格保证尺寸、配合、几何公差等各项技术要求，装配完成的部件应做相应的部件试验，合格后再进行总装配。

装配后的设备应进行跑合，主要目的是改善摩擦面的质量。跑合对滑动轴承、滚动轴承、齿轮、蜗轮、气缸活塞等零件特别重要。跑合前要对设备进行全面检查、调整和充分润滑，经手动运转确认各部件正常后，进行空运转，然后逐渐增加负荷。在一定负荷下跑合可使跑合时间缩短，也可使摩擦表面配合质量更好。

最后进行试车和验收工作，目的是确认设备是否最终达到了修理要求。为了保证修理质量，在装配前和在修理过程中均要对零件进行一系列检查，直至总装配完成时进行几何精度检查。但这些检查均是在静态下进行的，还不能完全说明设备的修理质量。在运转状态下，特别是在负荷作用下，设备是否正常，有无变化，将负荷去掉后是否能保持原来的几何精度，则必须通过各种试验才能鉴定。机床的验收一般包括外观检查、空运转试验、负荷试验、工作精度检验，最后做几何精度检验，全部合格后方可验收。一些机构的调整和一些装

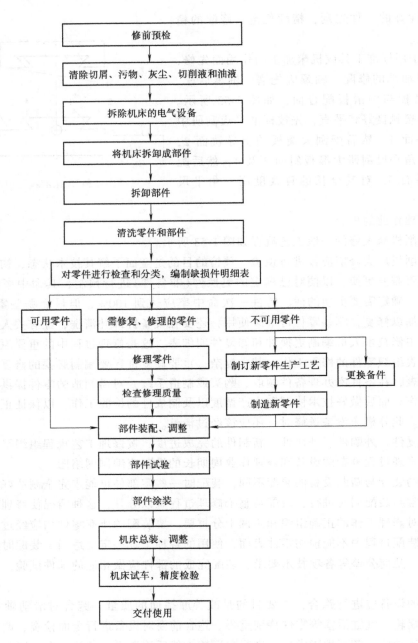

图 1-53 机床大修工艺流程图

置的调试也只有在试验中才能完成。

第五节　设备零件修理更换的原则

一、分析判断机床精度是否需要修理的几个主要因素

金属切削机床的主要技术要求是看其精度是否能充分满足产品工艺要求，并有长期的精度稳定性。机床使用一定时期后，其精度总是要下降的，机床的几何精度固然十分重要，但

单从机床几何精度的下降去判断机床是否需要修理是不全面的。

就机床的几何精度而言，对于专用机床来说，由于它是针对企业的某一产品的精度要求而设计制造的，因此对于专用机床的精度主要看其是否满足生产要求，可以根据其加工的零件精度，经统计分析做出判断。通用机床的出厂精度是按照比较广泛的用途制订的，它对于不同企业的不同产品来说则不一定完全适用、合理。如卧式车床用于精加工或粗加工、用于加工一般回转体零件或加工螺纹、用于加工长大件或短小件，又如螺纹磨床分别用于加工不同的螺柱、锥螺纹、螺纹量规或百分尺螺柱等会有较大的差异。由于应用场合不同，都按出厂精度修理，是不完全合理的。通用机床的精度下降，根据产品精度要求，定量分析以确定是否需要修理，尚无简便适用的方法，一般靠维修人员的经验进行分析判断。分析判断时主要应考虑以下几个主要因素。

1. 机床几何精度与工作精度的几何学关系

首先应从理论上弄清机床几何精度与工作精度的关系，以便分清主次。如卧式车床，溜板移动在水平面内的直线度误差直接影响加工工件的圆柱度，反映的是在水平面内刀具移动对工件回转轴线距离的变化量（即为工件半径的变化量），这项几何精度的误差与工件相应加工精度的误差之比为1，即"反映系数"为1。导轨在垂直平面内的直线度误差，反映的是刀具移动在垂直方向上高度的变化量，由于此项误差仅控制在较小的范围内，因此对工件圆柱度误差影响很小，反映系数可视为"0"。但它是车床的一项基础精度，只是对加工精度影响小，调整或修理时，必须首先给予保证，才能检查其他有关精度项目，所以仍很重要。车床主轴的径向圆跳动是综合误差，对工件圆度误差的反映系数接近于1。一般从理论上讲，误差反映系数在0~1之间，实际反映系数一般大于理论值，这是由机床静态精度和动态精度之间的差异造成的。

2. 机床的动态精度

机床的几何精度是在机床不运转或在空载状态下测量的，称为静态精度。机床在工作状态下呈现的精度称为动态精度，它不同于静态精度是因为：在切削力和工件重力等力的作用下，机床的零部件，尤其是影响精度的一些主要零件，如主轴部件、床鞍部件、尾座部件等均会产生变形，从而引起机床精度相对于静态时有明显变化。因此，要求机床系统及其主要零部件具有一定的刚度。机床工作时，由于各种摩擦作用而产生热量，使机床产生变形；机床本身产生的振动及外界振动对机床的影响也会使机床精度产生变化。因此，不但要考虑机床的静态精度，还要考虑机床的动态精度。目前机床动态精度还没有相应的标准和简便易行的检测方法，往往以工作精度来代替，即加工零件后，检查零件加工精度的方法。但机床工作精度不但与机床精度有关，还与工艺因素有关，如刀具、工件刚度、装夹方法、切削用量、切削液等，均对加工精度产生影响，可见工作精度是机床—刀具—工件系统的综合反映，它并不完全等同于机床的动态精度，因此必须加强机床动态精度的研究。

3. 机床精度储备量

为了保证机床加工质量的稳定，应考虑机床有一定的精度储备。尤其是反映系数较大的精度项目，要求有足够的精度储备量，如对机床的基础零件的精度、主轴的回转精度等应予以足够的重视。为此可以考核工序能力指数（或称工程能力指数），工序能力是指工序处于标准化和稳定状态下所具有的满足产品质量要求的能力，它与机床、夹具、刀具、材料、工

艺方法、操作的质量有关。工序能力指数反映工序能力满足产品标准的程度，它是技术要求（公差范围）和工序能力的比值。即

$$C_p = \frac{T}{6\sigma} \tag{1-26}$$

式中　C_p——工序能力指数；

　　　　T——公差；

　　　　6σ——工序能力（σ 为加工误差）。

工序能力高则产品质量分散性小，反之分散性大。$C_p > 1.33$ 表示工序能力充分满足，能稳定地生产合格品；$C_p = 1.33$ 表示理想状态；$C_p = 1$ 表示工序能力等于公差要求，如果工序因素稍有变动，就会生产出不良品；$C_p < 1$ 说明工序能力不足，将出废品，必须采取措施。C_p 值一般包括四至五个指标，如卧式车床加工圆柱形工件时，包括尺寸、表面粗糙度、圆柱度、圆度四个指标，其中圆柱度和圆度主要取决于卧式车床主轴部件的精度。

二、确定零件修换要考虑的因素

在设备修理工作中，经常遇到确定零件是否需要修换的问题。不该修换时，修了或换了，则没有充分利用零件寿命而造成浪费；该修换的没有修换，则会使修理后设备的精度、性能和寿命达不到技术要求，增加了返修、故障停机的几率和修理工作量。显然，零件的修换问题对设备的可靠性，修理的内容、工作量和计划性，修理的经济性都有重要影响。但确定零件失效的极限及修换原则是一个复杂的问题，无法规定统一的标准，可根据所修理的设备的精度检验标准灵活掌握下列原则。

（1）对设备精度的影响　有些零件直接影响设备的精度，如果不能使设备达到加工工艺的要求，就应考虑修换。如机床主轴及其轴承、机床导轨、丝杠螺母副、齿轮机床的分度蜗杆副等，都是影响机床精度的主要零件，应根据机床的工作精度情况来决定是否修换。

（2）对完成预定使用功能的影响　当有的零件不能完成预定的使用功能时，如离合器不能按规定接通和断开传动系统、不能传递足够的转矩，凸轮机构不能保持预定的运动规律，液压装置不能达到预定的压力和压力分配等，就应考虑修换。

（3）对设备性能的影响　有的零件虽然还能完成预定的功能，但是降低了设备的性能，如齿轮虽然还能传递预定的转矩和运动，但由于磨损严重，噪声和振动加大，效率降低，传动平稳性大大下降，应该考虑修换。

（4）对设备生产率的影响　由于零件的原因导致设备不能使用较高的切削用量，增加了空行程的时间，增加了操作人员的劳动强度，自动装置失常，废品率上升等，使设备生产率显著下降，应考虑修换有关零件。

（5）对磨损条件恶化的影响　零件磨损发展到急剧磨损阶段，除本身磨损急剧上升外，还破坏了正常的配合、啮合和传动条件，使效率下降，发热量大增，润滑失常，造成配对件急剧磨损、零件表面拉伤，直到咬住或断裂。如零件发生表面硬化层被磨掉或脱皮、配合的间隙过大或表面拉伤、零件表面疲劳剥蚀等，应及时修换有关零件，保护较贵重的配对件。

（6）对零件强度和刚度的影响　保证一定的强度和刚度是一些零件正常工作的条件。当零件达到其允许强度和刚度的最小值时，如传力蜗轮、丝杠螺母副、离合器的拨叉等，因

磨损严重而可能破坏时，必须修换。零件刚度下降引起精度下降或破坏了正常工作条件时，应修换。对安全性要求高的设备，如锻压设备、起重设备、高温或高压设备的有关零件，出现强度下降、裂纹等情况时必须修换，否则将引起严重事故。

（7）从经济性上加以分析考虑　以上六个原则中，前四个原则是考虑零件对整台设备的影响，后两个原则是考虑零件自身正常工作的条件。而当一些零件接近失效极限，但尚未达到失效极限时，就要考虑其剩余寿命对今后使用维修的影响，从经济上分析是否应该修换和什么时候修换最适宜。对允许事后维修的设备零件可使用到其寿命极限；对于维持不了一个修理间隔期的设备零件，如果拆装修换劳动量大，停机损失大、对生产影响大，又无替代设备，应该修换；对安全性高的设备和装置，如果无可靠的监测手段，则实行定期修换，而不过多考虑其剩余寿命。

三、修复零件应满足的要求

对已决定修换的零件，要进一步确定是更换还是修复再用。一般地讲，对失效零件进行修复，可节约材料、减少配件的加工、减少备件的储备量，从而降低修理成本和缩短修理时间。我们要不断提高零件修复工艺的水平，使更多的更换件转化为修复件。修复零件应满足如下要求：

1）零件修复后，必须恢复和保持零件原有的各项技术要求，或有所提高，以满足使用要求。技术要求包括尺寸公差、几何公差、表面质量、足够的强度和刚度等。

2）修复零件要求有足够的使用寿命，其寿命至少应维持一个修理间隔期，以防止故障停机和事故停机，打乱生产计划和修理计划。

3）修复零件要考虑经济效益，在保证前两项要求的前提下降低修理成本。比较更换与修复的经济性时，要同时比较修复、更换的成本和使用寿命，当相对修理成本低于相对新制件成本时，应考虑修复。即满足

$$\frac{S_{修}}{T_{修}}<\frac{S_{新}}{T_{新}}\qquad\qquad(1\text{-}27)$$

式中　　$S_{修}$——修复零件的成本（元）；

　　　　$T_{修}$——修复零件的使用期（月）；

　　　　$S_{新}$——新件的成本（元）；

　　　　$T_{新}$——新件的使用期（月）。

零件是修复还是更换还受到其他一些因素的影响，如工厂的制造工艺水平和修复工艺水平，修复工艺水平不但影响修复方法的选择，也影响修复和更换的选择；备件的储备和采购条件的影响；计划停机时间的限制等。又如设备故障停机或事故停机，要进行抢修，时间是主要矛盾，有备件就马上更换，无备件时就要比较购买、修复和新制哪一个时间最短。对一些复杂贵重零件，一时因材料、工艺条件的限制无法换新时，就要努力创造条件修复或对外委托进行修复。更换下来的旧件，有修复价值的，应该尽量修复，作为备件。

思考题与习题

1-1　机械零件失效有哪几种主要形式？其失效的形态有哪些特征？

1-2　机械零件有哪几种变形？有哪些变形失效分析方法？

1-3　什么叫零件的断裂？零件断裂有哪些形态？

1-4　零件疲劳断裂的基本原理是什么？

1-5　什么叫腐蚀？什么叫气蚀？

1-6　机械零件磨损的一般规律是什么？表示磨损的方法有哪些？

1-7　计划预修制的主要内容是什么？

1-8　机械零件的修理方案有哪些？

1-9　设备修理前的技术准备和生产准备工作各有哪些？

1-10　通用机床的精度下降后，根据产品精度要求确定是否需要修理，一般应考虑哪些主要因素？

1-11　什么叫基准不变组合修理法？其选择刮研修理基准的条件是什么？

1-12　什么叫基准变换组合修理法？使用基准变换组合修理法时，其组成环的公差为什么要经过换算？

1-13　在设备修理过程中，如何正确安排修理程序？

1-14　试叙述金属切削机床修理作业的内容。

1-15　计算尺寸链时，什么是正计算、反计算及中间计算？

1-16　什么叫尺寸链？尺寸链如何组成？

1-17　试比较极值法和概率法计算尺寸链的本质区别和它们的适用条件。

1-18　试分析角度尺寸链的特点和计算角度尺寸链的方法。

1-19　图1-54所示为一阶梯轴，按加工顺序先后得到尺寸 $A_1 = 20_{-0.30}^{0}$ mm，$A_2 = 20_{0}^{+0.30}$ mm，$A_3 = 20_{-0.30}^{0}$ mm，试绘出该轴的尺寸链图，并确定其封闭环的公称尺寸及偏差。

1-20　加工一轴套，如图1-55所示，按 $A_1 = \phi 60_{-0.04}^{-0.02}$ mm 车外圆，按 $A_2 = \phi 50_{0}^{+0.04}$ mm 镗孔，内孔对外圆同轴度公差为 0±0.02mm，求壁厚 N。

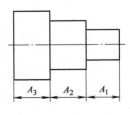

图1-54　阶梯轴

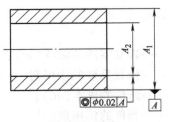

图1-55　轴套

1-21　图1-56所示为CW6140型卧式车床尾座套筒部件装配图，要求端盖1在顶尖套筒2上固定后，螺母3在套筒2内的轴向窜动量不得大于0.50mm。已知 $A_1 = 60$ mm，$A_2 = 57$ mm，$A_3 = 3$ mm，$T_\Sigma = 0.50$ mm，试分别按等精度法和等公差法求各组成环偏差。

1-22　某厂加工一批曲轴、连杆及轴衬套零件，总装后试行运转，如图1-57所示。发现有的曲轴轴肩与轴衬套端面有划伤现象。曲轴轴肩与轴衬套端面间的间隙 N 实际要求

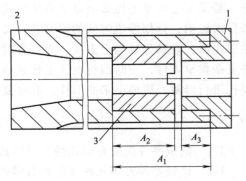

图1-56　尾座套筒

为 0.1~0.2mm，而图样上原设计尺寸分别为 $A_1 = 150^{+0.08}_{0}\text{mm}$，$A_2 = A_3 = 75^{-0.02}_{-0.06}\text{mm}$。试验算图样所规定的零件极限偏差值是否合理。

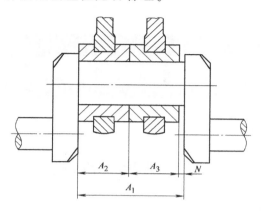

图 1-57　曲轴部件装配示意图

Chapter 2

第二章

机械设备的拆卸与装配

第一节　机械设备的拆卸

一、机械设备拆卸的一般规则和要求

任何机械设备都是由许多零部件组合成的。需要修理的机械设备，必须经过拆卸才能对失效的零部件进行修复或更换。如果拆卸不当，往往造成零部件损坏，设备精度降低，甚至导致无法修复。机械设备拆卸的目的是为了便于检查和修理机械零部件，拆卸工作约占整个修理工作量的20%。因此，为保证修理质量，在动手解体机械设备前，必须周密计划，对可能遇到的问题有所估计，做到有步骤地进行拆卸。机械设备的拆卸一般应遵循下列规则和要求。

1. 拆卸前的准备工作

（1）拆卸场地的选择与清理　拆卸前应选择好工作地点，不要选在有风沙、尘土的地方。工作场地应是避免闲杂人员频繁出入的地方，以防止造成意外的混乱。不要使泥土油污等弄脏工作场地的地面。机械设备进入拆卸地点之前应进行外部清洗，以保证机械设备的拆卸不影响其精度。

（2）保护措施　在清洗机械设备外部之前，应预先拆下或保护好电气设备，以免其受潮损坏。对于易氧化、锈蚀的零件要及时采取相应的保护保养措施。

（3）拆前放油　尽可能在拆卸前将机械设备中的润滑油趁热放出，以利于拆卸工作的顺利进行。

（4）了解机械设备的结构、性能和工作原理　为避免拆卸工作中的盲目性，确保修理工作的正常进行，在拆卸前，应详细了解机械设备各方面的状况，熟悉机械设备各个部分的结构特点、传动方式，以及零部件的结构特点和相互间的配合关系，明确其用途和相互间的影响，以便合理安排拆卸步骤和选用适宜的拆卸工具或设施。

2. 拆卸的一般原则

（1）根据机械设备的结构特点，选择合理的拆卸步骤　机械设备的拆卸顺序，一般是由整体拆成总成，由总成拆成部件，由部件拆成零件，或由附件到主机，由外部到内部。在拆卸比较复杂的部件时，必须熟读装配图，并详细分析部件的结构以及零件在部件中所起的作用，特别应注意那些装配精度要求高的零部件。这样，可以避免混乱，使拆卸有序，达到有利于清洗、检查和鉴定的目的，为修理工作打下良好的基础。

（2）合理拆卸　在机械设备的修理拆卸中，应坚持能不拆的就不拆，该拆的必须拆的原则。若零部件可不必经过拆卸就符合要求，就不必拆开，这样不但可减少拆卸工作量，而且

还能延长零部件的使用寿命。如对于过盈配合的零部件，拆装次数过多会使过盈量消失而致使装配不紧固；对较精密的间隙配合件，拆后再装，很难恢复已磨合的配合关系，从而加速零件的磨损。但是，对于不拆开就难以判断其技术状态，而又可能产生故障的，或无法进行必要保养的零部件，则一定要拆开。

（3）正确使用拆卸工具和设备　在弄清楚了拆卸机械设备零部件的步骤后，合理选择和正确使用相应的拆卸工具是很重要的。拆卸时，应尽量采用专用的或选用合适的工具和设备，避免乱敲乱打，以防零件损伤或变形。例如：拆卸轴套、滚动轴承、齿轮、带轮等，应该使用顶拔器或压力机；拆卸螺柱或螺母，应尽量采用对应尺寸的呆扳手。

3. 拆卸时的注意事项

在机械设备修理中，拆卸时还应考虑到修理后的装配工作，为此应注意以下事项。

（1）对拆卸零件要做好核对工作或做好记号　机械设备中有许多配合的组件和零件，因为经过选配或重量平衡，所以装配的位置和方向均不允许改变。如汽车发动机中各缸的挺杆、推杆和摇臂，在运行中各配合副表面得到较好的磨合，不宜变更原有的匹配关系；如多缸内燃机的活塞连杆组件，是按质量成组选配的，不能在拆装后互换。因此在拆卸时，有原记号的要核对，如果原记号已错乱或有不清晰者，则应按原样重新标记，以便安装时对号入位，避免发生错乱。

（2）分类存放零件　对拆卸下来的零件存放应遵循如下原则：同一总成或同一部件的零件应尽量放在一起，根据零件的大小与精密度分别存放，不应互换的零件要分组存放，怕脏、怕碰的精密零部件应单独拆卸与存放，怕油的橡胶件不应与带油的零件一起存放，易丢失的零件，如垫圈、螺母要用铁丝串在一起或放在专门的容器里，各种螺柱应装上螺母存放。

（3）保护拆卸零件的加工表面　在拆卸的过程中，一定不要损伤零件的加工表面，否则将给修复工作带来麻烦，并会因此而引起漏气、漏油、漏水等故障，也会导致机械设备的技术性能降低。

二、常用零部件的拆卸方法

常用零部件的拆卸应遵循拆卸的一般原则，结合其各自的特点，采用相应的拆卸方法来达到拆卸的目的。

1. 主轴部件的拆卸

如图 2-1 所示，高精度磨床主轴部件在装配时，其左右两组轴承及其垫圈、轴承外壳、主轴等零件的相对位置是以误差相消法来保证的。为了避免拆卸不当而降低装配精度，在拆卸时，轴承、垫圈、磨具壳体及主轴在圆周方向的相对位置上都应做上记号，拆卸下来的轴承及内外垫圈各成一组分别存放，不能错乱。拆卸处的工作台及周围场地必须保持清洁，拆卸下来的零件放入油内以防生锈。装配时仍需按原记号方向装入。

2. 齿轮副的拆卸

为了提高传动链精度，对传动比为 1 的齿轮副采用误差相消法装配，即将一外齿轮的最大径向圆跳动处的齿间与另一个齿轮的最小径向圆跳动处的齿间相啮合。为避免拆卸后再装配误差不能相消除，拆卸时在两齿轮的相互啮合处做上记号，以便装配时恢复原精度。

3. 轴上定位零件的拆卸

在拆卸齿轮箱中的轴类零件时，必须先了解轴的阶梯方向，然后决定拆卸轴时的移动方向，进而拆去两端轴盖和轴上的轴向定位零件。如紧固螺钉、圆螺母、弹簧垫圈、保险弹簧等零件。

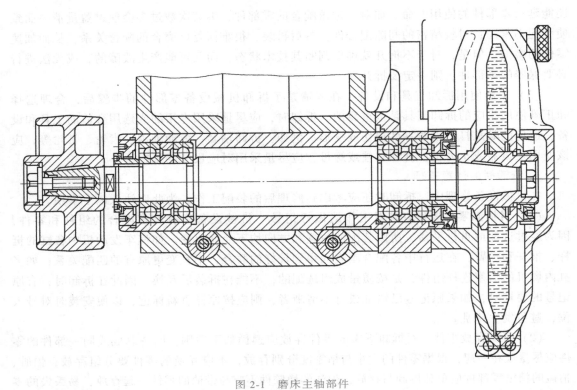

图 2-1 磨床主轴部件

先要解除装在轴上的齿轮、套等不能通过轴盖孔的零件的轴向紧固关系，并注意轴上的键能随轴通过各孔，才能用木锤击打轴端而拆卸下轴。否则不仅拆不下轴，还会对轴造成损伤。

4. 螺纹连接的拆卸

螺纹连接在机械设备中是最为广泛的连接方式，它具有结构简单、调整方便和多次拆卸装配等优点。其拆卸虽然比较容易，但往往因重视不够、工具选用不当、拆卸方法不正确等而造成损坏。因此拆卸螺纹连接件时，一定要注意选用合适的呆扳手或一字旋具，尽量不用活扳手。对于较难拆卸的螺纹连接件，应先弄清楚螺纹的旋向，不要盲目乱拧或用过长的加力杆。拆卸双头螺柱，要用专用的扳手。

（1）断头螺钉的拆卸 断头螺钉有断头在机体表面及以下和断头露在机体表面外一部分等情况，根据不同情况，可选用不同的方法进行拆卸。

如果螺钉断在机体表面及以下，可以用下列方法进行拆卸：

1）在螺钉上钻孔，打入多角淬火钢杆，将螺钉拧出，如图 2-2 所示。注意打击力不可过大，以防损坏机体上的螺纹。

2）在螺钉中心钻孔，攻反向螺纹，拧入反向螺钉旋出，如图 2-3 所示。

3）在螺钉上钻直径相当于螺纹小径的孔，再用同规格的螺纹刃具攻螺纹；或钻相当于螺纹大径的孔，重新攻一比原螺纹直径大一级的螺纹，并选配相应的螺钉。

4）用电火花在螺钉上打出方形槽或扁形槽，再用相应的工具拧出螺钉。

如果螺钉的断头露在机体表面外一部分，可以采用如下方法进行拆卸：

1）在螺钉的断头上用钢锯锯出沟槽，然后用一字旋具将其拧出；或在断头上加工出扁头或方头，然后用扳手拧出。

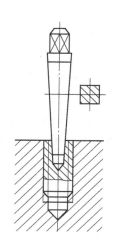

图 2-2　多角淬火钢杆拆卸断头螺钉

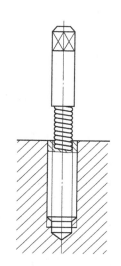

图 2-3　攻反向螺纹拆卸断头螺钉

2）在螺钉的断头上加焊一弯杆（见图 2-4a）或加焊一螺母（见图 2-4b）拧出。

3）断头螺钉较粗时，可用扁錾子沿圆周剔出。

（2）打滑内六角螺钉的拆卸　内六角螺钉用于固定连接的场合较多，当内六角磨圆后会产生打滑现象而不容易拆卸，这时用一个孔径比螺钉头外径稍小一点的六角螺母，放在内六角螺钉头上，如图 2-5 所示。然后将螺母与螺钉焊接成一体，待冷却后用扳手拧六角螺母，即可将螺钉迅速拧出。

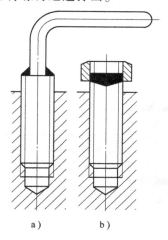

图 2-4　露出机体表面外断头螺钉的拆卸

a）加焊弯杆　b）加焊螺母

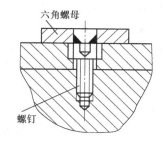

图 2-5　拆卸打滑内六角螺钉

（3）锈死螺纹件的拆卸　锈死螺纹件有螺钉、螺柱、螺母等，当其用于紧固或连接时，由于生锈而很不容易拆卸，这时可采用下列方法进行拆卸：

1）用手锤敲击螺纹件的四周，以震松锈层，然后拧出。

2）可先向拧紧方向稍拧动一点，再向反方向拧，如此反复拧紧和拧松，逐步拧出为止。

3）在螺纹件四周浇些煤油或松动剂，浸渗一定时间后，先轻轻锤击四周，使锈蚀面略微松动后，再行拧出。

4）若零件允许，还可采用快速加热包容件的方法，使其膨胀，然后迅速拧出螺纹件。

5）采用车削、锯割、錾削、气割等方法，破坏螺纹件。

（4）成组螺纹连接件的拆卸　成组螺纹连接件的拆卸，除按照单个螺纹件的方法拆卸外，还要做到如下几点：

1）首先将各螺纹件拧松1~2圈，然后按照一定的顺序，先四周后中间按对角线方向逐一拆卸，以免力量集中到最后一个螺纹件上，造成难以拆卸或零部件的变形和损坏。

2）处于难拆部位的螺纹件要先拆卸下来。

3）拆卸悬臂部件的环形螺柱组时，要特别注意安全。首先要仔细检查零部件是否垫稳，起重索是否捆牢，然后从下面开始按对称位置拧松螺柱进行拆卸。最上面的一个或两个螺柱，要在最后分解吊离时拆下，以防事故发生或零部件损坏。

4）注意仔细检查在外部不易观察到的螺纹件，在确定整个成组螺纹件已经拆卸完后，方可将连接件分离，以免造成零部件的损伤。

5. 过盈配合件的拆卸

拆卸过盈配合件，应视零件配合尺寸和过盈量的大小，选择合适的拆卸方法和工具、设备，如顶拔器、压力机等，不允许使用铁锤直接敲击零部件，以防损坏零部件。在无专用工具的情况下，可用木锤、铜锤、塑料锤或垫以木棒（块）、铜棒（块）用锤子敲击。无论使用何种方法拆卸，都要检查有无销钉、螺钉等附加固定或定位装置，若有应先拆下；施力部位必须正确，以使零件受力均匀不歪斜，如对轴类零件，力应作用在受力面的中心；要保证拆卸方向的正确性，特别是带台阶、有锥度的过盈配合件的拆卸。

滚动轴承的拆卸属于过盈配合件的拆卸范畴，它的使用范围较广泛，又有其拆卸特点，所以在拆卸时，除遵循过盈配合件的拆卸要点外，还要考虑到它自身的特殊性。

1）拆卸尺寸较大的轴承或其他过盈配合件时，为了使轴和轴承免受损害，要利用加热来拆卸。图2-6所示是使轴承内圈加热而拆卸轴承的情况。加热前把靠近轴承的那一部分轴用石棉隔离开来，然后在轴上套上一个套

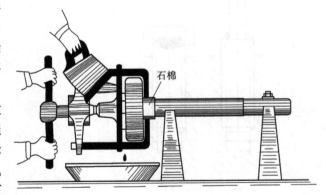

石棉

图2-6　轴承的加热拆卸

圈使零件隔热，再将拆卸工具的抓钩抓住轴承的内圈，迅速将加热到100℃的油倒到轴承内圈上，使轴承内圈受热，然后开始从轴上拆卸轴承。

2）齿轮两端装有圆锥滚子轴承的外圈，如图2-7所示。如果用顶拔器不能拉出轴承的外圈，可同时用干冰局部冷却轴承的外圈，然后迅速从齿轮中拉出圆锥滚子轴承的外圈。

3）拆卸滚动球轴承时，应在轴承内圈上加力拆下。拆卸位于轴末端的轴承时，可用小于轴承内径的木棒或软金属棒抵住轴端，轴承下垫以垫块，再用锤子敲击，如图2-8所示。

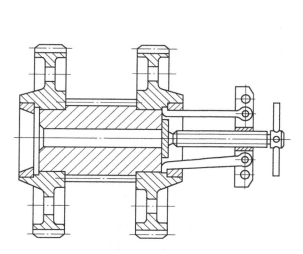

图 2-7 轴承的冰冷拆卸

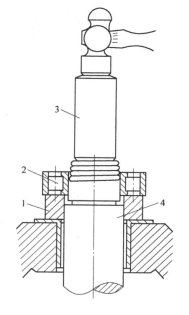

图 2-8 用锤子、铜棒拆卸轴承

1—垫块 2—轴承 3—铜棒 4—轴

若用压力机拆卸位于轴末端的轴承，可用图 2-9 所示的垫法将轴承压出。用此方法拆卸轴承的关键是必须使垫块同时抵住轴承的内、外圈，且着力点正确。否则，轴承将受损伤。垫块可用两块等高的方铁或 U 形和两半圆形垫铁。

如果用顶拔器拆卸位于轴末端的轴承，必须使拔钩同时勾住轴承的内、外圈，且着力点也必须正确，如图 2-10 所示。

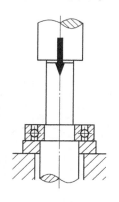

图 2-9 压力机拆卸轴承

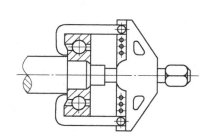

图 2-10 顶拔器拆卸轴承

4）拆卸锥形滚柱轴承时，一般将内、外圈分别拆卸。如图 2-11a 所示，将顶拔器胀套放入外圈底部，然后拖入胀杆使胀套张开勾住外圈，再扳动手柄，使胀套外移，即可拉出外圈。用图 2-11b 所示的内圈拉套来拆卸内圈，先将拉套套在轴承内圈上，转动拉套，使其收拢后，下端凸缘压入内圈的沟槽，然后转动手柄，拉出内圈。

5）如果因轴承内圈过紧或锈死而无法拆卸，则应破坏轴承内圈而保护轴。如图 2-12 所示，操作时应注意安全。

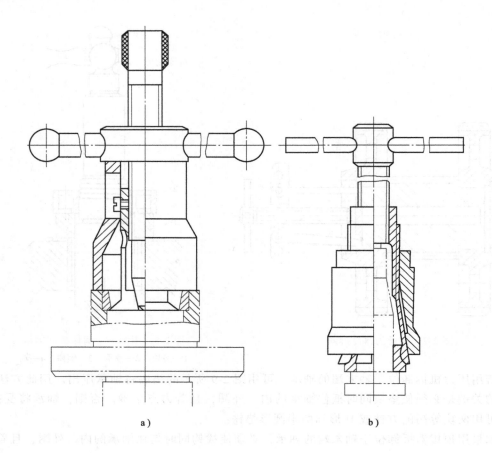

a) b)

图 2-11 锥形滚柱轴承的拆卸

a）拆外圈 b）拆内圈

6. 不可拆连接件的拆卸

不可拆连接件有焊接件和铆接件等，焊接、铆接属于永久性连接，在修理时通常不拆卸。

1）焊接件的拆卸可用锯割，扁錾子切割，或用小钻头排钻孔后再锯或錾，也可用氧炔焰气割等方法。

2）铆接件的拆卸可采用錾子切割、锯割或气割的方式去掉铆钉头，也可采用钻头钻掉铆钉等其他方式。操作时，应注意不要损坏基体零件。

三、拆卸方法示例

现以图 2-13 所示某车床主轴部件为例，说明拆卸工作的一般方法。

图示主轴的直径随阶梯变化向左减小，拆卸主轴的方向应向右。其拆卸的具体步骤如下：

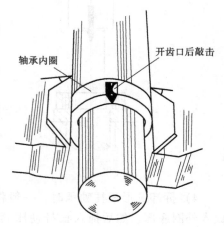

轴承内圈　　开齿口后敲击

图 2-12　报废轴承的拆卸

1）先将端盖 7、后罩盖 1 与主轴箱间的连接螺钉松脱，拆卸端盖 7 及后罩盖 1。

2）松开锁紧螺钉 6 后，接着松开主轴上的圆螺母 8 及 2（由于推力轴承的关系，圆螺母 8

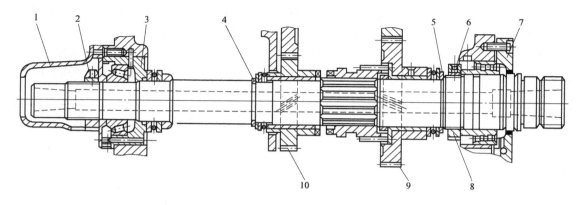

图 2-13　车床主轴部件

1—后罩盖　2、8—圆螺母　3—轴承座　4—卡簧　5—垫圈　6—锁紧螺钉　7—端盖　9、10—齿轮

只能松开到碰至垫圈 5 处）。

3）用相应尺寸的装拆钳，将轴向定位用的卡簧 4 撑开向左移出沟槽，并置于轴的外表面上。

4）当主轴向右移动而完全没有零件障碍时，在主轴的尾部（左端）垫铜质或铝质等较软金属质地的圆棒后，才可以用木锤敲击主轴。边向右移动主轴，边向左移动相关零件，当全部轴上件松脱时，从主轴箱后端插入铁棒（使轴上件落在铁棒上，以免落入主轴箱内），从主轴箱前端抽出主轴。

5）轴承座 3 在松开其固定螺钉后，可垫铜棒向左敲出。

6）主轴上的前轴承垫了铜套后，向左敲击取下内圈，向右敲击取出外圈。

第二节　零件的清洗和检验

一、零件的清洗

对拆卸后的机械零件进行清洗是修理工作的重要环节。清洗方法和清理质量，对零件鉴定的准确性、设备的修复质量、修理成本和使用寿命等都将产生重要影响。零件的清洗包括清除油污、水垢、积碳、锈层、旧涂装层等。

1. 脱油

清除零件上的油污，常采用清洗液，如有机溶剂、碱性溶液、化学清洗液等。清洗方法有擦洗、浸洗、喷洗、气相清洗及超声波清洗等。清洗方式有人工清洗和机械清洗。

机械设备修理中常用擦洗的方法，即将零件放入装有煤油、轻柴油或化学清洗剂的容器中，用棉纱擦洗或用毛刷刷洗，以去除零件表面的油污。这种方法操作简便、设备简单，但效率低，用于单件小批生产的中小型零件及大型零件的工作表面的脱油。一般不宜用汽油作清洗剂，因其有溶脂性，会损害身体且容易造成火灾。

喷洗是将具有一定压力和温度的清洗液喷射到零件表面，以清除油污。这种方法清洗效果好、生产率高，但设备复杂，适用零件形状不太复杂、表面有较严重油垢的零件的清洗。

清洗不同材料的零件和不同润滑材料产生的油污，应采用不同的清洗剂。清洗动、植物油污，可用碱性溶液，因为它与碱性溶液起皂化作用，生成肥皂和甘油溶于水中。但碱性溶液对不同金属有不同程度的腐蚀性，尤其对铝的腐蚀较强。因此清洗不同的金属零件应该采用不同的配方，表2-1和表2-2分别列出了清洗钢铁零件和铝合金零件的配方。

矿物油不溶于碱溶液，因此清洗零件表面的矿物油油垢，需加入乳化剂，使油脂形成乳浊液而脱离零件表面。为加速去除油垢的过程，可采用加热、搅拌、压力喷洗、超声波清洗等措施。

表2-1　清洗钢铁零件的配方　　　　　　　（单位：kg）

成　　分	配方1	配方2	配方3	配方4
苛性钠	7.5	20	—	—
碳酸钠	50	—	5	—
磷酸钠	10	50	—	—
硅酸钠	—	30	2.5	—
肥皂	1.5	—	5	3.6
磷酸三钠	—	—	1.25	9
磷酸氢二钠	—	—	1.25	—
偏硅酸钠	—	—	—	4.5
重铝酸钾	—	—	—	0.9
水	1000	1000	1000	450

表2-2　清洗铝合金零件的配方　　　　　　　（单位：kg）

成　　分	配方1	配方2	配方3
碳酸钠	1.0	0.4	1.5~2.0
重铝酸钠	0.05	—	0.05
硅酸钠	—	—	0.5~1.0
肥皂	—	—	0.2
水	100	100	100

2. 除锈

零件表面的腐蚀物，如钢铁零件的表面锈蚀，在机械设备修理中，为保证修理质量，必须彻底清除。根据具体情况，目前主要采用机械、化学和电化学等方法进行清除。

（1）机械法除锈　利用机械摩擦、切削等作用清除零件表面锈层。常用方法是刷、磨、抛光、喷砂等。单件小批生产或修理中可由人工打磨锈蚀表面；成批生产或有条件的场合，可采用机器除锈，如电动磨光、抛光、滚光等。喷砂法除锈是利用压缩空气，把一定粒度的砂子通过喷枪喷在零件锈蚀的表面上，不仅除锈快，还可为涂装、喷涂、电镀等工艺做好表面准备，经喷砂处理的表面可达到干净的、有一定粗糙度的表面要求，从而提高覆盖层与零件的结合力。

（2）化学法除锈　利用一些酸性溶液溶解金属表面的氧化物，以达到除锈的目的。目前使用的化学溶液主要是硫酸、盐酸、磷酸或其混合溶液，加入少量的缓蚀剂。其工艺过程是：脱油→水冲洗→除锈→水冲洗→中和→水冲洗→去氢。为保证除锈效果，一般都将溶液加热到一定的温度，严格控制时间，并要根据被除锈零件的材料，采用合适的配方。

（3）电化学法除锈　电化学除锈又称电解腐蚀，这种方法可节约化学药品，除锈效率高，除锈质量好，但消耗能量大且设备复杂。常用的方法有阳极腐蚀，即把锈蚀件作为阳极，故称阳极腐蚀。还有阴极腐蚀，即把锈蚀件作为阴极，用铅或铅锑合金作阳极。阳极腐蚀的主要缺点是当电流密度过高时，易腐蚀过度，破坏零件表面，故适用于外形简单的零件。阴极腐蚀无过蚀问题，但氢容易浸入金属中，产生氢脆，降低零件塑性。

3. 清除涂装层

　　清除零件表面的保护涂装层，可根据涂装层的损坏程度和保护涂装层的要求，进行全部或部分清除。涂装层清除后，要冲洗干净，准备再喷刷新涂层。

　　清除方法一般是采用手工工具，如刮刀、砂纸、钢丝刷或手提式电动、风动工具进行刮、磨、刷等。有条件时可采用化学方法，即用各种配制好的有机溶液、碱性溶液退漆剂等。使用碱性溶液退漆剂时，涂刷在零件的漆层上，使之溶解软化，然后再用手工工具进行清除。

　　使用有机溶液退漆时，要特别注意安全。工作场地要通风、与火隔离，操作者要穿戴防护用具，工作结束后，要将手洗干净，以防中毒。使用碱性溶液退漆剂时，不要让铝制零件、皮革、橡胶、毡质零件接触，以免腐蚀坏。操作者要戴耐碱手套，避免皮肤接触受伤。

二、零件的检验

　　零件检验的内容分修前检验、修后检验和装配检验。修前检验在机械设备拆卸后进行，对已确定需要修复的零件，可根据零件损坏情况及生产条件，确定适当的修复工艺，并提出修理技术要求。对报废的零件，要提出需要补充的备件型号、规格和数量，没有备件的需提出零件工作图或测绘草图。修后检验是指检验零件加工后或修理后的质量，是否达到了规定的技术标准，以确定是成品、废品还是返修品。装配检验是指检查待装零件（包括修复的和新的）质量是否合格、能否满足装配的技术要求。在装配过程中，对每道工序或工步进行检验，以免装配过程中产生中间工序不合格，影响装配质量。组装后，检验累积误差是否超过装配的技术要求。机械设备总装后进行试运转，检验工作精度、几何精度以及其他性能，以检查修理质量是否合格，同时进行必要的调整工作。

1. 检验方法

　　机械设备在修理过程中的检验有如下一些方法：

　　（1）目测　用眼睛或借放大镜对零件进行观察，对零件表面进行宏观检验，如检验裂纹、断裂、疲劳剥落、磨损、刮伤、蚀损等缺陷。

　　（2）耳听　通过机械设备运转发出的声音、敲击零件发出的声音来判断其技术状态。

　　（3）测量　用相应的测量工具和仪器对零件的尺寸、形状及相互位置精度进行检测。

　　（4）测定　使用专用仪器、设备对零件的力学性能进行测定，如对应力、强度、硬度等进行检验。

　　（5）试验　对不便检查的部位，通过水压试验、无损检测等试验来确定其状态。

　　（6）分析　通过金相分析了解零件材料的微观组织；通过射线分析了解零件材料的晶体结构；通过化学分析了解零件材料的合金成分及其组成比例等。

2. 主要零件的检验

　　（1）床身导轨的检查　机械设备的床身导轨是基础零件，最基本的要求是保持其形态完整。一般情况下，由于床身导轨本身断面大，不易断裂，但由于铸件本身的缺陷（砂眼、气孔、缩松），加之受力大，切削过程中不断受到振动和冲击，床身导轨也可能破裂，因此应首先对裂纹进行检查。检查方法是，用锤子轻轻敲打床身导轨各非工作面，凭发出的声音进行鉴别，当有破哑声发出时，其部位可能有裂纹。微细的裂纹可用煤油渗透法检查。对导轨面上的凸凹、掉块或碰伤，均应查出，标注记号，以备修理。

（2）主轴的检查　主轴的损坏形式主要是轴颈磨损，外表拉伤，产生圆度误差、同轴度误差和弯曲变形，锥孔碰伤，键槽破裂，螺纹损坏等。

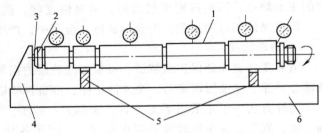

图 2-14　主轴各轴颈同轴度的检查

1—主轴　2—堵头　3—钢球　4—支承板　5—V 形架　6—检验平板

常见的主轴同轴度检查方法，如图 2-14 所示。主轴 1 放置于检验平板 6 上的两个 V 形架 5 上，主轴后端装入堵头 2，堵头 2 中心孔顶一钢球 3，紧靠支承板 4，在主轴各轴颈处用千分表测头与轴颈表面接触，转动主轴，千分表指针的摆动差即同轴度误差。轴肩轴向圆跳动误差也可从端面处的千分表读出。一般应将同轴度误差控制在 0.015mm 之内，轴向圆跳动误差应小于 0.01mm。

至于主轴锥孔中心线对其轴颈的径向圆跳动误差，可在放置好的主轴锥孔内放入锥柄检验棒，然后将千分表测头分别触及锥柄检验棒靠近主轴端及相距 300mm 处的两点，回转主轴，观察千分表指针，即可测得锥孔中心线对主轴轴颈的径向圆跳动误差。

主轴的圆度误差可用千分尺和圆度仪测量。其他损坏、碰伤情况可目测看到。

（3）齿轮的检查　齿轮工作一个时期后，由于齿面磨损，齿形误差增大，将影响齿轮的工作性能。因此，要求齿形完整，不允许有挤压变形、裂纹和断齿现象。齿厚的磨损量应控制在不大于 0.15 倍模数的范围内。

生产中常用专用齿厚卡尺来检查齿厚偏差，即用齿厚减薄量来控制侧隙。还可用公法线百分尺测量齿轮公法线长度的变动量来控制齿轮的运动准确性，这种方法简单易行，生产中常用。图 2-15 所示为齿轮公法线长度变动量的测量。

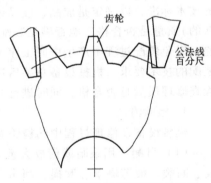

图 2-15　公法线长度变动量的测量

测量齿轮公法线长度的变动量，首先要根据被测齿轮的齿数 z 计算跨齿数 k（k 值也可查阅资料确定）。即

$$k = \frac{z}{9} + 0.5 \tag{2-1}$$

k 值要取整数，然后按 k 值用卡尺或公法线百分尺测量一周公法线长度，其中最大值与最小值之差即为公法线长度变动量，如果该变动量小于规定的公差值，则齿轮该项指标合格。

齿轮的内孔、键槽、花键及螺纹都必须符合标准要求，不允许有拉伤和破坏现象。

（4）滚动轴承的检查　对于滚动轴承，应着重检查内圈、外圈滚道，整个工作表面应光滑，不应有裂纹、微孔、凹痕和脱皮等缺陷。滚动体的表面也应光滑，不应有裂纹、微孔和凹痕等缺陷。此外，保持器应完整，铆钉应紧固。如果发现滚动轴承的内、外圈有间隙，不要轻易更换，可通过预加载荷调整，消除因磨损而增大的间隙，提高其旋转精度。

3. 编制修换零件明细表

根据零件检查的结果，可编制、填写修换零件明细表。明细表一般可分为修理零件明细表、缺损零件明细表、外购外协件明细表、滚动轴承明细表及标准件明细表等。

第三节　机械零部件的装配

一、机械装配的一般工艺原则和要求

任何一部庞大复杂的机械设备都是由许多零件和部件组成的。按照规定的技术要求，将若干个零件组合成组件，将若干个组件和零件组合成部件，最后将所有的部件和零件组合成整台机械设备的过程，分别称为组装、部装和总装，统称为装配。

机械设备修理后质量的好坏，与装配质量的高低有密切的关系。机械设备修理后的装配工艺是一个复杂细致的工作，是按技术要求将零部件连接或固定起来，使机械设备的各个零部件保持正确的相对位置和相对关系，以保证机械设备所应具有的各项性能指标。若装配工艺不当，即使有高质量的零件，机械设备的性能也很难达到要求，严重时还可能造成机械设备事故或人身事故。因此，修理后的装配必须根据机械设备的性能指标，严肃认真地按照技术规范进行。做好充分周密的准备工作，正确选择并熟悉和遵从装配工艺是机械设备修理装配的两个基本要求。

1. 装配的技术准备工作

1）研究和熟悉机械设备及各部件总成装配图和有关技术文件与技术资料。了解机械设备及零部件的结构特点，各零部件的作用，各零部件的相互连接关系及其连接方式。对于那些有配合要求、运动精度较高或有其他特殊技术条件的零部件，尤应予以特别的重视。

2）根据零部件的结构特点和技术要求，确定合适的装配工艺、方法和程序，准备好必备的工具、量具、夹具和材料。

3）按清单清理检测各备装零件的尺寸精度与制造或修复质量，核查技术要求，凡有不合格者一律不得装配。对于螺柱、键及销等标准件稍有损伤者，应予以更换，不得勉强留用。

4）零件装配前必须进行清洗。对于经过钻孔、铰削、镗削等机械加工的零件，要将金属屑末清除干净；润滑油道要用高压空气或高压油吹洗干净；相对运动的配合表面要保持洁净，以免因脏物或尘粒等杂质进入其间而加速配合件表面的磨损。

2. 装配的一般工艺原则

装配时的顺序应与拆卸顺序相反。要根据零部件的结构特点，采用合适的工具或设备，严格仔细按顺序装配，装配时注意零部件之间的方位和配合精度要求。

1）对于过渡配合和过盈配合零件的装配，如滚动轴承的内、外圈等，必须采用相应的铜棒、铜套等专门工具和工艺措施进行手工装配，或按技术条件借助设备进行加温加压装配。如遇有装配困难的情况，应先分析原因，排除故障，提出有效的改进方法，再继续装配，千万不可乱敲乱打。

2）对油封件必须使用心棒压入；对配合表面要仔细检查和擦净，如有毛刺应修整后方可装配；螺柱连接按规定的转矩值分多次均匀紧固；螺母紧固后，螺柱的露出螺牙不少于两个且应等高。

3）凡是摩擦表面，装配前均应涂上适量的润滑油，如轴颈、轴承、轴套、活塞、活塞销和缸壁等。各部件的密封垫（纸板、石棉、钢皮、软木垫等）应统一按规格制作。自行制作时，应细心加工，切勿让密封垫覆盖润滑油、水和空气的通道。机械设备中的各种密封管道和部件，装配后不得有渗漏现象。

4）过盈配合件装配时，应先涂润滑油脂，以利于装配和减少配合表面的初磨损。另外，装配时应根据零件拆卸下来时所做的各种安装记号进行装配，以防装配出错而影响装配进度。

5）对某些有装配技术要求的零部件，如装配间隙、过盈量、灵活度、啮合印痕等，应边安装边检查，并随时进行调整，以避免装配后返工。

6）在装配前，要对有平衡要求的旋转零件按要求进行静平衡或动平衡试验，合格后才能装配。这是因为某些旋转零件如带轮、飞轮、风扇叶轮、磨床主轴等新配件或修理件，可能会由于金属组织密度不匀、加工误差、本身形状不对称等原因，使零部件的重心与旋转轴线不重合，在高速旋转时，会因此而产生很大的离心力，引起机械设备的振动，加速零件磨损。

7）每一个部件装配完毕，都必须严格仔细地检查和清理，防止有遗漏或错装的零件，尤其是对要求固定安装的零部件。严防将工具、多余零件及杂物留存在箱体之中，确认无遗漏之后，再进行手动或低速试运行，以防机械设备运转时引起意外事故。

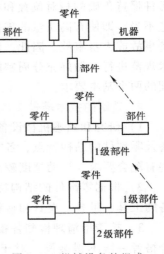

图 2-16　机械设备的组成

3. 机械设备的组成及零部件的连接方式

（1）机械设备的组成　按装配工艺划分，机械设备可分为零件、合件、组件及部件，在有关的标准文件中将合件、组件也都统称为部件。按其装配的从属关系分：将直接进入总装配的部件称为部件；进入部件装配的部件称为1级部件；进入1级部件装配的部件称为2级部件；2级以下的部件则称为分部件。它们之间的关系如图2-16所示。

（2）零部件之间的连接方式　零、部件之间的连接一般可分为固定连接和活动连接两大类。每类连接又可分为可拆卸和不可拆卸两种。

1）固定连接能保证装配后零部件之间的相互位置关系不变。

固定可拆卸连接在装配后可以很容易拆卸而不致损坏任何零部件，拆卸后仍可以重新装配在一起。常用的有螺纹连接、销连接、键连接等结构形式。

固定不可拆卸连接在装配后一般不再拆卸，如果要拆卸，就会破坏其中的某些零部件。常用的有焊接、铆接、胶接、注塑等工艺方法。

2）活动连接要求装配后零部件之间具有一定的相对运动关系。

活动可拆卸连接常见的有圆（棱）柱面、球面、螺旋副等结构形式。

活动不可拆卸连接可用铆接、滚压等工艺方法实现。如滚动轴承、注油塞等的装配就属于这种类型的连接。

4. 装配精度

机械设备的质量是以其工作性能、使用效果、精度和寿命等指标综合评定的。它主要取决于结构设计的正确性(包括正确选材)、零件的加工质量(包括热处理)及其装配精度。装配精度一般包括三个方面：

(1) 各部件的相互位置精度　有距离精度(如卧式车床前后两顶尖对床身导轨的等高度)、同轴度、平行度、垂直度等。

(2) 各运动部件之间的相对运动精度　有直线运动精度、圆周运动精度、传动精度等。如在滚齿机上加工齿轮时，滚刀与工件的回转运动应保持严格的速比关系，若传动链的某个环节(如传动齿轮、蜗轮副等)产生了运动误差，将会影响被切齿轮的加工精度。

(3) 配合表面之间的配合精度和接触质量　配合精度是指配合表面之间达到规定的配合间隙或过盈的接近程度，它直接影响配合的性质。接触质量是指配合表面之间接触面积的大小和分布情况，它主要影响相配零件之间接触变形的大小，从而影响配合性质的稳定性和寿命。

一般来说，机械设备的装配精度要求高，则零件的加工精度要求也高。但是，如果根据生产实际情况，制订出合理的装配工艺，也可以由加工精度较低的零件装配出装配精度较高的机械设备。反之，即使零件精度较高，而装配工艺不合理，也达不到较高的装配精度。因此，研究零件精度与装配精度的关系，对制订机械设备修理的装配工艺是非常必要的。

二、装配工艺过程及装配的作业组织形式

装配工艺过程一般由装配前的准备(包括装配前的检验、清洗等)，装配工作(部件装配和总装配)，校正(或调试)，检验(或试车)，油封、包装五个部分组成。

装配工艺过程通常是按工序和工步的顺序编制的。由一个工人或一组工人在一个工作地点或不更换设备的情况下对几个或全部零部件连续进行的装配工作，称为装配工序。用同一个工具、不改变工作方法连续完成的工序内容，称为工步。在一个装配工序中可以包括一个或几个装配工步。

装配的作业组织形式可分为固定式装配和移动式装配两种。

1. 固定式装配

一台机械设备或部件的装配工作全部固定在一个装配工作地点(或一个装配小组里)进行，所有的零件或部件都输送到这一装配工作地点(或装配小组里)。它又分为集中装配和分散装配两种形式。

(1) 集中装配　由一个工人或一组工人在一个工作地点完成某一机械设备的全部装配工作。在单件和小批生产或机械设备修理中常采用这种装配作业组织形式。

(2) 分散装配　将产品划分为若干个部件，由若干个工人或若干小组，以平行的作业组织形式装配这些部件，然后把装配好的部件和零件一起总装成产品。这种装配作业组织形式最适合于品种较多、批量较大的产品生产，也适合于较复杂的大型机械设备的装配。

固定式装配比较便于管理、装配周期长、需要工具和装备较多、对工人的技术水平要求较高。

2. 移动式装配

产品按一定的顺序，以一定的速度，从一个工作位置移动到另一个工作位置，在每一个工作位置上只完成一部分装配工作。根据其对移动速度的限制程度又分为自由移动装配和强制移动装配两种形式。

(1) 自由移动装配　对移动速度无严格限制的移动式装配。它适合于修配工作量较多的装配。

（2）强制移动装配　对移动速度有严格限制的移动式装配。每一道工序完成的时间都有严格要求，否则整个装配将无法进行。它又分为间断移动装配和连续移动装配。前者装配对象以一定周期间歇移动；后者装配对象连续不停地移动。

移动式装配适合于大批量生产单一产品的装配作业，如汽车制造的装配。它的特点是生产效率高、对工人技术水平的要求不高、质量容易保证，但工人劳动较紧张。

三、装配系统图

在装配过程中，部件装配或总装配都是以某一个零件或部件作为装配工作的基础，这一零件或部件就称为基准零件或基准部件。

机械设备的装配顺序可按装配单元以图解法表示，如图2-17所示。图中每一个零件、部件或分部件都用长方框表示。这种图解称为机械设备的装配单元系统图，用来表述装配单元之间的连接关系及装配顺序。

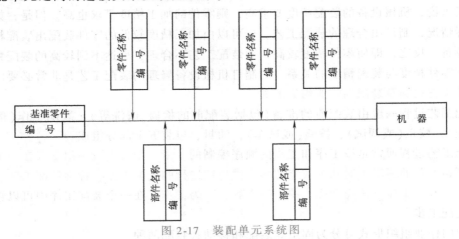

图2-17　装配单元系统图

每一个长方框的上方写明装配单元的名称（如轴承）；下左方写装配单元的编号（如6015）；下右方写装配单元的数量（如1个），如图2-18所示。

如果装配单元系统图用一条横线安排不下，可以转移至第二条、第三条平行线上，并可根据需要继续添加，称为分段装配单元系统图，如图2-19所示。

机械设备较复杂时，可以绘制成装配单元系统分图，如图2-20所示。

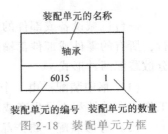

图2-18　装配单元方框

用来表示装配工艺过程的图解称为装配工艺系统图。装配工艺系统图是以装配单元系统图为基础而绘制成的。在最简单的情况下，根据零件及部件连接的先后次序绘制成的装配单元系统图或分图也可以作为装配工艺系统图。一般情况下，装配单元系统图加入补充的文字说明，即成为装配工艺系统图，以明确其操作内容。图2-21所示为卧式车床床身部件的装配工艺系统图。它是根据卧式车床床身的装配图而绘制成的，如图2-22所示。

装配工艺系统图是装配工艺过程中的主要技术文件之一，它对于组织和管理装配工作十分重要。

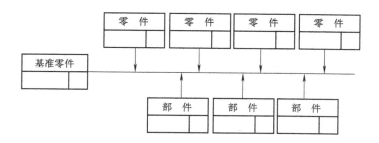

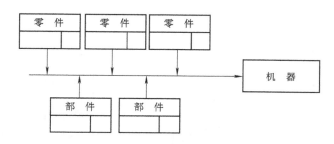

图 2-19 分段装配单元系统图

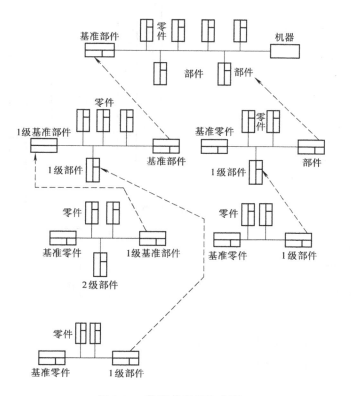

图 2-20 装配单元系统分图

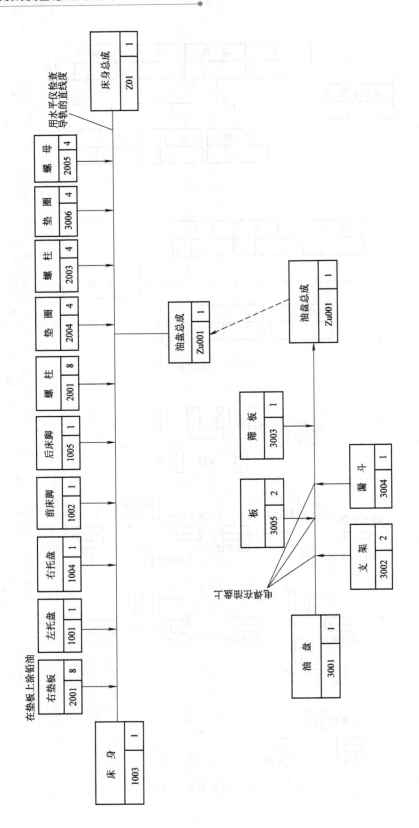

图 2-21 卧式车床床身部件的装配工艺系统图

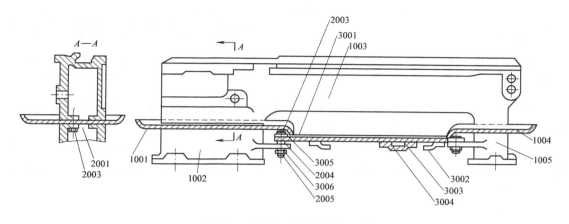

图 2-22　卧式车床床身的装配图

四、装配工艺规程

装配工艺规程是用文字、图形、表格等形式规定装配全部零部件成为整体机械设备的工艺过程及所使用的设备和工具、夹具等内容的技术文件。它是装配工作的指导性技术文件，又是制订装配生产计划、组织并进行装配生产的主要依据，也是设计装配工艺装备、设计装配车间的主要依据。

制订装配工艺规程的目的是为了使装配工艺过程规范化，以保证装配质量，提高装配生产效率，缩短装配周期，减轻装配工作的劳动强度，减少装配车间面积，降低生产成本等。

制订装配工艺规程的内容包括：确定装配方法；将产品划分装配单元；拟订装配顺序；划分装配工序；确定装配时间定额；按工序分别规定装配单元和产品的装配技术要求；确定装配质量检查方法和工具；确定装配过程中的装配件和待装配件的输送方式及所需的设备和工具；提出装配所需的专用工具、夹具和非标准设备的设计任务书；制订装配工艺文件等。

制订装配工艺规程时，一般按以下步骤进行：

1) 研究产品装配图和零件图以及装配技术要求和验收标准。

2) 确定产品和部件的装配方法。

3) 绘制装配工艺系统图。

4) 划分装配工序。

5) 确定工序时间定额。

6) 制订装配工艺卡片或装配工序卡片(在单件小批生产时,通常不制订装配工艺卡片,而用装配工艺系统图来代替。工人装配机械设备产品时,按装配图和装配工艺系统图进行装配)。

五、典型零部件的装配工艺

下面以柴油发动机为例，具体说明装配工艺中的若干工艺问题。

1. 螺纹连接件的装配

螺纹连接件的装配和拆卸一样，不仅要使用合适的工具、设备，还要按技术文件的规定施加适当的拧紧力矩。表2-3列出的是拧紧碳素钢螺纹件的标准力矩。

表 2-3　拧紧碳素钢螺纹件的标准力矩（40 钢）

螺纹尺寸/mm	M8	M10	M12	M14	M16	M18	M20	M22	M24
标准拧紧力矩/N·m	10	30	35	53	85	120	190	230	270

用扳手拧紧螺柱时，应视其直径的大小来确定是否用套管加长扳手，尤其是螺柱直径在 20mm 以内时要注意用力的大小，以免损坏螺纹。

重要的螺纹连接件都有规定的拧紧力矩，安装时必须用指针式扭力扳手按规定拧紧螺柱。对成组螺纹连接的装配，施力要均匀，按一定次序轮流拧紧，如图 2-23 所示。如有定位装置（销）时，应该先从定位装置（销）附近开始。

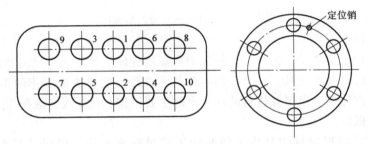

图 2-23　螺纹组拧紧顺序

螺纹连接中还应考虑其防松问题。如果螺纹连接一旦出现松脱，轻者会影响机械设备的正常运转，重者会造成严重的事故。因此，装配后采取有效的防松措施，才能防止螺纹连接松脱，保证螺纹连接安全可靠。

螺纹连接的防松方法，按照其工作原理可分为摩擦防松、机械防松、铆冲防松等。粘合防松法近年来得到了发展，它是在旋合的螺纹间涂以液体密封胶，硬化后使螺纹副紧密粘合。这种防松方法，效果良好且具有密封作用。此外，还有一些特殊的防松方法适用于某些专业产品的特殊需要（需用时可参考有关资料）。螺纹连接的常用防松方法见表 2-4。

表 2-4　螺纹连接常用的防松方法

防 松 方 法		结 构 形 式	特 点 和 应 用
摩擦防松	对顶螺母		两螺母对顶拧紧后，使旋合螺纹间始终受到附加的压力和摩擦力的作用。工作载荷有变动时，该摩擦力仍然存在，旋合螺纹间的接触情况如图所示，下螺母螺纹牙受力较小，其高度可小些，但为了防止装错，两螺母的高度取成相等为宜 结构简单，适用于平稳、低速和重载的连接

（续）

防松方法		结构形式	特点和应用
摩擦防松	弹簧垫圈		螺母拧紧后，靠垫圈压平而产生的弹性反力使旋合螺纹间压紧。同时垫圈斜口的尖端抵住螺母与被连接件的支承面也有防松作用 结构简单，防松方便。但由于垫圈的弹力不均，在冲击、振动的工作条件下，其防松效果较差。一般用于不甚重要的连接
	自锁螺母		螺母一端制成非圆形收口或开缝后径向收口。当螺母拧紧后，收口胀开，利用收口的弹力使旋合螺纹间压紧 结构简单，防松可靠，可多次装拆而不降低防松性能。适用于较重要的连接
机械防松	开口销与槽形螺母		槽形螺母拧紧后将开口销穿入螺柱局部小孔和螺母的槽内。并将开口销尾部掰开与螺母侧面贴紧。也可用普通螺母代替槽形螺母，但需拧紧螺母后再配钻孔 适用于较大冲击、振动的高速机械间的连接
	止动垫圈		螺母拧紧后，将单耳或双耳止动垫圈分别向螺母和被连接件的侧面折弯贴紧，即可将螺母锁住。若两个螺柱需要双联锁紧时，可采用双联止动垫圈，使两个螺母相互止动 结构简单，使用方便，防松可靠
	串联钢丝	a）不正确　　b）正确	用低碳钢丝穿入各螺钉头部的孔内，将各螺钉串联起来，使其相互制动。使用时必须注意钢丝的穿入方向 适用于螺钉组连接，防松可靠，但装拆不便

（续）

防松方法	结构形式		特点和应用
铆冲防松	端铆		螺母拧紧后，把螺柱末端伸出部分铆死。防松可靠，但拆卸后连接件不能重复使用。适用于不需拆卸的特殊连接
	冲点		螺母拧紧后，利用冲头在螺柱末端与螺母的旋合缝处打冲，利用冲点防松防松可靠，但拆卸后连接件不能重复使用。适用于不需拆卸的特殊连接

（1）气缸盖螺柱　为了保证柴油发动机气缸的良好密封，除采用优质缸垫和对气缸平面的良好加工外，缸盖螺柱要有恰当而足够的预紧力。这种预紧力使得缸垫和缸盖产生一定的变形，并对缸垫和缸盖的热变形产生一定的影响。发动机工作时，在反复爆发压力的作用下，缸盖对气缸垫进行冲击，一般运行 1000~2000km 以后才能开始适应这种情况，但此时螺柱的预紧力就降低了。对于增压柴油机，这种情况就更加突出。因此，若预紧力过大，会使机体、缸盖和缸垫产生过度的变形，螺柱产生残余应力，反而影响密封效果。因此，在紧固缸盖螺柱时，必须做到如下几点：

1）在装配前先将螺柱或螺柱的螺纹部分涂以润滑油，并将缸体上的螺纹孔清洗干净，揩净油和水，以免运转时因孔中的油和水膨胀，而影响螺柱的紧固力，甚至使螺纹孔的周围产生龟裂。

2）按次序并分次紧固螺柱，一般发动机维修说明书中，均会说明缸盖螺柱的紧固顺序。在紧固时应按规定的转矩，分 2~3 次完成。

3）气缸盖螺柱在经过一定时间运转后，必须重新检查紧固。其方法是先将螺柱或螺母放松，然后再按规定的转矩紧固。

（2）连杆螺柱与主轴承盖螺柱　主轴承盖螺柱承受着弯曲应力和拉伸应力，因而多采用可靠的特种钢材制造。若主轴承盖螺柱松弛，将会使曲轴受到较大的弯曲应力，从而造成烧伤轴承和曲轴断裂等事故。因此，必须在螺柱的螺纹部分涂上润滑油，并从中间向两侧分次逐渐紧固螺柱至规定的转矩值。

连杆螺柱也多采用特种钢材制造，装配时轴承盖不要装错。若紧固转矩不符合规定要求，过大或过小，运转一定时间后，同样导致重大事故。因此在装配前，必须认真检查连杆螺柱有无损伤，各个部位有无变形，若有损伤都应更换新件，并以规定的转矩紧固。

（3）飞轮螺柱　飞轮紧固螺柱是传递发动机转矩的重要零件，必须分次并对称地拧紧螺柱，一定要使其转矩达到规定值，并且必须将锁止垫片紧贴在螺柱头的侧面上，防止松脱。

（4）其他螺柱　发动机上的螺柱很多，除上述主要螺柱外，还有摇臂调整螺柱、喷油器固定螺柱、喷油器紧固螺母、出油阀紧固螺母、油底壳体螺柱等，也是很重要的。

如喷油器的固定螺柱在紧固时，必须紧固均匀，否则将出现漏气现象，对有些燃烧室的喷油器来说，紧固不均还将改变喷孔的喷射角度，影响燃烧。

又如紧固油底壳体的螺柱时，各螺柱的紧固转矩不宜过大，且要求各螺柱紧度必须均匀，否则将引起变形，并导致漏油。因而，罩、盖件螺柱紧固的均匀度很重要，采用软木、纸垫和橡胶垫密封防漏则更应重视。

2. 带轮的装配

圆锥轴配合的带轮的装配，首先将键装在轴上，然后将带轮孔的键槽对准轴上的键套入，拧紧轴向固定螺钉即可。

对直轴配合的带轮，装配时将键装在轴上，带轮从轴上渐渐压入。压装带轮时，最好用专用工具或用木锤敲打装配。

3. 滚动轴承的装配

滚动轴承在装配前必须经过洗涤，以使新轴承上的防锈油（由制造厂涂在其上）被清除掉，同时也清除掉在储存和拆箱时落在轴承上的灰尘和泥砂。根据轴承的尺寸、轴承精度、装配要求和设备条件，可以采用手压床和液压机等装配方法。若无条件，可采用适当

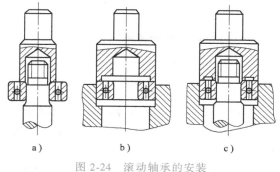

图 2-24　滚动轴承的安装
a）内圈受力　b）外圈受力　c）内外圈都受力

的套管，用锤子打入，但不能直接敲打轴承。图 2-24 所示为各种心轴安装滚动轴承的情况。

根据轴承的不同特点，可以选用常温装配、加垫装配和冰冷装配等方法。

（1）常温装配　图 2-25 所示为用齿条手压床把轴承装在轴上的情况。轴承与手压床之间垫以垫套，用手扳动手压床的手把，通过垫套将轴承压在轴上。

图 2-26 所示为用垫棒敲击，进行轴承装配的例子（垫棒一般用黄铜制成）。

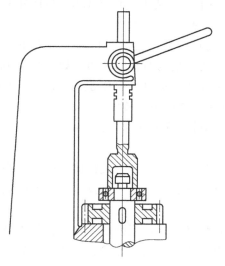

图 2-25　手压床安装轴承

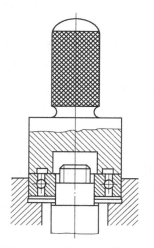

图 2-26　垫棒敲击安装轴承

（2）加热装配　安装滚动轴承时，若过盈量较大，可利用热胀冷缩的原理装配。即用油浴加热等方法，把轴承预热至80~100℃，然后进行装配。图2-27所示为用来加热轴承的特制油箱，轴承加热时放在槽内的格子上，格子与箱底有一定距离，以避免轴承接触到温度比油温高得多的箱底而形成局部过热，且使轴承不接触到箱底沉淀的脏物。有些小型轴承可以挂在吊钩上在油中加热，如图2-28所示。

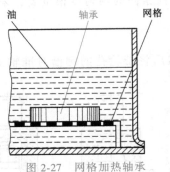

图2-27　网格加热轴承

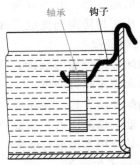

图2-28　吊钩加热轴承

（3）冰冷装配　装在座体内的轴承外环，可以用干冰先行冷却或者将轴承放在零下40~50℃的工业冰箱里冰冷10~15min，使轴承尺寸缩小，然后装入座孔。

4. 活塞连杆组的装配

活塞连杆组的装配如图2-29所示，其组件的装配程序如下：

1）首先在活塞销孔一端装上一个活塞卡环11，然后用环箍由下而上地将两个油环3和三个气环2装入活塞1的环槽里。油环、气环的斜面应朝上，相邻环的开口应摆成180°。

2）将带环的活塞1浸入机油盆里，加热至80~100℃，历时10min；取出活塞1，把连杆5的小头插入活塞1，并对正销孔，将活塞销4装入销孔。应注意：第一，不允许将活塞销强行压入销孔；第二，活塞缸燃烧室应朝向连杆盖长螺柱8一侧，然后将另一活塞卡环装入销孔的环槽里。

3）拧松长螺柱8，连同长螺柱一起将连杆盖7拆下，并装上连杆轴承6。装连杆轴承时应注意：一定要使连杆轴承的定位唇与连杆和连杆盖上孔的唇口相吻合。

4）用机油润滑连杆轴承6，并用装配套将活塞连杆组装入已涂有机油的缸套里，并使其向连杆大端的轴线方向移动，使连杆轴承孔对正所要装配的曲轴的轴颈，如图2-30所示。

5）装配曲轴，装上连杆盖7，并以160~180N·m的转矩将长螺柱8、10紧固，然后用预先所套的锁片9把长螺柱8和10锁住，使锁片靠在长螺柱头的棱面上。

6）检查连杆轴承6与曲轴轴颈的轴向间隙，其间隙应在0.15~0.57mm范围内。

六、机械零部件装配后的调整

机械零部件装配后的调整是机械设备修理的最后程序，也是最为关键的程序。有些机械设备，尤其是其中的关键零部件，不经过严格地仔细调试，往往达不到预定的技术性能，甚至不能正常运行。

机械零部件的调整与调试，是一项技术性、专业性及实践性很强的工作，操作人员除了应具备一定的技术、专业知识基础外，同时还应注意积累生产实践经验，才能有正确判断和灵活处理问题的能力。

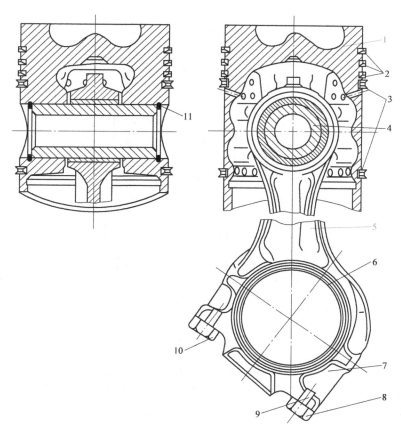

图 2-29 活塞连杆组装配
1—活塞 2—气环 3—油环 4—活塞销 5—连杆 6—连杆轴承 7—连杆盖
8、10—长螺柱 9—锁片 11—活塞卡环

下面以柴油发动机的调整与调试中的几个问题为对象，进行初步讨论。

1. 偏缸问题

装配后，发动机若出现偏缸，将引起活塞敲缸，活塞与缸套不正常的磨损，活塞气密性变坏和往缸中窜机油等故障，严重地破坏发动机的性能，其危害非常大。

引起偏缸的原因很多，如缸体变形，修理时未进行检查和修复；曲轴磨削工艺不当，各连杆轴颈不平行；连杆弯曲和扭曲，未进行检查和校直；连杆小端铜套孔轴线与大端连杆轴承孔轴线不平行；风冷式气缸定位基准磨损，珩缸前未进行修整，以及缸盖螺柱的紧固不匀等都会导致偏缸。为避免偏缸发生，修理中必须保证各道工序的技术要求，综合解决有关的技术问题。

为了正确解决偏缸问题，必须通过专用的仪器工具检验缸体主轴承座孔的轴线与气缸（或缸套轴承孔）的垂直度，若超过规定的误差范围，则不应进行装配。另外，对装配好的活塞连杆组也应进行检查。检查方法之一是在连杆检验仪上进行，检查其弯曲度，并左右摆动活塞成45°，测量活塞与仪器工具的垂直平面间隙来判定是否存在扭曲。这种方法是假设曲轴完全平直，所得到的弯矩值，与缸中的真实情况有差异，因此只能在不装活塞环的情况

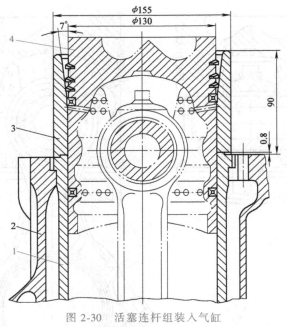

图 2-30　活塞连杆组装入气缸

1—缸套　2—缸体　3—装配套　4—活塞

下，将活塞连杆组装入缸内，以检查活塞是否偏缸，甚至需要拆装
多次，操作较麻烦。另一种较切实可行的方法，是在曲轴上进行检
查，将检验仪装在主轴颈上，带有活塞销的连杆装在曲轴颈上，然
后用万能角度尺进行检查。

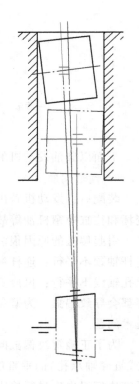

　　检查中注意从以下几个方面查找偏缸现象：

　　1）个别活塞在整个行程中始终偏靠一边。出现这种偏缸现
象，其主要原因是连杆弯曲或连杆小头铜套轴线与连杆轴承轴线不
平行。用塞尺检查后，两边差值超过 0.05～0.10mm，就应该拆下，
对连杆进行校直，直到符合标准要求为止。

　　2）各缸活塞从上止点到下止点均偏靠一侧。这种情况多由于
各缸中心线与主轴轴承轴线不垂直而引起，很可能是由于缸体变
形，引起主轴轴承与原定位基准不平行的结果；或因采用的缸套缸
体原定位基准遭受破坏，珩缸前未进行修整所造成的后果等。应找
出原因进行处理，直至符合要求，否则不宜进行装配。

　　3）在上止点处活塞偏靠一侧，而在下止点处活塞偏靠另一
侧。如图 2-31 所示，在上止点时，活塞偏靠左上侧，而当活塞运
动至下止点时，则偏靠右下侧。这主要是由于曲轴颈的轴线与主轴
颈的轴线不平行造成的。在上止点时，曲轴颈左低右高，而在下止
点时，曲轴颈则左高右低，所以活塞形成左右摆动的现象。

图 2-31　活塞偏缸示意图

　　4）活塞在上、下止点位置不偏，而在中间部位向前偏靠或向
后偏靠。这种现象是由于连杆扭曲而产生的，在一根无弯无扭的连杆上，无论连杆摆动到什

么位置，连杆小头上的活塞销轴线始终和气缸轴线相垂直。连杆扭曲后，活塞销轴线在上、下止点仍与气缸轴线相垂直，但离开上、下止点位置就逐渐与气缸轴线形成一个可变动的角度，这样活塞也必然产生同样的倾斜角度，形成偏缸。这种倾斜角度在曲轴从上止点转动接近90°时，其倾斜角度最大，故在此位置偏缸现象最明显，离开这个位置又逐渐减小，到下止点时，活塞销轴线又与气缸轴线相垂直，无偏缸现象。扭曲严重的连杆应经过校正，方可进行装配。

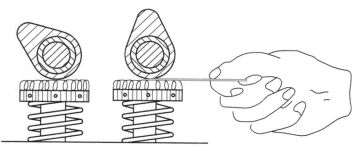

图 2-32　气门间隙的测量

2. 气门间隙的调整

有些柴油发动机的配气凸轮轴是装配在气缸盖上，直接驱动气门组件。测量气门间隙时的工作位置，由凸轮轴的凸起位置来确定，如图 2-32 所示，即是使凸轮最大升程点位置朝上。其测量的具体步骤是：

1）拆下气缸盖罩。取下谐和减速器主动轴承盖，这样可以用手转动发动机曲轴，使凸轮最大升程位置朝上时，用塞尺测量所有处于该位置的各气门间隙（气门间隙为 2.34mm±0.01mm）。

2）沿柴油发动机工作转动方向使曲轴转动 360°，再测量其余各气门间隙。

3）如气门间隙不符合规定值时，可按图 2-33 所示的方法进行调整。用专用钳子，通过锁盘圆圈上的小孔，将气门锁盘压下，使锁盘与气门推盘脱开。再用呆扳手旋转气门座，间隙过小时，向下旋入；间隙过大时，向上旋出。然后松开锁盘，使其与推盘恢复原连接，重新检查间隙，直至间隙符合标准规定为止。

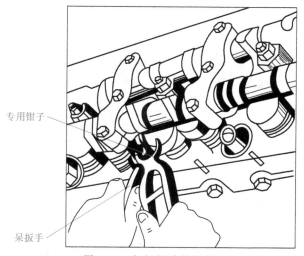

专用钳子

呆扳手

图 2-33　气门间隙的调整

3. 柴油发动机配气正时的调整

在调整好所有的气门间隙之后，对柴油发动机的配气正时要进行检查。图 2-34 所示为某柴油发动机的配气相位图。检查与调整的步骤如下：

1）沿柴油发动机正转方向转动手把，如图 2-35 所示，将左排第一缸活塞转到进气行程止点前20°处。

2）如图 2-36 所示，将进气凸轮轴 3 端部的锁环 8 取下，并松开凸轮轴螺母 6，拔出调整衬套 5；转动进气凸轮轴 3，使左排第一缸的进气凸轮与进气门调整盘刚好接触，如图 2-37所示，这就是进气门开气位置。然后将调整衬套 5 装上，并把凸轮轴螺母 6 拧紧，用锁环 8锁住防松，左排第一缸进气正时调整完毕。

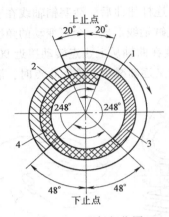

图 2-34 配气相位图

1—进气行程 2—压缩行程 3—做功行程
4—排气行程

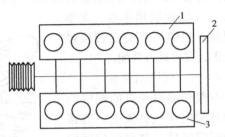

图 2-35 发动机气缸排列图

1—左气缸体 2—飞轮 3—右气缸体

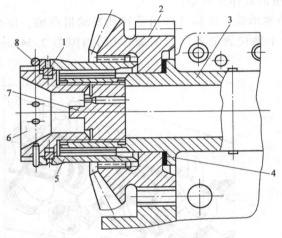

图 2-36 凸轮轴驱动齿轮结构图

1—弹簧圈 2—复合齿轮 3—进气凸轮轴 4—调整环
5—调整衬套 6—凸轮轴螺母 7—堵塞 8—锁环

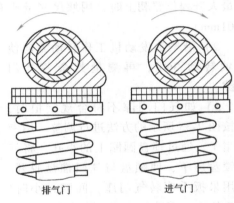

图 2-37 左排第一缸进、排气正时调整

3）将曲轴转到上止点后 20°处，把排气凸轮轴调整衬套取下，转动排气凸轮轴，使左排第一缸的排气凸轮处于刚好要离开推盘的位置，即排气门开始关闭时间。然后将调整衬套等装上并紧固，左排第一缸排气正时调整完毕。

4）以右排第六缸为准，如图 2-38 所示，将曲轴转到该缸进气行程上止点前 20°位置，调整进气正时；再将曲轴转到上止点后 20°位置，调整排气正时，其操作方法与左排第一缸的操作步骤完全相同。

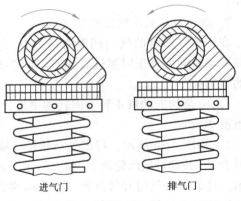

图 2-38 右排第六缸进、排气正时调整

第四节　装配方法

获得机械设备装配精度的工艺方法可以归纳为五种，即完全互换法、部分互换法、选配法、修配法、调整法。这几种装配方法各有不同特点和应用场合，但都要用尺寸链原理验算其装配精度。在机械设备的修理装配中，常用的方法是完全互换法、修配法和调整法三种，有时这几种方法需要一起使用。

一、完全互换法

完全互换法装配是指不经任何选择、修配或调整，将加工合格的零件装配成符合精度要求的机械设备。这种装配方法的实质，就是控制零件加工误差来保证装配精度。该方法的具体实施是计算按装配精度要求建立的尺寸链，使各组成环（零部件的有关尺寸）的公差限定在一定的范围之内。计算尺寸链可选用极值法。

极值法用于计算装配尺寸链，表示装配结构中所有零件的有关尺寸都处于公差带的极值时，仍能保证装配精度。即在公差要求内的零件都可以完全互换。

例 2-1　如图 2-39 所示的机构，装配后应保证间隙为 $0 \sim 0.2$mm，试求尺寸 $A_1 = 80$mm、$A_2 = 50$mm 和 $A_3 = 30$mm 的公差。

解　这是一个简单的、典型的装配尺寸链。由于间隙 A_Σ 是在装配后获得的尺寸，故应为封闭环。

由图 2-39 可定：A_1 为增环、A_2 和 A_3 为减环。则 $A_\Sigma = A_1 - (A_2 + A_3) = [80 - (50 + 30)]$mm $= 0$

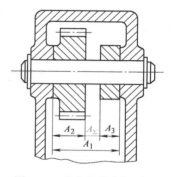

图 2-39　机构的装配尺寸链

按等公差法分配公差，其平均公差为

$$T_M = \frac{T_\Sigma}{n-1} = \frac{0.2}{4-1}\text{mm} = 0.06\text{mm}$$

再根据各组成环尺寸的加工难易程度，参照国家公差标准，并考虑到公差向金属体内伸展的"向体原则"。对各组成环尺寸的公差进行适当的调整，各组成环的极限偏差确定如下：

由于箱体零件内尺寸 A_1 加工最难，给予最大的公差，又因其是内尺寸，故规定其下偏差为零，上偏差为正值，即

$$T_1 = 0.12\text{mm（IT10）} \qquad A_1 = 80^{+0.12}_{0}\text{mm}$$

对较难加工的尺寸 A_2 给予较大的公差，并因其是外尺寸，故规定其上偏差为零，下偏差为负值，即

$$T_2 = 0.062\text{mm（IT9）} \qquad A_2 = 50^{0}_{-0.062}\text{mm}$$

最后，以最容易加工的尺寸 A_3 作为协调环，计算其公差为 $T_3 = T_\Sigma - (T_1 + T_2) = 0.018$mm（IT6~IT7），因其是外尺寸，故规定其上偏差为零，下偏差为负值，即

$$A_3 = 30^{0}_{-0.018}\text{mm}$$

经计算、调整，得出各组成环尺寸的公差为 $A_1 = 80^{+0.12}_{0}$mm、$A_2 = 50^{0}_{-0.062}$mm、$A_3 = 30^{0}_{-0.018}$mm。

如果加工时均满足这些要求，则装配时可以不经过任何选择、修配或调整就能保证装配

间隙为 0~0.2mm 的要求。还可以根据式(1-9)和式(1-10)验算装配精度能否保证封闭环 A_Σ 的上、下偏差，即

$$B_s A_\Sigma = +0.12mm - [(-0.062)+(-0.018)]mm$$
$$= [+0.12 - (-0.08)]mm = +0.20mm$$
$$B_x A_\Sigma = 0 - (-0-0) = 0$$

则 $A_\Sigma = 0^{+0.20}_{0}$mm 符合精度要求。

极值法计算装配尺寸链所造成对零件加工精度要求过高的缺点，实质上就是用很大的零件加工代价去满足装配时极少可能出现的情况，人为地增加了零件加工的困难和费用。从这个意义来讲，它是不经济、不合理的。因此，在实际应用中常用部分互换法。

二、部分互换法

部分互换法实质上是考虑各零件的加工误差是随机性的，可以将尺寸链中各环的公差放得更宽一些，使其容易加工，以降低成本。这样虽然尺寸链封闭环的公差个别的可能会超出规定的范围，但生产实践表明，在一定批量的零件加工中将不合格品控制在一个很小的范围内，则仍然是经济的。

与用极值法相比较，用概率法可将组成环的平均公差扩大 $\sqrt{n-1}$ 倍。但由于各组成环的尺寸分布曲线不一定是按正态分布的，对于多环($n \geqslant 4$)尺寸链，通常近似地按下列公式计算封闭环公差。即

$$T_\Sigma = 1.5 \sqrt{\sum_{i=1}^{n-1} T_i^2} \tag{2-2}$$

然后，再计算各组成环的平均公差。

如果尺寸链的组成环数太少，或封闭环精度要求较低，用概率法近似计算，不但比极值法复杂，而且也没有实际意义，就不必用概率法计算。在大批大量生产中，当装配精度要求较高，或尺寸链总环数较多时，为了不致使零件的加工过于困难，并提高技术经济效益，宜采用概率法计算。

但是，实际上制造公差的放大是极其有限的，往往不能满足制造零件的经济性要求。如果考虑控制一定的废品率使装配精度的超差量在一定范围之内，由此来计算各组成零件制造公差的放大，在计算方法上要有一定的转化。这时部分互换法装配，要改用以下几个公式来计算。即

$$T_\Sigma = t \sqrt{\sum_{i=1}^{n-1} \lambda_i'^2 T_i^2} \tag{2-3}$$

式中　λ_i'——组成环误差分布系数。

$$\lambda_i' = \frac{K_i}{t} (即 K_i = \lambda_i' t) \tag{2-4}$$

而

$$t = \frac{T_\Sigma}{2\sigma_\Sigma} \tag{2-5}$$

式中　K_i——各组成环的相对分布系数；

　　　T_Σ——装配精度要求，即封闭环公差；

　　　σ_Σ——装配误差分布的均方根偏差。

式(2-4)的比值 t，可按数理统计学所推荐的数值表查得可能出现废品率的百分比。当误差尺

寸分布曲线接近正态分布曲线时，根据在公差带界限外的百分比率，查阅有关资料确定 t 的数值。有关废品率 $P\%$ 和系数 t 的对应关系见表 2-5。

表2-5　$P\%$ 和 t 的关系值

废品率 $P\%$	0.27	1	3	5	7	10	15	20	30
系数 t	3	2.56	2.18	1.95	1.83	1.65	1.44	1.29	1.05

当规定了废品率的多少时，可根据表 2-5 所推荐的数值，查出 t 的比值大小，代入式(2-3)即可计算各组成环的制造公差 T_i。由于组成环可能有很多，因此只能求解各组成环的平均公差 T'_M，这时公式改写为

$$T'_M = \frac{T_\Sigma}{t\sqrt{\lambda'^2_{iM}(n-1)}} \qquad (2\text{-}6)$$

例 2-2　某机床传动轴装配如图 2-40 所示，要求装配以后保证轴向间隙为 $0.10 \sim 0.30$mm，装配方式采取部分互换法，允许有 10% 的装配超差率。各组成环的公称尺寸是：箱体外壁到中壁弹性挡圈槽的距离 $A_1 = 134$mm，补偿垫厚度 $A_2 = 3.5$mm，轴承宽度 $A_3 = 17$mm，传动轴轴肩长度 $A_4 = 94$mm，轴承宽度 $A_5 = 17$mm，孔用弹性挡圈宽度 $A_6 = 2.5$mm。试求尺寸 $A_1 = 134$mm、$A_2 = 3.5$mm、$A_3 = A_5 = 17$mm、$A_4 = 94$mm 和 $A_6 = 2.5$mm 的公差。

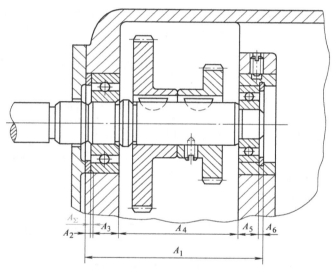

图 2-40　机床传动轴装配图

解　在各组成零件的尺寸中，选补偿垫 A_2 为计算尺寸链的协调环，建立的尺寸链如图 2-41 所示。

① 计算装配精度要求。

$$B_s A_\Sigma = 0.30\text{mm}, \quad B_x A_\Sigma = 0.10\text{mm}$$

则
$$T_\Sigma = B_s A_\Sigma - B_x A_\Sigma = (0.30 - 0.10)\text{mm}$$
$$= 0.20\text{mm}$$

$$B_M A_\Sigma = \frac{B_s A_\Sigma + B_x A_\Sigma}{2} = \frac{0.30 + 0.10}{2}\text{mm}$$
$$= 0.20\text{mm}$$

② 计算组成环平均公差。

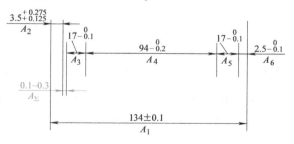

图 2-41　尺寸链图

当封闭环允许超差 10% 时，根据表2-5 可查得 $t = 1.65$。由于代表封闭环的装配精度是由各组成环的误差综合而形成的，而许多误差综合以后总是更接近正态分布，因此取 $\lambda'_\Sigma = 1/3$。此外，各组成环误差平均以后也是接近正态分布的，因此 λ'_M 也可按正态分布，取

$\lambda'_M = 1/3$。所以 $\lambda'_{iM} = 1/3$，则 $\lambda'^2_{iM} = 1/9$，将这些数据代入式(2-6)得

$$T'_M = \frac{T_\Sigma}{t\sqrt{\lambda'^2_{iM}(n-1)}} = \frac{0.20}{1.65 \times \sqrt{\frac{1}{9} \times (7-1)}}\text{mm} = \frac{0.20 \times 3}{1.65 \times 2.45}\text{mm} = 0.148\text{mm}$$

③ 调整并确定各组成环尺寸的制造公差。

根据确定各组成环制造公差的原则，按各个尺寸和加工制造的难易，初步确定如下：

$A_1 = (134 \pm 0.10)\text{mm}$、$A_2 = 3.50\text{mm}$、$T_2 = 0.15\text{mm}$（上、下偏差待定）、$A_3 = A_5 = 17^{0}_{-0.10}\text{mm}$ $[(16.95 \pm 0.05)\text{mm}]$、$A_4 = 94^{0}_{-0.20}\text{mm}[(93.90 \pm 0.10)\text{mm}]$、$A_6 = 2.5^{0}_{-0.10}\text{mm}[(2.45 \pm 0.05)\text{mm}]$。

④ 计算各组成环公差的上、下极限偏差。

先计算协调环平均偏差 $B_M A_2$，则

$$B_M A_\Sigma = \sum_{i=1}^{m} B_M \overrightarrow{A}_i - \sum_{i=m+1}^{n-1} B_M \overleftarrow{A}_i$$

$$0.20\text{mm} = 0\text{mm} - [B_M A_2 + (-0.05\text{mm}) + (-0.10\text{mm}) + (-0.05\text{mm}) + (-0.05\text{mm})]$$

故　　　　　　$B_M A_2 = +0.05\text{mm}$

$$B_s A_2 = B_M A_\Sigma + \frac{T_2}{2} = \left(0.20 + \frac{0.15}{2}\right)\text{mm} = +0.275\text{mm}$$

$$B_x A_2 = B_M A_\Sigma - \frac{T_2}{2} = \left(0.20 - \frac{0.15}{2}\right)\text{mm} = +0.125\text{mm}$$

因此组成环 A_2，即补偿垫的制造公差应为

$$A_2 = 3.50^{+0.275}_{+0.125}\text{mm}$$

⑤ 验算原装配精度能否保证。

根据式(2-3)，则

$$T_\Sigma = t\sqrt{\sum_{i=1}^{n-1} \lambda'^2_i T^2_i} = \frac{1.65}{3} \times \sqrt{(0.2)^2 + (0.15)^2 + (0.1)^2 + (0.2)^2 + (0.1)^2 + (0.1)^2}\text{mm}$$

$$= 0.55 \times \sqrt{0.1325}\text{mm} = 0.55 \times 0.364\text{mm} = 0.20\text{mm}$$

⑥ 验算装配可能出现的超差率。

实际产生的装配误差为

$$T'_\Sigma = \sqrt{\sum_{i=1}^{n-1} K^2_i T^2_i} = \sqrt{0.1325}\text{mm} = 0.364\text{mm}$$

因为各组成环误差综合以后总是更接近正态分布，$T'_\Sigma = \sqrt{\sum_{i=1}^{n-1} K^2_i T^2_i} = \sqrt{\sum_{i=1}^{n-1} T^2_i}$。

则　　　$T'_\Sigma = 6\sigma = 0.364\text{mm}$，$\sigma = 0.0606\text{mm}$，$T_\Sigma = 0.20\text{mm}$，$x = 0.10\text{mm}$（$x$ 代表测量值，x 值在 $-\infty \sim +\infty$ 之间，坐标中心在 $x = 0$ 处）。

所以　　　　　　　　　　　　$z = \frac{x}{\sigma} = 1.65$

查阅有关资料，当 $z = 1.65$ 时，$\phi(z) = 0.45$

由于所得的数值是以"0"为坐标原点，误差对称分布时，是曲线半边的面积。曲线两边面积的总和应为

$$2\phi(z) = 2 \times 0.45 = 0.90 = 90\%$$

曲线下的面积 $2\phi(z)$ 所代表的是合格率，因此实际可能产生的废品率应为

$$[(1-0.90) \times 100]\% = 10\%$$

实际产生的误差、原装配要求和产生废品率的关系如图 2-42 所示。

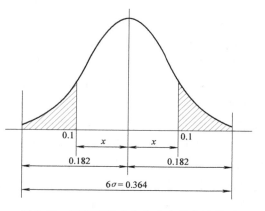

图 2-42　原装配要求和产生废品率的关系

三、选配法

选配法装配的实质是当零件的制造公差成倍地进行放大以后，为了保证配合精度，两个（或三个）配合偶件，尺寸偏大的增环零件和尺寸偏大的减环零件对应装配在一起。例如尺寸偏大的孔和尺寸偏大的轴相配合，这样可使装配后的配合精度提高，保证原装配精度的要求。

这种装配方法常应用于装配精度要求很高而尺寸链总环数较少，成批或大批量生产的场合，如滚动轴承的装配，内燃机活塞和气缸套、活塞销的装配。

选配法又分直接选配法和分组选配法。

1. 直接选配法

由装配工人直接从许多待装配的零件中选择"合适"的零件进行装配。这种选择主要依靠工人的经验和必要的测量。其优点是能达到很高的装配精度；其缺点是装配精度在很大程度上取决于工人的技术水平、生产经验和作业时的精神状态，且作业时间不易准确地控制。因此，它不宜用于生产节拍要求较严的大批量流水作业的生产。

此外对于一批可以相配的零件，严格按要求进行装配后，还有可能出现无法满足装配要求的"剩余零件"。特别是当零件的加工误差分布规律不同时，可能出现更多的"剩余零件"。

2. 分组选配法

分组选配法是选配法装配的最主要形式，体现了选配法装配的主要优越性。分组选配法在相应的组内，可以实行完全互换装配，只要是同一个组号的零件，任意两件配合，任意换置都能达到原装配精度要求，因此也可以说是分组完全互换法。只不过在不同组之间不能实现完全互换而已。

在一般情况下，制造公差放大几倍，则装配也要分几个组互换配合。因此，制造公差的放大和装配分组是对应的。

分组选配法应用尺寸链分析计算，原则上是用分组完全互换法来分析问题的。也就是从对应的组来看，组成环零件制造公差的累积应当等于装配精度要求。因此装配精度一经设计者确定，那么组成环的平均公差应为

$$T_{\mathrm{M}} = \frac{T_{\Sigma}}{n-1}$$

但由于是分组选配，实际的制造公差要根据分组的多少而有所放大，设分组数为 m。则

$$T'_{\mathrm{M}} = mT_{\mathrm{M}} = \frac{mT_{\Sigma}}{n-1} \tag{2-7}$$

实际零件的制造是按放大以后的公差来生产，再进行测量分组。但是零件制造公差的放大，仅仅是放大尺寸的极限偏差，制造的几何公差、表面粗糙度，以及技术条件等则仍与未放大前的原始 T_M 相适应，这样才不会影响配合的性质和分组的精确性。

计算出组成零件的平均公差 T'_M 以后，和完全互换法一样，应当按各个零件的大小和制造难易程度进行适当的分配和调整。但是，这样会使装配性质改变，因此分组选配法采用各组成零件的制造公差应相等或近似，以避免随组数 m 增多而使装配性质有所改变。并且两配合件制造的实际误差分布曲线应当互相对应，以使各对应组中实际零件的数目接近。

（1）两配合件制造公差对装配精度的影响　当两配合件制造公差相等时，如

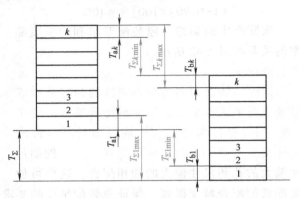

图 2-43　两配合件制造公差对装配精度的影响

图 2-43 所示。T_a 代表孔的公差，而 T_b 则代表轴的公差。轴与孔两配合件的公差相等。即

$$T_a = T_b = T_M$$

第一组的装配精度应为

$$T_{\Sigma 1} = T_{\Sigma 1max} - T_{\Sigma 1min} = (T_a + T_{\Sigma 1min} + T_b) - T_{\Sigma 1min}$$

所以

$$T_{\Sigma 1} = T_a + T_b$$

由于

$$T_a = T_b$$

故

$$T_{\Sigma 1} = 2T_a = 2T_b = 2T_M$$

第 k 组的装配精度应为

$$T_{\Sigma k} = T_{\Sigma kmax} - T_{\Sigma kmin}$$

由图 2-43 可以看出

$$
\left.
\begin{aligned}
T_{\Sigma kmax} &= \left[(k-1)T_a + T_{\Sigma 1max} \right] - (k-1)T_b \\
&= (k-1)(T_a - T_b) + T_{\Sigma 1max} \\
T_{\Sigma kmin} &= \left[(k-1)T_a + T_{\Sigma 1min} \right] - (k-1)T_b \\
&= (k-1)(T_a - T_b) + T_{\Sigma 1min}
\end{aligned}
\right\}
\tag{2-8}
$$

由于 $T_a = T_b$，$T_a - T_b = 0$，

所以

$$
\left.
\begin{aligned}
T_{\Sigma kmax} &= T_{\Sigma 1max} \\
T_{\Sigma kmin} &= T_{\Sigma 1min}
\end{aligned}
\right\}
\tag{2-9}
$$

将式(2-9)代入式(2-8)相减后可得

$$T_{\Sigma k} = T_{\Sigma kmax} - T_{\Sigma kmin} = T_{\Sigma 1max} - T_{\Sigma 1min} = T_{\Sigma 1} \tag{2-10}$$

由式(2-9)和式(2-10)可以看出，对任意一组 k，它的装配精度 $T_{\Sigma k}$ 永远和第一组的装配精度 $T_{\Sigma 1}$ 完全相等。而第 k 组封闭环的最大偏差 $T_{\Sigma kmax}$ 也和第一组的最大偏差 $T_{\Sigma 1max}$ 完全相同，最小偏差也是这样。因此可以证明对于任意一组的装配配合性质，装配精度可以完全保持不变。这一点对于分组选配法的应用是十分重要的。

当两配合件制造公差不等时，配合性质就会有所改变，这一点也可由图 2-43 来证明。

当轴与孔两配合件的制造公差不等时，假设 $T_a > T_b$，这时第一组的装配精度为

$$T_{\Sigma 1} = T_a + T_b$$

$$T_{\Sigma 1 max} = (T_a + T_b) + T_{\Sigma 1 min}$$

则

$$T_{\Sigma 1 max} - T_{\Sigma 1 min} = T_a + T_b = T_{\Sigma 1} \tag{2-11}$$

到任意组 k 的装配精度，由于

$$T_a > T_b, \quad T_a - T_b > 0$$

所以由式（2-11）可得出

$$\left. \begin{array}{l} T_{\Sigma k max} - T_{\Sigma 1 max} = (k-1)(T_a - T_b) \\ T_{\Sigma k min} - T_{\Sigma 1 min} = (k-1)(T_a - T_b) \end{array} \right\} \tag{2-12}$$

由式（2-12）可以明显看出，封闭环的最大间隙 $T_{\Sigma k max}$ 和最小间隙 $T_{\Sigma k min}$ 都比第一组的 $T_{\Sigma 1 max}$ 和 $T_{\Sigma 1 min}$ 有所增大，所增大的数值为两配合公差之差的 $(k-1)$ 倍。因此 k 越大，也就是分组越多，相差越大。最大间隙 $T_{\Sigma k max}$ 的增大，使实际配合性质有所改变，甚至完全改变原来要求的配合性质，实际上已不能满足原来的装配精度要求。但是，国家标准（GB）规定的公差与配合标准，轴与孔的配合公差经常是互不相等的，这主要是考虑了制造的难易程度不同，这样的规定在应用分组选配时，就会引起配合性质改变的问题。解决这个问题的方法有两个。一是尽量使两配合件制造公差相等，即 $T_a = T_b$。这样规定，表面上看和公差与配合标准不符，但是应用分组选配时制造公差已经放大了几倍，对孔的制造不会有什么困难，对轴的制造更加容易。二是如果不得已而采用两配合件制造公差不等时，尽量减少分组数目 m，使对配合性质的改变不至于太大，能基本上符合装配精度的要求。在这种情况下，应当应用式（2-12）验算 $T_{\Sigma k max}$ 的数值大小，分析对装配性质的实际影响有多大，如果影响较大，可适当压缩或改变 T_a 和 T_b 的数值。

（2）两配合件尺寸误差分布状态不同时的影响　在分组选配时，如果两配合件的尺寸误差分布状态都是正态分布时，或者两配合件尺寸误差分布状态对应相当时，将误差带分组（分成 m 组以后），两配合件所对应的相应组中，曲线下的面积比相等或近似相等。这说明，在生产一批零件以后，较大尺寸的孔和较大尺寸的轴数目接近相等，分组装配时同样数目的孔可以找到大体上同样数目的轴与之对应装配，不会造成零件的多余或不足。

在分组选配时，如果两配合件的尺寸误差分布状态不是正态分布时，或者两配合件尺寸误差分布状态不对应相当，将误差带分组，两配合件对应的组，曲线下的面积比不相等，这就说明了偏大尺寸组中尺寸偏大的孔的数目较少，而轴的数目则较多。在尺寸偏小组中，相反是尺寸偏小的孔的数目较多而轴的数目较少。装配时不能有同样数目的零件对应装配，造成了有多余的孔零件或者多余的轴零件。

即使两配合件误差分布状态完全相同时，也有可能产生相应组配合数目不等的情况。因为制造加工的结果，误差的分布中心和公差中心往往不能完全重合，在各对应组中仍然有多余的孔零件或者多余的轴零件。

实际生产中两配合零件的结构形式和尺寸公差往往是互不相同的，加工方法和生产条件也不相同，很难使两个零件制造的误差分布曲线完全一样，因此不相对应的情况更加严重。但这些矛盾并不影响分组选配法的应用，可以有两种办法来解决。

（1）自然调节法　从概率论的观点，制造零件数目越多越接近于正态分布。因此一批零件中会有多余的孔或多余的轴，多批生产的零件中，会有几批偏大的，也会有几批偏小的，二者机会相等，这样生产几批零件以后，大致可以经自然调节而对应。当然，这要经过多次批量生产后才能相互对应。因此，生产中往往多生产一些零件作为储备，以免影响装配的进行。

（2）人为调节法　在生产批量较小的情况下，分组装配时，对应组中零件的数目可能相差较大。这时，当偏大（或者偏小）尺寸的某种零件太多（或者太少）时，可以人为地、有意识地加工一批尺寸偏大（或者偏小）的对应零件进行补充。也可以对多余的偏大尺寸的零件进行返修加工，以使所制造的零件都能装配应用。

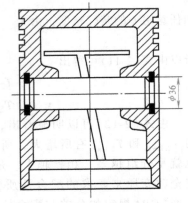

图 2-44　活塞销孔与活塞销的装配

例 2-3　图 2-44 所示的活塞销孔与活塞销采用分组选配法。要求活塞销孔直径 D 和活塞销直径 d 配合后略有一定的过盈量。装配精度为：过盈量 0.002～0.009mm，最大过盈量 0.009mm，最小过盈量 0.002mm，活塞销孔和活塞销的基本尺寸为 $\phi 36$mm，$T_\Sigma = (0.009 - 0.002)$mm $= 0.007$mm。

解　① 由装配精度计算组成环平均公差。

$$T_M = \frac{T_\Sigma}{n-1} = \frac{0.007}{3-1}\text{mm} = 0.0035\text{mm}$$

② 根据装配精度确定组成零件的制造公差。

由于装配要求应有一定的过盈量，而且要保证最小过盈量为 0.002mm，最大过盈量为 0.009mm。为了使分组装配精度和配合性质不变，采用等公差分配，先确定活塞销的制造公差为

$$d = \phi 36^{\ 0}_{-0.0035}\text{mm}$$

活塞销公差确定后，可按下列要求计算活塞销孔 D 的制造公差。为了保证最大及最小过盈量，则

$$d_{\min} - D_{\max} = 0.002\text{mm}$$
$$d_{\max} - D_{\min} = 0.009\text{mm}$$

由此得

$$B_s N_\Sigma = B_s d - B_x D = 0.009\text{mm}$$
$$B_s d = 0, \quad B_x D = -0.009\text{mm}$$
$$B_x N_\Sigma = B_x d - B_s D = 0.002\text{mm}$$
$$B_x d = -0.0035\text{mm}, \quad B_s D = -0.0055\text{mm}$$

由此得

$$D = \phi 36^{-0.0055}_{-0.0090}\text{mm}$$

③ 放大制造公差。

考虑装配时分为 4 组，因此制造公差应当放大 4 倍，即活塞销的制造公差改为

$$d = \phi 36^{\ 0}_{-0.014}\text{mm}$$

活塞销孔的制造公差改为

$$D = \phi 36^{-0.0055}_{-0.0195}\,\text{mm}$$

④ 确定测量分组的界限尺寸。

根据公差放大 4 倍分为 4 组计，每相隔 0.0035mm 分为一组。由此可得各组的界限尺寸见表 2-6。

表 2-6 活塞销与活塞销孔分组界限尺寸 （单位：mm）

组 别	活塞销直径 $d = \phi 36^{0}_{-0.014}$	活塞销孔直径 $D = \phi 36^{-0.0055}_{-0.0195}$	过盈量 （最小~最大）	配合公差 T_Σ
I	36.000 ~ 35.9965	35.9945 ~ 35.9910	0.002 ~ 0.009	0.007
II	35.9965 ~ 35.9930	35.9910 ~ 35.9875	0.002 ~ 0.009	0.007
III	35.9930 ~ 35.9895	35.9875 ~ 35.9840	0.002 ~ 0.009	0.007
IV	35.9895 ~ 35.9860	35.9840 ~ 35.9805	0.002 ~ 0.009	0.007

按计算得出的分组界限尺寸分组，可以满足原装配精度的要求。这样既可放大公差制造，又能达到装配精度。各组对应配合可实行完全互换装配。

四、修配法

修配法是把零件的公差放大后再进行制造，使零件装配时能够有一定的返修余量，经过个别零件的修配加工，最后达到所要求的装配精度。尺寸链中这个要进行修配加工的零件修配尺寸通常称为补偿环（修配环），所需要除去的那一层材料的厚度称为补偿量（修配量）。

在一般情况下补偿方向可以这样判断：当修配尺寸为增环时，补偿量为正；当修配尺寸为减环时，补偿量为负。具体补偿量的大小根据修配加工方法和修配尺寸大小而定。当采取刮研修配时，最大刮研量取 0.10 ~ 0.30mm，采取磨削时最大刮研量可取 0.05 ~ 0.15mm。

修配法应用尺寸链的主要目的是解决零件尺寸放大制造公差的问题，一方面要根据已选定的补偿量来放大公差；另一方面要对补偿环增大（或者缩小）公称尺寸，保证补偿量符合规定的数值。

1. 根据补偿量确定放大后的制造公差

因为尺寸链的基本关系式为

$$T_\Sigma = \sum_{i=1}^{n-1} T_i$$

所以制造公差进行放大，装配精度就会因公差增大而超差。若以 T'_i 代表放大后的制造公差，则放大后的封闭环公差（装配精度）为

$$T'_\Sigma = \sum_{i=1}^{n-1} T'_i = T_\Sigma + T_{Zk} \tag{2-13}$$

式中 T_{Zk}——修配环修配公差。

放大后的装配精度低于原装配精度要求，要进行修配来进行补偿，因此修配环的公差应为

$$T_{Zk} = T'_\Sigma - T_\Sigma \tag{2-14}$$

而

$$T_{Zk} = Z_{k\max} - Z_{k\min} \tag{2-15}$$

式中　$Z_{k\max}$——最大补偿量，

　　　$Z_{k\min}$——最小补偿量。

一般情况下，由式（2-14）和式（2-15）两个公式可以计算补偿量，因此也就有可能确定最大补偿量 $Z_{k\max}$ 和最小补偿量 $Z_{k\min}$。

但是，在实际修配时，为避免出现超差而不得不进行修配的情况，装配工人总希望减少补偿量，少修或者甚至于不修。当出现最坏情况时，只要修配到进入公差带就不再进行加工；当出现最好情况时，则可以不进行修配加工。下面按照这样的意图来确定补偿量 Z_k 和实际装配公差 T'_Σ 之间的关系。

（1）当最小补偿量 $Z_{k\min} = 0$ 时　当最小补偿量 $Z_{k\min} = 0$ 时，补偿量与装配误差的关系如图 2-45 所示。图中的关系说明，当装配误差出现最大极限偏差 $N'_{\max}$ 时，只要经修配而达到原装配公差的上限就不必再修配，这时补偿量为 $Z_{k\max}$。

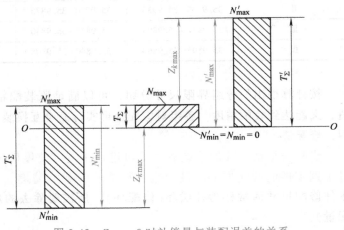

另一极端情况是，当出现最小极限偏差 $N'_{\min}$ 时，不进行修配仍能满足最小装配公差 $N_{\min}$ 的要求。这时 $N'_{\min}$ 和 $N_{\min}$ 相当，而 $N'_{\max} = N_{\max} + Z_{k\max}$，这是两种极限情况。至于一般经常出现的情况应当是介于两种极端情况之间，实际补偿量总是小于 $Z_{k\max}$，同时又大于 $Z_{k\min}$。

图 2-45　$Z_{k\min} = 0$ 时补偿量与装配误差的关系

同样的道理，最大补偿量 $Z_{k\max}$ 也可以向小于 $N_{\min}$ 的方向设置，如图 2-45 左侧方框图所示。因为 $N_{\min}$ 等于零，补偿量 Z_k 必须是向小于 $N_{\min}$ 的产生过盈的方向增加，如果封闭环代表间隙量，产生间隙增大的方向为"正"，则产生过盈的方向为"负"，因此最大补偿量 $Z_{k\max}$ 要加在 $N_{\min}$ 的下方以（$-Z_{k\max}$）计，这是一种极端情况。另一种极端情况是 $N'_{\max}$ 和 $N_{\max}$ 相当，这时 $Z_{k\min} = 0$，而 $N'_{\min} = N_{\min} - Z_{k\max}$。

（2）当最小补偿量 $Z_{k\min} \neq 0$ 时　当最小补偿量 $Z_{k\min} \neq 0$ 时，补偿量和装配精度的关系如图 2-46 所示。从图中的关系可以看出，出现最大补偿量的情况与图 2-45 相同。

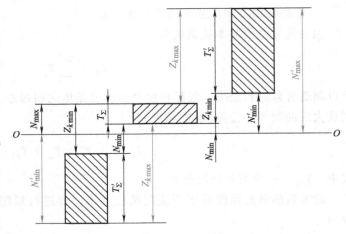

图 2-46　$Z_{k\min} \neq 0$ 时补偿量与装配误差的关系

但是，出现最小补偿量 $Z_{k\min}$ 的情况则有所不同，当实际装配误差最小，正好出现 $N'_{\min}$ 时，要经过少量的修配 $Z_{k\min}$ 才能达到原装配要求的下限 $N_{\min}$ 的位置。

图 2-46 所示关系还说明，在产生最小补偿量的情况下，规定的 $Z_{k\min}$ 不必完全修配掉，只要进入原装配精度公差带，小于 $N_{\max}$（或大于 $N_{\min}$）就已经达到要求，因此实际的补偿量还可以更小。

根据图 2-45 和图 2-46 说明的基本关系可以建立以下的表达式：

1）第一种表达式（图 2-45 右侧和图 2-46 右侧）为

$$\left.\begin{array}{l} N'_{\max} = N_{\max} + Z_{k\max} \\ N'_{\min} = N_{\min} + Z_{k\min} \end{array}\right\} \tag{2-16}$$

由此可得出

$$\left.\begin{array}{l} Z_{k\max} = N'_{\max} - N_{\max} \\ Z_{k\min} = N'_{\min} - N_{\min} \end{array}\right\}$$

由式（2-16）可得到符合式（2-13）的证明。

$$T'_{\Sigma} = (N'_{\max} - N'_{\min}) = (N_{\max} - N_{\min}) + (Z_{k\max} - Z_{k\min})$$

所以

$$T'_{\Sigma} = T_{\Sigma} + T_{zk} = \sum_{i=1}^{n-1} T'_i$$

2）第二种表达式（图 2-45 左侧和图 2-46 左侧）为

$$\left.\begin{array}{l} N'_{\max} = N_{\max} - Z_{k\min} \\ N'_{\min} = N_{\min} - Z_{k\max} \end{array}\right\} \tag{2-17}$$

由此可得出

$$\left.\begin{array}{l} Z_{k\max} = N_{\min} - N'_{\min} \\ Z_{k\min} = N_{\max} - N'_{\max} \end{array}\right\}$$

由式（2-17）也可得到符合式（2-13）的证明。

$$T'_{\Sigma} = (N'_{\max} - N'_{\min}) = (N_{\max} - N_{\min}) - (Z_{k\min} - Z_{k\max})$$

$$= (N_{\max} - N_{\min}) + (Z_{k\max} - Z_{k\min}) = T_{\Sigma} + T_{zk} = \sum_{i=1}^{n-1} T'_i$$

由式（2-16）和式（2-17）可以根据规定的补偿量 $Z_{k\max}$ 来计算放大的装配误差 T'_{Σ}，并由此计算放大后零件的制造公差 T_i。两种表达式在不同情况下，都可用来解决由控制补偿量而确定放大零件制造公差的问题。

2. 确定补偿（修配）环的上、下极限偏差

从尺寸链的应用分析来看，装配时的修配环在尺寸链中是作为"补偿环"来看待的，因此对补偿环不仅要放大制造公差，同时公称尺寸还要放大 Δk。直接计算 Δk 是比较麻烦的，难以建立直观的概念，建议应用计算上、下极限偏差的公式，直接通过尺寸链公式的分解，确定补偿环的上、下极限偏差。这种方法比较简便，可以一次计算直接确定。

尺寸链计算上、下极限偏差的原始公式为

$$B_s A_{\Sigma} = \sum_{i=1}^{m} B_s \overrightarrow{A_i} - \sum_{i=m+1}^{n-1} B_x \overleftarrow{A_i}$$

$$B_x A_{\Sigma} = \sum_{i=1}^{m} B_x \overrightarrow{A_i} - \sum_{i=m+1}^{n-1} B_s \overleftarrow{A_i}$$

在上两式中，实际上已包括有作为补偿环的组成环。设补偿环的上、下极限偏差分别为 $B_s A_k$ 和 $B_x A_k$。当补偿环为减环时，则有

$$
\left.\begin{aligned}
B_s A_\Sigma' &= \sum_{i=1}^{m} B_s \overrightarrow{A_i'} - \left[\sum_{i=m+1}^{n-2} B_x \overrightarrow{A_i'} + B_x \overleftarrow{A_k'} \right] \\
B_x A_\Sigma' &= \sum_{i=1}^{m} B_x \overrightarrow{A_i'} - \left[\sum_{i=m+1}^{n-2} B_s \overrightarrow{A_i'} + B_s \overleftarrow{A_k'} \right]
\end{aligned}\right\}
\tag{2-18}
$$

当补偿环为增环时，则有

$$
\left.\begin{aligned}
B_s A_\Sigma' &= \left[\sum_{i=1}^{m-1} B_s \overrightarrow{A_i'} + B_s \overrightarrow{A_k'} \right] - \sum_{i=m+1}^{n-1} B_x \overleftarrow{A_i'} \\
B_x A_\Sigma' &= \left[\sum_{i=1}^{m-1} B_x \overrightarrow{A_i'} + B_x \overrightarrow{A_k'} \right] - \sum_{i=m+1}^{n-1} B_s \overleftarrow{A_i'}
\end{aligned}\right\}
\tag{2-19}
$$

按式(2-18)和式(2-19)的形式，当其他环的制造公差按加工的实际情况初步确定以后，即可计算补偿环的上、下极限偏差 $B_s A_k'$ 和 $B_x A_k'$。但是，按式(2-18)和式(2-19)计算出来的补偿环上、下极限偏差，只单纯考虑了制造公差的放大，并没有考虑为实现修配而必须放大基本尺寸的问题，这样经常是无法实现修配的。

有关组成环的制造公差放大，会引起装配误差的增大。为了实现修配，在这种情况下，所计算出的补偿环上、下偏差会增大(减小)，所增大(减小)的数值 $\Delta k = Z_{k\max}(\Delta k = -Z_{k\max})$，即增大(减小)规定的最大补偿量才能实现修配加工。

以上两种情况都是经过修配加工使装配间隙反而增大，也就是越修配装配误差越大，所以必须增大或减小补偿环的基本尺寸，以期实现修配。但是，也还有经修配加工后反而可以减小装配误差或装配间隙的情况。在这种情况下，放大修配补偿环的制造公差，已经有足够的补偿量进行修配加工，没有必要增大或者减小补偿环的基本尺寸。因此，计算补偿环上、下极限偏差的公式总结为以下三种情况。

1) 当补偿环为减环，经修配加工而使装配误差(封闭环)增大时，应用下式计算修配环的上、下极限偏差。即

$$
\left.\begin{aligned}
B_s \overrightarrow{A_k'} &= \left[\sum_{i=1}^{m} B_x \overrightarrow{A_i'} - \sum_{i=m+1}^{n-2} B_s \overrightarrow{A_i'} - B_x A_\Sigma \right] + Z_{k\max} \\
B_x \overrightarrow{A_k'} &= \left[\sum_{i=1}^{m} B_s \overrightarrow{A_i'} - \sum_{i=m+1}^{n-2} B_x \overrightarrow{A_i'} - B_s A_\Sigma \right] + Z_{k\min}
\end{aligned}\right\}
\tag{2-20}
$$

式中　A_i'——放大制造公差后的各组成环尺寸。

2) 当补偿环为增环，经修配加工而使装配误差(封闭环)增大时，应用下式计算修配环的上、下极限偏差。即

$$
\left.\begin{aligned}
B_s \overrightarrow{A_k'} &= B_s A_\Sigma - \left[\sum_{i=1}^{m-1} B_s \overrightarrow{A_i'} - \sum_{i=m+1}^{n-1} B_x \overleftarrow{A_i'} \right] - Z_{k\max} \\
B_x \overrightarrow{A_k'} &= B_x A_\Sigma - \left[\sum_{i=1}^{m-1} B_x \overrightarrow{A_i'} - \sum_{i=m+1}^{n-1} B_s \overleftarrow{A_i'} \right] - Z_{k\min}
\end{aligned}\right\}
\tag{2-21}
$$

3) 当补偿环为增环，经修配加工而使装配误差(封闭环)减小时，应用下式计算修配环的上、下极限偏差。即

$$
\left.
\begin{aligned}
B_{\mathrm{s}}\overrightarrow{A_k'} &= B_{\mathrm{s}}A_{\Sigma}' - \left[\sum_{i=1}^{m-1}B_{\mathrm{s}}\overrightarrow{A_i'} - \sum_{i=m+1}^{n-1}B_{\mathrm{x}}\overrightarrow{A_i'}\right] \\
B_{\mathrm{x}}\overrightarrow{A_k'} &= B_{\mathrm{x}}A_{\Sigma}' - \left[\sum_{i=1}^{m-1}B_{\mathrm{x}}\overrightarrow{A_i'} - \sum_{i=m+1}^{n-1}B_{\mathrm{s}}\overrightarrow{A_i'}\right]
\end{aligned}
\right\}
\tag{2-22}
$$

应用式（2-20）~式（2-22）所计算出的补偿环尺寸与公差，既包括了制造公差的放大，同时也包括了为实现修配而增大（或减小）的补偿环公称尺寸，这种方法是既简便而又明确的。应用时必须注意：所选用的修配补偿环是尺寸链中的"增环"还是"减环"。此外，要考虑的是，经修配加工而去除一层金属后，封闭环是减小还是增大。

3. 验算最大补偿量 $Z_{k\max}$ 和原装配精度能否保证

在实际生产中，修配法的应用比较复杂，公式中正负号的含意有以下四种：

1）所选的补偿环在尺寸链中可能是增环（+），也可能是减环（–）。如键与键槽装配中，修配（补偿）件为键时，补偿环是减环，而以键槽为修配（补偿）件时，补偿环则为增环。

2）经修配加工产生的实际补偿方向可能是正补偿（+），也可能是负补偿（–）。

3）装配精度要求可能是装配间隙，也可能是"过盈量"。当产生间隙时装配精度（$+N_{\Sigma}$）为（+）值，产生过盈时（$-N_{\Sigma}$）为（–）值。

4）根据最大补偿量而确定放大后的装配误差 $N_{\max}'$ 和 $N_{\min}'$ 时，可能是用（$+Z_{k\max}$），也可能是用（$-Z_{k\max}$）。

如果再加上各个尺寸公差的标注不同（有对称公差、单向正公差和单向负公差），这样复杂的正负关系用几个概括的公式来描述各种具体情况是十分困难的，因此补偿环的制造公差的确定容易产生混乱或错误。这就使最后的验算成为十分重要的、必不可少的步骤。验算的项目包括最大补偿（修配）量是否符合规定的 $Z_{k\max}$ 值和原装配精度 $N_{\min}$、$N_{\max}$ 能否得到保证。

根据前面介绍的两种表达式，具体验算的条件和验算所应用的公式各不相同［参考图 2-45和图 2-46 及式（2-16）和式（2-17）］。

（1）应用第一种表达式时

$$
\begin{cases}
N_{\max}' = N_{\max} + Z_{k\max} \\
N_{\min}' = N_{\min} + Z_{k\min}
\end{cases}
$$

这时具体验算合格的条件是：

1）当补偿（修配）环尺寸为最大（或最小）时，修配掉 $Z_{k\max}$ 应能保证原装配精度要求的最大值 $N_{\max}$，这时取正值（$+Z_{k\max}$）。

2）当补偿（修配）环尺寸为最小（或最大）时，修配掉 $Z_{k\min}$，或者不修配（当 $Z_{k\min} = 0$）时，就能保证原装配精度要求的最小值 $N_{\min}$。

根据这一原则所得的验算公式为

$$
\left.
\begin{aligned}
\left(\sum_{i=1}^{m}B_{\mathrm{s}}\overrightarrow{A_i'} - \sum_{i=m+1}^{n-1}B_{\mathrm{x}}\overrightarrow{A_i'}\right) - Z_{k\max} &= N_{\max} \\
\left(\sum_{i=1}^{m}B_{\mathrm{x}}\overrightarrow{A_i'} - \sum_{i=m+1}^{n-1}B_{\mathrm{s}}\overrightarrow{A_i'}\right) - Z_{k\min} &= N_{\min}
\end{aligned}
\right\}
\tag{2-23}
$$

（2）应用第二种表达式时

$$\begin{cases} N'_{\max} = N_{\max} - Z_{k\min} \\ N'_{\min} = N_{\min} - Z_{k\max} \end{cases}$$

这时具体验算合格的条件是:

1) 当补偿(修配)环尺寸为最大(或最小)时,修配掉 $Z_{k\max}$ 应能保证原装配精度要求的最小值 $N_{\min}$。

2) 当补偿(修配)环尺寸为最小(或最大)时,修配掉 $Z_{k\min}$,或者不修配(当 $Z_{k\min}=0$),应能保证原装配精度要求的最大值 $N_{\max}$。

根据这一原则所得的验算公式为

$$\left. \begin{array}{l} \left(\displaystyle\sum_{i=1}^{m} B_{\mathrm{s}} \overrightarrow{A'_i} - \sum_{i=m+1}^{n-1} B_{\mathrm{x}} \overrightarrow{A'_i} \right) + Z_{k\min} = N_{\max} \\ \left(\displaystyle\sum_{i=1}^{m} B_{\mathrm{x}} \overrightarrow{A'_i} - \sum_{i=m+1}^{n-1} B_{\mathrm{s}} \overrightarrow{A'_i} \right) + Z_{k\max} = N_{\min} \end{array} \right\} \tag{2-24}$$

例 2-4 键与键槽的装配如图 2-47 所示,装配为过渡配合,原设计要求键与键槽的尺寸及偏差为:键槽 $A_1 = 60^{+0.03}_{0}$ mm,键 $A_2 = 60^{+0.01}_{-0.005}$ mm,现在希望放大制造公差,装配时进行修锉的办法来保证装配精度的要求。

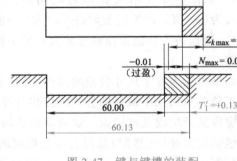

图 2-47 键与键槽的装配

解 ① 计算装配技术要求。

$$N_{\max} = [(60+0.03)-(60-0.005)]\,\mathrm{mm}$$
$$= 0.035\,\mathrm{mm}$$
$$N_{\min} = [(60+0)-(60+0.01)]\,\mathrm{mm}$$
$$= -0.01\,\mathrm{mm}(过盈)$$

由此可得

$$T_{\Sigma} = N_{\max} - N_{\min}$$
$$= [0.035-(-0.01)]\,\mathrm{mm} = 0.045\,\mathrm{mm}$$

② 确定最大修锉量。

根据手工修锉加工的经验,取

$$Z_{k\max} = 0.20\,\mathrm{mm}, \qquad Z_{k\min} = 0$$

③ 计算零件制造公差放大后而形成的装配误差。

$$N'_{\max} = N_{\max} + Z_{k\max} = (0.035+0.2)\,\mathrm{mm} = 0.235\,\mathrm{mm}$$
$$N'_{\min} = N_{\min} + Z_{k\min} = [(-0.01)+0]\,\mathrm{mm} = -0.01\,\mathrm{mm}$$
$$T'_{\Sigma} = N'_{\max} - N'_{\min} = [0.235-(-0.01)]\,\mathrm{mm} = 0.245\,\mathrm{mm}$$

④ 计算制造公差放大后的平均制造公差 T'_{M},并确定键与键槽的制造公差。

$$T'_{\mathrm{M}} = \frac{T'_{\Sigma}}{n-1} = \frac{0.245}{3-1}\,\mathrm{mm} = 0.1225\,\mathrm{mm}$$

参考公差标准,经适当调整后,确定键槽的制造公差为

$$T'_1 = 0.13\,\mathrm{mm}, \qquad A_1 = 60^{+0.13}_{0}\,\mathrm{mm}$$

键的制造公差应为

$$T'_2 = T'_\Sigma - T'_1 = (0.245 - 0.13)\,\text{mm} = 0.115\,\text{mm}$$

⑤ 计算补偿(修配)环的上、下极限偏差。

选键为修配补偿环,在尺寸链中键为"减环"。经修配加工后可使封闭环(装配间隙)误差增大,因此应用式(2-20),即可进行计算。由此得

$$B_\text{s}\overrightarrow{A'_k} = [(B_\text{x}\overrightarrow{A'_1} - B_\text{x}N)] + Z_{k\max}$$
$$= [0 - (-0.01)]\,\text{mm} + 0.2\,\text{mm} = 0.21\,\text{mm}$$
$$B_\text{x}\overrightarrow{A'_k} = [(B_\text{s}\overrightarrow{A'_1} - B_\text{s}N)] + Z_{k\min}$$
$$= [0.13 - (+0.035)]\,\text{mm} + 0 = 0.095\,\text{mm}$$

因此键的上偏差为 $B_\text{s}A'_2 = +0.21\,\text{mm}$

键的下偏差为 $B_\text{x}A'_2 = +0.095\,\text{mm}$

由此得键的制造公差为 $A_2 = A_k = 60^{+0.21}_{+0.095}\,\text{mm}$

⑥ 验算最大修锉量 $Z_{k\max}$。

由图 2-47 所示的情况,可看出键与键槽相配合的两种极端情况分别为:

a) 当键的尺寸为最大,相当于 60.21mm 时,与最小尺寸的键槽 60.00mm 相配合,这时修锉量为最大值 $Z_{k\max} = 0.20\,\text{mm}$。修锉后应能保证 $N_{\min} = -0.01\,\text{mm}$ 的要求。

b) 当键的尺寸为最小,相当于 60.095mm 时,与最大尺寸的键槽 60.13mm 相配合,这时不修锉应能保证 $N_{\max} = 0.035\,\text{mm}$ 的要求。

应用式(2-24)来进行验算

$$\left[\sum_{i=1}^{m} B_\text{s}\overrightarrow{A'_i} - \sum_{i=m+1}^{n-1} B_\text{x}\overrightarrow{A'_i}\right] + Z_{k\min} = N_{\max}$$

即

$$(B_\text{s}\overrightarrow{A'_1} - B_\text{x}\overrightarrow{A'_2}) + Z_{k\min} = N_{\max}$$

所以 $N_{\max} = (60.13 - 60.095)\,\text{mm} + 0 = 0.035\,\text{mm}$

$$\left[\sum_{i=1}^{m} B_\text{x}\overrightarrow{A'_i} - \sum_{i=m+1}^{n-1} B_\text{s}\overrightarrow{A'_i}\right] + Z_{k\max} = N_{\min}$$

即

$$(B_\text{x}\overrightarrow{A'_1} - B_\text{s}\overrightarrow{A'_2}) + Z_{k\max} = N_{\min}$$

所以 $N_{\min} = [(60.00 - 60.21) + 0.2]\,\text{mm} = -0.01\,\text{mm}$

验算结果表明,能满足原装配精度要求。

五、调整法

调整法是将补偿件移动一定的距离,或者装入一个具有补偿量的补偿零件来实现误差的补偿。因此,调整法和修配法在本质上和应用尺寸链基本原理上是相同的,主要区别是不修配掉金属层来补偿误差。

当然,实现补偿件的调节,必须要在结构设计时专门设置可以调节和可以增补尺寸误差的机构或补偿零件。装配工人只能是在已经确定的机械结构的前提条件下,在试装时经过测量与验算,确定补偿量的大小,以合理的补偿量为依据,一方面适当地放大有关组成零件的制造公差,另一方面以必要的调整来提高装配精度。放大组成零件的制造公差是应用调整法的主要目的。

1. 调整法的方法

调整法的方法通常有两种:可动调整法和固定调整法。

(1)可动调整法 这种方法是调整具体机构中某一零件的相互位置,使其补偿一定的

数值，减小封闭环代表的装配误差，从而提高装配精度。补偿调整量可以是线性尺寸的位移，也可以是角度的偏移，如调整平行度、垂直度或角度等装配技术要求，则属于角偏移。甚至也可能是既有尺寸上的位移，又有角度的偏移，如保证圆锥齿轮的啮合就属于这一种情况。

图 2-48 所示为可动调整实例，轴向装配间隙 ΔN 应用调整轴套的位置来达到。轴套有一定的位移，当齿轮与轴套间距离达到要求的装配间隙以后，将轴套用定位螺钉固定好。用这样的办法可以使各个零件的轴向尺寸按未注公差尺寸的要求来制造，不管制造公差放大多少，都能通过调整达到装配精度要求。虽然在结构中增加了一个补偿套，但消除了修配加工，对装配仍然是有利的。

可动调整法一般不需要应用尺寸链的公式进行计算，只是在结构设计时，应用尺寸链关系，对补偿封闭环的状态进行必要的分析，从结构上解决补偿机构和补偿零件的调节与固定。

图 2-49 所示为锥齿轮啮合的调整纸垫结构。为保证锥齿轮能按分度锥正确啮合，一般采用一个齿轮固定安装，而另一个齿轮可以轴向进行调整的方法。图 2-49 中的两端轴承端盖可以增减不同厚度的纸垫，使水平齿轮轴能做少量的轴向位移，由此保证锥齿轮的啮合间隙。

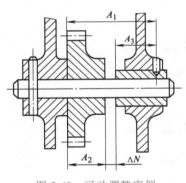

图 2-48　可动调整实例

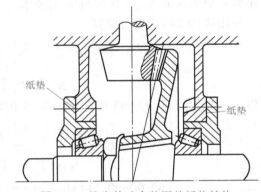

图 2-49　锥齿轮啮合的调整纸垫结构

（2）固定调整法　这种方法是在机构中设置一个专门的零件，这个零件可以按照装配精度的要求进行选择和换置，并以不同的厚度作为不同的补偿量。这个零件在尺寸链中作为补偿环，可使封闭环的实际误差得到相应的补偿，从而提高装配精度。由于固定调整法经常选用简单的容易加工的垫片来进行补偿，因此有时也叫做"补偿垫片法"。

图 2-50 所示为固定调整法的典型实例，仍然是齿轮传动轴的装配，在这个结构中增加了一个补偿垫来代替图 2-48 中的轴套调节。各组成零件的轴向尺寸按未注公差尺寸的公差来制造，封闭环代表的间隙 ΔN 必然会有超差，这时可以根据实际超差的大小，采用不同厚度的补偿垫来进行补偿，从而达到要求的装配精度。

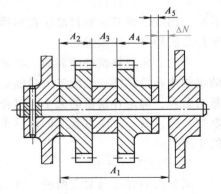

图 2-50　固定调整法的实例

应用调整法装配不仅可以保证达到装配精度，同时还可以实现补偿机械设备的磨损。当机械设备使用一段时间产生磨损以后，可以重新调整或更换补偿件使其恢复原有的精度。因此，补偿件的调节补偿量除考虑补偿由于零件放大制造公差而产生的装配超差外，还应当考虑能补偿机械设备的磨损。

2. 固定调整法的分析与计算

对于固定调整法需要通过尺寸链的分析计算来合理确定补偿量。补偿量 T_k 的作用和修配法完全相同。只不过，修配法是通过修磨而去除一定的补偿量，而调整法则是增加或者添入一定的补偿量。

（1）补偿量的合理确定 以 T_k 代表需要的调整补偿量，则 T_k 与各组成零件制造公差的放大有关。如果原装配精度为 T_Σ，放大制造公差后所形成的装配误差为 T'_Σ，根据尺寸链的基本关系式可得

$$T_k = T'_\Sigma - T_\Sigma$$

即

$$T'_\Sigma = T_\Sigma + T_k = \sum_{i=1}^{n-1} T'_i \qquad (2\text{-}25)$$

1）由于应用调整法时，绝大多数情况是为了补偿已形成的间隙而用的。在未放入补偿件之前，由其他零件形成的一定间隙，称为空位间隙 S。如果当出现最大空位间隙 S_{max} 时，放入最大尺寸的补偿件应能保证装配精度 N_{max} 的要求；反之，当遇到最小空位间隙 S_{min} 时，放入最小尺寸的补偿件应能满足 N_{min} 的要求，这种关系如图 2-51 所示。

图中最大空位间隙 S_{max} 和最小空位间隙 S_{min} 是由除补偿件外其他零件放大制造公差以后形成的。所以

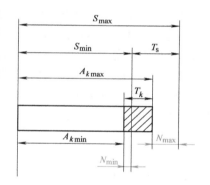

图 2-51 空位间隙与装配精度的关系

$$\left. \begin{array}{l} S_{max} = \sum_{i=1}^{m} B_s \overrightarrow{A'_i} - \sum_{i=m+1}^{n-2} B_x \overleftarrow{A'_i} \\ S_{min} = \sum_{i=1}^{m} B_x \overrightarrow{A'_i} - \sum_{i=m+1}^{n-2} B_s \overleftarrow{A'_i} \end{array} \right\} \qquad (2\text{-}26)$$

在式（2-26）中是假定补偿件为减环，如果补偿件为增环时，按同样原理也可以计算。由以上公式还可以推导出

$$T_s = S_{max} - S_{min} = \sum_{i=1}^{n-2} T'_i \qquad (2\text{-}27)$$

这个公式说明了空位间隙的变动量是由除补偿环以外其他组成环误差的累积而形成的。也正因为如此，所以总和的项数为 $n-2$。

应用式（2-26）和结合图 2-51 的关系，可以建立如下的关系式

$$\left. \begin{array}{l} S_{max} - A_{kmax} = N_{max} \\ S_{min} - A_{kmin} = N_{min} \end{array} \right\} \qquad (2\text{-}28)$$

2）生产中补偿件为减环的情况较多，因此当补偿件为减环时有

$$B_s \overrightarrow{A}_k = \left(\sum_{i=1}^{m} B_s \overrightarrow{A'_i} - \sum_{i=m+1}^{n-2} B_x \overrightarrow{A'_i} \right) - B_s N \left.\vphantom{\sum_{i=1}^{m}}\right\}$$

$$B_x \overleftarrow{A}_k = \left(\sum_{i=1}^{m} B_x \overrightarrow{A'_i} - \sum_{i=m+1}^{n-2} B_s \overrightarrow{A'_i} \right) - B_x N \tag{2-29}$$

式中　A_k——补偿环公称尺寸。

当补偿件为增环时有

$$B_s \overrightarrow{A}_k = \left(\sum_{i=m+1}^{n-2} B_s \overrightarrow{A'_i} - \sum_{i=1}^{m} B_x \overrightarrow{A'_i} \right) - B_x N \left.\vphantom{\sum_{i=1}^{m}}\right\}$$

$$B_x \overrightarrow{A}_k = \left(\sum_{i=m+1}^{n-2} B_x \overrightarrow{A'_i} - \sum_{i=1}^{m} B_s \overrightarrow{A'_i} \right) - B_s N \tag{2-30}$$

由式(2-29)、式(2-30)可得

$$T_k = B_s A_k - B_x A_k = A_{k\max} - A_{k\min} \tag{2-31}$$

3) 由式(2-31)知 T_k 为所需要的总补偿量,但补偿件还有它本身的制造公差 T_{Ak}。补偿件的制造公差如何确定要根据具体情况而定,一方面要考虑 T_k 和 T_Σ 相差多少,同时还要考虑是小批量生产还是大批量生产。

① 在单件小批量生产情况下,按实际形成的空位间隙 S_i 来配作补偿垫,实际制造的补偿件 A_k,总是小于 $A_{k\max}$,而大于 $A_{k\min}$。因此也可按中间尺寸 A_{kM} 来制造少部分用作补偿的备件。利用式(2-31)可以确定 A_{kM},以这个尺寸为依据再确定制造公差 $\pm T_{Ak}/2$,即可满足装配需要。

② 当 $T_k < T_\Sigma$,而且实际的 T_k 数值又不很大时,可按补偿量偏差来作为补偿件的制造公差,即 $T_{Ak} = T_k$。但这时必须注意,当其他组成环公差之和等于原装配精度要求 T_Σ 时,才能实现补偿。即

$$T_\Sigma = \sum_{i=1}^{n-2} T'_i \tag{2-32}$$

式(2-32)可由下式证明

因　　　　　$$T'_\Sigma = T_k + T_\Sigma = T_{Ak} + \sum_{i=1}^{n-2} T'_i = \sum_{i=1}^{n-1} T'_i$$

$T_k = T_{Ak}$(为补偿环制造公差)。

所以　　　　　$$T_\Sigma = \sum_{i=1}^{n-2} T'_i \text{(为除补偿环外其他组成环公差之和)}$$

除此以外,在实际应用时,由于调整方式和要求的不同,还应考虑以下几个问题:

1) 当应用可动调整法时,调整件的实际尺寸应该增大(或减小),也就是在尺寸链中,补偿件的公称尺寸要加以修正。设 Δk 为补偿件公称尺寸的修正量,则此公称尺寸应修正 $\pm \Delta k$。在应用可动调整时,Δk 值主要是根据补偿件结构上的可能性而定,有时要增大(或减小)几毫米至几十毫米。

2) 当考虑机械设备磨损后为恢复精度而需要补充调整时,补偿量应再增大一定的磨损补偿量 T_P。这时实际补偿量应为

$$T'_k = T_k + T_P \tag{2-33}$$

3) 在大批量生产中,应用固定调整法所用的补偿垫或补偿零件要按厚度进行分组。这样可以保证有足够的不同厚度的补偿零件以供装配,并且还可适当提高装配生产率,减少装

配劳动量。

（2）补偿件的合理分组　补偿零件按厚度分组的原则和方法，与分组选配法十分相似。在单件小批量生产中补偿垫的应用，一般是采用实测误差、直接选换补偿件配合的方法，也就是直接选配法。这时所制造的补偿件尺寸全部偏大，装配时根据所需厚度进行补充加工。

在成批生产和大批量生产中应用补偿垫时，补偿件也大批量制造，所制造的零件当然会有的偏厚，有的偏薄。为了在装配时选用方便，把所制造的补偿件进行测量分组，根据需要分别选用偏大尺寸组的零件，或者偏小尺寸组的零件投入装配，由此来减小装配时的劳动量，提高装配效率。

1）当补偿垫分组后，必须根据尺寸链中其他零件组合后的实际尺寸，加入某一组尺寸的补偿垫，以保证原装配精度 N_{max} 和 N_{min} 的要求。

补偿垫的分组，其实质就是补偿量 T_k 的分组。因为 $T'_\Sigma = T_\Sigma + T_k$，实际产生的装配误差 T'_Σ，加入补偿量 T_k，应当能满足原装配精度 T_Σ 的要求。但这是针对一大批零件总体情况来说的。对某一具体组合的零件组，实际误差是处在 T'_Σ 内的某一个数值，这个数值总是大于原装配要求 T_Σ 的。在各个零件组合以后，根据 T'_Σ 与 T_Σ 的实际差值选用某一厚度的补偿垫。因为原装配精度 T_Σ 是一定的，总的补偿量 $T_k = T'_\Sigma - T_\Sigma$ 也是一定的，只不过针对每一零件组，实际产生的装配误差 T'_Σ 不同，才需要不同数值的 T'_{ki} 来补偿。

2）在一定装配要求 T_Σ 的条件下，零件制造公差 T'_i 的放大可能较多，也可能较少。因此补偿件分组的条件是：

① 当 $T_k \leqslant T_\Sigma$ 时，由于 T'_Σ 较 T_Σ 增大很少，而原装配要求 T_Σ 又偏大，这时补偿件不需要分组，任选一个补偿件都应能满足原装配精度 T_Σ 的要求。这种关系由图 2-52 可以说明。

② 当 $T_k > T_\Sigma$ 时，这时零件制造公差放大较多，所形成的 T'_Σ 较大，补偿量 T_k 很大，所以补偿件要进行分组。这种关系可由图 2-53 来说明。

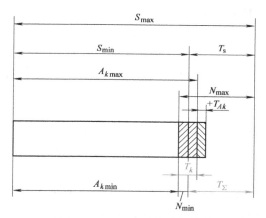

图 2-52　$T_k \leqslant T_\Sigma$ 时的补偿关系

但是，补偿件本身也有它自己的制造公差，设补偿件的制造公差为 T_{Ak}，由图 2-52 可以看出，T_{Ak} 将影响装配精度 T_Σ，有可能引起少量的超差。为了能保证补偿而不产生超差，T_{Ak} 应尽量小一些。另外补偿件制造公差的设置方向要恰当，一般可按以下两点确定：

① 当补偿件在尺寸链中为减环时，补偿件制造偏差用 $+T_{Ak}$。这时由图 2-52 即可看出，受 $+T_{Ak}$ 的影响，N_{max} 的范围缩小，仍可保证合格，由此避免了装配超差的产生。

② 当补偿件在尺寸链中为增环时，补偿件制造偏差用 $-T_{Ak}$。这种情况也可由图 2-52 看出。

由图 2-52 和图 2-53 可以看出，当除补偿件外，其他所有零件装配后，可能形成最大空位尺寸 S_{max}，也可能形成最小空位尺寸 S_{min}，这是针对整批零件的整体而言的。由于 T'_Σ 放大较多，所以 T_s 也较大，总的 T_k 也较大。这时可把 T_k 进行分组，如图 2-53 所示，可分为三组，最大一组用来补偿 S_{max} 的上极限尺寸，而最小一组补偿 S_{min} 的下极限尺寸。

补偿件按尺寸分组后，每组都相应地分别对应补偿，由此分别满足原装配精度 T_Σ 的要求。但是，每组补偿垫都还分别有它们的制造公差 T_{Ak}，实际的补偿能力是在 T_{Ak} 范围内变动的，因此也可以说实际的补偿能力有所降低，只能补偿到 $T_\Sigma - T_{Ak}$ 的数值。这个数值介于 N_{max} 和 N_{min} 之间，因此仍是合格的。

从图 2-53 可以分析分组补偿的情况，还可以对分组界限 O_1O_1 的位置进行数值上的推算与确定。

从第一组补偿件 A_{k1} 来看，当产生最大空位尺寸 S_{max}，第一组补偿件若遇到最小尺寸时，这时放入补偿件应能满足 N_{max} 的原装配要求。相反，若第一组补偿件为最大尺寸 A_{k1max} 时，应能保证 N_{min} 的原装配精度要求。

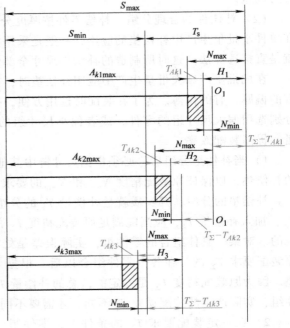

图 2-53　$T_k > T_\Sigma$ 时的补偿关系

由图中可得出如下的关系

$$N_{max} - T_{Ak1} = H_1$$
$$N_{max} - N_{min} = T_\Sigma$$

由上述关系式则得

$$H_1 + T_{Ak1} - N_{min} = T_\Sigma$$

所以

$$N_{min} = H_1 + T_{Ak1} - T_\Sigma = H_1 - (T_\Sigma - T_{Ak1})$$

由上式可以证明保证 N_{min} 的分组界限是由 $T_\Sigma - T_{Ak}$ 来确定。图 2-53 所示的关系也可以证明这一点。

3）补偿件应当分多少组，取决于形成空位间隙 T_s 的大小。此外，还受 $T_\Sigma - T_{Ak}$ 的影响。因此，若分组数为 m，则有

$$m \geqslant \frac{T_s}{T_\Sigma - T_{Ak}} \tag{2-34}$$

式中　$T_s = \sum\limits_{i=1}^{n-2} T_i'$ ——放大零件制造公差后，除补偿环外各有关组成环误差的总和。它的实

际意义是未放入补偿垫前，所形成的空位尺寸偏差；

T_{Ak} ——补偿件制造公差；

m ——补偿件组数（计算后折合成整数值）。

分组数确定以后，各组的界限可由分组级差来计算。设级差为 T_R，则

$$T_R = \frac{T_s}{m} \tag{2-35}$$

由图 2-53 还可看出，第一组的最小尺寸应能保证出现 S_{max} 时仍满足 N_{max} 的要求。由此得

$$S_{\max} - N_{\max} = A_{k1\min}$$

所以　　　　　　$$B_x \overrightarrow{A_{k1}} = \left(\sum_{i=1}^{m} B_s \overrightarrow{A_i'} - \sum_{i=m+1}^{n-2} B_x \overrightarrow{A_i'} \right) - B_s N \qquad (2-36)$$

由此

$$\left.\begin{array}{l} A_{k1\max} = A_{k1\min} + T_{Ak} \\ A_{k2\max} = A_{k1\max} - T_R \\ A_{k3\max} = A_{k2\max} - T_R \end{array}\right\} \qquad (2-37)$$

依此即可对补偿件分组。但应注意，补偿件的制造公差一定要小于分组级差，即：$T_{Ak} < T_R$。或者当总的补偿量 T_k 本身值就不很大时，可按 T_k 作为补偿件的制造公差，制造后再测量分组。

为了保证不产生装配超差，补偿件一般应取使 T_Σ 减少的单向偏差，即对减环可取 $-T_{Ak}$；对增环可取 $+T_{Ak}$。

如果各组补偿件分别制造时，各组零件的数目应当按误差尺寸分布的规律，分别制造不同的数量，偏大尺寸的组和偏小尺寸的组的零件数目应当少一点，而中间尺寸各组的数目应较多，具体各组数目可根据误差分布曲线按分组数等分后，再按曲线下面积比查表计算。这种不等分数目分组的关系，可由图 2-54 来说明。

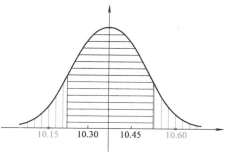

图 2-54　不等分数目分组的误差分布曲线

例 2-5　CW6140 型卧式车床进给箱传动轴装配图如图 2-55 所示。装配要求是保证轴向间隙 $N = 0.05 \sim 0.20\text{mm}$。其中各组成零件尺寸如下：

$$A_1 = 84^{+0.16}_{+0.05}\text{mm}$$

$$A_2 = 35^{0}_{-0.10}\text{mm}$$

$$A_3 = 35^{0}_{-0.10}\text{mm}$$

$$A_4 = 2.5^{0}_{-0.08}\text{mm}$$

用中间垫环作为补偿件，尺寸和制造公差为

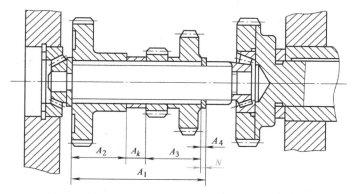

图 2-55　CW6140 型卧式车床进给箱传动轴装配图

$$A_k = 11.50\text{mm} \qquad T_{Ak} = 0.02\text{mm}$$

机床为大批量生产，应用固定调整法保证原装配精度。试计算补偿垫的分组数，并确定调整补偿件分组的界限尺寸。

解　原装配精度为：$T_\Sigma = (0.20 - 0.05)\text{mm} = 0.15\text{mm}$，$N_{\max} = 0.20\text{mm}$，$N_{\min} = 0.05\text{mm}$。

平均公差为

$$T_M = \frac{T_\Sigma}{n-1} = \frac{0.15}{6-1}\text{mm} = \frac{0.15}{5}\text{mm} = 0.03\text{mm}$$

按现给定的制造公差，各零件累积后的装配误差为

$$T'_\Sigma = \sum_{i=1}^{n-1} T'_i = (0.11 + 0.10 + 0.10 + 0.08 + 0.02)\,\text{mm} = 0.41\,\text{mm}$$

由此可知补偿量应为

$$T_k = T'_\Sigma - T_\Sigma = (0.41 - 0.15)\,\text{mm} = 0.26\,\text{mm}$$

补偿垫的分组计算如下：

① 计算未放补偿垫前的空位间隙偏差。

$$T_s = \sum_{i=1}^{n-2} T'_i = (0.11 + 0.10 + 0.10 + 0.08)\,\text{mm} = 0.39\,\text{mm}$$

② 计算分组的实际补偿量。

$$T_\Sigma - T_{Ak} = (0.15 - 0.02)\,\text{mm} = 0.13\,\text{mm}$$

③ 计算分组数。

$$m = \frac{T_s}{T_\Sigma - T_{Ak}} = \frac{0.39}{0.13} = 3 \text{ 组}$$

④ 计算分组级差。

$$T_R = \frac{T_s}{m} = \frac{0.39}{3}\,\text{mm} = 0.13\,\text{mm}$$

⑤ 计算第一组的最小尺寸 A_{k1min}。

$$B_x A_{k1} = \left(\sum_{i=1}^{m} B_s \vec{A'_i} - \sum_{i=m+1}^{n-2} B_x \vec{A'_i} \right) - B_s N$$

$$= \{ (+0.16) - [(-0.10) + (-0.10) + (-0.08)] - 0.20 \}\,\text{mm}$$

$$= 0.24\,\text{mm}$$

$$\begin{cases} A_{k1min} = (11.50 + 0.24)\,\text{mm} = 11.74\,\text{mm} \\ A_{k1max} = A_{k1min} + T_{Ak} = (11.74 + 0.02)\,\text{mm} = 11.76\,\text{mm} \end{cases}$$

即

$$A_{k1} = 11.76_{-0.02}^{0}\,\text{mm}$$

⑥ 计算各组界限尺寸。

$$A_{k1} = A_{k1max} = 11.76_{-0.02}^{0}\,\text{mm}$$

$$A_{k2} = A_{k1max} - T_R = (11.76 - 0.13)\,\text{mm} = 11.63_{-0.02}^{0}\,\text{mm}$$

$$A_{k3} = A_{k2max} - T_R = (11.63 - 0.13)\,\text{mm} = 11.50_{-0.02}^{0}\,\text{mm}$$

⑦ 验算最小补偿件所能补偿的装配要求。

$$S_{min} = \sum_{i=1}^{m} B_x \vec{A'_i} - \sum_{i=m+1}^{n-2} B_s \vec{A'_i} = +0.05\,\text{mm} - 0 = +0.05\,\text{mm}$$

由图 2-53 可看出

$$N_{min} = B_x N = S_{min} - B_s A_{k3} = +0.05 - 0 = +0.05\,\text{mm}$$

由此证明，第三组补偿件可以保证原装配最小间隙 $N_{min} = 0.05\,\text{mm}$ 的要求，因此该分组装配可以应用。

思考题与习题

2-1 机械设备拆卸前要做哪些准备工作？拆卸的一般原则是什么？

2-2 机械设备拆卸时的注意事项有哪些?

2-3 简述常用零部件的拆卸方法。

2-4 零件清洗的种类有哪些?其清洗方法主要有哪些?

2-5 机械设备修理的零件检验有哪些内容?在修理过程中的检验有哪些方法?

2-6 机械装配的一般工艺原则有哪些?

2-7 装配精度一般包括哪些方面的内容?

2-8 什么是装配工艺系统图?它有什么作用?

2-9 什么是装配工艺规程?制订装配工艺规程的目的是什么?

2-10 滚动轴承的装配有哪些方法?

2-11 装配方法有哪几种?各有何特点?应如何选择?

2-12 图 2-56 所示为某双联转子(摆线齿轮)泵的轴向装配关系图。已知各公称尺寸为:$A_1 = 41\text{mm}$、$A_2 = A_4 = 17\text{mm}$、$A_3 = 7\text{mm}$。根据技术要求,冷态下的轴向装配间隙为 $0.05 \sim 0.15\text{mm}$,即 $A_\Sigma = 0^{+0.15}_{+0.05}\text{mm}$。试确定其组成环尺寸的公差。

2-13 某汽车发动机曲轴第一主轴颈结构如图 2-57 所示,装配后的轴向间隙值为 $0.05 \sim 0.25\text{mm}$,即 $A_\Sigma = 0^{+0.25}_{+0.05}\text{mm}$,装配方式采取不完全互换法,允许有 15% 的装配超差率。各组成环的公称尺寸是:曲轴第一主轴颈宽度 $A_1 = 43.5\text{mm}$,前止推垫片厚度 $A_2 = 2.5\text{mm}$,缸体轴承座宽度 $A_3 = 38.5\text{mm}$,后止推垫片厚度 $A_4 = 2.5\text{mm}$。试求 $A_1 = 43.5\text{mm}$、$A_2 = A_4 = 2.5\text{mm}$ 和 $A_3 = 38.5\text{mm}$ 的公差。

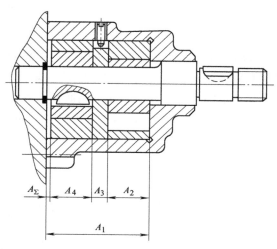

图 2-56 双联转子泵的轴向装配关系图

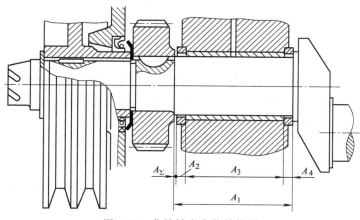

图 2-57 曲轴轴向定位结构图

2-14 某机构中有一配合,其孔径尺寸为 $\phi30^{+0.012}_{0}\text{mm}$,轴径尺寸为 $\phi30^{-0.005}_{-0.015}\text{mm}$,为了使其经济地加工,将孔与轴的公差均放大 4 倍,并采用分组选配法装配,以达到其装配要求，试求各组的偏差分布、最大间隙值、最小间隙值及其装配误差。

2-15 如图 2-58 所示的卧式车床，根据车床技术标准规定，主轴锥孔轴线和尾座顶尖孔轴线的不等高度最大公差为 0.06mm，只许尾座略高。其各组成环尺寸为：主轴锥孔轴线高度 $A_1 = 200$mm，尾座顶尖孔轴线高度 $A_2 = 156$mm，尾座底板厚度 $A_3 = 44$mm，试用修配法装配来保证装配精度要求。

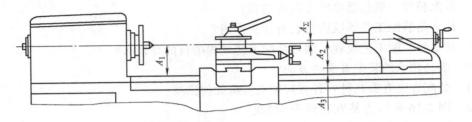

图 2-58 卧式车床示意图

2-16 在卧式铣床上安装镗模支架，导向元件安装于悬挂支架上，如图 2-59 所示。镗模装配后，导向套轴线与主轴轴线的同轴度公差为 ±0.03mm。装配方法采用刮研修配法，选导套支承座为补偿件，以支承座底面 K 为修刮表面进行补偿调整。其组成环尺寸及公差为：$A_1 = (160±0.05)$mm，$A_2 = (140±0.05)$mm，$A_3 = 300$mm，试计算悬挂支架高度 A_3 的尺寸公差。

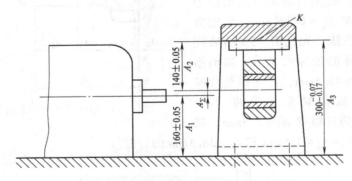

图 2-59 镗模支架示意图

2-17 图 2-60 所示为车床溜板箱进给齿轮与床身齿条啮合的装配图，装配精度要求是为保证手动操作时轻便灵活，齿轮与齿条间隙是 $0.17^{+0.11}_{0}$mm，即 $A_\Sigma = 0.17^{+0.11}_{0}$mm。各组成环的公称尺寸是：齿条与床身结合面到导轨顶部的距离 $A_1 = 42$mm，齿条节线到齿条结合底面间的距离 $A_2 = 24$mm，进给齿轮与齿条啮合的节圆半径 $A_3 = 14$mm，进给齿轮轴线到溜板箱与床鞍结合面的距离 $A_4 = 67$mm，床鞍与溜板结合面到导轨顶部的距离 $A_5 = 13$mm。为保证装配要求，应采用何种装配方法及怎样进行装配？

2-18 某机构中有一传动轴装配，应用固定调整法，以右端垫圈为调整补偿环 A_k。原装配精度要求 $N = 0.05 \sim 0.30$mm。放大制造公差用调整法来保证精度。生产条件为中小批量生产，补偿垫不进行分组，各组成环尺寸和放大制造公差的数值为：$A_1 = 280^{+0.20}_{+0.10}$mm，$A_2 = A_4 = 95^{0}_{-0.05}$mm，$A_3 = 80^{0}_{-0.05}$mm，$A_k = 10$mm，试计算调整垫 A_k 的制造公差。

2-19 某机构中有一传动轴装配，装配要求保证轴向间隙 $N = 0.05 \sim 0.30$mm。其中各组成零件尺寸为：$A_1 = 280^{+0.20}_{+0.10}$ mm，$A_2 = A_4 = 95^{0}_{-0.05}$ mm，$A_3 = 80^{0}_{-0.05}$ mm，用右端垫圈作为补偿件，尺寸和制造公差为：$A_k = 10$mm，$T_{Ak} = 0.05$mm，传动轴部件为大批量生产，应用固定调整法保证原装配精度。试计算补偿垫圈的分组数，并确定调整补偿件分组的界限尺寸。

2-20 图 2-61 所示为某铣床矩形导轨的结构，要求配合间隙 $N = 0.01 \sim 0.07$mm，即 $A_\Sigma = 0^{+0.07}_{+0.01}$mm，采用修配法装配（$A$、$B$ 面都允许修配）。其中 $A_1 = 30^{+0.16}_{-0.05}$mm，$T_1 = 0.21$mm，$A_2 = 30$mm，$T_2 = 0.17$mm，通过对压板 2 进行修配来保证技术要求，试分析如何进行修配较为合理。

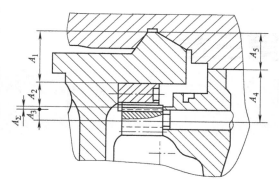

图 2-60 进给齿轮与齿条啮合的装配图

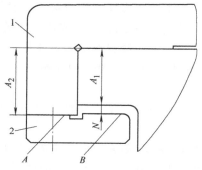

图 2-61 矩形导轨示意图

第三章

机械修理中的零件测绘设计

第一节　零件测绘设计的工作过程和一般方法

一、机械设备修理中零件测绘设计的特点

机械设备修理测绘工作与设计测绘工作具有共性，但也有不同之处：

1）设计测绘的对象是新的设备，而修理测绘的对象一般都是磨损和破坏了的零件，因此，测绘时要分析零件磨损和破坏了的原因，并采取适当的措施。

2）设计测绘的尺寸是公称尺寸，而修理测绘的尺寸是实际所需要的尺寸。这个尺寸要保证零件的配合间隙和设备的精度要求。此外，对于哪些尺寸应该配作，也需作恰当的分析，否则容易造成废品。

3）修理测绘工作要了解和掌握修理技术，要善于应用修理技术，以缩短修理时间，降低修理费用。

4）修理测绘技术人员，不仅要对修换零件提供可靠的图样，还应根据磨损和破坏情况，积累知识找出规律，对原设备提出改进方案，扩大设备的使用性能，提高产品的加工质量。

二、零件测绘设计的程序

零件测绘设计的工作程序如图 3-1 所示。

三、机械设备图册的编制

在机械设备修理技术中，编制机械设备图册是一项重要的工作。机械设备图册所起的作用有：可以提前制造及储备备件及易损件；提供购置外购件及标准件的依据；可减少技术人员的测绘制图工作，为缩短预检时间提供条件；为机械设备改装及提高机械设备精度的分析研究工作提供方便等。

1. 机械设备图册的内容

机械设备图册通常应包括下列内容：

1）设备主要技术数据。

2）设备原理图（包括传动系统图、液压系统图、润滑系统图及电气原理图）。

3）设备总图及各重要部件装配图。

4）备件及易损件图。

5）设备安装地基图。

6）标准件目录。

7）外购件目录（包括滚动轴承、V 带、链条、液压系统外购部件等）。

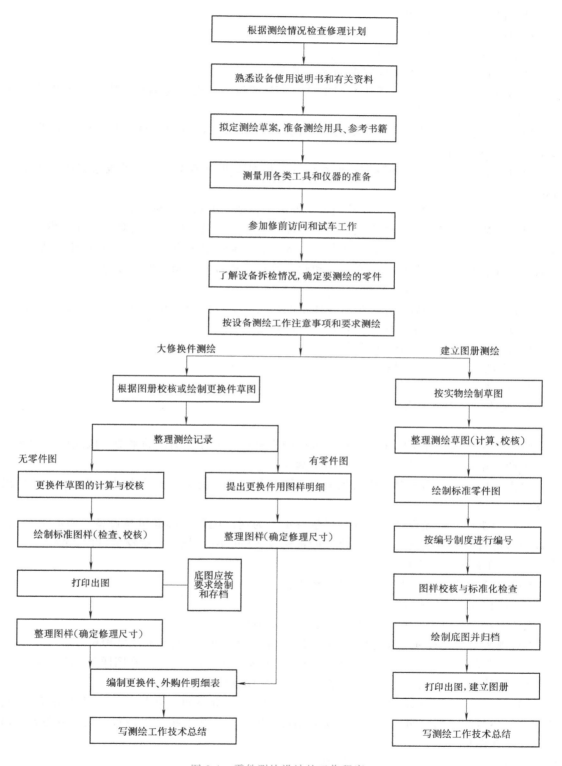

图 3-1 零件测绘设计的工作程序

8）有色金属零件目录。

9）重要零件毛坯图。

在备件图册中应包括如下各类零件：

1）使用期限不超过修理间隔期的易损零件。

2）制造过程比较复杂，需用专门工具、夹具或设备，而又易损坏的零件，如蜗轮、蜗杆、外花键、齿轮、齿条等。

3）大型复杂的锻铸件，加工费时费力的零件(如锻压设备的锤杆、偏心轴、凸轮等)，以及需要向厂外订货的零件。

4）使用期限大于修理间隔期，但在设备上相同零件很多或同型设备数量多而又大量消耗的零件。

5）承载较大载荷的零件，以及经常受冲击载荷或交变载荷等的零件。

根据上述范围，备件具体应包括以下零件：齿轮、齿条、轴瓦、衬套、丝杠、螺母、主轴、外花键、镶条、蜗轮、蜗杆、带轮、弹簧、油封圈、液压缸、活塞、活塞环、活塞销、曲轴、连杆、阀门、阀门座、偏心轴、棘轮、棘爪、离合器、制动器零件等。

2. 机械设备图册的编制方法

设备图册编制的先后顺序须根据具体情况而定，对不同类型和具有不同要求的机械设备应进行分类，一般可按下列顺序逐台建立图册：

1）同类型数量较多的机械设备。

2）机械加工设备中的精加工设备。

3）关键设备。

4）稀有及重型机械设备。

5）其他设备。

除上述顺序外，在实际工作中还要考虑图样资料的来源。图样的来源一般应优先考虑向产品生产厂家索取，然后再考虑自行组织测绘。

向生产厂家索取图样时，应首先索取总图及各部件装配图，根据装配图选出配件及易损件图样。

自行组织测绘机械设备图样时，尽量避免专为测绘图册而拆卸机械设备，而应结合大、中修理时进行。测绘时要选择有代表性的机械设备(同年份制造、数量较多)进行测绘。

3. 对机械设备图册的基本要求

编制机械设备图册一般有以下基本要求：

1）图样要有统一的编号。

2）图样大小规格及制图标准均应符合国家标准。

3）视图清晰，尺寸一律标注公称尺寸(即原设计尺寸)，而不标注修理尺寸。

4）技术条件、配合公差、几何公差、热处理及表面处理等要求均应在图样上标注齐全。

5）标注公差时，装配图标注公差代号，零件图标注公差数值。

6）同类型号的机械设备，制造厂家不同或出厂年份不同，有些零件尺寸也有所不同，图样上应尽可能分别注明。若图样来源非制造厂家，则应按实物加以核对定型，以免备件由于尺寸不同而报废。

四、机械设备修理测绘工作应注意的事项

测绘技术人员在测绘工作开始前，应熟悉有关机械设备的使用维护说明书，初步了解机械设备的结构性能、动作原理和使用情况。对被测绘的每一个零件，要清楚它在整机或某个部件中的地位和作用、受力状态和接触介质，以及与其他零件的关系。此外，还要大体了解被测绘零件的加工方法。

　　测绘所用的测绘工具须有合格证，在使用前应加以检查，以免影响测量准确度，从而减少测量工作的差错。

　　测绘零件时应注意下列各项：

　　1）绘图时先绘制传动系统图及装配草图，然后再测绘零件图。绘制装配图时要根据零件实际安装位置及方向进行测绘；对于复杂的部件，不便绘制整个装配图时，可以分为几个小部件进行绘制；装配图及零件图的图形位置应尽可能与其安装位置一致；对于一些重要的装配尺寸应在拆卸部件前加以测量，作为以后装配工作的参考依据。

　　2）测量零件尺寸时，要正确选择基准面。基准面确定后，所有要测量的尺寸均依此为准进行测量，尽量避免尺寸的换算，以减少误差。对于零件长度尺寸链的尺寸测量，也要考虑装配关系，尽量避免分段测量。分段测量的尺寸只能作为核对尺寸的参考。

　　3）测量磨损零件时，对其磨损原因应加以分析，以便在修理时改进。磨损零件测量位置的选择要特别注意，尽可能地选择在未磨损或磨损较少的部位。如果整个配合表面均已磨损，在草图上应加以说明。

　　4）测绘零件的某一尺寸时，必须同时测量配合零件的相应尺寸，在只更换一个零件时更应如此。这样，既可以校对测量尺寸是否正确，减少差错，又可以为确定修理尺寸而提供依据。

　　5）在尺寸的测量中要注意：

　　① 要选择适当部位及多点位进行测量。如测量孔径时，采用四点测量法，即在零件孔的两端各测量两处。测量轴外径时，要选择适当部位进行，以便判断零件的形状误差，对于转动配合部分更应注意。

　　② 要注意测量方向。如测量曲轴或偏心轴时，要注意其偏心方向和偏心距离。轴类零件的键槽要注意其圆周方向的位置。

　　③ 注意被测尺寸在零件中的地位和性质。如测绘蜗轮蜗杆时，要注意蜗杆的头数、螺旋方向和中心距。测绘螺纹及丝杠时，要注意其螺纹线数、螺旋方向、螺纹形状和螺距，对于锯齿形螺纹更要注意方向。测绘外花键和内花键时，应注意其定心方式、花键齿数和配合性质。

　　④ 慎重判别被测尺寸是否属于标准系列的尺寸。如测量零件的锥度或斜度时，首先要检查是否是标准锥度或斜度。如果不是标准的，则要仔细测量，并分析其原因。

　　⑤ 各类零件的特殊参数测量应加以验算、核对。如齿轮尽可能要成对测量，滑移齿轮应注意其倒角的位置，对于变位齿轮及斜齿轮必须测量中心距，对于斜齿轮还要测量螺旋角并注意螺旋方向，然后根据其计算公式进行计算、核对。

　　6）零件的配合公差、热处理、表面处理、材料及表面粗糙度要求等，在测绘草图时，都要注明。特殊零件要测量硬度，当零件表面已经磨损或者表面烧伤时，测量的硬度只能作为参考，应根据其使用情况进行确定。

　　选用材料时，对于特殊零件如含油轴承、高强度零件的特殊钢材等，必要时应进行火花鉴别或取样分析，但必须注意不能破坏零件本体。

　　7）机械设备经过大（中）修理后，其中个别零件的个别尺寸已与原出厂尺寸不符，如果无法恢复，测绘时必须在图样上加以说明，以便于日后查考或作为制作备件的依据。这对于机床的基础件及主要零件尤为重要，如空气锤的气缸，镗缸后的直径必须在图样上加以注明。

8）测绘进口设备的零件时，测绘前必须弄清设备的制造国家（因为世界各国采用的设计标准和计量制度不同），以便确定零件尺寸的计量单位，或进行必要的单位换算。

9）对测绘图样必须严格审核（包括草图的现场校对），以确保图样质量。

五、零件测绘图样的编号

零件测绘的图样及技术文件的编号应根据 JB/T 5054.4—2000《产品图样及设计文件编号原则》的标准，采用隶属编号的方法为宜。

机械设备及其所属部件、零件及技术文件均有独立的代号，对同一台机械设备、部件、零件的图样用多张图纸绘出时应标注同一代号。隶属编号是按机械设备、部件、零件的隶属关系进行编号的。隶属编号分全隶属和部分隶属两种形式编号。

1. 全隶属编号

全隶属编号由机械设备代号和隶属编号组成，中间用短线或圆点隔开，其形式如下所示：

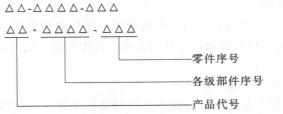

产品代号由字母和数字组成，如图 3-2 中的 B328。隶属编号是由数字组成，其级数与位数应按测绘机械设备的复杂程度而定。零件的序号，应在其所属机械设备或部件的范围内编号。部件的序号，应在其所属的机械设备范围内编号（见图 3-2），一般分为一级部件、二级部件和三级部件。各级部件及直属零件的编号如下：

产品代号：B328·0

一级部件编号：B328·2

二级部件编号：B328·2·1

三级部件编号：B328·2·1·1

产品直属零件编号：B328-1

一级部件直属零件编号：B328·2-1

二级部件直属零件编号：B328·2·1-1

三级部件所属零件编号：B328·2·1·1-1

2. 部分隶属编号

部分隶属编号由机械设备代号和隶属号组成，其中隶属号由部件序号及零件序号、分部件序号组成。部件序号编到哪一级要根据测绘对象而定，对一级或二级以下的部件（称分部件）与零件统一混合编号。图 3-3 所示的机械设备有五级部件，如按全隶属编号，则比较繁琐。图 3-3 中对一、二级部件按隶属关系编号，对三、四、五级部件及零件统一混合编到所属的二级部件中。这种编号形式，适用于部件级数较多而编写代号比较简单的

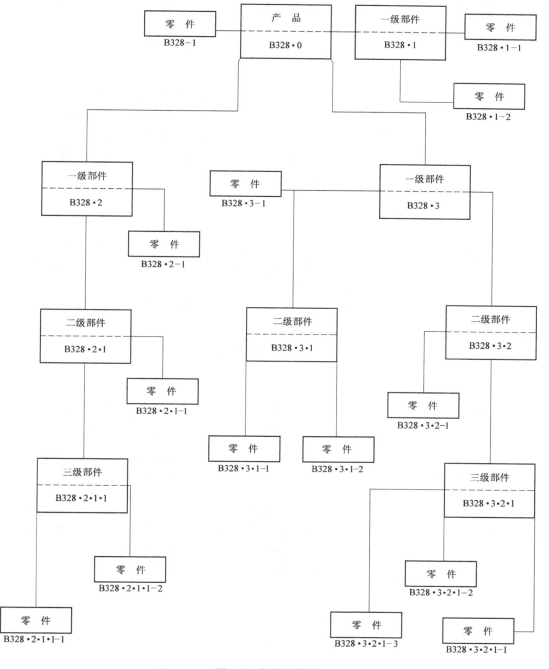

图 3-2　全隶属编号

场合。

在混合编号中有三种情况：

1）规定 001~099 为分部件序号，101~999 为零件序号，如图 3-3 所示。

2）规定逢 10 的数（10、20、30、…）为分部件号，其余为零件序号，如图 3-4 所示。

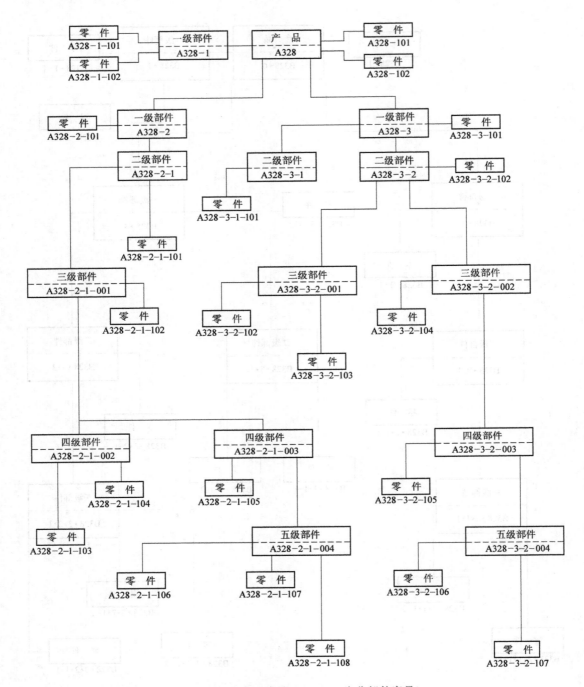

图 3-3 部分隶属编号(001~099 为分部件序号)

3) 分部件后加字母 P(如 1P、2P、3P、…),序号后无字母者为零件序号,如图 3-5 所示。

3. 技术文件代号

对改进的机械设备和技术文件等,用字母组成的尾注号表示,当两者同时出现时,应在字母之间空一字间隔或加一短横线。例如:

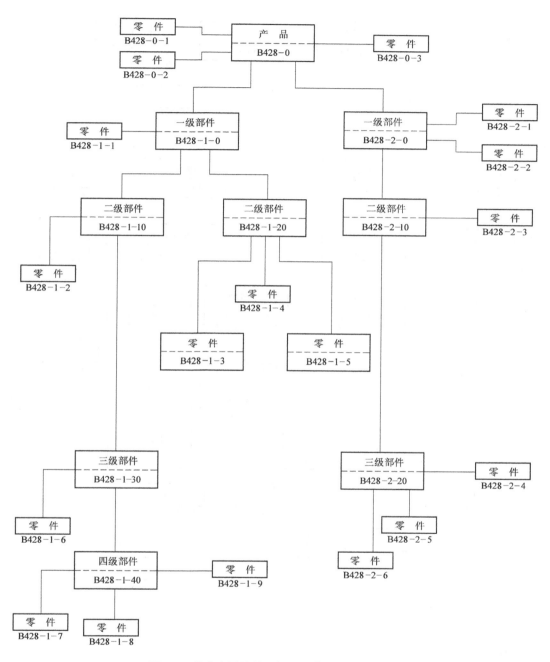

图 3-4 部分隶属编号(逢 10 的数为分部件号)

或 B328・2・3a-JT

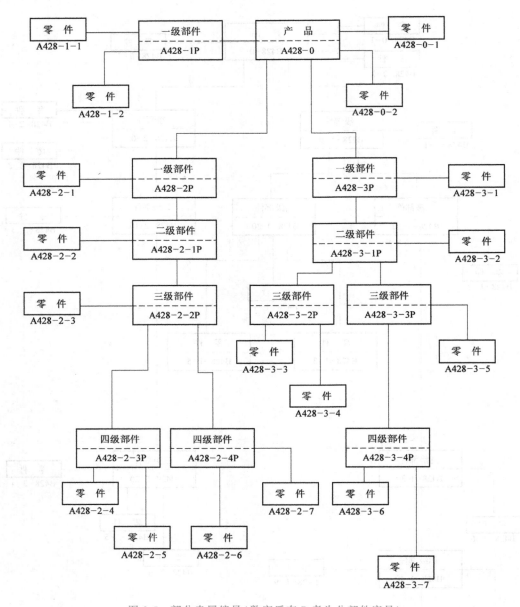

图 3-5 部分隶属编号(数字后有 P 者为分部件序号)

字母代号所代表的意义见表 3-1。

表 3-1 文件尾注号

序 号	名 称	代 号	字 母 含 义
1	技术任务书	JR	技任
2	技术建议书	JJ	技建
3	计算书	JS	计算
4	计算设计说明书	SM	说明
5	文件目录	WM	文目

（续）

序 号	名 称	代 号	字 母 含 义
6	图样目录	TM	图目
7	明细表	MX	明细
8	通（借）用件汇总表	T（J）Y	通（借）用
9	外购件汇总表	WG	外购
10	标准件汇总表	BZ	标准
11	技术条件	JT	技条

六、草图的绘制

零件草图的绘制，一般是在测绘现场进行的，因绘图的条件不如办公室方便，特别是面对被测件，在没有尺寸的情况下进行画图工作，所以绝大多数是绘制草图。

1. 草图纸与图线的画法

为了加快绘制草图的速度，提高图面质量，最好利用特制的方格纸画图。方格纸上的线间距为 5mm，用浅色印出，右下角印有标题栏，如图 3-6 所示。方格纸的幅面有420mm×300mm、600mm×420mm 两种，如果需要更大的幅面，可合并起来使用。如能充分利用方格纸上的图线绘制草图，不但画图的速度快而且效果也好。当无方格纸时，可在厚一些的白纸上绘制草图。

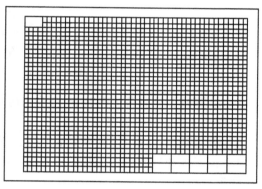

图 3-6 草图纸的形式

零件草图的图线，完全是徒手绘出的。

也可借助圆规画圆，徒手画直线，画图时，草图纸的位置不应固定，以画线顺手为宜，如图3-7 所示。在方格纸上徒手画圆的方法如图3-8所示。

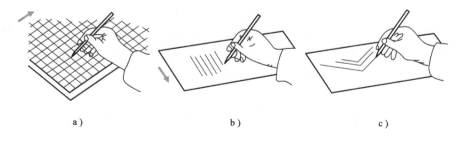

a） b） c）

图 3-7 草图图线的画法

a）水平线的画法 b）垂线的画法 c）斜线的画法

2. 草图的绘制步骤

绘制草图的步骤大体如下：

1）在画图之前，应深入观察分析被测件的用途、结构和加工方法。

2）确定表达方案。

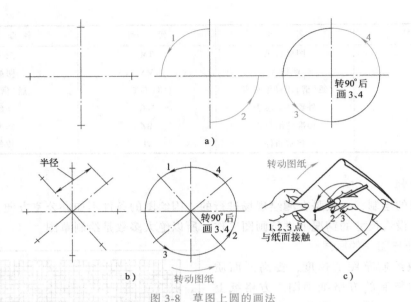

图 3-8　草图上圆的画法

a）小圆的画法　b）大圆的画法　c）较大圆的画法

3）绘图时，目测各方向比例关系，初步确定各视图的位置，即画出主要中心线、轴线、对称平面位置等的画图基准线。

4）由粗到细、由主体到局部的顺序，逐步完成各视图的底稿。

5）按形体分析方法、工艺分析方法画出组成被测件的全部几何形体的定形和定位尺寸界线和尺寸线。

6）测量尺寸，并标注在草图上。

7）确定公差配合及表面粗糙度等级(该项内容也可以在绘制装配图时进行)。

8）填写标题栏和技术要求。

9）画剖面线。

10）徒手描深，描深时铅笔的硬度为 HB 或 B，削成锥形。

由草图的绘制过程和草图上的内容不难看出，草图和零件图的要求完全相同，区别仅在于草图是目测比例和徒手绘制。值得提出的是：草图并不潦草，草图上线型之间的比例关系、尺寸标注和字体等均按机械制图国家标准规定执行。

第二节　一般零件的测绘方法

为了图示表达方便，通常将一般零件分为轴套类零件、轮盘类零件、叉架类零件和箱体类零件。

一、轴套类零件

1. 轴套类零件视图的表达要求

1）轴套类零件主要是回转体，常用一个视图表达，轴线水平放置，并且将小头放在左边，以便于看图，如图 3-9 所示。

2）对轴上的键槽应朝前画出。

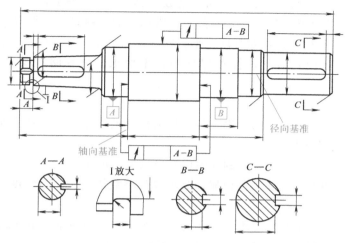

图 3-9 轴类零件的表达

3）画出有关剖面和局部放大图。

4）对实心轴上的局部结构常用局部剖视表达。

5）对外形简单的套类零件常采用全剖视，如图 3-10 所示。

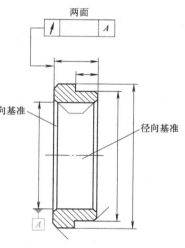

2. 轴套类零件尺寸注法的要求

1）长度方向的主要基准是安装的主要端面（轴肩），轴的两端一般是作为测量的基准，以轴线或两支承点的连线作为径向基准。

2）主要尺寸应首先注出，其余各段长度尺寸多按车削加工顺序注出，轴上的局部结构，多数是就近轴肩定位。

3）为了使标注的尺寸清晰，便于看图，宜将剖视图上的内、外尺寸分开标注，将车、铣、钻等不同工序的尺寸分开标注。

4）对轴上的倒棱、倒角、退刀槽、砂轮越程槽、键槽、中心孔等结构，应查阅有关技术资料的尺寸后再进行标注。

图 3-10 套类零件的表达

3. 轴套类零件的材料要求

1）一般传动轴多用 35 钢或 45 钢，调质硬度达到 230～260HBW。强度要求高的轴，可用 40Cr 钢，调质硬度达到 230～240HBW 或淬硬到 35～42HRC。在滑动轴承中运转的轴，可用 15 钢或 20Cr 钢，渗碳淬火硬度达到 56～62HRC，也可用 45 钢表面高频感应淬火。

2）不经最后热处理而获得高硬度的丝杠，一般可用抗拉强度不低于 600MPa 的中碳钢制造，如加入 0.15%～0.5% 铅的 45 钢，含硫量较高的冷拉自动机钢、45 和 50 中碳钢。精密机床的丝杠可用碳素工具钢 T10、T12 制造。经最后热处理而获得高硬度的丝杠，用 CrWMn 或 CrMn 钢制造时，可保证得到硬度 50～56HRC。

3）精度为 0、1、2 级的螺母可用锡青铜，3、4 级螺母可用耐磨铸铁。

4. 轴套类零件的技术要求

1）配合表面公差等级较高，公差值较小，表面粗糙度数值 $Ra=0.4～1.6\mu m$。非配合表面公差等级较低，不标注公差值，表面粗糙度数值 $Ra = 12.5 \sim 25\mu m$。

2）配合表面和安装端面应标注几何公差，常用径向圆跳动、全跳动、轴向圆跳动等标注。对轴上的键槽等结构应标注对称度、平行度等几何公差。

3）对于外花键和内花键、丝杠和螺母的技术要求，应查阅有关技术标准资料后进行标注。

5. 轴套类零件测绘时的注意事项

1）必须了解清楚该轴、套的用途及各个构成部分的作用，如转速大小、载荷特征、精度要求、相配合零件的作用等。

2）必须了解该轴、套在部件中的安装位置所构成的尺寸链。

3）测绘时在草图上详细注明各种配合要求或公差数值、表面粗糙度、材料和热处理以及其他技术条件。

4）测量零件各部分的尺寸是测绘工作的重要环节，应当注意以下几点：

① 测量轴、套的某一尺寸时，必须同时测量配合零件的相应尺寸。

② 测量轴的外径时，要选择适当部位，应尽可能测量磨损小的地方，对其相配孔径要仔细检查圆度、圆柱度等是否超过公差。

③ 如轴上有锥体，应测量并计算锥度，看是否符合标准锥度，如不符合，应重新检查测量，并分析原因。

④ 带有螺纹的轴要注意测量螺距，正确判定螺纹旋向、牙型、线数等，并加以注明，尤其是锯齿形螺纹的方向更应注意。

⑤ 曲轴及偏心轴应注意偏心方向和偏心距。

⑥ 外花键要注意其定心方式及花键齿数。

⑦ 长度尺寸链的尺寸测量，要根据配合关系，正确选择基准面，尽量避免分段测量和尺寸换算（分段测量可作为尺寸校核时参考）。

5）需要修理的轴应当注意零件工艺基准是否完好（中心孔是否存留和完好，空心"堵头"是否切去）及零件热处理情况，以作为修理工艺的依据。

6）细长轴（丝杠、光杆）应妥当放置，防止测绘时变形。

二、轮盘类零件

1. 轮盘类零件的视图表达

1）轮盘类零件有手轮、带轮、飞轮、端盖和盘座等，图 3-11 所示是轮类零件，图 3-12 所示是盘类零件。这类零件一般在车床上加工，将其主要轴线水平放置。

2）常用两个视图表达。

3）非圆视图多采用剖视的形式。

4）某些细小结构采用剖面图或局部剖面图。

2. 轮盘类零件的尺寸注法

1）以主要回转轴线作为径向基准，以要求切削加工的大端面或安装的定位端面作为

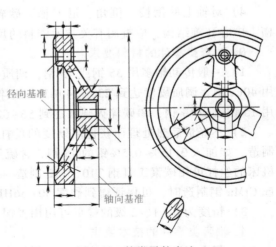

图 3-11　轮类零件表达

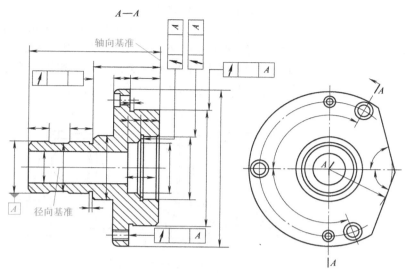

图 3-12　盘类零件表达

轴向基准。

2）内外结构尺寸分开并集中在非圆视图中注出。

3）在圆视图上标注键槽尺寸和分布的各孔以及轮辐等尺寸。

4）某些细小结构的尺寸，多集中在剖面图上标注出。

3. 轮盘类零件的技术要求

轮盘类零件的技术要求与轴套类零件的技术要求大致相同。

三、叉架类与箱体类零件

叉架类零件与箱体类零件用途不同，形状差异悬殊，虽然所用的视图数量不同，但表达方法却很接近。

1. 叉架类零件与箱体类零件的表达方法

1）视图数量较多，一般都在三个以上，应用哪些视图要具体分析。

2）常配备局部视图、剖面图。

3）常出现斜视图、斜剖面图。

4）各种剖视图应用得比较灵活，例如图 3-13 用了两个基本视图和一个斜剖面图。

2. 叉架类与箱体类零件的尺寸注法

1）各方向以主要孔的轴线、主要安装面、对称平面作为尺寸基准。

2）主要孔距等重要尺寸应首先标注。

3）按形体分析方法逐个标出组成该零件各几何体的定形尺寸和定位尺寸。

4）标注尺寸时，应反映出零件的毛坯及其机械加工方法等特点。

5）有目的地将尺寸分散标注在各视

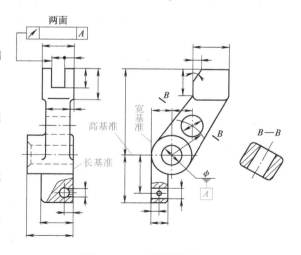

图 3-13　叉架类零件表达

图、剖视图、剖面图上，防止在一个视图上尺寸过分集中。

6）相关联的零件的有关结构尺寸注法应尽量相同，以方便看图，并减少差错。如与图 3-14 所示的相配零件，其连接边缘尺寸 292mm×136mm，孔径尺寸 ϕ72H7，螺孔定位尺寸 95、212、110mm，锥销孔 ϕ8mm 配作及定位尺寸等标注方法应完全相同。为了加速测量尺寸的进程，相关联的基本尺寸只测量一件，分别标注在有关的零件图上。

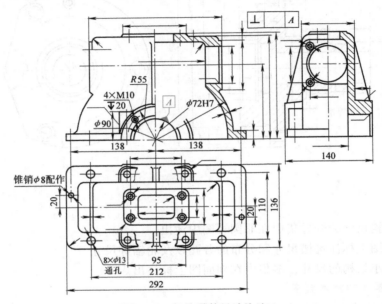

图 3-14　相关零件尺寸注法

3. 叉架类与箱体类零件的技术要求

1）一般用途的叉架零件尺寸精度、表面粗糙度、几何公差无特殊要求。

2）多孔的支架和箱体类零件以主要轴线和主要安装面、对称平面作为定位尺寸的基准。

3）孔间距、重要孔的尺寸公差等级和表面质量要求较高。

4）有孔间距和孔间平行度、垂直度公差，有孔到安装面的尺寸公差和位置公差。

4. 叉架类与箱体类零件在测绘中的注意事项

1）叉架类与箱体类零件的壁厚及各部分加强肋的尺寸位置都应注明。

2）润滑油孔、油标位置、油槽通路及放油口等要表达清楚。

3）测绘时要特别注意螺孔是否是通孔，因为要考虑有润滑油的箱体类零件的漏油问题。

4）因为铸件受内部应力或外力影响，常产生变形，所以测绘时应当尽可能将与此铸件箱体有关的零件尺寸也进行测量，以便运用装配尺寸链及传动链尺寸校对箱体尺寸。

四、曲面类零件

1. 分析曲面的性质

曲面类零件的形状比较复杂，其图形的绘制和尺寸的标注都有其独特的地方。曲面的性质、作用和加工方法，其三者虽然不是一回事，但这三方面的内容应在曲面零件表面上综合反映出来。因此，在测绘之前应分析曲面的性质、弄清其用途、观察出加工方法，这样方便测绘、便于画图。

2. 曲面测绘的基本方法

虽然各种曲面的性质不同，其形状也各有差异，但其测绘的基本方法是相同的。就是将空间曲面变成为平面曲线，测出曲线上一系列的点（或圆弧的圆心）的坐标，然后将各点的坐标绘制在白纸上，最后用曲线光滑连接各点，便完成了曲面的测绘工作。

3. 曲面测绘的一般方法

曲面测绘的方法很多，常用的有如下几种方法：

（1）拓印法 拓印法适用于平面曲线，它是将被测部位涂上红印泥或紫色印泥，将曲线拓印在白纸上，然后在纸上求出曲线的规律，图 3-15 所示为拓印法求出的被测部位。

（2）直角坐标法 这种方法是将被测表面上曲线部分平放在白纸上，用铅笔描出轮廓，然后逐点求出点的坐标或曲线半径及圆心，图 3-16 所示为铅笔

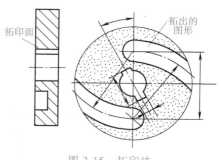

图 3-15 拓印法

拓印出的被测部位。如果曲线不容易在纸上描出，也可使用薄木板和钢针代替，将针穿过木板，使针尖与被测表面接触，然后将各针尖的坐标测出即可，如图 3-17 所示。

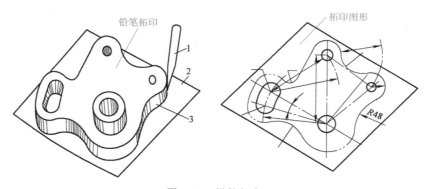

图 3-16 铅笔拓印

1—铅笔 2—白纸 3—被测部位

（3）铅丝法 对于铸件、锻件等未经机械加工的曲面或精度要求不高的曲面，可将铅丝紧贴在被测件的曲面上，经弯曲或轻轻压合，使铅丝与被测绘曲线完全贴合后，轻轻地（保持形状不变）取出并将其平放在纸上，用铅笔把形状描出，然后在纸上求出被测曲面的规律，如图 3-18 所示。

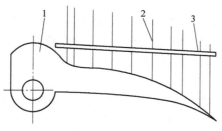

图 3-17 木板、钢针测曲面示意图

1—被测件 2—钢针 3—木板

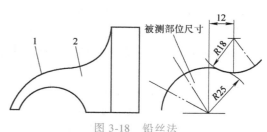

图 3-18 铅丝法

1—铅丝 2—被测件

（4）极坐标法 如图 3-19 所示，将被测件固定在分度头上，使分度头每转过一定角度时，便测出一个相应的径向尺寸（见图 3-19a），当分度头转一圈时，便测出一系列的转角与径向尺寸。将转角与径向尺寸绘出坐标曲线（见图 3-19b），再根据坐标曲线绘制出被测件的曲线极坐标点，逐点光滑连接，即为被测曲面轮廓图形。

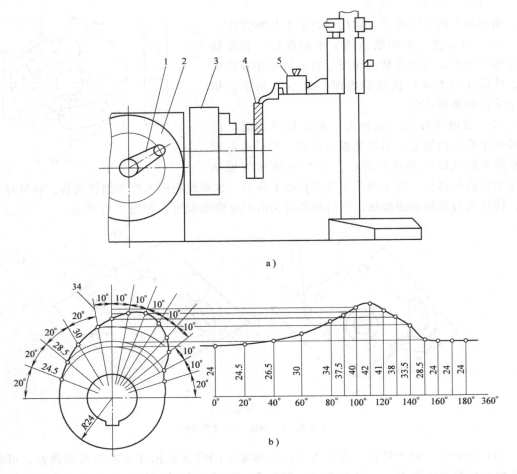

图 3-19 平面凸轮测绘示例

a）测转角及径向尺寸 b）直角坐标与极坐标图

1—分度手柄 2—分度盘 3—卡盘 4—被测件 5—高度游标尺

（5）取印法 这种方法是利用石膏、石蜡、橡胶、打样膏取型。石膏、石蜡、打样膏等主要用在容易分离和易取型的场合，在不易分离或不易取型的场合，应用橡胶取型比较合适，橡胶弥补了石蜡、石膏强度低、脆性大、取型易破碎等不足。

五、零件测绘时应考虑的零件结构工艺性

零件的形状是结构设计的需要和加工工艺可能性的综合体现，零件的加工工艺性，包括铸造、锻造和机械加工对零件形状的影响，因此进行零件测绘时，应考虑零件的结构工艺性。

1. 铸造工艺对零件结构的影响

（1）铸造圆角 为了避免落砂和铸件冷却发生裂纹、缩孔等，在铸件的转角处制成圆角，外部圆角较大（$R = a$），内部圆角较小［$R_1 = (1/5 \sim 1/3)a$，（a 为壁厚）］，如图 3-20 所示。

（2）起模斜度　为起模方便，铸件、锻件的内外壁沿起模方向有起模斜度。零件上的起模斜度大小不同，较小的起模斜度在零件图上可以不画，较大的起模斜度应按几何形体画出（见图 3-20）。

（3）壁厚均匀　为保证铸件各处冷却速度相同（同时凝固成形），避免先后凝固不一，使后凝固部分金属缺欠而产生裂纹或缩孔，铸件的壁厚应是均匀等壁厚或尺寸相差不大（在 20% ~ 25% 之内）。当壁厚不同时，应逐步过渡，如图 3-21 所示（$h = A - a$，$h/L < 1/4$），内部壁厚应小于外部壁厚（见图 3-20）。

（4）清砂方便　为清砂方便使铸件内腔与外部相通，图 3-22 所示为气体压缩机缸体的外形图，零件的上下左右都设计有通孔，可直接从外部清砂。

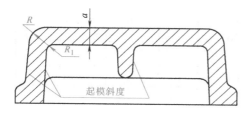

图 3-20　圆角、起模斜度与壁厚

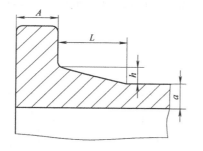

图 3-21　壁厚的过渡

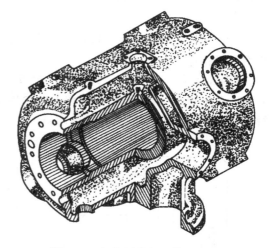

图 3-22　气体压缩机缸体外形图

2. 机械加工对零件结构的影响

1）为减少机械加工工作量，便于装配，应尽量减少加工面和接触面，如图 3-23 所示。

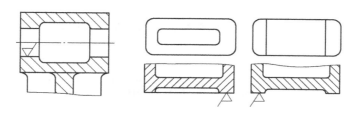

图 3-23　减少内孔、平面加工量

2）为了加工工艺和装配的需要，零件上常设计有倒角、圆角、退刀槽与砂轮越程槽，如图 3-24 所示。

3）结构应合理，图 3-25 所示的结构，是为防止钻头歪斜和折断而特意设计的凸台，使孔的端面垂直孔的轴线。

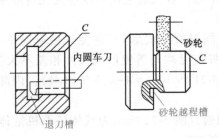

图 3-24　倒角、退刀槽与砂轮越程槽

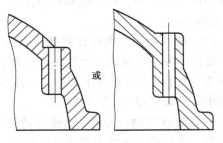

图 3-25　钻孔处的结构

4）为便于加工，当同一轴线上有多个孔径时，内部孔径尺寸应小，外部孔径尺寸应大，如图 3-26 所示。

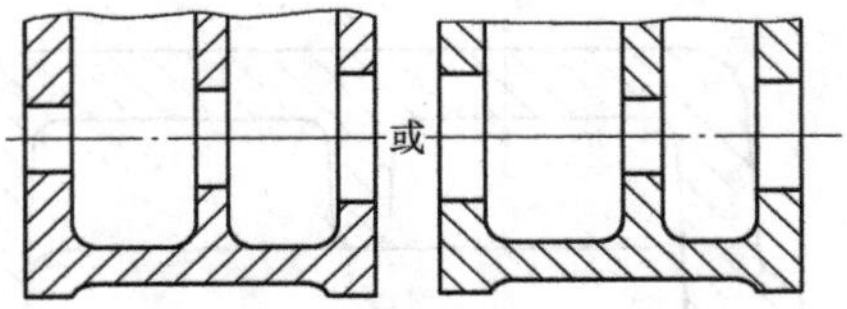

5）液压件的孔道联通与转折比较复杂，测绘时应特别注意，如图 3-27 所示。

6）因加工误差的存在，实际上一个方向上两零件只有一个接触面（这在所测的结构上已经体现出来），测绘时应特别注意区分接触面与非接触面，图 3-28 上所标圆点为接触面。

图 3-26　同一轴线上的孔

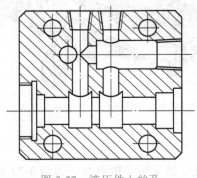

图 3-27　液压件上的孔

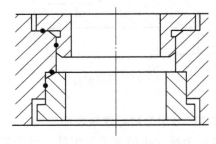

图 3-28　零件上的接触面

另外，一个装配轴线上常出现一个调整环，其尺寸是配作的，也应该注意找出来，并在有关图样上予以说明。

第三节　标准件和标准部件的处理方法

标准件和标准部件的结构、尺寸、规格等全部是标准化了的，测绘时不需画图，只要将其规定的代号确定出即可。

一、标准件在测绘中的处理方法

螺柱、螺母、垫圈、挡圈、键和销，V 带、链和轴承等，它们的结构形状、尺寸规格都已经标准化了，并由专门工厂生产，因此测绘时对标准件不需要绘制草图，只要将它们的主要尺寸测量出来，查阅有关设计手册，就能确定它们的规格、代号、标注方法和材料重量等，然后将其填入到各部件的标准件明细栏中即可。标准件明细栏的格式可参考表3-2。

对于整台机械设备的测绘，应将所属部件标准件明细栏汇总成总标准件明细栏。总标准件明细栏的格式、内容与表3-2相同。

表 3-2　××部件标准件明细栏

序　号	名　　称	材　料	数　量	单　重	总　重	标　准　号

二、标准部件在测绘中的处理方法

标准部件包括各种联轴器、滚动轴承、减速器、制动器等。测绘时对它们的处理方法与标准件处理方法类同。

对标准部件同样也不绘制草图，只要将它们的外形尺寸、安装尺寸、特性尺寸等测出后，查阅有关标准部件手册，确定出标准部件的型号、代号等，然后将它们汇总后填入到标准部件明细栏中。标准部件明细栏见表3-3。

表 3-3　××标准部件明细栏

序　号	名　　称	规格、性能	数　　量	重　　量	标　准　代　号

第四节　圆柱齿轮的测绘

一、齿轮测绘概述

根据齿轮及齿轮副实物，用必要的量具、仪器和设备等进行技术测量，并经过分析计算确定出齿轮的基本参数及有关工艺等，最终绘制出齿轮的零件工作图，这个过程称为齿轮测绘。从某种意义上讲，齿轮测绘工作是齿轮设计工作的再现。

齿轮测绘有纯测绘和修理测绘之分。凡为制造设备样机而需进行的测绘称为纯测绘；凡齿轮失去使用能力，为配换、更新齿轮所进行的测绘称为修理测绘。设备修理时，齿轮的测绘是经常遇到的一项比较复杂的工作。要在没有或缺少技术资料的情况下，根据齿轮实物而且往往是已经损坏了的实物测量出部分数据，然后根据这些数据推算出原设计参数，确定制造时所需的尺寸，画出齿轮工作图。由于目前所使用的机械设备不能完全统一，有国产的也有从国外进口的，就进口设备而言在时间上也有早有晚，这就造成了标准不统一，因而给齿轮测绘工作带来许多麻烦。为使整个测绘工作顺利进行，并得到正确的结果，齿轮的测绘一般可按如下几个步骤进行：

1）了解被修设备的名称、型号、生产国、出厂日期和生产厂家，由于世界各国对齿轮的标准制度不尽相同，即使是同一个国家，由于生产年代的不同或生产厂家的不同，所生产的齿轮其各参数也不相同。这就需要在齿轮测绘前首先了解该设备的生产国家、出厂日期和生产厂家，以获得准确的齿轮参数。世界各主要国家圆柱齿轮常用基准齿形及基本参数见表 3-4。

表 3-4　世界主要国家圆柱齿轮常用基准齿形及基本参数

国别	齿形种类	标　准　号	m 或 P	α	h_a^*	c^*	ρl	备　　注
国际标准化组织	标准齿形	ISO R53—1998	m	20°	1	0.25	0.38m	
中国	标准齿形	GB/T 1356—2001	m	20°	1	0.25		
	短齿齿形	GB/T 1356—2001	m	20°	0.8	0.30		
美国	标准齿形	ASA B6.1—1932	P	14.5°	1	0.157	$\dfrac{0.157}{P}$	
	标准复合齿形	ASA B6.1—1932	P	14.5°	1	0.157	$\dfrac{0.2}{P}$	
	标准齿形	ASA B6.1—1932	P	20°	1	0.157	$\dfrac{0.3}{P}$	
	短齿齿形	ASA B6.1—1932	P	20°	0.8	0.2		
	标准齿形	ASA B6.1—1968	P	20°	1	0.4		>P20 剃齿法
	标准齿形	ASA B6.1—1968	P	25°	1	0.4		>P20 剃齿法
	标准齿形	ASA B6.19	P	20°	1	0.2 0.35		<P20 剃齿法
	短齿齿形	ASME	P	22.5°	0.875	0.125		
瑞士	标准齿形	VSM 15520	m	20°	1	0.25 0.167		用于磨齿法
	马格齿形		m	15°	1	0.167		
	马格齿形		m	20°	1	0.167		
德国	标准齿形	DIN 867	m	20°	1	0.1~0.3		
	短齿齿形		m	20°	0.8	0.1~0.3		
	旧标准齿形			15°	1	0.167		
捷克	标准齿形	CSNO 14607	m	20°	1	0.25		
	标准齿形	CSNO 14607	m	15°	1	0.25		
英国	A 级复合齿形	BSS 436—1940	P	20°	1	0.44		
	A、B、C、D 级复合齿形	BSS 436—1940	P	20°	1	0.25		

（续）

国别	齿形种类	标准号	m 或 P	α	h_a^*	c^*	ρl	备注
英国	标准齿形		P	14.5°	1	0.157		
	短齿齿形		P	20°	0.8	0.30		
	标准齿形		P	20°	1	0.35		
法国	标准齿形	NF E23—011	m	20°	1	0.25	0.4m	
	短齿齿形		m	20°	0.75	0.20		
日本	标准齿形	JIS B1701—63	m	20°	1	0.25		
	短齿齿形	JIS B1701—63	m	14.5°	1	0.25		

2）初步判定齿轮类别，知道了齿轮的生产国家即获得了一些齿轮参数，如压力角、齿顶高系数、顶隙系数等。除此以外，还需判别齿轮是标准齿轮、变位齿轮还是非标准齿轮。

3）查找与主要几何要素（m、α、z、β、x）有关的资料，翻阅传动部件图、零件明细栏以及零件工作图，若齿轮已修理配换过，还应查对修理报告等，这样可简化和加快测绘工作的进程，并可提高测绘的准确性。

4）作被测齿轮精度等级、材料和热处理鉴定。

5）分析被测齿轮的失效原因，这在齿轮测绘中是一项十分重要的工作。由于齿轮的失效形式不同，知道了齿轮的失效原因不但会使齿轮的测绘结果准确无误，而且还会对新制齿轮提出必要的技术要求，使之延长使用寿命。

6）测绘、推算齿轮参数及画齿轮工作图。

二、直齿圆柱齿轮的测绘

1. 几何尺寸参数的测量

测绘渐开线直齿圆柱齿轮的主要任务是确定基本参数 m（或 P）、α、z、h_a^*、c^*、x，为此需对被测绘的齿轮作一些几何尺寸参数的测量。

（1）公法线长度 W 的测量　测量公法线长度的目的在于推算出基圆齿距 P_b，进而判断被测齿轮是模数制，还是径节制，并确定其模数 m（或径节 P）和压力角 α 的大小。对于变位齿轮，通过测量公法线长度还可以较方便地确定变位系数 x。

测量公法线长度最常用的量器具有公法线千分尺及公法线测齿仪（若采用齿轮基节仪直接测出基节尺寸，则不必另测公法线长度），如图 3-29 所示。

为使测量准确，除应正确选择跨齿数 k，使量具的测量平面与分度圆附近的齿廓相切（见图 3-29），最好将大小齿轮（指一对啮合齿轮）各测数次，取其中出现次数最多的数值。一般说来，大齿轮磨损较少，所得数值较为精确。这里值得提出的是，若对被测齿轮不能判明压

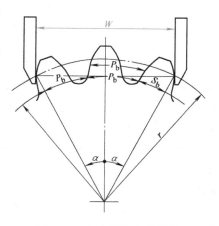

图 3-29　公法线长度的测量

力角 "α" 值时，应该利用基节仪直接测出基节尺寸，或者先测出压力角 "α" 值，然后再测量公法线长度。

测量公法线长度时，所跨齿数 k 可以通过计算或查表得到。计算方法如下式

$$k = \frac{\alpha}{180°}z + 0.5 \qquad (3\text{-}1)$$

式中　k——测量公法线长度时所跨齿数；

　　　α——被测齿轮的压力角；

　　　z——被测齿轮的齿数。

当 $\alpha = 20°$ 时，则

$$k = \frac{z}{9} + 0.5$$

测量公法线长度时的跨测齿数见表3-5。为保证齿轮传动正常运转所需的齿侧间隙，公法线长度都有所减小，加之使用过程中的齿面磨损，因而公法线长度的测量值应将实测值加上一个补偿值，其补偿值的大小主要考虑齿面磨损程度和原始侧隙确定。一般情况，可取 0.08～0.25mm，大齿轮取小值，小齿轮取大值。

表 3-5　测量公法线长度时应跨测齿数表

压力角	跨测齿数 k														
	2	3	4	5	6	7	8	9	10	11	12	13	14	15	16
	齿轮齿数 z														
$14\frac{1}{2}°$	9～23	24～35	36～47	48～59	60～70	71～82	83～95	96～100	101～113	114～125	126～137				
$15°$	9～23	24～35	36～47	48～59	60～70	71～82	83～95	96～100	101～113	114～125	126～137				
$17°$	9～21	22～32	33～42	43～53	54～64	65～74	75～85	86～96							
$17\frac{1}{2}°$	9～21	22～32	33～42	43～53	54～64	65～74	75～85	86～96							
$20°$	9～18	19～27	28～36	37～45	46～54	55～63	64～72	73～81	82～90	91～99	100～107	108～117	118～126	127～135	136～144
$22\frac{1}{2}°$	9～16	17～24	25～32	33～40	41～48	49～56	57～64	65～72							
$25°$	9～14	15～21	22～29	30～36	37～43	44～51	52～58	59～65							

（2）齿顶圆直径 d_a 的测量　虽然齿顶圆制造误差较大，但其测量不受齿面磨损的影响，故其齿顶圆直径的实际尺寸对齿轮基本参数的计算和校验都很重要，因此要求尽量测得准确。

测量齿顶圆直径通常用精密游标卡尺或千分尺进行，测量时要求在不同的径向方位上测量几组数据，取其平均值。当齿数 z 为偶数时可直接测出；当齿数 z 为奇数时，则不能直接测量出，应进行间接测量并进行必要的计算，如图3-30所示。

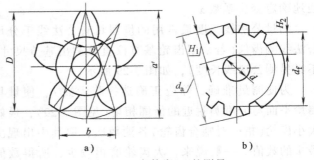

图 3-30　奇数齿 d_a 的测量

1）根据图3-30a先测出 D、b，然后经过计算得到所需尺寸 d_a。即

$$d_{a} = \frac{D}{\cos^{2}\theta} \Biggr\} \qquad (3\text{-}2)$$
$$\theta = \arctan\frac{b}{2D}$$

式中　D——实测齿数齿顶圆直径；

　　　b——相邻两齿的齿尖距。

2）当测绘有内孔的奇数齿齿轮时，根据图 3-30b，测出孔壁到齿顶的距离 H_1 及齿轮内孔或相配轴的直径 d 后，可由下式计算出 d_a。即

$$d_{a} = d + 2H_{1} \qquad (3\text{-}3)$$

（3）啮合中心距 a' 的测量　被修理齿轮传动变位类型的判定，以及啮合参数的确定、校验都需要准确地测量出齿轮啮合中心距 a'。最常用的简捷方法是测得齿轮副的最大外廓与最小外廓尺寸，然后再测量出相配轴的直径，通过换算求出中心距 a'；也可以根据图3-31进行测算，其计算式为

$$a' = 0.5(L_{1} + L_{2}) \qquad (3\text{-}4)$$

或

$$a' = L_{3} + 0.5(d_{1} + d_{2}) \qquad (3\text{-}5)$$

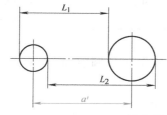 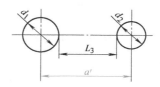

图 3-31　中心距的测量

为提高测量的精度，需要注意下列三点：

1）直接测量孔距时，应事先检查两孔的几何公差（即圆度、圆柱度和平行度）。

2）用心轴检查测量中心距时，应检查心轴的圆度和圆柱度，并保证心轴与孔的配合间隙为最小。

3）应测量的数据需反复多次进行，然后取其平均值代入换算公式求 a'。

当实际中心距测出后，一般可能有下列三种情况：

1）实测中心距 a' 等于计算中心距 a，实测齿顶圆直径 d_a' 等于计算齿顶圆直径 d_a。即

$$a = \frac{\pm z_{1} + z_{2}}{2}m, \quad a = a'$$

$$d_{a} = (z \pm 2h_{a}^{*})m, \quad d_{a} = d_{a}'$$

式中，"+"表示外啮合传动齿轮；"−"表示内啮合传动齿轮。

这种情况说明该被测齿轮是标准齿轮传动，变位系数 $x_1 + x_2 = 0$，则 $x_1 = x_2 = 0$，无需继续计算。

2）实测中心距 a' 等于计算中心距 a，实测齿顶圆直径 d_a' 与计算齿顶圆直径 d_a 不相等，即

$$a = a', \quad d_{a} \neq d_{a}'$$

这种情况说明该被测齿轮是高度变位齿轮传动，尚需继续计算。

① 按实测齿顶圆直径 d_a' 计算变位系数 x。则

$$x_1 = 0.25 \left(\frac{d_{a1}' \mp d_{a2}'}{m} - 2z_1 \pm z_\Sigma \right) \tag{3-6}$$

式中，$z_\Sigma = z_1 + z_2$；"$\pm$" 或 "$\mp$" 号，当采用上方符号时表示外啮合齿轮计算，当采用下方符号时表示内啮合齿轮计算。高度变位传动的变位系数 $x_1 + x_2 = 0$。则

$$x_2 = -x_1 \neq 0 \tag{3-7}$$

② 计算齿顶圆直径 d_a 及公法线长度 W_x。即

$$d_a = (z + 2h_a^* + 2x)m \tag{3-8}$$

$$W_x = W_k + 2xm\sin\alpha \tag{3-9}$$

式中 W_x——被测变位齿轮的公法线长度；

$\quad\quad W_k$——非变位齿轮的公法线长度。

其中，W_k 可利用表 3-6 的简化公式计算。

表 3-6 公法线长度 W_k 简化计算公式

α	W_k	k（跨齿数）
20°	$m[2.952(k-0.5)+0.014z]$	$0.111z+0.5$
15°	$m[3.0345(k-0.5)+0.00594z]$	$0.083z+0.5$
14.5°	$m[3.0414(k-0.5)+0.00537z]$	$0.08z+0.5$

3）实测中心距 a' 与计算中心距 a 不一致，实测齿顶圆直径 d_a' 等于计算齿顶圆直径 d_a。即

$$a \neq a', \quad d_a = d_a'$$

这种情况说明该被测齿轮是角度变位齿轮，尚需继续计算。

① 计算总变位系数 x_Σ。即

$$x_\Sigma = \frac{z_1 + z_2}{2\tan\alpha}(\mathrm{inv}\alpha' - \mathrm{inv}\alpha) \tag{3-10}$$

式中 α'——实测压力角；

$\quad\quad \alpha$——标准压力角。

式（3-10）中的 $\mathrm{inv}\alpha'$ 及 $\mathrm{inv}\alpha$ 可以查表 3-7。

表 3-7 渐开线函数 $\mathrm{inv}\alpha_k$

α_k		0′	5′	10′	15′	20′	25′	30′	35′	40′	45′	50′	55′
10	0.00	17941	18397	18860	19332	19812	20299	20795	21299	21810	22330	22859	23396
11	0.00	23941	24495	25057	25628	26208	26797	27394	28001	28616	29241	29875	30518
12	0.00	31171	31832	32504	33185	33875	34575	35285	36005	36735	37474	38224	38984
13	0.00	39754	40534	41325	42126	42938	43760	44593	45437	46291	47157	48033	48921
14	0.00	49819	50729	51650	52582	53526	54482	55448	56427	57417	58420	59434	60460
15	0.00	61498	62548	63611	64686	65773	66873	67985	69110	70248	71398	72561	73738
16	0.0	07493	07613	07735	07857	07982	08107	08234	08362	08492	08623	08756	08889
17	0.0	09025	09161	09299	09439	09580	09722	09866	10012	10158	10307	10456	10608
18	0.0	10760	10915	11071	11228	11387	11547	11709	11873	12038	12205	12373	12543
19	0.0	12715	12888	13063	13240	13418	13598	13779	13963	14148	14334	14523	14713

（续）

α_k		0′	5′	10′	15′	20′	25′	30′	35′	40′	45′	50′	55′
20	0.0	14904	15098	15293	15490	15689	15890	16092	16296	16502	16710	16920	17132
21	0.0	17345	17560	17777	17996	18217	18440	18665	18891	19120	19350	19583	19817
22	0.0	20054	20292	20533	20775	21019	21266	21514	21765	22018	22272	22529	22788
23	0.0	23049	23312	23577	23845	24114	24386	24660	24936	25214	25495	25778	26062
24	0.0	26350	26639	26931	27225	27521	27820	28121	28424	28729	29037	29348	29660
25	0.0	29975	30293	30613	30935	31260	31587	31917	32249	32583	32920	33260	33602
26	0.0	33947	34294	34644	34997	35352	35709	36069	36432	36798	37166	37537	37910
27	0.0	38287	38666	39047	39432	39819	40209	40602	40997	41395	41797	42201	42607
28	0.0	43017	43430	43845	44264	44685	45110	45537	45967	46400	46837	47276	47718
29	0.0	48164	48612	49064	49518	49976	50437	50901	51368	51838	52312	52788	53268
30	0.0	53751	54238	54728	55221	55717	56217	56720	57226	57763	58249	58765	59285
31	0.0	59809	60336	60866	61400	61937	62478	63022	63570	64122	64677	65236	65799
32	0.0	66364	66934	67507	68084	68665	69250	69838	70430	71026	71626	72230	72838
33	0.0	73449	74064	74684	75307	75934	76565	77200	77839	78483	79130	79781	80437
34	0.0	81097	81760	82428	83100	83777	84457	85142	85832	86525	87223	87925	88631
35	0.0	89342	90058	90777	91502	92230	92963	93701	94443	95190	95942	96698	97459
36	0.	09822	09899	09977	10055	10133	10212	10292	10371	10452	10533	10614	10696
37	0.	10778	10861	10944	11028	11113	11197	11283	11369	11455	11542	11630	11718
38	0.	11806	11895	11985	12075	12165	12257	12348	12441	12534	12627	12721	12815
39	0.	12911	13006	13102	13199	13297	13395	13493	13592	13692	13792	13893	13995
40	0.	14097	14200	14303	14407	14511	14616	14722	14829	14936	15043	15152	15261
41	0.	15370	15480	15591	15703	15815	15928	16041	16156	16270	16386	16502	16619
42	0.	16737	16855	16974	17093	17214	17336	17457	17579	17702	17826	17951	18076
43	0.	18202	18329	18457	18585	18714	18844	18975	19106	19238	19371	19505	19639
44	0.	19774	19910	20047	20185	20323	20463	20603	20743	20885	21028	21171	21315
45	0.	21460	21606	21753	21900	22049	22198	22348	22499	22651	22804	22958	23112
46	0.	23268	23424	23582	23740	23899	24059	24220	24382	24545	24709	24874	25040
47	0.	25206	25374	25543	25713	25883	26055	26228	26401	26576	26752	26929	27107
48	0.	27285	27465	27646	27828	28012	28196	28381	28567	28755	28943	29133	29324
49	0.	29516	29709	29903	30098	30295	30492	30691	30891	31092	31295	31498	31703
50	0.	31909	32116	32324	32534	32745	32957	33171	33385	33601	33818	34037	34257
51	0.	34478	34700	34924	35149	35376	35604	35833	36063	36295	36529	36763	36999
52	0.	37237	37476	37716	37958	38202	38446	38693	38941	39190	39441	39693	39947
53	0.	40202	40459	40717	40977	41239	41502	41767	42034	42302	42571	42843	43116
54	0.	43390	43667	43945	44225	44506	44789	45074	45361	45650	45940	46232	46526
55	0.	46822	47119	47419	47720	48023	48328	48635	48944	49255	49568	49882	50199
56	0.	50518	50838	51161	51486	51813	52141	52472	52805	53141	53478	53817	54159
57	0.	54503	54849	55197	55547	55900	56255	56612	56972	57333	57698	58064	58433
58	0.	58804	59178	59554	59933	60314	60697	61083	61472	61863	62257	62653	63052
59	0.	63454	63858	64265	64674	65086	65501	65919	66340	66763	67189	67618	68050

② 按实际齿顶圆直径 d_a' 计算变位系数 x。即

$$x_1 = 0.25\left(\frac{d_{a1}' \mp d_{a2}'}{m} \pm z_\Sigma - 2z_1 \pm 2x_\Sigma\right) \tag{3-11}$$

$$x_2 = x_\Sigma \mp x_1 \tag{3-12}$$

③ 计算齿顶圆直径 d_a。即

$$d_a = d + 2(h_a^* + x - \Delta y)m \tag{3-13}$$

式中，$d = mz$；$\Delta y = x_\Sigma - \dfrac{a' - a}{m}$。

内啮合圆柱齿轮齿顶圆直径 d_a 的计算为

当 $|x_2 - x_1| \leqslant 0.5$，$|x_2| < 0.5$，$z_2 - z_1 \geqslant 40$ 时。则

$$d_{a1} = d_1 + 2(h_a^* + x_1)m \tag{3-14}$$

$$d_{a2} = d_2 - 2(h_a^* - x_2 + \Delta y - k_2)m \tag{3-15}$$

式（3-15）中，当 $x_2 < 2$ 时，则 $k_2 = 0.25 - 0.125x_2$；当 $x_2 \geqslant 2$ 时，则 $k_2 = 0$；$\Delta y = x_\Sigma - \dfrac{z_2 - z_1}{2}\left(\dfrac{\cos\alpha}{\cos\alpha'} - 1\right)$。

④ 计算公法线长度 W_x。即

$$W_x = W_k + 2xm\sin\alpha \tag{3-16}$$

（4）固定弦齿厚 $\bar{s}_c$ 的测量　测量固定弦齿厚 $\bar{s}_c$ 可检定齿面磨损是否超限，还可以确定被测齿轮的模数、压力角和变位系数。

对于外齿轮或大直径的内齿轮，$\bar{s}_c$ 可用齿厚卡尺进行测量。图 3-32 所示是用齿厚卡尺测量外齿轮固定弦齿厚的情况。内齿轮固定弦齿厚的测量方法与外齿轮固定弦齿厚的测量方法基本相同，只是要注意其固定弦齿高 $\bar{h}_c$ 需要有一个增量值 $\Delta\bar{h}_c$，如图 3-33 所示。测量内齿轮固定弦齿厚时，其固定弦齿厚 $\bar{s}_c$ 和固定弦齿高 $\bar{h}_c$ 按表 3-8 选用计算（对于斜齿圆柱齿轮，表中的 $\alpha = \alpha_n$，$m = m_n$）。

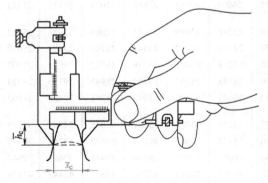

图 3-32　外齿轮固定弦齿厚的测量

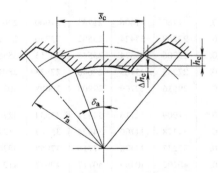

图 3-33　大直径内齿轮齿厚测量
时固定弦齿高增量 $\Delta\bar{h}_c$

表 3-8　直齿圆柱齿轮固定弦齿厚 $\bar{s}_c$ 和固定弦齿高 $\bar{h}_c$ 的计算式

α		非变位 $x_1 = x_2 = 0$	高度变位 $x_1 = -x_2 \neq 0$	角度变位 $x_1 \neq x_2$
通式	$\bar{s}_c$	$0.5\pi m\cos^2\alpha$	$0.5\pi m\cos^2\alpha + mx\sin2\pi$	$(0.5\pi\cos^2\alpha + x\sin2\alpha)m$
	$\bar{h}_c$	$(1 - 0.125\pi\sin2\alpha)m$	$(1 - 0.125\pi\sin2\alpha + x\cos2\alpha)m$	$(1 - 0.125\pi\sin2\alpha + x\cos2\alpha - \Delta y)m$

（续）

α		非变位 $x_1=x_2=0$	高度变位 $x_1=-x_2\neq0$	角度变位 $x_1\neq x_2$
14.5°	$\bar{s}_c$	1.47232m	（1.47232+0.4848x）m	（1.47232+0.4848x）m
	$\bar{h}_c$	0.80962m	（0.80962+0.9373x）m	（0.80962+0.9373x-Δy）m
15°	$\bar{s}_c$	1.46557m	（1.46557+0.5000x）m	（1.46557+0.5000x）m
	$\bar{h}_c$	0.80365m	（0.80365+0.9330x）m	（0.80365+0.9330x-Δy）m
16°	$\bar{s}_c$	1.45145m	（1.45145+0.5299x）m	（1.45145+0.5299x）m
	$\bar{h}_c$	0.79190m	（0.79190+0.9240x）m	（0.79190+0.9240x-Δy）m
17.5°	$\bar{s}_c$	1.42876m	（1.42876+0.5736x）m	（1.42876+0.5736x）m
	$\bar{h}_c$	0.77476m	（0.77476+0.9096x）m	（0.77476+0.9096x-Δy）m
20°	$\bar{s}_c$	1.38705m	（1.38705+0.6428x）m	（1.38705+0.6428x）m
	$\bar{h}_c$	0.74758m	（0.74758+0.8830x）m	（0.74758+0.8830x-Δy）m
22.5°	$\bar{s}_c$	1.34076m	（1.34076-0.7071x）m	（1.34076+0.7071x）m
	$\bar{h}_c$	0.72232m	（0.72232+0.8536x）m	（0.72232+0.8536x-Δy）m
25°	$\bar{s}_c$	1.29024m	（1.29024+0.7660x）m	（1.29024+0.7660x）m
	$\bar{h}_c$	0.69918m	（0.69918+0.8214x）m	（0.69918+0.8214x-Δy）m

2. 直齿圆柱齿轮基本参数的测定

对于直齿圆柱齿轮，只要确定出模数 m（或径节 P）、压力角 α、齿数 z、齿顶高系数 h_a^*、齿顶间隙系数 c^* 和变位系数 x 六个基本参数以后，齿轮的测绘问题便可以迎刃而解了。因此，研究 m、α、z、h_a^*、c^* 和 x 六个基本参数的测定问题，便是整个齿轮测绘工作的中心内容。

（1）齿数 z 的确定　对于整圆齿轮，齿数 z 不需要计算，只要数出齿数即可。但是，对于非整圆的扇形齿轮，就需要进行计算。图 3-34 所示为一个扇形齿轮，其齿数 z 可按下列方法计算：

① 根据实物测量出跨 k 个齿距的弦长 L 及齿顶圆半径 r_a。

② 求出 k 个齿距的中心角 Ψ，Ψ 角度按下式计算为

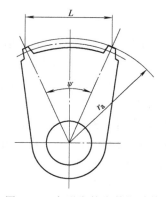

图 3-34　扇形齿轮齿数的计算

$$\Psi=2\arcsin\frac{L}{2r_a} \tag{3-17}$$

当 $\Psi>90°$ 时，用三角函数的诱导公式计算还原，即 $\sin(180°-\Psi)=\sin\Psi$。

③ 求出一整圈的齿数 z，齿数 z 按下式计算为

$$z=\frac{360°k}{\Psi} \tag{3-18}$$

（2）齿顶高系数 h_a^* 及齿顶间隙系数 c^* 的确定　齿顶高系数 h_a^* 和齿顶间隙系数 c^* 取决于齿形制度，查明被测齿轮的生产国后一般可确定其齿形制度。必要时，要通过测量全齿高 h' 推算校验。

测量全齿高尺寸，可利用精密游标卡尺测量从齿轮的孔壁到齿顶的距离 H_1' 和到齿根的

距离 H_2'，如图 3-35 所示，其全齿高 h' 可按下式计算为

$$h' = H_1' - H_2' \qquad\qquad (3-19)$$

或者测量齿顶圆直径 d_a' 和齿根圆直径 d_r'。这时，全齿高 h' 可按下式计算为

$$h' = \frac{1}{2}(d_a' - d_r') \qquad\qquad (3-20)$$

另外，还可利用深度尺直接测量全齿高尺寸，如图 3-36 所示。这种方法测得的结果不够准确，只能作为参考。

图 3-35　间接测量全齿高　　　　　　　　　图 3-36　直接测量全齿高

齿顶高系数 h_a^* 可以根据测量的全齿高 h' 按下式计算为

$$h_a^* = \frac{h' - mc^*}{2m} \qquad\qquad (3-21)$$

式中的 c^* 可按表 3-4 的数值加以估计选择。如果求出的 h_a^* 为 1，则齿轮为标准齿形；若 h_a^* 小于 1，则齿轮为短齿形。

（3）模数 m（或径节 P）和压力角 α 的确定　齿轮测绘中的模数 m（或径节 P）和压力角 α 是互相关联的两个齿形要素，因此在测绘中要同时加以考虑。由表 3-4 可以看到，各国所采用的模数（或径节）和压力角不同。中国、日本、德国、捷克、法国和瑞士等国多采用模数制，而英、美等国则采用径节制。采用模数制的国家其压力角 α 大多数为 20°，而采用径节制的国家（特别是英国和美国），压力角 α 多混合使用，如 14.5°、16°、20°、22.5°、25°等。

测定模数（或径节）和压力角可采用的测量方法较多，各种方法的特点及适用场合参见表 3-9。

表 3-9　模数 m（或径节 P）和压力角 α 测定方法的特点及应用场合

序　号	测定方法	特点及应用场合
1	测公法线长度法	测量方法简便，不需要测量基准，其测量精度不受齿顶圆制造精度的影响，也不受变位系数大小的限制，但受齿面磨损影响，最适合齿面磨损较小齿轮的测绘
2	齿形卡板法	方法简单，不需计算，可得 m、α，适用于齿面磨损较小，塑性变形不大齿轮的测绘，通常用作校验 m、α
3	标准齿轮滚刀对滚法	
4	测齿顶圆直径法	测量精度不受齿面磨损影响，但由于齿顶圆加工误差较大，若补加量确定不合适，造成测绘误差较大，扇形齿轮，多齿严重打牙，塑性变形大或特大尺寸的齿轮不宜采用

（续）

序　号	测 定 方 法	特点及应用场合
5	近似测量齿距 P_b 法	简单易行，测绘精度不高，只能近似测定 m 或 P，不能测定 α，适用于大尺寸齿轮的测绘
6	测固定弦齿厚法	测量方法简单，但因旧齿轮固定弦位置难精确找到，而影响测绘精度，适用于齿宽较大的斜齿轮或公法线不宜测量的大齿轮

注：方法 1、4、6 还可用来测变位系数。

生产实践中，广泛采用表 3-9 中的 1、2、4 三种方法：

1）测公法线长度法：分别跨测 k、$k-1$ 或 $k+1$ 个齿得公法线长度 W_k'、W_{k-1}'、W_{k+1}'（需考虑补偿值 $0.08 \sim 0.25$）；计算基圆齿距 $P_b = W_k' - W_{k-1}'$ 或 $P_b = W_{k+1}' - W_k'$；查基圆齿距表3-10，经分析初步测定 m（或 P）和 α；用其他测定方法如齿形卡板法或标准齿轮滚刀对滚法校验确定 m（或 P）和 α。

表 3-10　基圆齿距 $P_b = \pi\, m \cos\alpha$ 数值表　　　　（单位:mm）

m	P	α						
		25°	22.5°	20°	17.5°	16°	15°	14.5°
1	25.4000	2.847	2.902	2.952	2.996	3.020	3.035	3.042
1.058	21	3.012	3.071	3.123	3.170	3.195	3.211	3.218
1.155	22	3.289	3.352	3.410	3.461	3.488	3.505	3.513
1.25	20.3200	3.559	3.628	3.690	3.745	3.775	3.793	3.802
1.270	20	3.616	3.686	3.749	3.805	3.835	3.854	3.863
1.411	18	4.017	4.095	4.165	4.228	4.261	4.282	4.292
1.5	16.9333	4.271	4.354	4.428	4.494	4.530	4.552	4.562
1.583	16	4.521	4.609	4.688	4.758	4.796	4.819	4.830
1.75	14.5143	4.983	5.079	5.166	5.243	5.285	5.310	5.323
1.814	14	5.165	5.205	5.355	5.435	5.478	5.505	5.517
2	12.7000	5.694	5.805	5.904	5.992	6.040	6.069	6.083
2.117	12	6.628	6.144	6.250	6.343	6.393	6.124	6.439
2.25	11.2889	6.406	6.531	6.642	6.741	6.795	6.828	6.843
2.309	11	6.574	6.702	6.816	6.918	6.973	7.007	7.023
2.5	10.1600	7.118	7.256	7.380	7.490	7.550	7.586	7.604
2.540	10	7.232	7.372	7.498	7.610	7.671	7.708	7.725
2.75	9.2364	7.830	7.982	8.118	8.240	8.305	8.345	8.364
2.822	9	8.635	8.191	8.331	8.455	8.522	8.563	8.583
3	8.4667	8.542	8.707	8.856	8.989	9.060	9.104	9.125
3.175	8	9.040	9.215	9.373	9.513	9.588	9.635	9.657
3.25	7.8154	9.254	9.433	9.594	9.738	9.815	9.862	9.885
3.5	7.2571	9.965	10.159	10.332	10.487	10.570	10.621	10.645
3.629	7	10.333	10.533	10.713	10.873	10.959	11.012	11.038
3.75	6.7733	10.677	10.884	11.070	11.236	11.325	11.380	11.406
4	6.3500	11.389	11.610	11.809	11.986	12.080	12.138	12.166

（续）

m	P	α						
		25°	22.5°	20°	17.5°	16°	15°	14.5°
4.233	6	12.052	12.236	12.496	12.683	12.783	12.845	12.875
4.5	5.6444	12.813	13.061	13.285	13.483	13.590	13.665	13.687
5	5.0800	14.236	14.512	14.761	14.931	15.099	15.173	15.208
5.08	5	14.464	14.744	15.000	15.211	15.341	15.415	15.451
5.5	4.6182	15.660	15.903	16.237	16.479	16.609	16.690	16.728
5.644	4.5	16.070	16.381	16.662	16.910	17.044	17.127	17.166
6	4.2333	17.083	17.415	17.713	17.977	18.119	18.207	18.249
6.350	4	18.080	18.431	18.746	19.026	19.176	19.269	19.314
6.5	3.9077	18.507	18.866	19.189	19.475	19.629	19.724	19.770
7	3.6286	19.931	20.317	20.665	20.973	21.139	21.242	21.291
7.257	3.5	20.662	21.063	21.242	21.743	21.915	22.022	22.072
8	3.1750	22.778	23.220	23.617	23.969	24.159	24.276	24.332
8.467	3	24.108	24.575	24.996	25.369	25.560	25.693	25.573
9	2.8222	25.625	26.122	26.569	26.966	27.179	27.311	27.374
9.236	2.75	26.297	26.807	27.266	27.673	27.892	28.027	28.092
10	2.54	28.472	29.025	29.521	29.962	30.199	30.345	30.415
10.160	2.5	28.928	29.489	30.000	30.441	30.682	30.831	30.902
11	2.3091	31.320	31.927	32.473	32.958	33.219	33.380	33.457
11.289	2.25	32.143	32.766	33.327	33.824	34.092	34.257	34.336
12	2.1167	34.167	34.829	35.426	35.954	36.329	36.414	36.498
12.700	2	36.160	36.861	37.492	38.052	38.353	38.539	38.627
13	1.9538	37.014	37.732	38.378	38.950	39.259	39.449	39.540
14	1.8143	39.861	40.634	41.330	41.947	42.278	42.484	42.581
14.514	1.75	41.325	42.126	42.847	43.487	43.831	44.043	44.145
15	1.6933	42.709	43.537	44.282	44.943	45.298	45.518	45.623
16	1.5875	45.556	46.4309	47.234	47.939	48.318	48.553	48.665
16.993	1.5	48.212	49.147	49.989	50.734	51.136	51.384	51.502
18	1.4111	51.250	52.244	53.139	53.931	54.358	54.622	54.748
20	1.2700	56.945	58.049	59.043	59.924	60.398	60.691	60.831
20.320	1.25	57.856	58.978	59.987	60.883	61.364	61.662	61.804
22	1.1545	62.639	63.854	64.947	65.916	66.438	66.760	66.914
25	1.0160	71.181	72.561	73.803	74.905	75.497	75.965	76.038
25.400	1	72.320	73.722	74.984	76.103	76.705	77.077	77.255

2）齿形卡板法：同一个压力角 α 而模数 m 不同的齿形卡板按基准齿形制造成一套，如图 3-37 所示。当已知被测齿轮的生产国之后，可用齿形卡板去卡被测齿轮的轮齿而得到模数 m 和压力角 α。

3）测齿顶圆直径法：测绘齿轮时，要判定该齿轮是模数制齿轮还是径节制齿轮，也可以通过已经测定的齿顶圆直径 d'_a 和齿数 z，按啮合公式计算初定 m（或 P）和 α。即

$$m = \frac{d'_a}{z + 2h_a^*} \tag{3-22}$$

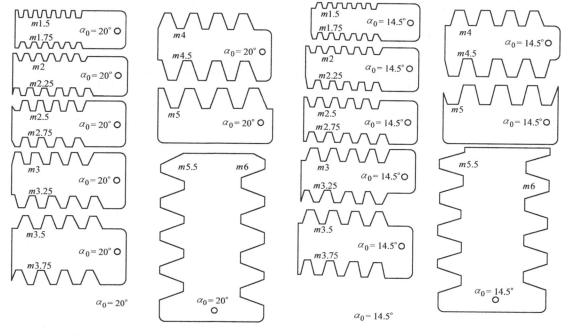

图 3-37 齿形卡板

或

$$m = \frac{d_a' - d_r'}{2(2h_a^* + c^*)} \qquad (3\text{-}23)$$

或

$$m = \frac{2a}{z_1 + z_2} \qquad (3\text{-}24)$$

$$P = \frac{(z + 2h_a^*) \times 25.4}{d_a'} \qquad (3\text{-}25)$$

按啮合公式计算的结果，如果 m 值是标准值，则齿轮为模数制，见表 3-11。如果 DP 值是标准值，则齿轮为径节制，见表 3-12。否则，这个齿轮可能是变位齿轮。

（4）变位系数 x 及直齿圆柱齿轮传动类型的确定 测绘齿轮之初，被测齿轮是否经过变位修正，一般是不清楚的，对于变位齿轮需测定变位系数 x 之后才能进行几何尺寸计算，而变位系数 x 值与被测齿轮的传动类型有关，故需采用一定的方法正确判别，确定齿轮传动的类型及变位系数。

1）当被测齿轮的图样资料尚存时，可直接查得变位系数 x_1 和 x_2，然后由变位系数之和 x_Σ 确定其传动类型。则

$$x_\Sigma = x_1 + x_2$$

2）当被测齿轮副的变位系数不知道，其啮合中心距又难测出时，可采用测公法线长度的方法，由式（3-26）分别推算出两轮的变位系数 x_1 及 x_2，进而判断其传动类型。即

$$x = \frac{W_k' - W_k}{2m\sin\alpha} \qquad (3\text{-}26)$$

式中　W_k'——被测齿轮公法线长度的测量值(需考虑补偿值);

　　　W_k——非变位时,被测齿轮的理论公法线长度(可按表 3-6 简化计算公式计算,也可查阅有关资料直接得到)。

表 3-11　各国模数标准系列　　　　　　　　　　　　　　　　(单位:mm)

国别	标准号	0.1	0.15	0.2	0.25	0.3	0.35	0.4	0.45	0.5	0.55	0.6	0.65	0.7	0.8	0.9	1	1.125	1.25	1.375	1.5
中国	GB/T 1357—2008																○	○	○	○	○
德国	DIN 780	○		○	○	○	○	○	○	○	○	○	○	○	○	○	○	○	○	○	○
捷克	ČSN 01 4608			○	○	○	○	○	○	○	○	○		(○)	○	(○)	○	○	○	○	○
日本	JIS B1701—63	○	○	○	○	○	○	○	○	○	○	○	○	○	○	○	○		○		○
法国	NF E23—011																○		○		○

国别	标准号	1.75	2	2.25	2.5	2.75	3	3.25	3.5	3.75	4	4.25	4.5	4.75	5	5.25	5.5	5.75	6	6.25	6.5
中国	GB/T 1357—2008	○	○	○	○	○	○		○		○		○		○		○		○		(○)
德国	DIN 780	○	○	○	○	○	○		○		○		○		○		○		○		○
捷克	ČSN 01 4608	○	○	○	○	○	○	(○)	○	(○)	○		○		○		(○)		○		(○)
日本	JIS B1701—63	○	○	○	○	○	○		○		○		○		○		○		○		○
法国	NF E23—011	○	○	○	○	○	○		○		○		○		○		○		○		

国别	标准号	6.75	7	7.5	8	8.5	9	9.5	10	11	12	13	14	15	16	18	20	22	24	25
中国	GB/T 1357—2008		○		○		○		○		○		○		○	○	○	○		○
德国	DIN 780	○	○	○	○	○	○		○	○	○	○	○	○	○	○	○	○	○	○
捷克	ČSN 01 4608		○		○		○		○	(○)	○	(○)	○	(○)	○	○	○	○		○
日本	JIS B1701—63	○	○	○	○	○	○		○	○	○		○		○	○	○			○
法国	NF E23—011		○	○	○		○		○		○		○		○	○	○			

国别	标准号	27	28	30	32	33	36	39	40	42	45	50	55	60	65	70	75	80	90	100
中国	GB/T 1357—2008		○	○	○		○		○		○	○	○	○	○	○	○	○	○	○
德国	DIN 780	○	○	○	○	○	○	○	○	○	○	○	○	○	○	○	○			
捷克	ČSN 01 4608																			
日本	JIS B1701—63																			
法国	NF E23—011																			

注:○—各国采用的模数;(○)—各国标准中尽可能不用的模数。

表 3-12　径节(P)系列(1/inch)

1	1¼	1½	1¾	2	2¼	2½	2¾	3	3½	4	5	6	7
8	9	10	11	12	14	16	18	20	22	24	26	28	30

3) 当被测齿轮副的变位系数不知道,而啮合中心距能较准确地测量时,可用齿顶圆直径及公法线长度测定法,按下列步骤判别其传动类型并确定变位系数。

① 实测啮合中心距 a'(考虑补偿值)。

② 求计算模数 m 或非变位时的标准中心距 a。即

$$m = \frac{2a}{z_1 + z_2}$$

或

$$a = \frac{m}{2}(z_1 + z_2)$$

③ 根据 $x = \dfrac{W'_k - W_k}{2m\sin\alpha}$ 分别求出 x_1、x_2。

④ 比较 a' 与 a 和 x_1 与 x_2，判别传动类型。

若 $a' = a$（或 $m' = m$），且 $x_1 = x_2 = 0$ 则为标准齿轮传动。

若 $a' = a$（或 $m' = m$），但 $|x_1| = |x_2|$ 则为高度变位齿轮传动，变位系数可按下式确定。则

$$x_\Sigma = x_1 + x_2 = 0$$

$$x_2 = -x_1 \neq 0$$

若 $a' \neq a$（或 $m' \neq m$），则为角度变位齿轮传动，变位系数可按如下公式计算确定。即

$$\cos\alpha' = \frac{a}{a'}\cos\alpha$$

$$x_\Sigma = (\mathrm{inv}\alpha' - \mathrm{inv}\alpha)\left[\frac{(z_1 + z_2)}{2\tan\alpha}\right]$$

$$x_2 = x_\Sigma - x_1$$

⑤ 将初步测定的数值适当圆整后，代入下列公式验算 d_a、a' 和 W_k，与实物核对，校验所测定的 x 值的正确性。即

$$W_k = m\cos\alpha\left[(k - 0.5)\pi + z\mathrm{inv}\alpha\right] + 2xm\sin\alpha$$

$$d_a = m(z + 2h_a^* + 2x - 2\Delta y)$$

$$a' = \frac{1}{2}m(z_1 + z_2) + ym$$

$$= \frac{1}{2}m(z_1 + z_2)\frac{\cos\alpha}{\cos\alpha'}$$

4）当被测齿轮副的变位系数未知，其公法线长度又难测出时，可采用测量固定弦齿厚的方法，由式(3-27)分别推算出两轮的变位系数 x_1 和 x_2，然后再判断其传动类型。即

$$x = \frac{\bar{s}_c - 0.5\pi m\cos^2\alpha}{2m\cos^2\alpha\tan\alpha} \tag{3-27}$$

3. 绘制齿轮工作图

有关的齿轮测绘工作完成后，需绘制正规的齿轮工作图。绘制齿轮工作图应注意以下几点：

1）绘制齿轮工作图所用的参数应该是通过最后计算得到的所有参数，不能简单地使用实测数据，有些参数的计算结果需要圆整到标准值。

2）齿轮的精度等级可按表 3-13 选定。对于机床修理中的齿轮精度，通常可以选用 6、7 级。对于各公差组的精度选择，可以根据该齿轮具体工作条件及机床的性能确定。

表 3-13 各类机械中的齿轮精度等级

应 用 范 围	精 度 等 级	应 用 范 围	精 度 等 级
测量齿轮	3~5	载重汽车	6~9
汽轮机减速器	3~6	一般减速器	6~9
金属切削机床	3~8	拖拉机	6~9
航空发动机	4~7	起重机械	7~10
轻型汽车	5~8	轧钢机的小齿轮	6~9
内燃或电气机车	5~7	地质矿山绞车	7~10
工程机械	6~9	农业机械	8~11

3) 齿轮工作图上的几何公差、尺寸公差及表面粗糙度，可以采取类比法根据公差与配合的有关标准给出。

4) 齿轮工作图上的技术条件，一般需给出齿轮或齿面热处理情况及齿面硬度等。图 3-38 所示为直齿圆柱齿轮的工作图。

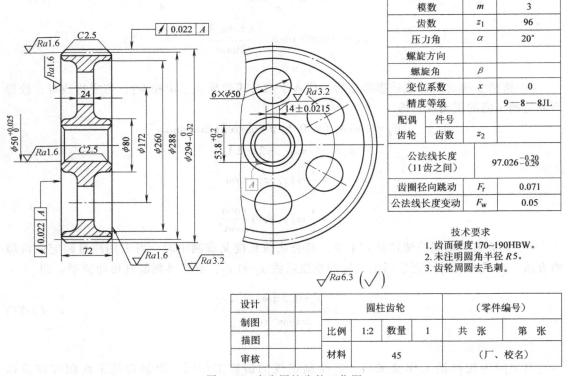

模数	m	3
齿数	z_1	96
压力角	α	20°
螺旋方向		
螺旋角	β	
变位系数	x	0
精度等级		9—8—8JL
配偶	件号	
齿轮	齿数 z_2	
公法线长度 (11齿之间)		$97.026^{-0.20}_{-0.29}$
齿圈径向跳动	F_r	0.071
公法线长度变动	F_w	0.05

技术要求
1. 齿面硬度170~190HBW。
2. 未注明圆角半径 $R5$。
3. 齿轮周圆去毛刺。

$\sqrt{Ra6.3}$ ($\sqrt{}$)

设计		圆柱齿轮			(零件编号)	
制图		比例	1:2	数量 1	共 张	第 张
描图						
审核		材料	45		(厂、校名)	

图 3-38 直齿圆柱齿轮工作图

4. 直齿圆柱齿轮测绘的主要程序

综上所述，测绘直齿圆柱齿轮的测绘程序如图 3-39 所示。

5. 直齿圆柱齿轮测绘实例

例 3-1 试测绘某钢厂卷扬机传动箱内的一对直齿外啮合平行轴渐开线圆柱齿轮。

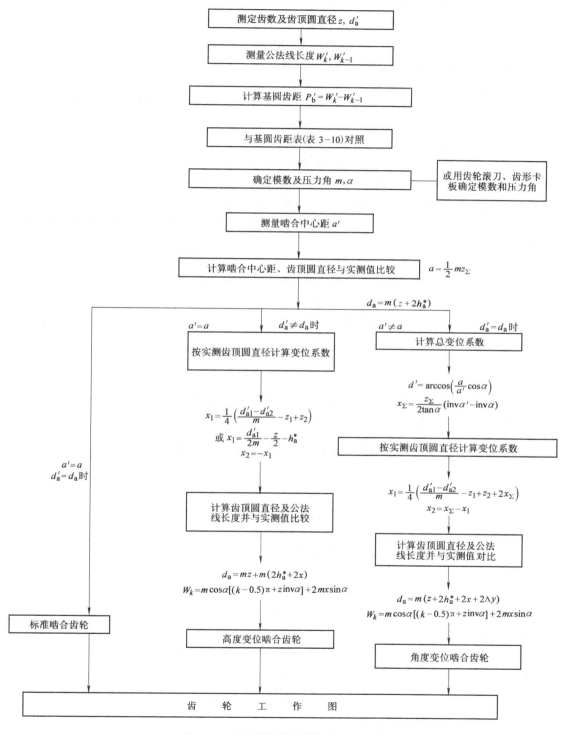

图 3-39　直齿圆柱齿轮测绘的主要程序

测绘步骤：

1）确定齿轮的原用材料及精度等级。

材料：小齿轮 45 钢，调质 180～230HBW。

大齿轮 ZG35SiMn，调质 200～250HBW。

精度等级：9—8—8JL，GB/T 10095—2008。

2）实测有关数据。

$z_1 = 23$，$d'_{a1} = 154.48$mm，$W'_3 = 47.65$mm，$W'_4 = 65.33$mm；$z_2 = 121$，$d'_{a2} = 739.022$mm，$W'_{14} = 249.38$mm，$W'_{15} = 267.08$mm，$a' = 435$mm。

3）计算基圆齿距 P_b。

$$P_{b1} = W'_4 - W'_3 = (65.33 - 47.65)\text{mm} = 17.68\text{mm}$$

$$P_{b2} = W'_{15} - W'_{14} = (267.08 - 249.38)\text{mm} = 17.70\text{mm}$$

4）由 P_{b1}、P_{b2} 查基圆齿距数值表，经分析初定 m 和 α。

根据表 3-10 查得 $P_b = \pi m \cos\alpha = 17.713$mm 时的模数及压力角分别为 $m = 6$mm，$\alpha = 20°$，初定 $m = 6$mm，$\alpha = 20°$。

5）校验 m 和 α。

用齿形卡板试卡，该齿轮的确为模数制齿轮，$m = 6$mm，$\alpha = 20°$。

6）判别传动类型并初步测定变位系数。

① 求非变位时的标准中心距。即

$$a = \frac{m}{2}(z_1 + z_2) = \frac{6}{2} \times (23 + 121)\text{mm} = 432\text{mm}$$

因为 $a' = 435$mm，$a = 432$mm，$a' \neq a$，$a' > a$

所以 被测齿轮副为角度变位齿轮传动，且为正角度变位传动。

② 求啮合角 α'。即

$$\alpha' = \arccos\left(\frac{a}{a'}\cos\alpha\right) = \arccos\left(\frac{432}{435}\cos 20°\right) = 21°3'32''$$

③ 求变位系数之和 x_Σ。即

$$x_\Sigma = \frac{z_1 + z_2}{2\tan\alpha}(\text{inv}\alpha' - \text{inv}\alpha)$$

$$= \frac{23 + 121}{2\tan 20°}(\text{inv}21°3'32'' - \text{inv}20°) = 0.512745$$

④ 求中心距变动系数 y。即

$$y = \frac{a' - a}{m} = \frac{435 - 432}{6} = 0.5$$

⑤ 求齿顶高变动系数 Δy。即

$$\Delta y = x_\Sigma - y = 0.512745 - 0.5 = 0.012745$$

⑥ 按齿顶圆直径的测量值 d'_a 计算变位系数 x_1 和 x_2。即

$$x_1 = 0.25\left(\frac{d'_{a1} - d'_{a2}}{m} + z_\Sigma - 2z_1 + 2x_\Sigma\right)$$

$$= 0.25 \times \left(\frac{d'_{a1} - d'_{a2}}{m} + z_1 + z_2 - z_1 - z_1 + 2x_\Sigma\right)$$

$$= 0.25\left(\frac{d'_{a1}-d'_{a2}}{m}-z_1+z_2+2x_\Sigma\right)$$

$$= 0.25\left(\frac{154.48-739.022}{6}-23+121+2\times0.512745\right) = 0.4005$$

取 $x_1 = 0.4$，则 $x_2 = x_\Sigma - x_1 = 0.5128 - 0.4 = 0.1128$。

7）校验并确定变位系数。

按初定的变位系数 x_1 和 x_2，验算齿顶圆直径 d_a、公法线长度 W_k 及中心距 a。

查表 3-4 取齿顶高系数 $h_a^* = 1$（标准齿形），$c^* = 0.25$（标准齿形）。

$$d_{a1} = m(z_1 + 2h_a^* + 2x_1 - 2\Delta y)$$
$$= 6\times(23+2\times1+2\times0.4-2\times0.0128)\,\mathrm{mm} = 154.646\mathrm{mm}$$

比实测 $d'_{a1} = 154.48\mathrm{mm}$ 大 $0.166\mathrm{mm}$。

$$d_{a2} = m(z_2 + 2h_a^* + 2x_2 - 2\Delta y)$$
$$= 6\times(121+2\times1+2\times0.1128-2\times0.0128)\,\mathrm{mm} = 739.20\mathrm{mm}$$

比实测 $d'_{a2} = 739.022\mathrm{mm}$ 大 $0.178\mathrm{mm}$。

$$W_3 = m\cos\alpha\left[(k-0.5)\pi+z_1\mathrm{inv}\alpha\right]+2x_1 m\sin\alpha$$
$$= 6\cos20°\left[(3-0.5)\pi+23\mathrm{inv}20°\right]\mathrm{mm}+2\times0.4\times6\sin20°\mathrm{mm} = 47.855\mathrm{mm}$$

比实测 $W'_3 = 47.65\mathrm{mm}$ 大 $0.205\mathrm{mm}$。

$$W_{14} = m\cos\alpha\left[(k-0.5)\pi+z_2\mathrm{inv}\alpha\right]+2x_2 m\sin\alpha$$
$$= 6\cos20°\left[(14-0.5)\pi+121\mathrm{inv}20°\right]\mathrm{mm}+2\times0.1128\times6\sin20°\mathrm{mm} = 249.747\mathrm{mm}$$

比实测 $W'_{14} = 249.38\mathrm{mm}$ 大 $0.367\mathrm{mm}$。

根据初定的 x_1 及 x_2 计算压力角 α'，按式（3-10）推算出。

$$\mathrm{inv}\alpha' = \frac{2\tan\alpha}{z_\Sigma}x_\Sigma+\mathrm{inv}\alpha = \frac{2\tan20°}{23+121}\times0.5128+\mathrm{inv}20° = 0.01749628$$

则
$$\alpha' = 21°3'27''$$

因为
$$\cos\alpha' = \frac{a}{a'}\cos\alpha$$

所以
$$a' = \frac{a\cos\alpha}{\cos\alpha'}$$

$$= \frac{432\cos20°}{\cos21°3'27''}\mathrm{mm}$$

$$= \frac{432\times0.9397}{0.9332}\mathrm{mm} = 435.009\mathrm{mm}$$

实测的中心距为 $435\mathrm{mm}$，计算的中心距与实测的中心距只相差 $0.009\mathrm{mm}$。

经校验，确定 $x_1 = 0.4$，$x_2 = 0.1128$。

8）计算齿轮的有关几何尺寸。

综合以上所述，该齿轮副的基本参数为：

$z_1 = 23$，$z_2 = 121$，$m = 6\mathrm{mm}$，$\alpha = 20°$，$h_a^* = 1$，$c^* = 0.25$（标准齿形），$x_1 = 0.4$，$x_2 = 0.1128$。

根据以上基本参数，计算齿轮的几何尺寸（略）。

9）绘制齿轮工作图。

根据计算出的齿轮几何尺寸，按照规定的标准和技术要求绘制齿轮工作图（略）。

三、斜齿圆柱齿轮的测绘

斜齿圆柱齿轮的基本参数与直齿圆柱齿轮比较，多了一个分度圆螺旋角 β，而且 m、α、h_a^*、c^*、x 有端面、法向之分。

当斜齿圆柱齿轮的标准制度确定后，其 h_{an}^*、c_n^* 一般是可以确定的，故斜齿圆柱齿轮的测绘任务主要是确定 m_n、a_n、x_n 及螺旋角 β。

1. 分度圆螺旋角 β 的测定

采用适当的方法准确地测出螺旋角 β 是斜齿圆柱齿轮测绘的关键，因为螺旋角 β 测绘不准确，不但影响其他参数测绘的准确度，而且还影响修理齿轮传动的啮合性能。

测定斜齿圆柱齿轮分度圆螺旋角 β 的方法有滚印法、轴向齿距法、正弦尺法、中心距推算法、精密测量法、模拟切齿法等，其中精密测量法、中心距推算法及模拟切齿法应用较广泛，其余几种测量方法的测量精度不高，一般不采用，只是需要初定螺旋角时用。

（1）精密测量法　可以采用精密仪器直接测量出螺旋角 β 的精确值，目前较常用的仪器有齿向仪、导程仪和螺旋角检查仪。当然也可以用万能工具显微镜或光学分度头等通用测量仪器来测量螺旋角 β。对于螺旋角较小、精度低于 6 级的斜齿圆柱齿轮，可以用齿向仪测量螺旋角，对于高精度的斜齿圆柱齿轮应采用导程仪测量螺旋角。

（2）中心距推算法　此法适用于非变位或高度变位的斜齿圆柱齿轮传动。在法向模数 m_n 确定之后，实测啮合中心距 a'，由下式可推算出螺旋角 β。即

$$\cos\beta = \frac{m_n(z_1 + z_2)}{2a'} \tag{3-28}$$

测绘时，需要注意的是：相啮合的两个齿轮的螺旋角必须成对考虑确定，使之满足正确的啮合条件。

（3）模拟切齿法　模拟切齿法的测定工作是利用滚切斜齿圆柱齿轮的原理，在配有分度头的较新铣床或车床上进行，也可以在精度较高的滚齿机或螺纹加工机床上进行。其测定的步骤为：

1）实测齿轮顶圆直径 d_a'，并近似测出齿顶圆螺旋角 β_a'。

2）计算导程的近似值，$T' = \pi d_a' / \tan\beta_a'$

3）根据 T' 选配交换齿轮，如图 3-40 所示，安装好被测斜齿圆柱齿轮，用千分表压在齿面上（千分表表头可压齿面的任意部位，尽管沿齿高各点齿面上的螺旋角不同，但导程都相同，不影响测量结果）和顶住安放在工作台侧面的量块（以控制铣床工作台移动的距离）。

测量时，转动手柄使工作台移动，并带动分度头使被测斜齿圆柱齿轮转动。若千分表的指针基本不动，则说明近似导程 T' 与切制轮齿时的实际导程完全一致。若千分表的指针摆动较大，表示 β_a' 有误差，造成导程误差 ΔT。如图 3-41 所示，根据千分表指针摆动的读数 Δe，可以求出近似导程 T' 与实际导程 T 的误差 ΔT。其关系式为

$$\Delta T = \frac{T'^2 \Delta e}{\pi d_a' l - T' \Delta e} \tag{3-29}$$

式中　l——工作台移动的距离；

Δe——千分表的读数。

实际导程 T 则为

$$T = T' \pm \Delta T$$

必须指出，实际导程比近似导程大（减表），ΔT 应取正值，实际导程比近似导程小（加表），ΔT 应取负值。

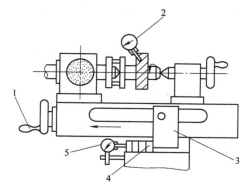

图 3-40　在铣床上测量螺旋角

1—手柄　2、5—千分表　3—挡块　4—量块

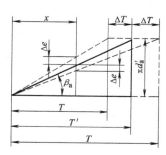

图 3-41　螺旋线展开图

其实际齿顶圆螺旋角 β_a 则为

$$\tan\beta_a = \frac{\pi d_a'}{T}$$

或

$$\cot\beta_a = \cot\beta_a' \pm \frac{\Delta T}{\pi d_a'}$$

经过反复校准，即更换选配不同的交换齿轮，可以得到较准确的 β_a。

4）根据 β_a 经换算得到分度圆螺旋角 β，其计算式为

$$\tan\beta = \frac{d}{d_a'}\tan\beta_a = \frac{\pi d}{T} \tag{3-30}$$

2. 法向模数 m_n（或径节 P）及法向压力角 α_n 的确定

测定斜齿圆柱齿轮的 m_n（或 P）和 α_n 的方法，与测定直齿圆柱齿轮的 m（或 P）和 α 的方法基本相同，较广泛采用的是测公法线长度法（但斜齿圆柱齿轮的齿宽 b，必须满足条件 $b \geq W_n\sin\beta$ 才能使用。否则，应另用其他方法测定），如图 3-42 所示，其步骤是：

1）分别跨 k、$k-1$（或 $k+1$）个齿，实测出法向公法线长度 W_k'、W_{k-1}'（或 W_{k+1}'）。

2）计算法向基圆齿距 P_{bn}'：$P_{bn}' = W_k' - W_{k-1}'$ 或 $P_{bn}' = W_{k+1}' - W_k'$。

3）查基圆齿距数值表（见表 3-10），经分析初定 m_n（或 P）和 α_n。

4）改用其他方法，校验初测值的准确性，并最后确定 m_n 及 α_n。

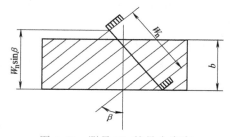

图 3-42　测量 W_n 的最小齿宽

3. 斜齿圆柱齿轮传动类型判定

没有被测斜齿圆柱齿轮的有关资料时，判定传动类型的一般方法和步骤是：

1）实测齿顶圆直径 d_a' 及啮合中心距 a'。

2）测定 m_n、β 及 h_{an}^*（β 可近似测定）。

3）按 $m_{t1} = d'_{a1} - 2h^*_{an}m_n/z_1$，$m_{t2} = d'_{a2} - 2h^*_{an}m_n/z_2$ 计算端面模数 m_t。

4）根据 $a = m_n(z_1 + z_2)/2\cos\beta$ 计算非变位啮合传动的标准中心距 a。

5）比较 m_{t1} 与 m_{t2}，a' 与 a，确定传动类型。

若 $m_{t1} = m_{t2}$，$a' = a$，为非变位啮合传动；若 $m_{t1} \neq m_{t2}$，而 $a' = a$，则为高度变位啮合传动；若 $m_{t1} \neq m_{t2}$，且 $a' \neq a$，则为角度变位啮合传动。

斜齿圆柱齿轮传动类型的判定，与直齿圆柱齿轮一样，也可以先测出两轮的变位系数 x_{n1} 和 x_{n2}，然后根据变位系数之和 $x_{n\Sigma}$ 判定。

如果因某些原因，只能对齿轮传动中的某一个斜齿圆柱齿轮进行测绘，其传动类型可按如下方法进行判定：

实测出齿顶圆直径 d'_a、全齿高 h'。若 $d'_a = d + 2m_n h^*_{an}$ 为非变位啮合传动；若 $d'_a \neq d + 2m_n h^*_{an}$，且 $h' = (2h^*_{an} + c^*_n)m_n$，则为高度变位啮合传动；若 $d'_a \neq d + 2m_n h^*_{an}$，且 $h' < (2h^*_{an} + c^*_n)m_n$，说明可能存在 Δy，则为角度变位啮合传动。

4. 斜齿圆柱齿轮变位系数的确定

1）测绘情况不明的斜齿圆柱齿轮及其传动副时，确定变位系数的最简便方法是，测量法向公法线长度 W_n，先求出法向变位系数 x_n，并换算得到端面变位系数 x_t，然后经分析校验，确定两轮的变位系数。

2）当传动类型、齿形制度均已确定时，其两轮的变位系数还可以根据传动类型而采用相应的方法进行测定。

（1）高度变位的斜齿圆柱齿轮传动 对于高度变位的斜齿圆柱齿轮传动，其变位系数可按如下方法求得。

1）根据实测的顶圆直径 d'_a，经计算得到端面变位系数 x_t。即

$$x_{t1} = \frac{d'_{a1}}{2m_{t1}} - \frac{z_1}{2} - h^*_{a1} \tag{3-31}$$

则

$$x_{t2} = -x_{t1}$$

2）根据端面变位系数 x_t，经换算得到法向变位系数 x_n 为

$$x_{n1} = \frac{x_{t1}}{\cos\beta}, \quad 则 \quad x_{n2} = -x_{n1}$$

（2）角度变位的斜齿圆柱齿轮传动 对于角度变位的斜齿圆柱齿轮传动，其变位系数的求法如下。

1）根据有关公式，依次求出 α_n、a'、h^*_{at}、$x_{t\Sigma}$、$x_{n\Sigma}$、y_t、y_n、Δy_t、Δy_n。

2）实测顶圆直径 d'_{a1}、d'_{a2}，并初步计算变位系数 x_n 或 x_t。即

$$x_{n1} = \frac{d'_{a1}}{2m_n} - \frac{z_1}{2\cos\beta} - h^*_{an} + \Delta y_n \tag{3-32}$$

$$x_{n2} = x_{n\Sigma} - x_{n1}$$

$$x_{t2} = \frac{1}{4}\left(\frac{d'_{a2} - d'_{a1}}{m_{t2}} + z_\Sigma - 2z_2 + 2x_{t\Sigma}\right) \tag{3-33}$$

$$x_{t1} = x_{t\Sigma} - x_{t2}$$

3）将法向（或端面）变位系数经换算得端面（或法向）变位系数。

4）将已求得的变位系数初算值代入有关计算公式，验算齿顶圆直径 d_a、公法线长度

W_n、啮合中心距 a。

5）经分析校验确定两轮的变位系数。必要时，可将螺旋角 β 和变位系数 x 进行协调，因为角度变位斜齿圆柱齿轮传动，在中心距一定的情况下，β 与 x 两者可以相互补偿。

5. 斜齿圆柱齿轮测绘的主要程序

综合上面所叙述的情况，测绘斜齿圆柱齿轮的主要程序如图 3-43 所示。

6. 斜齿圆柱齿轮测绘实例

例 3-2　测绘国产 T612 型镗床主轴箱中的一对斜齿圆柱齿轮。

测绘步骤：

1）确定齿轮的原用材料及精度等级。

材料：小齿轮　40Cr，调质+高频感应淬火 56～62HRC。

大齿轮　45 钢，调质+高频感应淬火 56～62HRC。

精度等级：7—6—6FJ，GB/T 10095—2008。

2）测量有关参数及尺寸。

$z_1 = 22$（左旋），$z_2 = 88$（右旋），$b = 22\text{mm}$，$W'_{n4} = 54.30\text{mm}$，$W'_{n3} = 39.54\text{mm}$，$W'_{n11} = 159.32\text{mm}$，$W'_{n10} = 144.50\text{mm}$，$d'_{a1} = 126.45\text{mm}$，$d'_{a2} = 457.25\text{mm}$，$a' = 282\text{mm}$。

3）初步确定 m_n 和 α_n。

国产齿轮为模数制，且为标准齿形，故 $h^*_{an} = 1$，$c^*_n = 0.25$。

由 $P_{bn1} = W'_{n4} - W'_{n3} = (54.30 - 39.54)\text{mm} = 14.76\text{mm}$，$P_{bn2} = W'_{n11} - W'_{n10} = (159.32 - 144.50)\text{mm} = 14.82\text{mm}$。

查基圆齿距数值表（表 3-10），$m = 5\text{mm}$，$\alpha = 20°$ 的 $P_b = 14.761\text{mm}$，与计算的 P_{bn1} 和 P_{bn2} 接近，故初定 $m_n = 5\text{mm}$，$\alpha_n = 20°$。

4）校验并确定 m_n 和 α_n。

用 $m_n = 5\text{mm}$，$\alpha_n = 20°$ 的标准滚刀与被测斜齿圆柱齿轮对滚，啮合正确，故确定 $m_n = 5\text{mm}$，$\alpha_n = 20°$。

5）确定螺旋角 β。

用模拟切齿法在滚齿机上测得 $\beta_1 = 14°28'$，$\beta_2 = 14°27'$，取 $\beta = 14°28'$，则 $\beta_1 = -\beta_2$。

6）判别传动类型。

① 计算标准中心距。即

$$a = \frac{m_n}{2\cos\beta}(z_1 + z_2) = \frac{5 \times (22 + 88)}{2\cos14°28'}\text{mm} = 284.032\text{mm}$$

② 计算端面啮合模数。

$$m_{t1} = \frac{d'_{a1} - 2h^*_{an}m_n}{z_1} = \frac{126.45 - 2 \times 1 \times 5}{22}\text{mm} = 5.293\text{mm}$$

$$m_{t2} = \frac{d'_{a2} - 2h^*_{an}m_n}{z_2} = \frac{457.25 - 2 \times 1 \times 5}{88}\text{mm} = 5.082\text{mm}$$

因为 $m_{t1} \neq m_{t2}$，且 $a' < a$，所以该对齿轮为负角度变位齿轮传动。

7）初步测定变位系数 x_{n1}、x_{n2}。

① 计算两个斜齿轮非变位时的理论公法线长度。即

$$W_{n3} = m_n\cos\alpha_n\left[(k - 0.5)\pi + z_1\text{inv}\alpha_n\right]$$
$$= 5 \times \cos20°\left[(3 - 0.5)\pi + 22 \times \text{inv}20°\right] = 38.54\text{mm}$$

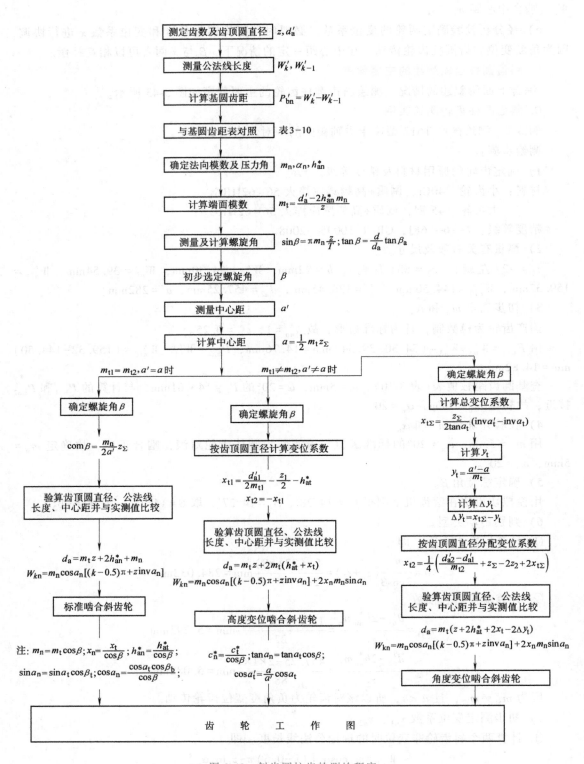

图 3-43 斜齿圆柱齿轮测绘程序

$$W_{n11} = m_n\cos\alpha_n\left[(k-0.5)\pi + z_2\text{inv}\alpha_n\right]$$
$$= 5\times\cos20°\left[(11-0.5)\pi + 88\times\text{inv}20°\right] = 161.68\text{mm}$$

② 计算变位系数。即

$$x_{n1} = \frac{W'_{n3} - W_{n3}}{2m_n\sin\alpha_n} = \frac{39.54 - 38.54}{2\times5\times\sin20°} = \frac{1}{3.42} = 0.2924$$

$$x_{n2} = \frac{W'_{n11} - W_{n11}}{2m_n\sin\alpha_n} = \frac{159.32 - 161.68}{2\times5\times\sin20°} = \frac{-2.36}{3.42} = -0.69$$

现初定 $x_{n1} = 0.3$，$x_{n2} = -0.69$，则 $x_{n\Sigma} = x_{n1} + x_{n2} = 0.3 + (-0.69) = -0.39$，说明确为负变位传动，传动类型判定正确。

8) 计算有关尺寸，校验并确定变位系数。

$$y_n = \frac{a' - a}{m_n} = \frac{282 - 284.032}{5} = -0.40$$

$$\Delta y_n = x_{n\Sigma} - y_n = (-0.39) - (-0.40) = (-0.39) + 0.40 = 0.01$$

$$d_1 = z_1 m_t = z_1\frac{m_n}{\cos\beta} = 22\times\frac{5}{\cos14°28'} = 113.612\text{mm}$$

$$d_2 = z_2 m_t = z_2\frac{m_n}{\cos\beta} = 88\times\frac{5}{\cos14°28'} = 454.432\text{mm}$$

$$h_{a1} = m_n(h_{an}^* + x_{n1} - \Delta y) = 5\times(1 + 0.3 - 0.01)\text{mm} = 6.45\text{mm}$$

$$h_{a2} = m_n(h_{an}^* + x_{n2} - \Delta y) = 5\times(1 - 0.69 - 0.01)\text{mm} = 1.5\text{mm}$$

$$d_{a1} = d_1 + 2h_{a1} = (113.612 + 2\times6.45)\text{mm} = 126.51\text{mm}$$

$$d_{a2} = d_2 + 2h_{a2} = (454.432 + 2\times1.5)\text{mm} = 457.432\text{mm}$$

$$\text{inv}\alpha'_n = \text{inv}\alpha_n + \frac{2(x_{n1} + x_{n2})}{z_1 + z_2}\tan\alpha_n = \text{inv}20° + \frac{2\times(0.3 - 0.69)}{22 + 88}\tan20° = 0.01232$$

故 $\alpha'_n = 18°48'$。

则理论啮合中心距 $a' = a\dfrac{\cos\alpha_n}{\cos\alpha'_n} = 284.032\dfrac{\cos20°}{\cos18°48'}\text{mm} = 281.96\text{mm}$。

将 d_{a1}、d_{a2}、a' 分别与实测的 d'_{a1}、d'_{a2}、a' 进行比较，其误差都很小，所以确定 $x_{n1} = 0.3$，$x_{n2} = -0.69$。

9) 确定斜齿圆柱齿轮副的基本参数。

综上所述，被测斜齿圆柱齿轮副为负角度变位传动，其参数为：$z_1 = 22$（左旋），$z_2 = 88$（右旋），$m_n = 5\text{mm}$，$a_n = 20°$，$h_{an}^* = 1$，$c^* = 0.25$，$\beta = 14°28'$，$x_{n1} = 0.3$，$x_{n2} = -0.69$。

根据有关的基本参数计算斜齿圆柱齿轮副的几何尺寸(略)。

10) 绘制齿轮工作图。

根据计算出的齿轮几何尺寸，按照规定的标准和技术要求绘制齿轮的工作图(略)。

四、螺旋齿轮副的测绘

螺旋齿轮传动也称为交叉轴斜齿圆柱齿轮传动。就是两个斜齿圆柱齿轮相啮合时，其轴线不平行，而是在空间交错，其轴交角分为 $\delta = 90°$ 和 $\delta \neq 90°$ 两种情况。另外，两个斜齿圆柱齿轮的螺旋角在一般情况下是不相等的，即 $\beta_1 \neq \beta_2$。螺旋齿轮副的测绘，其关键是测算出两个齿轮

的螺旋角 β_1 和 β_2，其余参数的确定与斜齿圆柱齿轮传动的测算类同。

1. $\delta = 90°$ 标准斜齿圆柱齿轮传动螺旋角的确定

1）实测齿数 z、顶圆直径 d_a' 及啮合中心距 a'。

2）计算螺旋角 β。即

$$\tan\beta_2 = \frac{z_1[2a'+(d_{a2}'-d_{a1}')]}{z_2[2a'-(d_{a2}'-d_{a1}')]} \tag{3-34}$$

$$\beta_1 = 90° - \beta_2$$

3）测定法向模数 m_n 后验算 β_1 和 β_2。则

若传动比 $i=1$，$d_{a2}' = d_{a1}'$ 时，则 $\beta_1 = \beta_2 = 45°$

若传动比 $i=1$，$d_{a2}' \neq d_{a1}'$ 时，则 $\sin\beta_2 = \dfrac{c}{2} + \sqrt{c + \dfrac{c^2}{4}}$ $\tag{3-35}$

式中，$c = (z_2 m_n / a')^2$。

若传动比 $i \neq 1$，$d_{a2}' \neq d_{a1}'$ 时，则有

$$\frac{z_1}{\cos\beta_1} + \frac{z_2}{\cos\beta_2} = \frac{2a'}{m_n} \tag{3-36}$$

2. $\delta \neq 90°$ 标准斜齿圆柱齿轮传动螺旋角的确定

1）实测齿数 z、齿顶圆直径 d_a'、啮合中心距 a' 及轴交角 δ。

2）计算螺旋角，则有

$$\tan\beta_2 = \frac{z_1[2a'+(d_{a2}'-d_{a1}')]}{z_2[2a'-(d_{a2}'-d_{a1}')]} - \cot\delta \tag{3-37}$$

$$\beta_1 = \delta - \beta_2$$

3）测定 m_n，并将 β_1、β_2 代入式 (3-36) 进行验算。

第五节　凸轮的测绘

凸轮是一个具有曲线轮廓或凹槽的构件。凸轮通常做等速转动，但也有做往复摆动或直线往复移动的。被凸轮直接推动的构件称为推杆。凸轮机构是由凸轮、推杆和机架三个主要构件所组成。当凸轮运动时，通过其曲线轮廓与推杆的接触，使推杆得到预期的运动。

凸轮机构的最大优点是：只要适当地设计出凸轮的轮廓曲线，就可以使推杆得到各种预期的运动规律，而且机构简单、紧凑。凸轮机构的缺点是：凸轮轮廓与推杆之间为点接触或线接触，易于磨损，所以凸轮机构不能用在传递较大力的场合。

一、凸轮的分类

（1）盘状凸轮　这种凸轮是一个径向尺寸变化的盘状构件。当其转动时，可推动推杆在垂直于凸轮轴的平面内运动，如图 3-44a 所示。

当盘状凸轮的径向尺寸为无穷大时，则凸轮将做直线移动，通常称为移动凸轮，如图 3-44b 所示。当移动凸轮做直线往复运动时，将推动其推杆在同一运动平面内做往复运动。有时也可以将凸轮固定，而使推杆相对于凸轮运动。

（2）圆柱凸轮　这种凸轮是在圆柱面上加工有曲线凹槽，如图 3-45a 所示。这样可使推

杆得到较大的行程，故可用于要求行程较大的传动中。也有的圆柱凸轮是在圆柱端面上做出曲线轮廓的，如图 3-45b 所示。

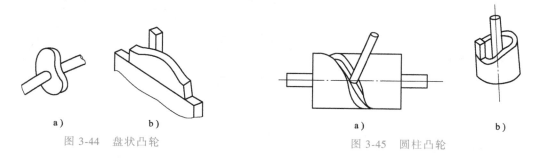

图 3-44 盘状凸轮　　　　　图 3-45 圆柱凸轮

二、常用凸轮的曲线

凸轮的曲线是根据推杆的运动规律要求设计而成的，常用推杆的运动规律有：等速运动、等加速或等减速运动、余弦加速度运动和正弦加速度运动。为了满足推杆的各种运动规律，常用的凸轮曲线有直线、抛物线、阿基米德曲线等，见表 3-14。

表 3-14 常用凸轮曲线

凸 轮 类 型	曲 线 类 型	适 用 范 围
圆柱凸轮	直线[①]（螺旋线）	可使推杆得到等速运动，并能得到相等的压力角
	抛物线	用于推杆做等加速运动
	圆弧	用于近似地代替各种形状复杂的曲线
平面凸轮	阿基米德曲线	用于推杆获得等速运动，并常用以代替对数螺线
	对数螺线	用于推杆获得不变的压力角
	伸展渐开线	当采用偏心推杆时，推杆可获得等速运动，也可以近似地代替对数螺线
	圆弧	用于近似地代替各种形状复杂的曲线

① 对圆柱凸轮曲线形状而言，是指沿圆周展开后所得的平面曲线形状。

凸轮上由工作行程曲线到空行程曲线之间有过渡曲线，过渡曲线常用的几种形式见表 3-15。

表 3-15 常用凸轮过渡曲线

凸轮曲线的特点	凸 轮 形 式	
	圆柱形凸轮	盘 形 凸 轮
轮廓由折线组成，各段轮廓的连接处没有圆角		
轮廓由圆弧及直线连接组成		

（续）

凸轮曲线的特点	凸轮形式	
	圆柱形凸轮	盘形凸轮
两段曲线用圆弧连接	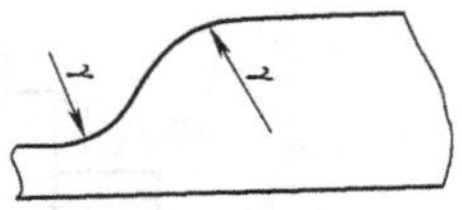	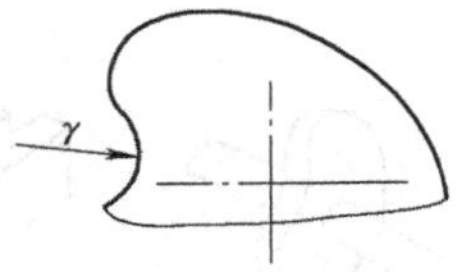
两段曲线直接连接	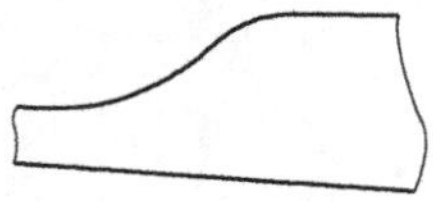	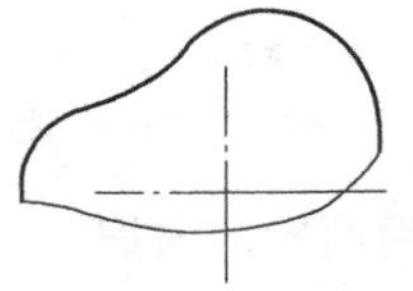

三、凸轮测绘的步骤

在机械设备修理中，测绘磨损了的凸轮可按下列步骤进行：

1）首先须按设备传动系统图或结构图对凸轮进行运动分析，找出凸轮在运动中所要实现的推杆运动规律及工作循环，弄清凸轮的作用和凸轮曲线的性质。

2）选择出凸轮测绘设计基准。选择正确的基准，不但可以使测绘工作顺利进行，而且也能保证测绘的质量。原则上应使设计基准与凸轮的装配基准一致。一般地说，可以选用凸轮的内孔键槽、凸轮上的刻线及定位端面作为基准。

3）按照实物进行测绘。主要测绘凸轮轮廓曲线。每一个凸轮的轮廓曲线都是由几个线段组成的，而每一线段的形状均由凸轮机构在该线段所对应的时间内要完成的运动规律所决定。

四、凸轮的测绘方法

1. 平面凸轮的测绘方法

这种凸轮的测绘方法有分度法和摹印法两种。

（1）分度法　分度法测绘平面凸轮的步骤如下：

1）将凸轮装在心轴上，并用分度头进行分度，在凸轮端面上划出若干条等分圆周的射线（对圆弧线段可少划射线）。

2）用卡尺测出各射线与轮廓交点到凸轮中心的距离尺寸，并记入草图上相对应的尺寸线上。

3）将测绘的草图按比例绘制在图纸上，连接各射线上的交点成平滑曲线，即得到所测绘的凸轮轮廓实际形状。

4）按所绘制的形状和理论分析凸轮应有的曲线形状，最后确定或修正凸轮轮廓。

采用分度法可以比较准确地测得凸轮磨损后的实际形状，所以在最后确定曲线形状时，还应当考虑到凸轮的磨损量。

测绘时，圆周等分越多，则所得的结果越接近实际形状。对一般机床上的凸轮测绘时，分度值采用 6°～10° 就可以满足要求。

（2）摹印法　将凸轮清洗干净后，在其端面上轻轻涂一层红丹粉，用白纸摹印下凸轮轮廓形状和内孔，按照摹印的形状绘制凸轮工作图（可按分度法绘制）。对凸轮精度要求不高时，用摹印法测绘是比较方便的。但在一般情况下，摹印法仅作为测绘参考和校对用。尤其是当凸轮有倒角时，印得的凸轮曲线形状误差很大。

图 3-46 所示为插齿机上的让刀凸轮。根据插齿机工作的要求，插齿刀做一次往复运动，工作台也应带着工件送进和让刀一次。让刀凸轮经过一系列推杆和杠杆带动工作台做送进运动和让刀运动。工作台退回是由弹簧的压力实现的。插齿刀往复一次，让刀凸轮就旋转一周，当插齿刀下插时，凸轮以其 $\overset{\frown}{AB}$ 段曲线（等半径 $R = 44.5$）使工作台不移动，以便切削。当插齿刀切削终了要返回时，由 $\overset{\frown}{BC}$ 段曲线使工作台带着工件快速离开插齿刀，至 $\overset{\frown}{CD}$ 段曲线，保持退回的距离（等半径 $R = 40.5$）。插齿刀再次下插时，由 $\overset{\frown}{DA}$ 段曲线使工作台带着工件再送进到插齿刀下。它们的关系是：

插刀运动，切入→切削→切出→回程。

工作台运动，送进→固定→退离→固定。

对应的凸轮曲线，$\overset{\frown}{DA} \to \overset{\frown}{AB} \to \overset{\frown}{BC} \to \overset{\frown}{CD}$。

测绘插齿机让刀凸轮可采用分度法作出实物曲线：

1）将凸轮安装在标准心轴上，用分度头进行分度。据分析，其应有两段等半径圆弧，可用百分表找出。以 $\overset{\frown}{AB}$ 段中点为零度点，在凸轮上作"+"字线，从 0°开始每隔 10°作一等分射线，如图 3-47 所示。两段等半径圆弧可少画几条射线。注意找出四个过渡点 A、B、C、D，其是否落在射线上，如果出入很大，则采用更小的分度值（如 5°），在过渡点附近进行分度，确定其近似位置。

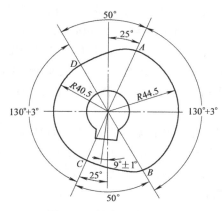

图 3-46　插齿机让刀凸轮

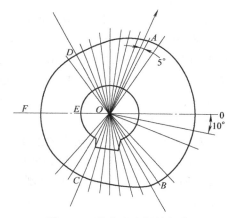

图 3-47　用分度法测绘凸轮

2）用卡尺测量各射线长，如 $OF = OE + EF$，孔半径 OE 及 EF 可直接测量得到。

3）画出凸轮轮廓曲线。画曲线时，所选坐标轴和分度值同测量时所选用的相同，然后将各射线（如 OF）分别描绘在图纸上，连接各射线之端点，即为所测绘之凸轮轮廓曲线。画图比例尽可能采用 1∶1。

获得凸轮轮廓曲线后对曲线进行修正，画出零件图：

1）确定过渡点 A、B、C、D 的位置，以 5°等分时，A、B、C、D 四点大致落在射线上。

2）$\overset{\frown}{AB}$线段和$\overset{\frown}{CD}$线段圆心应为零件安装中心。以线段上测得的值（距圆心最大的值）为半径，画$\overset{\frown}{CD}$、$\overset{\frown}{AB}$圆弧曲线。

3）凸轮过渡曲线$\overset{\frown}{AD}$、$\overset{\frown}{BC}$理论上应为阿基米德曲线，可由作图法求得的曲线近似代替，需光滑地与$\overset{\frown}{AB}$、$\overset{\frown}{CD}$圆弧曲线连接。

2. 圆柱凸轮测绘

圆柱凸轮的测绘方法与平面凸轮相似，所不同的是圆柱凸轮轮廓曲线是在圆柱面上，测绘时需要把圆柱面展开成一个平面。

采用分度法时（也在分度头上进行分度），在圆柱凸轮上沿轴线画出若干等分线（编号），然后用高度尺或卡尺测量各相应线段长度，依据测量结果画出凸轮曲线。以滚子直径为距离，作出凸轮凹槽的另一面曲线，测量方法如图 3-48 所示。圆柱凸轮也可用摹印法直接印出展开的曲线形状。

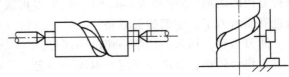

图 3-48 圆柱凸轮的测量

3. 凸轮曲线的检查和修正

凸轮的磨损和测量误差会使测得的曲线产生误差，因而必须对按实物测得的凸轮实际曲线作必要的修正，即把描绘的或摹印得到的曲线与理论分析的形状进行对比，按对比分析，对曲线形状、平滑度、过渡曲线及曲线的相应位置作最后修正。

4. 凸轮材料的选择

凸轮的工作表面必须要有高耐磨性，并能承受较大的表面应力。在选择凸轮材料时，主要应考虑凸轮机构所承受的冲击载荷和磨损等问题。通常凸轮用 45 钢或 40Cr 钢制造，淬硬至 52~58HRC。要求更高时，可用 15 钢或 20Cr 钢渗碳并淬火至 56~62HRC，渗碳深度一般为 0.8 ~ 1.5mm。或采用可进行渗氮处理的钢材，经渗氮处理后，使表面硬度达到 60~67HRC，以增强凸轮表面的耐磨性。对于轻载凸轮，也可以使用优质灰铸铁，或 45 钢调质处理到 22~26HRC。

应该注意的是，凸轮机构中的滚子所选用的材料。滚子比凸轮容易制造，而且损坏后更换也很方便，当滚子采用与凸轮相同的材料和热处理方法时，在工作中滚子总比凸轮先磨损，故滚子可用与凸轮相同的材料制造，也可采用 20Cr 钢经渗碳处理，其表面硬度达到 56~62HRC，渗碳深度达到 1~1.5mm，或用碳素工具钢 T8 等淬硬到 55~59HRC。

5. 凸轮公差的选择

凸轮的公差应根据工作要求来确定。对于一般用于低速进给的凸轮和操纵用的凸轮等，公差可以取大些，而对于要求较高的凸轮，如高速凸轮，因其轮廓曲线的误差对机构的性能影响较大，所以对公差的要求也应严格些。在凸轮工作图上通常要标出向径公差和基准孔（凸轮与轴配合的孔）公差。对于向径在 300~500mm 以下的凸轮，其公差可以参考表 3-16 选取。对于只要求保证推杆行程大小的凸轮，可给出起始点和终止点向径的公差，而且公差可取偏大的数值。

表 3-16　凸轮公差和表面粗糙度

凸 轮 精 度	极 限 偏 差			表面粗糙度 $Ra/\mu m$	
	向径/mm	基准孔	凸轮槽宽	盘状凸轮	凸轮槽
高精度	±(0.05~0.1)	H7	H8(H7)	0.4	0.8
一般精度	±(0.1~0.2)	H7(H8)	H8	0.8	1.6
低精度	±(0.2~0.5)	H8	H8(H9)	0.8	1.6

思考题与习题

3-1　机械设备修理零件测绘设计有哪些特点？其工作程序如何？

3-2　编制机械设备图册有什么作用？机械设备图册应包括哪些内容？

3-3　零件测绘的图样及技术文件的编号应根据什么标准？

3-4　隶属编号有哪些形式？全隶属编号的组成形式怎样？

3-5　草图和零件图的要求有什么区别？

3-6　一般零件指哪些形式的零件？曲面测绘的一般方法有哪些？

3-7　进行零件测绘时，应从哪些方面考虑零件的结构工艺性？

3-8　标准件和标准部件在测绘时如何处理？

3-9　试述齿轮测绘的一般步骤。

3-10　已知测得齿轮的齿数 $z=30$，公法线长度 $W_4'=32.16\mathrm{mm}$、$W_5'=41\mathrm{mm}$，试确定该齿轮的模数 m 及压力角 α。

3-11　已知测得齿轮的外径 $d_a'=84.9\mathrm{mm}$、$h'=5.6\mathrm{mm}$、$\alpha=20°$、$z=32$，试求模数 m。

3-12　一被测齿轮副，已知 $z_1=11$、$z_2=49$、$m=6\mathrm{mm}$、$\alpha=20°$、$h_a^*=1$、$a'=180\mathrm{mm}$、$d_{a1}'=82.32\mathrm{mm}$、$d_{a2}'=301.68\mathrm{mm}$，试判断这对齿轮的变位啮合形式。

3-13　一高度变位直齿圆柱齿轮，已知 $m=3\mathrm{mm}$、$\alpha=20°$、$h_a^*=1$、$z=27$、$W=32.13\mathrm{mm}$、$d_a'=88.52\mathrm{mm}$、$W_k'=32.663\mathrm{mm}$，由于事故打齿需测绘更换齿轮，因齿面磨损不大，采用公法线测定法，求变位系数 x。

3-14　已知一标准斜齿圆柱齿轮，$m_n=3.5\mathrm{mm}$、$z=40$、$\alpha_n=20°$、$h_{an}^*=1$、$b=22\mathrm{mm}$，用滚印法测得 $\beta_a'=16°22'$，试用 Y3150E 型滚齿机测定螺旋角 β。

3-15　已知德国产 BL5 型坐标镗床直齿扇形齿轮，如图 3-49 所示。精度等级为 7—6—

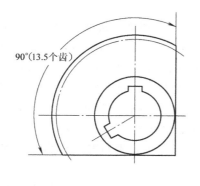
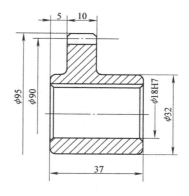

图 3-49　扇形齿轮

6FJ(GB/T 10095—2008)，材料 40Cr 钢，测得的有关尺寸：齿顶圆半径 $r_a' = 47.45$mm、齿高 $h' = 5.6$mm、公法线长度 $W_5' = 34.4$mm、$W_4' = 27$mm、跨测齿数 $k = 13$ 时的弦长 $L' = 40.1047$mm，目测齿形印象：模数制、压力角 $\alpha = 20°$，试测绘该扇形齿轮。

3-16 已知德国产 ZUB—200 型自动万能弯曲机的传动齿轮副，精度等级为 8—7—7FJ（GB/T 10095—2008），材料：小齿轮为 40Cr，大齿轮为 45 钢，测得的有关尺寸：$a' = 250$mm、$z_1 = 20$、$d_{a1}' = 54.92$mm、$d_{f1}' = 44.22$mm、$h_1' = 5.35$mm、$W_{1-3}' = 19.07$mm、$W_{1-4}' = 26.41$mm、$z_2 = 180$、$d_{a2}' = 454.90$mm、$d_{f2}' = 444.22$mm、$h_2' = 5.34$mm、$W_{2-20}' = 150.21$mm、$W_{2-21}' = 157.50$mm，本例未考虑补偿值，目测齿形印象：压力角 20°、标准齿形，试测绘该齿轮副。

3-17 已知捷克生产的 V40 型立式钻床摩擦片齿轮，精度等级为 8—7—7FJ（GB/T 10095—2008），材料为 40Cr，中心距未知，测得的有关尺寸：$z = 44$、$d_a' = 91.95$mm、$h' = 4.45$mm、$W_5' = 27.80$mm、$W_4' = 21.89$mm，目测齿形印象：压力角 $\alpha = 20°$、标准齿形，试测绘该齿轮。

3-18 已知英国生产的 U4 型万能铣床变速箱齿轮，精度等级为 8—7—7FJ（GB/T 10095—2008），材料为铝铁合金，测得的有关尺寸：$z = 30$、$d_a' = 101.52$mm、$h' = 6.77$mm、$W_3' = 24.59$mm、$W_2' = 14.97$mm、$\alpha = 14.5°$，目测齿形印象：比 20°压力角小，牙齿较瘦，象 15°或 14.5°的压力角，试测绘该齿轮。

3-19 已知国产 Z525B 型摇臂钻床油泵齿轮，精度等级为 8—7—7FJ（GB/T 10095—2008），材料为 45 钢，测得的有关尺寸：$z_1 = z_2 = 14$、$d_a' = 33.55$mm、$W_2' = 9.71$mm、$W_3' = 15.61$mm、$a' = 29.6$mm、$h' = 4.4$mm，目测齿形印象：齿厚较肥、可能是变位齿轮，试测绘该齿轮。

3-20 已知国产 Z525 型摇臂钻床送刀盘内齿轮副，精度等级为 8—7—7FJ（GB/T 10095—2008），材料为 45 钢，测得有关尺寸：外齿轮 $z_1 = 28$、$d_{a1}' = 59.98$mm、$h_1' = 4.47$mm、$W_{1-4}' = 21.38$mm、$W_{1-5}' = 27.28$mm，内齿轮 $z_2 = 58$、$d_{a2}' = 112.05$mm、$h_2' = 4.46$mm、$d_{f2}' = 102.94$mm、$a' = 30.04$mm，目测印象：标准齿形、模数制，试测绘该内齿轮副。

3-21 某印刷厂的一台国产 N8 型铅版印刷机（米厘机）的排滚传动齿条，因机修时摔断，需更换齿条，精度等级为 8—7—7FJ（GB/T 10095—2008），材料为灰铸铁，已知测得的有关尺寸：$h' = 8.96$mm、$p' = 12.54$mm（用周节仪检查）、$\alpha' = 20°$（用仿样法及量角仪测量），试测绘该齿条。

3-22 德国产 DKE1320 型立式车床变速齿轮副，精度等级为 8—7—7FJ（GB/T 10095—2008），材料为 45 钢，已知测得的有关尺寸：$z_1 = 16$、$d_{a1}' = 36.95$mm、$d_{f1}' = 28$mm、$W_{1-2}' = 9.6$mm、$W_{1-3}' = 15.49$mm、$z_2 = 80$、$d_{a2}' = 156.94$mm、$d_{f2}' = 148$mm、$a' = 64$mm，目测齿形印象：小齿轮比一般齿厚肥大、可能是变位齿轮、模数制，试测绘该内齿轮副。

3-23 日本产 RB—3NS 型镗铣床主轴箱变速齿轮，精度等级为 7—6—6FJ（GB/T 10095—2008），材料选用 18CrMnTi 钢，已知测得的有关尺寸：$z = 40$、$d_a' = 124.45$mm、$h' = 6.7$mm、$W_5' = 40.95$mm、$W_4' = 32.09$mm，目测齿形印象：模数制、压力角可能是 20°，试测绘该变位齿轮。

3-24 捷克 TOS 工厂生产的 SV18R 型精密车床主轴箱小齿轮，精度等级为 7—6—6FJ（GB/T 10095—2008），材料为 45 钢，已知测得的有关尺寸：$z = 16$、$d_a' = 56.59$mm、$h' =$

$6.7mm$、$W'_2 = 14.80mm$、$W'_3 = 23.70mm$，目测齿形印象：模数制、齿顶略尖，试测绘该变位齿轮。

3-25　国产 T612 型镗床进给箱齿轮，精度等级为 8—7—7FJ（GB/T 10095—2008），材料为 20Cr，已知测得的有关尺寸：$z_1 = 12$、$d'_{a1} = 52.12mm$、$d'_{f1} = 36.72mm$、$W'_{1-3} = 27.40mm$、$W'_{1-2} = 17.10mm$，$z_2 = 33$、$d'_{a2} = 121.71mm$、$d'_{f2} = 106.30mm$、$W'_{2-4} = 37.55mm$、$W'_{2-3} = 27.20mm$、$a' = 80mm$，目测齿形印象：小轮齿厚较肥，可能是正变位齿轮，试测绘该变位齿轮。

3-26　已知国产 N8 型铅版印刷机滚筒传动齿轮，精度等级为 8—7—7FJ（GB/T 10095—2008），材料为灰铸铁，测得的有关尺寸：$z = 126$、$d'_a = 773.58mm$、$h' = 13.28mm$、$W'_{1-5} = 269.36mm$、$W'_{1-4} = 251.60mm$，目测齿形印象：模数制、正变位齿轮，试测绘该变位齿轮。

3-27　已知国产 $\phi300mm \times 800mm$ 对辊机主传动齿轮副，如图 3-50 所示。精度等级为 8—7—7FJ（GB/T 10095—2008），材料为 45 钢，调质处理，测得的有关尺寸：$z_1 = 20$、$d'_{a1} = 313.60mm$、$d'_{f1} = 240.80mm$、$W'_{1-3} = 107.16mm$、$W'_{1-4} = 148.50mm$、$h'_1 = 36.40mm$，$z_2 = 23$、$d'_{a2} =$

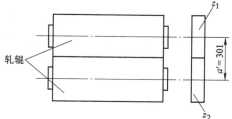

图 3-50　对辊机示意图

$355.60mm$、$d'_{f2} = 282.80mm$、$W'_{2-3} = 107.74mm$、$W'_{2-4} = 149.04mm$、$h'_2 = 36.35mm$，$a' = 301mm$，目测齿形印象：齿高比标准齿长，试测绘该长齿齿轮。

3-28　已知老式卧式车床变速箱齿轮副，精度等级 8—7—7FJ（GB/T 10095—2008），材料为 45 钢，测得的有关尺寸：$z_1 = 14$、$d'_{a1} = 29mm$、$h'_1 = 3.89mm$，$W'_{1-2} = 8.39mm$、$W'_{1-3} = 13.88mm$，$z_2 = 35$、$d'_{a2} = 67.08mm$、$h'_2 = 3.89mm$，$W'_{2-3} = 14.03mm$、$W'_{2-4} = 19.50mm$、$a' = 44.45mm$，目测齿形印象：齿形曲线较直，与 20°压力角比较，估计压力角为 14.5°，试测绘该齿轮，并将英制改为公制。

3-29　某厂卧式车床主轴箱斜齿轮副，精度等级为 8—7—7FJ（GB/T 10095—2008），材料为 40Cr，已知测得的有关尺寸：$z_1 = 32$、$d'_{a1} = 117.40mm$、$d'_{f1} = 102.87mm$、$W'_{1-5} = 44.83mm$、$W'_{1-4} = 35.20mm$、旋向 R、$\beta'_{a1} = 21°32'$，$z_2 = 64$、$d'_{a2} = 228.40mm$、$d'_{f2} = 213.87mm$、$W'_{2-9} = 84.96mm$、$W'_{2-8} = 75.36mm$、旋向 L、$\beta'_{a2} = 20°59'$，$a' = 166.50mm$，$b = 34mm$，试测绘该斜齿轮副。

3-30　已知联邦德国产对开双色胶印机滚筒斜齿轮，精度等级为 6—5—5FJ（GB/T 10095—2008），材料为高磷铸铁，测得的有关尺寸：$z_1 = 88$、$d'_{a1} = 306.43mm$、$d'_{f1} = 292.49mm$、$W'_{n1-9} = 85.75mm$、$W'_{n1-8} = 75.87mm$、$\beta'_{a1} = 17°56'$，$z_2 = 88$、$d'_{a2} = 306.44mm$、$d'_{f2} = 292.48mm$、$W'_{n2-9} = 85.75mm$、$W'_{n2-8} = 75.87mm$、$\beta'_{a2} = 17°56'$，$a' = 300mm$，$b = 50mm$，目测齿形印象：压力角小于 20°，齿面磨齿加工，试测绘该精密斜齿轮。

3-31　已知 T612 型镗床主轴箱斜齿轮，精度等级为 7—6—6FJ（GB/T 10095—2008）材料为 20Cr，测得的有关尺寸，$z_1 = 22$、$d'_{a1} = 126.45mm$、$d'_{f1} = 104.05mm$、$W'_{1-4} = 54.30mm$、$W'_{1-3} = 39.54mm$、旋向 L、$\beta'_{a1} = 15°39'$，$z_2 = 88$、$d'_{a2} = 457.25mm$、$d'_{f2} = 434.85mm$、$W'_{2-11} = 159.20mm$、$W'_{2-10} = 144.50mm$、旋向 R、$\beta'_{a2} = 15°46'$，$a' = 282mm$，$b = 20mm$，目测齿形印象：小齿轮齿厚略肥，大齿轮齿厚较瘦，试测绘该角度变位斜齿轮。

3-32 德国生产的 HZ 型龙门刨床（1600mm×6000mm）的斜齿轮齿条，精度等级为 9—8—8JL（GB/T 10095—2008），因事故将齿条其中的一节（共五根齿条，每根长度为 1408mm）齿条齿和齿轮齿打坏，需更换一根齿条及一个齿轮，材料为 45 钢，已知测得的有关尺寸，齿轮：$z_1 = 25$、$d'_{a1} =$ 217.86mm、$d'_{f1} = 181.90$mm、$W'_{1-4} = 87.67$mm、$W'_{1-3} =$ 63.49mm、$\beta'_{a1} = 8°37'$、旋向 R，齿条：$h'_2 = 17.9$mm，$p'_2 =$ 25.11mm、$\beta'_2 = 8°$、$\alpha' = 15°$、$H_1 = 140.90$mm、$H_2 = 48$mm，目测齿形印象：齿轮压力角小于 20°，试测绘该斜齿圆柱齿轮齿条传动，如图 3-51 所示。

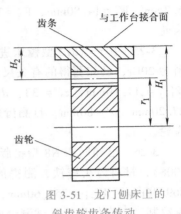

图 3-51 龙门刨床上的斜齿轮齿条传动

3-33 某工厂有一台德国产 DKE1320 型立式车床，工作台主传动内啮合斜齿轮副中的小斜齿轮牙齿打坏，精度等级为 6—5—5FJ（GB/T 10095—2008），需进行测绘。现将该厂测绘的前三个步骤如实写于下面：

实测有关尺寸：$z_1 = 18$、$d_a \approx 144$mm、$z_2 = 126$（外径 1m 多）、大内齿轮未坏、小斜齿轮打坏牙齿需测绘。

1）确定法向模数 m_n：实测大齿圈法向齿距 $P \approx 22$mm。

$$m_n = \frac{P}{\pi} = \frac{22}{3.1416}\text{mm} \approx 7.002\text{mm}$$

确定 $m_n = 7$mm。

2）测准法向压力角 α_n：由公式知，法向基圆齿距必须测准，才能定准 α_n。

$$m_n = \frac{P_{bn}}{\pi\cos\alpha_n}$$

用公法线千分尺测 $P_{bn} = W_3 - W_2$，为测准 P_{bn}，先以 3 个齿测量一周，测出 18 个 W_3，取平均值 $W_3 = 53.65$mm，再以 2 个齿测量一周，测出 18 个 W_2，取其平均值 $W_2 = 33.18$mm，则 $P_{bn} = W_3 - W_2 = 20.47$mm，由 $m_n = \dfrac{P_{bn}}{\pi\cos\alpha_n}$ 求出 $\alpha_n = 21°26'$，（估计原设计 $\alpha_n = 21°30'$，有 4′误差）。

3）测准分度圆螺旋角 β：这是难点和关键，用滚印法或齿向检查仪测量 β 误差太大（从略）。

最后，确定小齿轮要素为：$m_n = 7$mm、$z = 18$、$\alpha_n = 21°26'$、$\beta = 15°20'$。

4）加工方法：用 $\alpha = 20°$ 滚刀粗滚齿，留 0.6mm 磨量，淬火后，用 Y7131 型磨齿机磨齿。

试分析齿轮测绘中有否误测。

3-34 已知国产橡胶滚压机中一对直齿圆柱齿轮，精度等级为 8—7—7FJ（GB/T 10095—2008），材料为 45 钢，由于润滑不良，保养不善，齿面磨损严重，测得的有关尺寸：$z_1 = 21$、$z_2 = 70$、$d'_{a1} = 71.35$mm、$d'_{f1} = 57.85$mm、$d'_{a2} = 213.53$mm、$d'_{f2} = 200.05$mm、$h'_1 = 19$mm、$h'_2 = 6.74$mm、$a' = 136.50$mm 由于齿面磨损较大，公法线无法测量，试测绘该齿轮副。

3-35　已知国产 500G 注塑机液压马达结合子，因外花键扭断，需测绘更换外花键，精度等级为 9—8—8JL（GB/T 10095—2008）。测得的有关尺寸：$z_1 = z_2 = 16$、外齿 $d'_{a1} = 35.70\text{mm}$、$d'_{f1} = 29.30\text{mm}$，内齿 $d'_{a2} = 31.50\text{mm}$、$d'_{f2} = 36.30\text{mm}$，由于该外花键齿形很肥大，如图 3-52 所示，公法线无法测量（测 2 齿时，量齿根，测 4 齿时，量齿尖，测 3 齿时又不能与齿面相切），试测绘该外花键。

图 3-52　渐开线外花键齿形

第四章

机械失效零件的修复技术

第一节　零件修复工艺概述

机械设备在修复性维修中，一切措施都是为了以最短的时间、最少的费用来有效地消除故障，以提高设备的有效利用率，而采用修复工艺措施使失效的机械零件再生，能有效地达到此目的。

一、零件修复的优点

修复失效零件主要有以下一些优点：

1）减少备件储备，从而减少资金的占用，能起到节约的效果。

2）减少更换件制造，有利于缩短设备停修时间，提高设备利用率。

3）减少制造工时，节约原材料，大大降低修理费用。

4）利用新技术修复旧件还可提高零件的某些性能，延长零件使用寿命。尤其是对于大型零件、贵重零件和加工周期长、精度要求高的零件，意义就更为重要。随着新材料、新工艺、新技术的不断发展，零件的修复已不仅仅是恢复原样，很多工艺方法还可以提高零件的性能和延长使用寿命。如电镀、堆焊或涂敷耐磨材料、等离子喷涂和喷焊、粘接和一些表面强化处理等工艺方法，只将少量的高性能材料覆盖于零件表面，成本并不高，却大大提高了零件的耐磨性。因此，在机械设备修理中充分利用修复技术，选择合理的修复工艺，可以缩短修理时间，节省修理费用，显著提高企业的经济效益。

二、修复工艺的选择

用来修复机械零件的工艺很多，如图 4-1 所示为较普遍使用的修复零件尺寸的修理工艺。

选择机械零件修复工艺时应考虑的几个因素：

（1）修复工艺对零件材质的适应性　任何一种修复工艺都不能完全适应全部材料。表 4-1 可供选择时参考。

表 4-1　各种修复工艺对常用材料的适应性

序　号	修 理 工 艺	低碳钢	中碳钢	高碳钢	合金结构钢	不锈钢	灰铸铁	铜合金	铝
1	镀铬	+	+	+	+	+	+		
2	镀铁	+	+	+	+	+	+		
3	气焊	+	+		+		−		
4	手工电弧堆焊	+	+	−	+	+	−		
5	焊剂层下电弧堆焊	+	+						

（续）

序 号	修 理 工 艺	低碳钢	中碳钢	高碳钢	合金结构钢	不锈钢	灰铸铁	铜合金	铝
6	振动电弧堆焊	+	+	+	+	+	-		
7	钎焊	+	+	+	+	+	+	+	-
8	金属喷涂	+	+	+	+	+	+	+	+
9	塑料粘补	+	+	+	+	+	+	+	+
10	塑性变形	+	+	+				+	+
11	金属扣合						+		

注："+"为修理效果良好；"-"为修复效果不好。

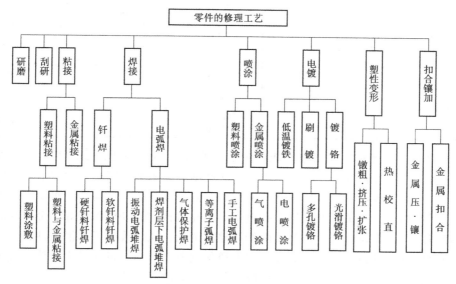

图 4-1 零件的修复工艺

（2）各种修复工艺能达到的修补层厚度 不同零件需要的修复层厚度不一样。因此，必须了解各种修复工艺所能达到的修补层厚度。图 4-2 所示为几种主要修复工艺能达到的修补层厚度。

（3）被修零件构造对工艺选择的影响 例如，轴上螺纹损坏时可车成直径小一级的螺纹，但要考虑拧入螺母是否受到邻近轴径尺寸较大的限制。又如，镶螺纹套法修理螺纹孔、扩孔镶套法修理孔径时，孔壁厚度与邻近螺纹孔的距离尺寸是主要限制因素。

（4）零件修理后的强度 修补层的

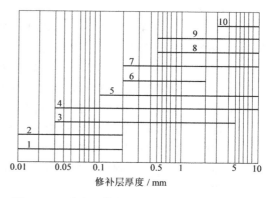

图 4-2 几种主要修复工艺能达到的修补层厚度
1—镀铬 2—滚花 3—钎焊 4—振动电弧堆焊
5—手工电弧堆焊 6—镀铁 7—粘补 8—焊剂层下
电弧堆焊 9—金属喷涂 10—镶加零件

强度，修补层与零件的结合强度，以及零件修理后的强度，是修理质量的重要指标。表 4-2

可供选择零件修复工艺时参考。

表 4-2　各种修补层的力学性能

序　号	修理工艺	修补层本身抗拉强度/MPa	修补层与45钢的结合强度/MPa	零件修理后疲劳强度降低的百分数（%）	硬　度
1	镀铬	400~600	300	25~30	600~1000HV
2	低温镀铁		450	25~30	45~65HRC
3	手工电弧堆焊	300~450	300~450	36~40	210~420HBW
4	熔剂层下电弧堆焊	350~500	350~500	36~40	170~200HBW
5	振动电弧堆焊	620	560	与45钢相近	25~60HRC
6	银焊（含银45%）	400	400		
7	铜焊	287	287		
8	锰青铜钎焊	350~450	350~450		217HBW
9	金属喷涂	80~110	40~95	45~50	200~240HBW
10	环氧树脂粘补		热粘 20~40 冷粘 10~20		80~120HBW

（5）修复工艺过程对零件物理性能的影响　修补层物理性能，如硬度、加工性、耐磨性及密实性等，在选择修复工艺时必须考虑。如硬度高，则加工困难；硬度低，一般磨损较快；硬度不均，加工表面不光滑。耐磨性不仅与表面硬度有关，还与金相组织、磨合情况及表面吸附润滑油的能力有关。如采用多孔镀铬、多孔镀铁、振动电弧堆焊、金属喷涂等修复工艺均能获得多孔隙的覆盖层。这些孔隙能存储润滑油，从而改善了润滑条件，使得机械零件即使在短时间缺油的情况下也不会发生表面研伤现象。对修补可能发生液体、气体渗漏的零件则要求修补的密实性，不允许出现砂眼、气孔、裂纹等缺陷。

如镀铬层硬度最高，也最耐磨，但磨合性较差。金属喷涂、振动电弧堆焊、镀铁等耐磨性与磨合性都很好。

修补层不同，疲劳强度也不同。如以45钢的疲劳强度为100%，各种修补层的疲劳强度：喷涂为86%，电弧焊为79%，镀铬为75%，镀铁为71%，振动电弧堆焊为62%。

（6）修复工艺对零件精度的影响　对精度有一定要求的零件，主要考虑修复中的受热变形。修复时大部分零件温度都比常温高。电镀、金属喷涂、电火花镀敷及振动电弧堆焊等，零件温度低于100℃，热变形很小，对金相组织几乎没有影响。软焊料钎焊温度为250~400℃，对零件的热影响也很小。硬焊料钎焊时，零件要预热或加热到较高温度，如达到800℃以上时就会使零件退火，热变形增大。

其次还应考虑修复后的刚度，如镶补、粘接、机械加工等会改变零件的刚度，从而影响修理后的精度。

（7）从经济性上加以考虑　如一些易加工的简单零件，有时修复不如更换经济。

由此可见，选择零件修复工艺时，不能只考虑一个方面，而要从几个方面综合考虑。一方面要考虑修理零件的技术要求，另一方面要考虑修复工艺的特点，还要结合本企业现有的修复条件和技术水平等，力求做到工艺合理、经济性好、生产可行，这样才能得到最佳的修复工艺方案。一些典型零件和典型表面的修复工艺选择方法见表4-3~表4-6。

表 4-3 轴的修复工艺选择

序号	零件磨损部分	修 理 方 法	
		达到公称尺寸	达到修配尺寸
1	滑动轴承的轴颈及外圆柱面	镀铬、镀铁、金属喷涂、堆焊并加工至公称尺寸	车削或磨削提高几何形状精度
2	装滚动轴承的轴颈及静配合面	镀铬、镀铁、堆焊、滚花、化学镀铜（0.05mm 以下）	
3	轴上键槽	堆焊修理键槽，转位重新铣削键槽	键槽加宽，不大于原宽度的 1/7，重新配键
4	花键	堆焊重新铣削或镀铁后磨削（最好用振动焊）	
5	轴上螺纹	堆焊，重新车削螺纹	车成小一级螺纹
6	外圆锥面		磨到较小尺寸
7	圆锥孔		磨到较大尺寸
8	轴上销孔		较大一些
9	扁头、方头及球面	堆焊	加工修整几何形状
10	一端损坏	切削损坏的一段，焊接一段，加工至公称尺寸	
11	弯曲	校正并进行低温稳化处理	

表 4-4 孔的修复工艺选择

序号	零件磨损部分	修 理 方 法	
		达到公称尺寸	达到修配尺寸
1	孔径	镶套、堆焊、电镀、粘补	镗孔
2	键槽	堆焊处理，转位另插键槽	加宽键槽
3	螺纹孔	镶螺纹套，可改变零件位置，转位重新钻孔	加大螺纹孔至大一级的螺纹
4	圆锥孔	镗孔后镶套	刮研或磨削修整形状
5	销孔	移位重新钻、铰销孔	铰孔
6	凹坑、球面窝及小槽	铣削掉重新镶	扩大修整形状
7	平面组成的导槽	镶垫板、堆焊、粘补	加大槽形

表 4-5 齿轮的修复工艺选择

序号	零件磨损部分	修 理 方 法	
		达到公称尺寸	达到修配尺寸
1	轮齿	利用内花键，镶新轮圈插齿；齿轮局部断裂，堆焊加工成形；内孔镀铁后磨	大齿轮加工成负变位齿轮（硬度低，可加工者）
2	齿角	对称形状的齿轮调头倒角使用；堆焊齿角后加工	锉磨齿角
3	孔径	镶套、镀铬、镀镍、镀铁、堆焊	磨孔配轴
4	键槽	堆焊加工或转位另开键槽	加宽键槽、另配键
5	离合器爪	堆焊后加工	

表 4-6　其他典型零件的修复工艺选择

序号	零件名称	磨损部分	修 理 方 法	
			达到公称尺寸	达到修配尺寸
1	导轨、滑板	滑动面研伤	粘补或镶板后加工	电弧冷焊补、钎焊、粘补、刮、磨削
2	丝杠	螺纹磨损，轴颈磨损	调头使用；切除损坏的非螺纹部分，焊接一段后重新车削；堆焊轴颈后加工	校直后车削螺纹进行稳化处理、另配螺母；轴颈部分车削或磨削
3	滑移拨叉	拨叉侧面磨损	铜焊、堆焊后加工	
4	楔铁	滑动面磨损		铜焊接长、粘接及钎焊巴氏合金、镀铁
5	活塞	外径磨损，镗缸后与气缸的间隙增大、活塞环槽磨宽	移位、车活塞环槽	喷涂金属，着力部分浇注巴氏合金，按分级修理尺寸车宽活塞环槽
6	阀座	阀汽结合面磨损		车削及研磨结合面
7	制动轮	轮面磨损	堆焊后加工	车削至较小尺寸
8	杠杆及连杆	孔磨损	镶套、堆焊、焊堵后重新加工孔	扩孔

第二节　零件的修复工艺

目前在机械修理行业已经广泛地采用了很多新工艺、新技术和新方法来修复零件，取得了明显的经济效益。因此，大力推广和应用先进的修理技术，是设备维修界的一项重要任务。

一、修理尺寸法与零件修复中的机械加工

对机械设备的动配合副中较复杂的零件修理时可不考虑原来的公称尺寸，而采用切削加工和其他加工方法恢复其磨损部位的形状精度、位置精度、表面粗糙度和其他技术条件，从而获得一个新尺寸(这个新尺寸，对轴来说比原来公称尺寸小，对孔来说则比原来公称尺寸大)，称为修理尺寸，而与此相配合的另一个较简单的零件则按相应尺寸制作新件或修复，保证原有的配合性质不变，这种方法便称为修理尺寸法。修理尺寸法实质上是修复中解尺寸链的方法。

轴颈、传动螺纹、键槽和滑动导轨等结构都可以采用修理尺寸法修复。但必须注意，修理后零件的强度和刚度仍应符合要求，必要时要进行验算，否则不宜使用该法修理。对于表面热处理的零件，修后仍应具有足够的硬度，以保证零件修理后的使用寿命。

修理尺寸法的应用极为普遍，为了得到一定的互换性，便于组织备件的生产和供应，大多数修理尺寸已标准化，各种主要修理零件都规定有它的各级修理尺寸。如内燃机的气缸套的修理尺寸，通常规定了几个标准尺寸，以适应尺寸分级的活塞备件。

零件修复中，机械加工是最基本、最重要的方法。多数失效零件需要经过机械加工来消除缺陷，最终达到配合精度和表面粗糙度等要求。它不仅可以作为一种独立的工艺手段获得修理尺寸，直接修复零件，而且还是其他修理方法修前工艺准备和最后加工必不可少的手段。

修复旧件的机械加工与新制件加工相比较有不同的特点，它的加工对象是成品旧件，除工作表面磨损外，往往会有变形；一般加工余量小；原来的加工基准多数已经破坏，给装夹定位带来困难；加工表面性能已定，一般不能用工序来调整，只能以加工方法来适应它；多为单件生产，加工表面多样，组织生产比较困难等。了解这些特点，有利于确保修理质量。要使修理后的零件符合制造图样规定的技术要求，修理时不能只考虑加工表面本身的形状精度要求，而且还要保证加工表面与其他未修表面之间的相互位置精度要求，并使加工余量尽可能小。必要时，需要设计专用的夹具。因此要根据具体情况，合理选择零件的修理基准和采用适当的加工方法来加以解决。

加工后零件表面粗糙度对零件的使用性能和寿命均有影响，如对零件工作精度及保持性、疲劳强度、零件之间配合性质、耐蚀性等的影响。对承受冲击和交变载荷、重载、高速的零件更要注意表面质量，同时还要注意轴类零件的圆角半径，以免形成应力集中。另外，对高速运转的零件修复时还要保证其应有的静平衡和动平衡要求。

使用机械加工的修理方法，简便易行，修理质量稳定可靠，经济性好，在旧件修复中应用十分广泛。缺点是零件的强度和刚度被削弱，需要更换或修复相配件，使零件互换性复杂化。因此应加强修理尺寸的标准化工作。

二、机械修复法

利用机械连接，如螺纹连接、键连接、销连接、铆接、过盈连接和机械变形等各种机械方法，使磨损、断裂、缺损的零件得以修复的方法称为机械修复法。例如，镶补、局部修换、金属扣合等，这些方法可利用现有设备和技术，适应多种损坏形式，不受高温影响，受材质和修补层厚度的限制少，工艺易行，质量易于保证，有的还可以为以后的修理创造条件。因此，机械修复法应用很广。其缺点是受到零件结构和强度、刚度的限制，工艺较复杂，被修件硬度高时难以加工，精度要求高时难以保证。

1. 镶加零件修复法

配合零件磨损后，在结构和强度允许的条件下，增加一个零件来补偿由于磨损及修复而去掉的部分，以恢复原有零件精度，这样的方法称为镶加零件修复法。常用的有扩孔镶套、加垫等方法。如图 4-3 所示，在零件裂纹附近局部镶加补强板，一般采用钢板加强，螺纹连接。脆性材料裂纹应钻止裂孔，通常在裂纹末端钻直径为 $\phi 3 \sim \phi 6 \text{mm}$ 的孔。

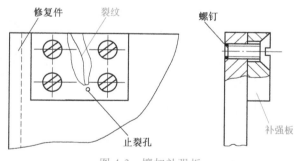

图 4-3　镶加补强板

图 4-4 所示为镶套修复法。对损坏的孔，可镗大镶套，镗孔尺寸应保证套有足够刚度，套的外径应保证与孔有适当过盈量，套的内径可事先按照轴径配合要求加工好，也可留有加工余量，镶入后再镗削加工至要求的尺寸。对损坏的螺纹孔可将旧螺纹扩大，再车螺纹，然后加工一个内外均有螺纹的螺纹套拧入螺孔中，螺纹套内螺纹即可恢复原尺寸。对损坏的轴颈也可用镶套法修复。

镶加零件修复法在维修中应用很广，镶加件磨损后可以更换。有些机械设备的某些结构，在设计和制造时就应用了这一方法。对一些形状复杂或贵重零件，在容易磨损的部位，预先镶装上零件，以便磨损后只需更换镶加件，即可达到修复的目的。

在车床上，丝杠、光杠、操纵杆与支架配合的孔磨损后，可将支架上的孔镗大，然后压入轴套。轴套磨损后可再进行更换。

汽车发动机的整体式气缸，磨损到极限尺寸后，一般都采用镶加零件法修理。箱体零件的轴承座孔，磨损超过极限尺寸时，也可以将孔镗大，用镶加一个铸铁或低碳钢套的方法进行修理。

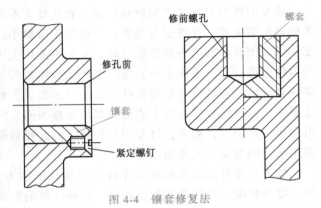

图 4-4 镶套修复法

图 4-5 所示为机床导轨的凹坑，可采用镶铸铁塞的方法进行修理。先在凹坑处钻孔、铰孔，然后制作铸铁塞，该塞子应能与铰出的孔过盈配合。将塞子压入孔后，再进行导轨精加工。如果塞子与孔配合良好，加工后的结合面将非常光整平滑。严重磨损的机床导轨，可采用镶加淬火钢镶条的方法进行修复，如图 4-6 所示。

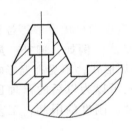

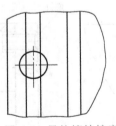

图 4-5 导轨镶铸铁塞

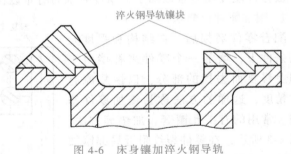

图 4-6 床身镶加淬火钢导轨

应用镶加零件修复法时应注意：镶加零件的材料选择和热处理方式，一般应与基体材料相同，必要时选用比基体材料性能更好的材料。为了防止松动，镶加零件与基体零件配合要有适当的过盈量，必要时可在端部采用加粘接剂、止动销、紧定螺钉、骑缝螺钉或采用点焊固定等方法定位。

2. 局部修换法

有些零件在使用过程中，往往各部位的磨损量不均匀，有时只有某个部位磨损严重，而其余部位尚好或磨损轻微。在这种情况下，如果零件结构允许，可将磨损严重的部位切除，将这部分重制新件，用机械连接、焊接或粘接的方法固定在原来的零件上，使零件得以修复，这种方法称为局部修换法。图 4-7a 所示为将双联齿轮中磨损严重的小齿轮轮齿切去，重制一个小齿圈，用键连接，并用骑缝螺钉固定的局部修换。图 4-7b 所示为在保留的轮毂上，铆接重制的齿圈的局部修换。图 4-7c 所示为局部修换牙嵌式离合器并以粘接法固定的局部修换。局部修换法应用很广泛。

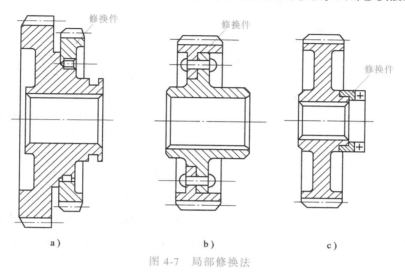

图 4-7　局部修换法

3. 塑性变形修复法

塑性材料零件磨损后，可采用塑性变形法修复，如滚花、镦粗法、挤压法、扩张法、热校直法等。有些零件局部磨损可采用调头转向的方法，如长丝杠局部磨损后可调头使用；单向传力齿轮翻转 180°，利用未磨损面继续使用。但必须结构对称或稍进行加工即可实现对称的零件才能进行调头转向。

4. 金属扣合法

金属扣合法是利用高强度合金材料制成的特殊连接件以机械方式将损坏的机件重新牢固地连接成一体，达到修复目的的工艺方法。它主要适用于大型铸件裂纹或折断部位的修复。按照扣合的性质及特点，可分为强固扣合、强密扣合、优级扣合和热扣合四种工艺。

（1）强固扣合法　该法适用于修复壁厚为 8~40mm 的一般强度要求的薄壁机件。其工艺过程是，先在垂直于机件的裂纹或折断面的方向上，加工出具有一定形状和尺寸的波形槽，然后把形状与波形槽相吻合的高强度合金波形键镶入槽中，并在常温下铆击，使波形键产生塑性变形而充满槽腔，这样波形键的凸缘与波形槽的凹部相互扣合，使损坏的两面重新牢固地连接成一体，如图 4-8 所示。

1）波形键的设计和制作。如图 4-9 所示，通常将波形键的主要尺寸凸缘直径 d、宽度 b、间距 l 和厚度 t 规定成标准尺寸，根据机件受力大小和铸件壁厚决定波形键的凸缘个数、每个断裂部位安装波形键数和波形槽间距等。一般取 b 为 3~6mm，其他尺寸可按经验公式 $d = (1.4~1.6)b$；$l = (2~2.2)b$；$t \leqslant b$ 计算。

通常选用的波形键凸缘个数为 5、7、9 个。一般波形键材料常采用 12Cr18Ni9 或 07Cr19Ni11Ti 奥氏体镍铬钢。对于高温工作的波形键，可采用热膨胀系数与机件材料相同或相近的 Ni36 或 Ni42 等高镍合金钢制造。

波形键成批制作的工艺过程是：下料→挤压或锻压两侧波形→机械加工上下平面和修整凸缘圆弧→热处理。

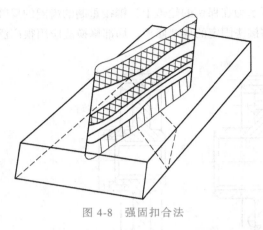

图 4-8 强固扣合法

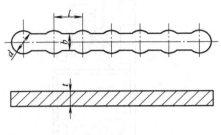

图 4-9 波形键

2）波形槽的设计和制作。波形槽尺寸除槽深 T 大于波形键厚度 t 外，其余尺寸与波形键尺寸相同，而且它们之间配合的最大间隙可达 $0.1 \sim 0.2\text{mm}$。槽深 T 可根据机件壁厚 H 而定，一般取 $T = (0.7 \sim 0.8)H$。为改善工件受力状况，波形槽通常布置成一前一后或一长一短的方式，如图 4-10 所示。

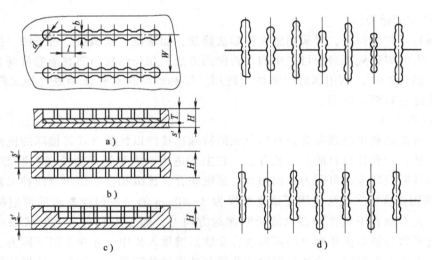

图 4-10 波形槽的尺寸与布置方式

小型机件的波形槽加工可利用铣床、钻床等加工成形。大型机件由于拆卸和搬运不便，因而采用手电钻和钻模横跨裂纹钻出与波形键的凸缘等距的孔，用锪钻将孔底锪平，然后用宽度等于 b 的錾子修正波形槽宽度上的两平面，即成波形槽。

3）波形键的扣合与铆击。波形槽加工好后，清理干净，将波形键镶入槽中，然后由波形键的两端向中间轮换对称铆击，使波形键在槽中充满，最后铆裂纹上的凸缘。一般以每层波形键铆低 0.5mm 左右为宜。

（2）强密扣合法 在应用了强固扣合法以保证一定强度条件之外，对于有密封要求的机件，如承受高压的气缸、高压容器等防渗漏的零件，应采用强密扣合法，如图 4-11 所示。它是在强固扣合法的基础上，在两波形键之间、裂纹或折断面的结合线上，加工缀缝栓孔，并使第二次钻的缀缝栓孔稍微切入已装好的波形键和缀缝栓，形成一条密封的"金属纽带"，以达到阻止流体受压渗漏的目的。缀缝栓可用直径为 $\phi 5 \sim \phi 8mm$ 的低碳钢或纯铜等软质材料制造，这样便于铆紧。缀缝栓与机件的连接与波形键相同。

（3）优级扣合法　主要用于修复在工作过程中要求承受高载荷的厚壁机件，如水压机横梁、轧钢机主梁、辊筒等。为了使载荷分布到更多的面积和远离裂纹或折断处，须在垂直于裂纹或折断面的方向上镶入钢制的砖形加强件，用缀缝栓连接，有时还用波形键加强，如图 4-12 所示。

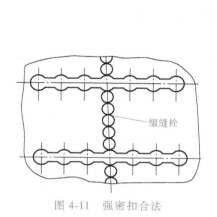

图 4-11　强密扣合法

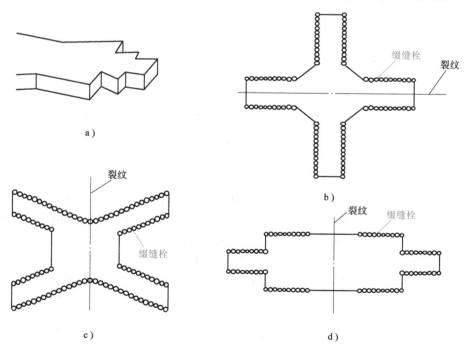

图 4-12　优级扣合法

加强件除砖形外还可制成其他形式，如图 4-13 所示。图 4-13a 所示的楔形加强件用于修

图 4-13　加强件

a）楔形加强件　b）十字形加强件　c）X 形加强件　d）矩形加强件

复铸钢件；图 4-13b 所示的十字形加强件
用于多方面受力的零件；图 4-13c 所示的
X 形加强件可将开裂处拉紧；图 4-13d 所
示的矩形加强件用于受冲击载荷处，靠近
裂纹处不加级缝栓，以保持一定的弹性。
图 4-14 所示为修复弯角附近的裂纹所用加
强件的形式。

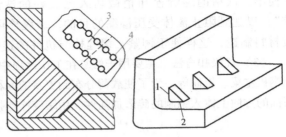

图 4-14　弯角裂纹的加强
1、2—凹槽底面　3—加强件　4—级缝栓

（4）热扣合法　它是利用加热的扣合
件在冷却过程中产生收缩而将开裂的机件
锁紧。该法适用于修复大型飞轮、齿轮和
重型设备机身的裂纹及折断面。如图 4-15 所示，圆环状扣合件适用于修复轮廓部分的损坏，
工字形扣合件适用于机件壁部的
裂纹或断裂。

综上所述，可以看出金属扣
合法的优点是：使修复的机件具
有足够的强度和良好的密封性；
所需设备、工具简单，可现场施
工；修理过程中机件不会产生热
变形和热应力等。其缺点主要是
薄壁铸件（<8mm）不宜采用；波
形键与波形槽的制作加工较麻
烦等。

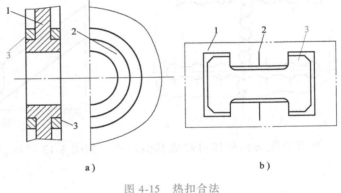

a)　　　　　　　　　　b)

图 4-15　热扣合法
a）圆环状热扣合件　b）工字形热扣合件
1—机件　2—裂纹　3—扣合件

三、电镀修复法

电镀是利用电解的方法，使
金属或合金沉积在零件表面上形成金属镀层的工艺方法。电镀修复法不仅可以用于修复失效
零件的尺寸，而且可以提高零件表面的耐磨性、硬度和耐蚀性，以及其他性能等。因此，电
镀是修复机械零件的最有效方法之一，在机械设备维修领域中应用非常广泛。目前常用的电
镀修复法有镀铬、镀铁、刷镀等。

1. 镀铬

（1）镀铬层的性能及应用范围　镀铬层的优点是：硬度高（800~1000HV，高于渗碳钢、
渗氮钢），摩擦因数小（为钢和铸铁的 50%），耐磨性高（高于无镀铬层 2~50 倍），热导率比
钢和铸铁约高 40%；具有较高的化学稳定性，能长时间保持光泽，耐蚀性强；镀铬层与基
体金属有很高的结合强度。镀铬层的主要缺点是脆性高，它只能承受均匀分布的载荷，受冲
击易破裂。而且随着镀层厚度增加，镀层强度、疲劳强度也随之降低。镀铬层可分为平滑镀
铬层和多孔性镀铬层两类。平滑镀铬层具有很高的密实性和较高的反射能力，但其表面不易
储存润滑油，一般用于修复无相对运动的配合零件尺寸，如锻模、冲压模、测量工具等。而
多孔性镀铬层的表面形成无数网状沟纹和点状孔隙，能储存足够的润滑油以改善摩擦条件，
可修复具有相对运动的各种零件尺寸，如比压大、温度高、滑动速度大和润滑不充分的零
件、金属切削机床的主轴、镗杆等。

镀铬层应用广泛。可用来修复零件尺寸和强化零件表面，如补偿零件磨损失去的尺寸。但是，补偿尺寸不宜过大，通常镀铬层厚度控制在0.3mm以内为宜。

镀铬层还可用来装饰和防护表面。许多钢制品表面镀铬，既可装饰又可防腐蚀。此时镀铬层的厚度通常很小（几微米）。但是，在镀防腐装饰性铬层之前应先镀铜或镍做底层。此外，镀铬层还有其他用途。例如，在塑料和橡胶制品的压模上镀铬，改善模具的脱模性能等。

但是必须注意，由于镀铬电解液是强酸，其蒸气毒性大，污染环境，劳动条件差，因此需采取有效措施加以防范。

（2）镀铬工艺　镀铬的一般工艺过程如下：

1）镀前表面处理：①为了得到正确的几何形状和消除表面缺陷并达到表面粗糙度要求，工件要进行机械准备加工和消除锈蚀，以获得均匀的镀层。如对机床主轴，镀前一般要加以磨削。②不需镀覆的表面要做绝缘处理。通常先刷绝缘性清漆，再包扎乙烯塑胶带，工件的孔眼则用铅堵牢。③可用有机溶剂、碱溶液等将工件表面的油脂清洗干净，然后进行弱酸蚀，以清除工件表面上的氧化膜，使表面显露出金属的结晶组织，增强镀层与基体金属的结合性。

2）施镀：工件装上挂具吊入镀槽进行电镀，根据镀铬层种类和要求选定电镀规范，按时间控制镀层厚度。设备修理中常用的电解液成分是 CrO_3 150~250g/L；H_2SO_4 0.75~2.5g/L，工作温度（温差±1℃）为55~60℃。

3）镀后检查和处理：镀后检查镀层质量，观察镀覆表面是否镀满及镀层色泽，测量镀层的厚度和均匀性。如果镀层厚度不合要求，可重新补镀。如果镀层有起泡、剥落、色泽不符合要求等缺陷时，可用10%盐酸化学溶解或用阳极腐蚀退除原铬层，重新镀铬。对镀铬厚度超过0.1mm的较重要零件应进行热处理，以提高镀层的韧性和结合强度。一般热处理温度采用180~250℃，时间是2~3h，在热的矿物油或空气中进行。最后根据零件技术要求进行磨削加工，必要时进行抛光。镀层薄时，可直接镀到尺寸要求。

2. 镀铁

在50℃以下至室温的电解液中镀铁的工艺，称为低温镀铁。低温镀铁是目前应用十分广泛的镀铁方式。它具有可控制镀层硬度（30~65HRC），提高耐磨性，沉积速度快（0.60~1mm/h），镀铁层厚度可达2mm，成本低，污染小等优点，因而是一种很有发展前途的修复工艺。

镀铁层可用于修复在有润滑的一般机械磨损条件下工作的动配合副的磨损表面、静配合副磨损表面，还可用于补救零件加工尺寸的超差。当磨损量较大，又需耐蚀时，可用镀铁层做底层或中间层补偿磨损的尺寸，然后再镀耐蚀性好的镀层。但是，镀铁层不宜用于修复在高温或腐蚀环境、承受较大冲击载荷、干摩擦或磨料磨损条件下工作的零件。

3. 局部电镀

在设备大修理过程中，经常遇到大的壳体轴承松动现象。如果用扩大镗孔后镶套法，费时费工；用轴承外环镀铬的方法，则给以后更换轴承带来麻烦。若在现场利用零件建立一个临时电镀槽进行局部电镀，即可直接修复孔的尺寸，如图4-16所示。对于长大的轴类零件，也可采用局部电镀法直接修复轴上的局部轴颈尺寸。

4. 刷镀

刷镀是在镀槽电镀基础上发展起来的技术，在 20 世纪 80 年代初获得了迅速发展。过去刷镀有过很多名称，如涂镀、快速（笔涂）电镀、无槽电镀等，现按国家标准称为刷镀。刷镀是依靠一个与阳极接触的垫或刷提供电镀需要的电解液的电镀方法。电镀时，通过垫或刷在被镀的工件（阴极）上移动而得到需要的镀层。

（1）刷镀的工作原理及特点　图 4-17 所示为刷镀的工作原理示意图。刷镀时工件与专用直流电源的负极连接，刷镀笔与电源正极连接。刷镀笔上的阳极包裹着棉花和棉纱布，蘸上刷镀专用的电解液，与工件待镀表面接触并做相对运动。接通电源后，电解液中的金属离子在电场作用下向工件表面迁移，从

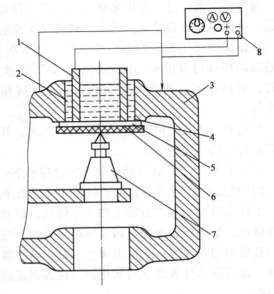

图 4-16　局部电镀槽的构成

1—纯镍阳极空心圈　2—电解液　3—被镀箱体　4—聚氯乙烯薄膜　5—泡沫塑料　6—层压板　7—千斤顶　8—电源设备

工件表面获得电子还原成金属原子，结晶沉积在工件表面上形成金属镀层。随着刷镀时间增加，镀层逐渐增厚，直至达到所需要的厚度。镀液可不断地蘸用，也可用注射管、液压泵不断地滴入。

刷镀技术的特点如下：

1）设备简单，工艺灵活，操作简便。工件尺寸形状不受限制，尤其是可以在现场不解体即可进行修复，凡刷镀笔可触及到的表面，如不通孔、深孔、键槽均可修复，给设备维修或机械加工超差件的修旧利废带来极大的方便。

2）结合强度高，比槽镀高，比喷涂更高。

3）沉积速度快，一般为槽

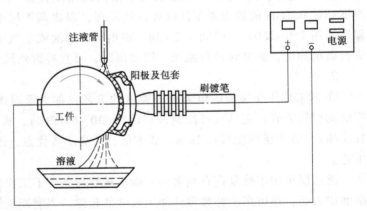

图 4-17　刷镀工作原理示意图

镀沉积速度的 5～50 倍，辅助时间少，生产效率高。

4）工件加热温度低，通常低于 70℃，不会引起变形和金相组织变化。

5）镀层厚度可精确控制，镀后一般不需机械加工，可直接使用。

6）操作安全，对环境污染小，不含有毒物质，储运无防火要求。

7）适应材料广，常用金属材料基本上都可用刷镀修复。焊接层、喷涂层、镀铬层等的返修也可应用刷镀技术。淬火层、渗氮层不必进行软化处理，不用破坏原工件表面便可进行

刷镀。

（2）刷镀的应用范围　刷镀技术近年来推广很快，在机修领域其应用范围主要有以下几个方面：

1）恢复磨损或超差零件的名义尺寸和几何形状。尤其适用于精密结构或一般结构的精密部分及大型零件，贵重零件不慎超差，引进设备的特殊零件等的修复。常用于滚动轴承、滑动轴承及其配合面、键槽及花键、各种密封配合表面、主轴、曲轴、液压缸、各种机体、模具等。

2）修复零件的局部损伤。如划伤、凹坑、腐蚀等，修补槽镀缺陷。

3）改善零件表面的性能。如提高耐磨性、作新件防护层、氧化处理、改善钎焊性、防渗碳、防渗氮，作其他工艺的过渡层（如喷涂、高合金钢槽镀等）。

4）修复电器元件。如印制电路板、触点、接头、开关及微电子元件等。

5）用于去除零件表面部分金属层。如刻字、去毛刺、动平衡去重等。

6）用于解决通常槽镀难以完成的项目，如不通孔、超大件、难拆难运件等。

7）对文物和装饰品进行维修或装饰。

（3）刷镀溶液　刷镀溶液根据用途分为表面准备溶液、沉积金属溶液、去除金属溶液和特殊用途溶液。常用表面准备溶液的性能和用途见表4-7，常用刷镀溶液的性能和用途见表4-8。

表 4-7　常用表面准备溶液的性能和用途

名　　称	代　号	主　要　性　能	适　用　范　围
电净液	SGY—1	无色透明，pH = 12～13，碱性，有较强的去油污能力和轻度的去锈能力，腐蚀性小，可长期存放	用于各种金属表面的电化学除油
1号活化液	SHY—1	无色透明，pH = 0.8～1，酸性，有去除金属氧化膜作用，对基体金属腐蚀小，作用温和	用于不锈钢、高碳钢、铬镍合金、铸铁等材料表面的活化处理
2号活化液	SHY—2	无色透明，pH = 0.6～0.8，酸性，有良好导电性，去除金属氧化物和铁锈能力较强	用于中碳钢、中碳合金钢、高碳合金钢、铝及铝合金、灰铸铁、不锈钢等材料表面的活化处理
3号活化液	SHY—3	浅绿色透明，pH = 4.5～5.5，酸性，导电性较差。对用其他活化液活化后残留的石墨或碳墨具有强的去除能力	用于去除经1号或2号活化液活化的碳钢、铸铁等表面残留的石墨（或碳墨）或不锈钢表面的污物

表 4-8　常用刷镀溶液的性能和用途

名　　称	代　号	主　要　性　能	适　用　范　围
特殊镍	SDY101	深绿色，pH = 0.9～1，镀层致密，耐磨性好，与大多数金属都具有良好的结合力	用于铸铁、合金钢、镍、铬及铜、铝等的过渡层和耐磨表面层
快速镍	SDY102	蓝绿色，pH = 7.5，沉积速度快，镀层有一定的孔隙和良好的耐磨性	用于恢复尺寸和作耐磨层
低应力镍	SDY103	深绿色，pH = 3～3.5，镀层致密孔隙少，可承受较大压应力	用于组合镀层的"夹心层"和防护层
镍钨合金	SDY104	深绿色，pH = 1.8～2，镀层较致密，耐磨性很好，有一定的耐热性	用于耐磨工作层，但不能沉积过厚，一般限制在 0.03～0.07mm

（续）

名　称	代　号	主　要　性　能	适　用　范　围
快速铜	SDY401	深蓝色，pH = 1.2～1.4，沉积速度快，但不能直接在钢铁零件上刷镀，镀前需用镍打底层	用于镀厚及恢复尺寸
碱性铜	SDY403	紫色，pH = 9～10，镀层致密，在铝、钢、铁等金属上具有良好的结合强度	用于过渡层和改善表面性能，如改善钎焊性、防渗碳、防渗氮等

（4）刷镀设备　刷镀的主要设备是专用直流电源和刷镀笔，此外还有一些辅助器具和材料。目前已研制成功的 SD 型刷镀电源应用广泛，它具有使用可靠、操作方便、精度高等特点。电源的主电路供给无级调节的直流电压和电流，控制电路中具有快速过电流保护装置、安培小时计及各种开关仪表等。

刷镀笔由导电手柄和阳极组成，常见结构如图 4-18 所示。刷镀笔上阳极的材料最好选用高纯细结构的石墨。为适应各种表面的刷镀，石墨阳极可做成圆柱、半圆、月牙、平板和方条等各种形状。

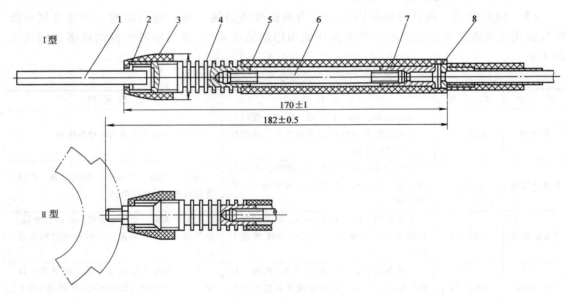

图 4-18　SDB-1 型刷镀笔

1—阳极　2—O 形密封圈　3—锁紧螺母　4—柄体　5—尼龙手柄　6—导电螺柱　7—尾座　8—电缆插头

不论采用何种结构形状的阳极，都必须用适当材料包裹，形成包套以储存镀液，并防止阳极与镀件直接接触短路。同时，又对阳极表面腐蚀下来的石墨微粒和其他杂质起过滤作用。常用的阳极包裹材料主要是医用脱脂棉、涤棉套管等。包裹要紧密均匀、可靠，使用时不松脱。

（5）刷镀工艺　刷镀工艺过程如下：

1）镀前准备：清整工件表面至光洁平整，如脱油除锈、去掉飞边毛刺等。预制键槽和油孔的塞堵。如需机械加工时，应在满足修整加工目的的前提下，去掉的金属越少越好（以节省镀液），磨得越光越好（以提高镀层的结合力），其表面粗糙度值一般不高于 $Ra1.6\mu m$。

2）电净：在清理平整的基础上，还必须用电净液进一步通电处理工件表面。通电使电净液成分离解，形成气泡，撕破工件表面油膜，达到脱油的目的。电净时镀件一般接于电源负极，但对疲劳强度要求严格的工件，则应接于电源正极，以减少氢脆。

电净时的工作电压和时间应根据工件的材质和表面形状而定。电净的标准是，冲水时水膜均匀摊开。

3）活化：电净之后紧接着是活化处理。其实质是除去工件表面的氧化膜，使工件表面露出纯净的金属层，为提高镀层与基体之间的结合力创造条件。

活化时，工件必须接于电源正极，用刷镀笔沾活化液反复在刷镀表面刷抹。低碳钢处理后，表面应呈均匀银灰色，无花斑。中碳钢和高碳钢的活化过程是，先用 2 号活化液（SHY-2）活化至表面呈灰黑色，再用 3 号活化液（SHY-3）活化至表面呈均匀银灰色。活化后，用清水将工件表面彻底冲洗干净。

4）刷过渡层：活化处理后，紧接着就刷镀过渡层。过渡层的作用主要是提高镀层与基体的结合强度及稳定性。常用的过渡层镀液有特殊镍（SDY101）和碱性铜（SDY403）。碱性铜适用于改善钎焊性或需防渗碳、防渗氮和需要良好电气性能的工件，碱性铜过渡层的厚度为 $0.01 \sim 0.05 \text{mm}$。其余一般采用特殊镍作过渡层，为了节约成本，通常只需刷镀 $2 \mu \text{m}$ 厚。

5）刷工作层：根据情况选择工作层并刷镀到所需厚度。刷镀时单一镀层厚度不能过大，否则镀层内残余应力过大可能使镀层产生裂纹或剥离。根据实践经验，单一刷镀层的最大允许厚度见表 4-9，供刷镀时参考。

表 4-9 单一刷镀层的最大允许厚度　　　　　　　　　　　　（单位：mm）

刷镀液种类	平　　面	外　圆　面	内　孔　面
特殊镍	0.03	0.06	0.03
快速镍	0.03	0.06	0.05
低应力镍	0.30	0.50	0.25
镍钨合金		0.50	0.25
快速铜	0.30	0.50	0.25
碱性铜	0.03	0.05	0.03

当需要刷镀大厚度的镀层时，可采用分层刷镀的方法。这种镀层是由两种乃至多种性能的镀层按照一定的要求组合而成的，因而称为组合镀层。采用组合镀层具有提高生产率，节约贵重金属，提高经济性等效果。但是，组合镀层的最外一层必须是所选用的工作镀层。

6）镀后检查和处理：刷镀后清洗干净工件上的残留镀液并干燥，检查镀层色泽及有无起皮、脱层等缺陷，测量镀层厚度，需要时送机械加工。若工件加工完毕或可直接使用，应涂防锈液。

（6）刷镀的应用举例　例如，一工作状态为圆周运动的齿轮，材料为合金钢，热处理后的硬度为 240～285HBW，齿轮中间是一轴承安装孔，孔直径尺寸为 $\phi 160^{+0.04}_{0} \text{mm}$，长 55mm。该零件在使用中经检查发现：孔直径尺寸均匀磨损至 $\phi 160.08 \text{mm}$，并有少量划伤。此时，可采用刷镀工艺修复。其修复工艺过程如下：

1）镀前准备：用细砂布打磨损伤表面，去除毛刺和氧化物后，用有机溶剂彻底清洗待镀表面及镀液流淌的部位，然后用清水冲净。

2）电净：将工件夹持在车床卡盘上进行电净处理。工件接负极，选用 SDB-1 型刷镀笔，电压为 10V，时间为 10～30s，镀液流淌部位也应电净处理。电净后用水清洗，刷镀表面应达到完全湿润，不得有挂水现象。

3）活化：用 2 号活化液（SHY-2），工件接正极，电压为 10V，时间为 10~30s，刷镀笔型号为 SDB-1。活化处理后用清水冲洗零件。

4）镀层设计：由于孔是安装轴承用的，磨损量较小，对耐磨性要求不高，可采用特殊镍打底，快速镍增补尺寸并作为工作层。为使零件镀后免去加工工序，可采用刷镀方法将孔直径镀到其制造公差的中间值，即 $\phi160.02$mm，此时单边镀层厚度为 0.03mm。

5）刷过渡层：用特殊镍镀液，工件接负极，电压为 10V，镀层厚度为 1~2μm。

6）刷工作层：刷镀过渡层后迅速刷镀快速镍，直至所要求的尺寸。

7）镀后检查和处理：用清水冲洗干净，揩干后，测量检查镀后孔径尺寸、孔表面是否光滑，合格后涂防锈液。

四、热喷涂修复法

用高温热源将喷涂材料加热至熔化或呈塑性状态，同时用高速气流使其雾化，喷射到经过预处理的工件表面上形成一层覆盖层的过程称为喷涂。继续加热喷涂层，使之达到熔融状态而与基体形成冶金结合，获得牢固的工作层称为喷焊或喷熔。这两种工艺总称为热喷涂。

热喷涂技术不仅可以恢复零件的尺寸，而且可以改善和提高零件表面的某些性能，如耐磨性、耐蚀性、抗氧化性、导电性、绝缘性、密封性、隔热性等。热喷涂技术在机械设备修理中占有重要地位，应用十分广泛。

1. 热喷涂的分类及特点

热喷涂技术按所用热源不同，可分为氧乙炔火焰喷涂与喷焊、电弧喷涂、等离子喷涂与喷焊、爆炸喷涂等多种方法。喷涂材料有丝状和粉末状两种。热喷涂技术的特点如下：

1）适用材料广，喷涂材料广。喷涂的材料可以是金属、合金，也可以是非金属。同样，基体的材料可以是金属、合金，也可以是非金属。

2）涂层的厚度不受严格限制，可以从 0.05mm 到几毫米。而且涂层组织多孔，易存油，润滑性和耐磨性都较好。

3）喷涂时工件表面温度低（一般为 70~80℃），不会引起零件变形和金相组织改变。

4）设备不太复杂，工艺简便，可在现场作业。对失效零件修复的成本低、周期短、生产效率高。

热喷涂技术的缺点是喷涂层结合强度有限，喷涂前工件表面需经毛糙处理，会降低零件的强度和刚度；而且多孔组织也易发生腐蚀；不宜用于窄小零件表面和受冲击载荷的零件修复。

2. 热喷涂在机械设备维修中的应用

热喷涂技术在机械设备维修中应用广泛。对于大型复杂的零件如机床主轴、曲轴、凸轮轴轴颈、电动机转子轴，以及机床导轨和溜板等，采用热喷涂修复其磨损的尺寸，既不产生变形又延长使用寿命；大型铸件的缺陷，采用热喷涂进行修复，加工后其强度和耐磨性可接近原有性能；在轴承上喷涂合金层，可代替铸造的轴承合金层；在导轨上用氧乙炔火焰喷涂一层工程塑料，可提高导轨的耐磨性和减摩性；还可以根据需要喷制防护层等。

3. 氧乙炔火焰喷涂和喷焊

在设备维修中最常用的就是氧乙炔火焰（简称氧炔焰）喷涂和喷焊。氧炔焰喷涂时使用氧气与乙炔比例约为 1：1 的中性焰，温度约 3100℃。其设备与一般的气焊设备大体相似，主要包括喷枪、氧气和乙炔供给装置以及辅助装置等。

喷枪是热喷涂的主要工具，目前国产喷枪分为中小型和大型两种规格。中小型喷枪主要用于中小型和精密零件的喷涂和喷焊，适应性强。大型喷枪主要用于对大型零件的喷焊，生产效率高。中小型喷枪的结构基本上是在气焊枪结构上加一套送粉装置，大型喷枪是在枪内设置了专门的送粉通道。喷枪的主要型号有 QSH-4、SPH-E 等。

供氧一般采用瓶装氧气，乙炔最好也选用瓶装乙炔。如使用乙炔发生器，以产气量为 $3m^3/h$ 的中压型为宜。辅助装置包括喷涂机床、保温炉、烘箱、喷砂机、电火花拉毛机等。

喷涂材料绝大多数采用粉末，此外还可使用丝材。喷涂粉末分为结合层粉末和工作层粉末两类。结合层粉末目前多为镍铝复合粉，有镍包铝、铝包镍两种。工作层粉末主要有镍基、铁基、铜基三大类。国产喷涂粉末的性能及用途见表4-10。近年来还研制了一次性喷涂粉末，具有结合层粉末和工作层粉末的特性，使喷涂工艺简化。喷涂粉末的选用应根据工件的使用条件和失效形式、粉末特性等来考虑。对于薄涂层工件可只喷结合层粉末，对于厚涂层工件则应先喷结合层粉末，再喷工作层粉末。

表 4-10 国产喷涂粉末的性能及用途

类别	牌号	化学成分（%）								硬度（HBW）	应用范围
		w_{Cr}	w_{Si}	w_B	w_{Al}	w_{Sn}	w_{Ni}	w_{Fe}	w_{Cu}		
镍基	粉111	15	—	—	—	—	其余	7.0	—	150	加工性好，用于轴承座、轴类、活塞套类表面
	粉112	15	1.0	—	4.0	—	其余	7.0	—	200	耐蚀性好，用于轴承表面、泵、轴
	粉113	10	2.5	1.5	—	—	其余	5.0	—	250	耐磨性好，用于机床主轴、凸轮表面等
铁基	粉313	15	1.0	1.5	—	—	—	其余		250	涂层致密，用于轴类保护涂层、柱塞、机壳表面
	粉314	18	1.0	1.5	—	—	9	其余		250	耐磨性较好，用于轴类
铜基	粉411	—	—	—	10	—	5	—	其余	150	易加工，用于轴承、机床导轨等
	粉412	—	—	—	10	—	—	—	其余	120	易加工，用于轴承、机床导轨等
结合层粉末	粉511	—	—	—	20	—	其余	—		137	具有自粘接作用，用于打底层
	粉512	—	2.0	—	8	—	其余	—			具有自粘接作用，用于打底层

喷涂工艺如下：

（1）**喷前准备** 包括工件清洗、预加工和预热几道工序。清洗的主要对象是工件待喷区域及其附近表面的油污、锈和氧化皮层。有些材料要用火焰烘烤法脱油，否则不能保证结合质量。

预加工的目的是去除工件表面的疲劳层、渗碳硬化层、镀层和表面损伤，预留涂层厚度，使待喷表面粗化以提高喷涂层与基体的结合强度。预加工的方法有车削、磨削、喷砂和电火花拉毛等。采用车削的粗化处理，通常是加工出螺距 0.3~0.7mm、深 0.3~0.5mm 的螺纹。

预热的目的是除去表面吸附的水分，减少冷却时的收缩应力和提高结合强度。可直接用喷枪以微碳化焰进行预热，预热温度以不超过 200℃ 为宜。

（2）**喷粉** 对预处理后的工件应立即喷涂结合层，其厚度为 0.1~0.15mm，喷涂距离为 180~200mm。结合层喷好后应立即喷涂工作层。喷涂层的质量主要取决于送粉量和喷涂距离。送粉量应适中，过大会使涂层内生粉增多而降低涂层质量，过小又会降低生产率。喷涂距离以 150~200mm 为宜，距离太近会使粉末加热时间不足并使工件温升过高，距离太远又会使合金粉到达工件表面时的速度和温度下降。工件表面的线速度为 20~30m/min。喷涂过程中应注意粉末的喷射方向要与喷涂表面垂直。

（3）喷涂后处理　喷涂后应注意缓冷。由于喷涂层组织疏松多孔，有些情况下为了防腐可涂上防腐液，一般用涂装、环氧树脂等涂料刷于涂层表面即可。要求耐磨的喷涂层，加工后应放入 200℃ 的机油中浸泡半小时。当喷涂层的尺寸精度和表面粗糙度不能满足要求时，可采用车削或磨削的方法对其进行精加工。

氧炔焰喷焊工艺与喷涂大体相似，包括喷前准备、喷粉和重熔、喷后处理等。喷焊时喷粉和重熔紧密衔接，按操作顺序分为一步法和二步法两种。一步法就是喷粉和重熔一步完成的操作方法，二步法就是喷粉和重熔分两步进行（即先喷后熔）。一步法适用于小零件，或零件虽大，但需喷焊的面积小的场合。二步法适用于回转件（如轴类）和大面积的喷焊，易实现机械化作业，生产效率高。

电弧喷涂的最高温度范围为 5538~6649℃，等离子喷涂最高温度为 11093℃，可见对快速加热和提高粒子速度来说，等离子喷涂最佳，电弧喷涂次之，氧炔焰喷涂最差。但由于电弧喷涂和等离子喷涂都需要专用的成套设备，成本高，因此它们的应用远不如氧炔焰喷涂广泛。

五、焊接修复法

利用焊接技术修复失效零件的方法称为焊接修复法。用于修补零件缺陷时称为补焊。用于恢复零件几何形状及尺寸，或使其表面获得具有特殊性能的熔敷金属时称为堆焊。焊接修复法在设备维修中占有很重要的地位，应用非常广泛。它的特点是：结合强度高；可以修复大部分金属零件因各种原因（如磨损、缺损、断裂、裂纹、凹坑等）引起的损坏；可局部修换，也能切割分解零件，用于校正形状，对零件进行预热和热处理；修复质量好、生产效率高、成本低，灵活性大，多数工艺简便易行，不受零件尺寸、形状和场地以及修补层厚度的限制，便于野外抢修。但焊接方法也有不足之处，主要是容易产生焊接变形和应力，以及裂纹、气孔、夹渣等缺陷。对于重要零件焊接后应进行退火处理，以消除内应力。不宜修复较高精度、细长、薄壳类零件。

1. 钢制零件的焊修

机械零件所用的钢材料种类繁多，其焊接性差异很大。一般而言，钢中含碳量越高、合金元素种类和数量越多，焊接性就越差。一般低碳钢、中碳钢、低合金钢均有良好的焊接性，这些钢制零件的焊修主要考虑焊修时的受热变形问题。但一些中碳钢、合金结构钢、合金工具钢制件均经过热处理，硬度较高、精度要求也高，焊修时残余应力大，易产生裂纹、气孔和变形，为保证精度要求，必须采取相应的技术措施。如选择合适的焊条，焊前彻底清除油污、锈蚀及其他杂质，焊前预热，焊接时尽量采用小电流、短弧，熄弧后马上用锤头敲击焊缝以减少焊缝内应力，用对称、交叉、短段、分层方法焊接以及焊后热处理等措施均可提高焊接质量。

2. 铸铁零件的焊修

铸铁在机械设备中的应用非常广泛。灰铸铁主要用于制造各种支座、壳体等基础件，球墨铸铁已在部分零件中取代铸钢而获得应用。铸铁件的焊修分为热焊法和冷焊法。热焊是焊前将工件高温预热，焊后再加热、保温、缓冷。热焊的焊接方式采用气焊或电焊效果均好，焊后易加工，焊缝强度高、耐水压、密封性能好，尤其适用于铸铁件毛坯缺陷的修复。但由于热焊法成本高、能耗大、工艺复杂、劳动条件差，因而应用受到限制。铸铁冷焊是在常温或局部低温预热状态下进行的，具有成本较低、生产率高、焊后变形小、劳动条件好等优点，因此得到广泛的应用。其缺点是易产生白口和裂纹，对工人的操作技术要求高。

铸铁焊接性差，焊修时主要存在以下几个问题：

1）铸铁含碳量高，焊接时易产生白口，既脆又硬，焊后加工困难，而且容易产生裂纹；铸铁中磷、硫含量较高，也给焊接带来一定困难。

2）焊接时，焊缝易产生气孔或咬边。

3）铸铁件原有气孔、砂眼、缩松等缺陷也易造成焊接缺陷。

4）焊接时，若工艺措施和保护方法不当，易造成铸铁件其他部位变形过大或产生电弧划伤而使工件报废。

因此，采用焊修法最主要的还是提高焊缝和熔合区的可切削性，提高焊补处的防裂性能、防渗透性能和提高接头的强度。

铸铁冷焊多采用手工电弧焊，其工艺过程简要介绍如下：

先将焊接部位彻底清整干净，对于未完全断开的工件要找出全部裂纹及端点位置，钻出止裂孔，如果看不清裂纹，可以将可能有裂纹的部位用煤油浸湿，再用氧炔焰将表面油质烧掉，用白粉笔在工件表面涂上白粉，裂纹内部的油慢慢渗出时，白粉上即可显示出裂纹的痕迹。此外，也可采用王水腐蚀法、手砂轮打磨法等确定裂纹的位置。

再将焊接部位开出坡口，为使断口合拢复原，可先点焊连接，再开坡口。由于铸件组织较疏松，可能吸有油污，因此焊前要用氧炔焰火烤脱油，并在低温（50~60℃）均匀预热后进行焊接。焊接时要根据工件的作用及要求选用合适的焊条，常用的国产铸铁电弧焊焊条见表4-11，使用较广泛的还是镍基铸铁焊条。

表 4-11　国产铸铁电弧焊焊条

焊条名称	统一牌号	焊芯材料	药皮类型	焊缝金属	主 要 用 途
氧化型钢芯铸铁焊条	Z100	碳钢	氧化型	碳钢	一般非铸铁件的非加工面焊补
高钒铸铁焊条	Z116	碳钢或高钒钢	低氢型	高钒钢	高强度铸铁件焊补
	Z117				
钢芯石墨化型铸铁焊条	Z208	碳钢	石墨型	灰铸铁	一般灰铸铁件焊补
钢芯球墨铸铁焊条	Z238	碳钢	石墨型（加球化剂）	球墨铸铁	球墨铸铁件焊补
纯镍铸铁焊条	Z308	纯镍	石墨型	镍	重要灰铸铁薄壁件和加工面焊补
镍铁铸铁焊条	Z408	镍铁合金	石墨型	镍铁合金	重要高强度灰铸铁件及球墨铸铁件焊补
镍铜铸铁焊条	Z508	镍铁合金	石墨型	镍铜合金	强度要求不高的灰铸铁件加工面焊补
铜铁铸铁焊条	Z607	纯铜	低氢型	铜铁混合物	一般灰铸铁非加工面焊补
铜包钢芯铸铁焊条	Z612	铁皮包铜芯或铜包铁芯	钛钙型	铜铁混合物	一般灰铸铁非加工面焊补

焊接场所应无风、暖和。采用小电流、快速焊，先点焊定位，用对称分散的顺序、分段、短段、分层交叉、断续、逆向等操作方法，每焊一小段熄弧后马上锤击焊缝周围，使焊件应力松弛，并且焊缝温度下降到 60℃ 左右不烫手时，再焊下一道焊缝，最后焊止裂孔。经打磨铲修后，修补缺陷，便可使用或机械加工。

为了提高焊修可靠性，可拧入螺柱以加强焊缝，如图 4-19 所示。用纯铜或石墨模芯可焊后不加工，堆焊的齿形按样板加工。大型厚壁铸件可加热扣合键，扣合键热压后焊死在工件上，再补焊裂纹，如图 4-20 所示。还可焊接加强板，加强板先用锥销或螺柱销固定，再焊牢固，如图 4-21 所示。

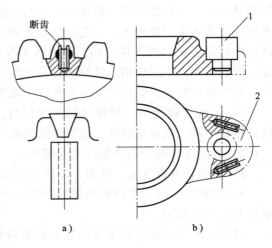

图 4-19 焊修实例

a）齿轮轮齿的焊接修复 b）螺柱孔缺口的焊补
1—纯铜或石墨模芯 2—缺口

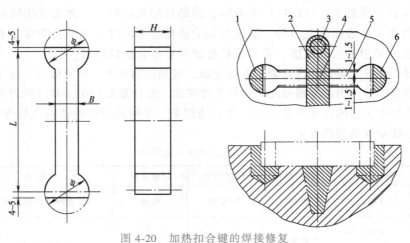

图 4-20 加热扣合键的焊接修复
1、2、6—焊缝 3—止裂孔 4—裂纹 5—扣合件

3. 有色金属零件的焊修

机修中常用的有色金属材料有铜及铜合金、铝合金等，与黑色金属相比焊接性差。由于它们的导热性好、线膨胀系数大、熔点低，高温时脆性较大、强度低、很容易氧化，因此焊接比较复杂、困难，要求具有较高的操作技术，并采取必要的技术措施来保证焊修质量。

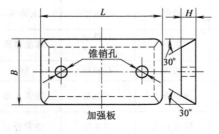

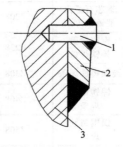

图 4-21 加强板的焊接
1—锥销 2—加强板 3—工件

4. 钎焊修复法

采用比母材熔点低的金属材料作钎料，将钎料放在焊件连接处，一同加热到高于钎料熔点、低于母材熔点的温度，利用液态钎料润湿母材，填充接头间隙并与母材相互扩散实现连接焊件的焊接方法称为钎焊。用熔点高于450℃的钎料进行钎焊称为硬钎焊，如铜焊、银焊等。用熔点低于450℃的钎料进行钎焊称为软钎焊，如锡焊等。硬钎料还有铝、锰、镍、钼等及其合金，软钎料还有铅、铋、镉、锌等及其合金。

钎焊较少受母材焊接性的限制、加热温度较低、热源较容易解决而不需特殊焊接设备，容易操作。但钎焊较其他焊接方法焊缝强度低，适于强度要求不高的零件的裂纹和断裂的修复，尤其适用于低速运动零件的研伤、划伤等局部缺陷的补修。

如锡铋合金钎焊导轨研伤，其工艺过程如下：

1）锡铋合金焊条的制作：在铁制容器内投入质量比为 $w_{Sn} = 55\%$（熔点为232℃）和 $w_{Bi} = 45\%$（熔点为271℃），加热至完全熔融，然后迅速注入角钢槽内，冷却凝固后便成锡铋合金焊条。

2）焊剂的配制：在浓盐酸中加入10%的锌配成。

3）表面清理、镀铜：先用煤油或汽油等将焊补部位擦洗干净，用氧炔焰烧除油污。用稀盐酸加去污粉，再用细钢丝刷反复刷擦，直至露出金属光泽，用脱脂棉沾丙酮擦洗干净。迅速用脱脂棉沾上1号镀铜液涂在焊补部位，同时用干净的细钢丝刷刷擦，再涂、再刷，直到染上一层均匀的淡红色；用同样的方法涂擦2号镀铜液，反复几次，直到染成暗红色为止。晾干后，用细钢丝刷擦净，无脱落现象即可。

1号镀铜液是在浓盐酸30%中加入锌4%，完全溶解后再加入硫酸铜（$CuSO_4$）4%和蒸馏水62%搅拌均匀，配制而成的。

2号镀铜液是以硫酸铜75%加蒸馏水25%配制而成的。

4）施焊：将焊剂涂在焊补部位及烙铁上，用已加热的300~500W电烙铁或纯铜烙铁切下少量焊条涂于施焊部位，用侧刃轻轻压住，趁焊条在熔化状态时，迅速地在镀铜面上往复移动涂擦，并注意赶出细缝及小凹坑中的气体。焊层宜厚些，当研伤完全被焊条填满并凝固之后，用刮刀以45°交叉形式仔细修刮。若有气孔、焊接不牢等缺陷，补焊后再修刮至要求。

5. 堆焊

采用堆焊法修复机械零件时，不仅可以恢复其尺寸，而且可以通过堆焊材料改善零件的表面性能，使其更为耐用，从而取得显著的经济效果。常用的堆焊方法有手工堆焊和机械堆焊两类。

（1）手工堆焊　手工电弧堆焊的设备简单、灵活、成本低，因此应用最广泛。它的缺点是生产率低、稀释率较高，不易获得均匀而薄的堆焊层，劳动条件较差。

堆焊时必须选用合适的焊条以保证焊缝强度。堆焊前应将零件清洗干净，用石棉绳等将堆焊部位附近的表面包扎好以防飞溅的金属烧伤。必要时还要在零件上的适当位置放置一块引弧和落弧用的纯铜板。

为减小零件的变形，在保证能焊透的条件下，应尽量采用小电流，用分段、对称等操作方法施焊。焊后应进行回火处理。

（2）机械堆焊　机械设备维修中应用较为广泛的机械堆焊方法是振动电弧堆焊。它具有焊层薄而均匀，工件受热不易变形，熔深浅，热影响区窄，堆焊层耐磨性好，生产效率高，劳动条件好等特点，因此很适合直径较小、要求变形小的回转体零件（如轴类、轮类），尤其适用于已经热处理、要求焊后不降低硬度的零件堆焊。

此外，为了提高堆焊层质量，防止裂纹，提高零件的疲劳强度，还采用加入二氧化碳气、水蒸气、惰性气体、焊剂层等保护介质的机械堆焊方法，在各种直轴、曲轴、外花键和内圆面上都得到应用。

六、粘接修复法

应用粘结剂对失效零件进行修补或连接，恢复零件使用功能的方法称为粘接修复法。近年来粘接技术发展很快，在机械设备修理中已得到越来越广泛的应用。

1. 粘接工艺的特点

粘接工艺具有如下优点：

1）不受材质限制，各种相同材料或异种材料均可粘接。

2）粘接的工艺温度不高，不会引起母材金相组织的变化和热变形，不会产生裂纹等缺陷。因而可以粘补铸铁件、铝合金件和薄件、细小件等。

3）粘接时不破坏原件强度，不易产生局部应力集中。与铆接、螺纹连接、焊接相比，减轻结构重量 20%~25%，表面美观平整。

4）工艺简便，成本低，工期短，便于现场修复。

5）胶缝有密封、耐磨、耐蚀和绝缘等性能，有的还具有隔热、防潮、防振减振性能。两种金属间的胶层还可防止电化学腐蚀。

其缺点是：不耐高温（一般只有 150℃，最高 300℃，无机胶除外）；抗冲击、抗剥离、抗老化的性能差；粘接强度不高（与焊接、铆接比）；粘接质量的检查较为困难。所以，要充分了解粘接工艺特点，合理选择粘结剂和粘接方法，扬长避短，使其在修理工作中充分发挥作用。

2. 粘接方法

1）热熔粘接法：该法利用电热、热气或摩擦热将粘合面加热熔融，然后叠合并加上足够的压力，直到冷却凝固为止。该方法主要用于热塑性塑料之间的粘接，大多数热塑性塑料表面加热到 150~230℃ 即可进行粘接。

2）溶剂粘接法：非结晶性无定形的热塑性塑料，接头加单纯溶剂或含塑料的溶液，使表面溶融从而达到粘接目的。

3）粘结剂粘接法：利用粘结剂将两种材料或两个零件用粘结剂粘合在一起，达到所需的连接强度。该法应用最广，可以粘接各种材料，如金属与金属、金属与非金属、非金属与非金属等。

粘结剂品种繁多，分类方法很多。按粘料的物性属类分为有机粘结剂和无机粘结剂；按原料来源分为天然粘结剂和合成粘结剂；按粘结结头的强度特性分为结构粘结剂和非结构粘结剂；按粘结剂状态分为液态粘结剂和固体粘结剂；粘结剂的形态有粉状、棒状、薄膜、糊状及液体等；按热性能分为热塑性粘结剂与热固性粘结剂等。

天然粘结剂组成简单，合成粘结剂大都由多种成分配合而成。它通常以具有黏性和弹性的天然材料或高分子材料为基料，加入固化剂、增塑剂、增韧剂、稀释剂、填充剂、偶联剂、溶剂、防老化剂等添加剂。这些添加剂成分是否需要加入，应视粘结剂的性质和使用要求而定。合成粘结剂又可分为热塑性（如丙烯酸酯、纤维素聚酚氧、聚酰亚胺）、热固性（如酚醛、环氧、聚酯、聚氨酯）、橡胶（如氯丁、丁腈）以及混合型（如酚醛—丁腈、环氧—聚硫、酚醛—尼龙）。其中，环氧树脂粘结剂对各种金属材料和非金属材料都有较强的粘接能力，并具有良好的耐水性、耐有机溶剂性、耐酸碱与耐蚀性，收缩性小，电绝缘性能好，所以应用最为广泛。表 4-12 中列出了机械设备修理中常用的几种粘结剂。

表 4-12 机械设备修理中常用的粘结剂

类别	牌 号	主要成分	主要性能	用 途
通用胶	HY—914	环氧树脂，703 固化剂	双组分，室温快速固化，中强度	60℃以下金属和非金属材料粘补
	农机 2 号	环氧树脂，二乙烯三胺	双组分，室温固化，中强度	120℃以下各种材料
	KH—520	环氧树脂，703 固化剂	双组分，室温固化，中强度	60℃以下各种材料
	JW—1	环氧树脂，聚酰胺	三组分，60℃2h 固化，中强度	60℃以下各种材料
	502	a—氰基丙烯酸乙酯	单组分，室温快速固化，低强度	70℃以下受力不大的各种材料
结构胶	J—19C	环氧树脂，双氰胺	单组分，高温加压固化，高强度	120℃以下受力大的部位
	J—04	钡酚醛树脂，丁腈橡胶	单组分，高温加压固化，高强度	250℃以下受力大的部位
	204（JF—1）	酚醛—缩醛有机硅酸	单组分，高温加压固化，高强度	200℃以下受力大的部位
密封胶	Y—150 厌氧胶	甲基丙烯酸	单组分，隔绝空气后固化，低强度	100℃以下螺纹堵头和平面配合处紧固密封堵漏
	7302 液体密封胶	聚酯树脂	半干性，密封耐压 3.92MPa	200℃以下各种机械平面、法兰、螺纹连接部位的密封
	W—1 密封耐压胶	聚醚环氧树脂	不干性，密封耐压 0.98MPa	

3. 粘接工艺

1）粘结剂的选用：选用粘结剂时主要考虑被粘接件的材料、受力情况及使用的环境，并综合考虑被粘接件的形状、结构和工艺上的可能性，同时应成本低、效果好。

2）接头设计：在设计接头时，应尽可能使粘接接头承受或大部分承受剪切力；尽可能避免剥离和不均匀扯离力的作用；尽可能增大粘接面积，提高接头承载能力；尽可能简单实用，经济可靠。对于受冲击或承受较大作用力的零件，可采取适当的加固措施，如铆接、螺纹连接等形式。

3）表面处理：其目的是获得清洁、粗糙、活性的表面，以保证粘接接头牢固。表面处理是整个粘接工艺中最重要的工序，关系到粘接的成败。

表面清洗可先用干布、棉纱等除尘并清去厚油脂，再以丙酮、汽油、三氯乙烯等有机溶剂擦拭，或用碱液处理脱油。用锉削、打磨、粗车、喷砂、电火花拉毛等方法除锈及氧化层，并可粗化表面，其中喷砂的效果最好。金属件的表面粗糙度以 $Ra12.5\mu m$ 为宜。经机械处理后，再将表面清洗干净，干燥后待用。

必要时还可通过化学处理使表面层获得均匀、致密的氧化膜，以保证粘接表面与粘结剂形成牢固地结合。化学处理一般采用酸洗、阳极处理等方法。钢、铁与天然橡胶粘接时，若在钢、铁表面进行镀铜处理，可大大提高粘接强度。

4）配胶：不需配制的成品胶使用时要摇匀或搅匀，多组分的胶配制时要按规定的配比和调制程序现用现配，在使用期内用完。配制时要搅拌均匀，并注意避免混入空气，以免胶层内出现气泡。

5）涂胶：应根据粘结剂的不同形态，选用不同的涂布方法。如对于液态胶可采用刷涂、刮涂、喷涂和滚筒布胶等方法。涂胶时应注意保证胶层无气泡、均匀而不缺胶。涂胶量和涂胶次数因胶的种类不同而异，胶层厚度宜薄。对于大多数粘结剂，胶层厚度控制在0.05~0.2mm 为宜。

6）晾置：含有溶剂的粘结剂，涂胶后应晾置一定时间，以使胶层中的溶剂充分挥发，否则固化后胶层内将产生气泡，降低粘接强度。晾置时间的长短，温度的高低都因胶而异，按规定掌握。

7）固化：晾置好的两个被粘接件可用来进行合拢、装配和加热、加压固化。除常温固化胶外，其他胶几乎均需加热固化。即使是室温固化的粘结剂，提高温度也对粘接效果有益。固化时应缓慢升温和降温。升温至粘结剂的流动温度时，应在此温度保温 20~30min，使胶液在粘接面充分扩散、浸润，然后再升至所需温度。固化温度、压力和时间，应按粘结剂的类型而定。加温时可使用恒温箱、红外线灯、电炉等，近年来还开发了电感应加热等新技术。

8）质量检验：粘接件的质量检验有破坏性检验和无损检验两种。破坏性检验是测定粘接件的破坏强度。在实际生产中常用无损检验，一般通过观察外观和敲击听声音的方法进行检验，其准确性在很大程度要取决于检验人员的经验。近年来，一些先进技术如声阻法、激光全息摄影、X 射线检验等也用于粘接件的无损检验，取得了很大的成绩。

9）粘接后的加工：有的粘接件粘接后还要通过机械加工或钳工加工至技术要求。加工前应进行必要的倒角、打磨，加工时应控制切削力和切削温度。

4. 粘接技术在设备修理中的应用

由于粘接工艺的优点使其在设备修理中的应用日益广泛，应用时可根据零件的失效形式及粘接工艺的特点具体确定粘接修复的方法。

1）机床导轨磨损的修复。机床导轨严重磨损后，在修理时通常需要经过刨削、磨削或刮研等修理工艺，但这样做会破坏机床原有的尺寸链。现在可以采用合成有机粘结剂，将工程塑料薄板如聚四氟乙烯板、1010 尼龙板等粘接在铸铁导轨上，这样可以提高导轨的耐磨性，同时可以改善导轨的防爬行性和抗咬焊性。若机床导轨面出现拉伤、研伤等局部损伤，可采用粘结剂直接填补修复，如采用 502 瞬干胶加还原铁粉（或氧化铝粉、二硫化钼等）粘补导轨的研伤处。

2）零件动、静配合磨损部位的修复。零部件如轴颈磨损、轴承座孔磨损、机床楔铁配合面的磨损等均可用粘接工艺修复，比镀铬、喷涂等工艺简便。

3）零件的裂纹和破损部位的修复。如零件的裂纹、孔洞、断裂或缺损等均可用粘接工艺修复。

4）填补铸件的砂眼和气孔。在操作时要认真清理干净待填补部位，在涂胶时可用电吹风均匀在胶层上加热，以去掉粘结剂中混入的气体和使粘结剂顺利流入填补的缝隙里。

5）用于连接表面的密封堵漏、紧固防松。如防止液压泵泵体与泵盖结合面的渗油现象，可将结合面处清理干净后涂一层液态密封胶，晾置后在中间再加一层纸垫，将泵体和泵盖结合，拧紧螺柱即可。

6）用于简单零件粘接组合成复杂零件，以代替铸造、焊接等，从而缩短加工周期。

7）以环氧树脂胶代替锡焊、点焊，省锡节电。

图4-22所示为一些粘接实例，作为参考。

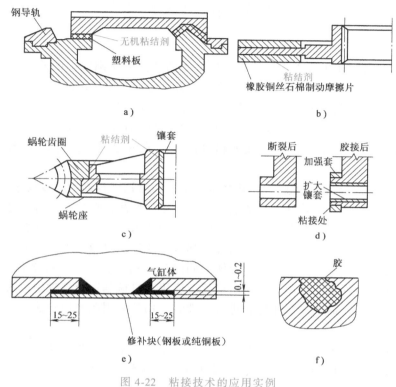

图 4-22　粘接技术的应用实例

a）粘接钢导轨和塑料导轨板　　b）粘接摩擦片　　c）粘接镶套和蜗轮齿圈
d）粘接拨叉支承孔　　e）修补气缸破裂孔　　f）填补铸造缺陷

七、其他修复技术

机械设备修理中常用的重要修复技术有机械加工、电镀、焊接、热喷涂、粘接等，此外还有其他修复技术，如表面强化技术和在线带压堵漏技术等，也有应用并取得良好的经济效果。

为了提高零件的表面性能，如提高零件表面的硬度、强度、耐磨性、耐蚀性等，延长零件的使用寿命，可采用表面强化技术。在机械设备维修中常用的表面强化技术有表面热处理强化工艺、电火花强化工艺和机械强化工艺。如机床导轨表面经过高频感应淬火后，其耐磨性比铸造时提高两倍多，并显著改善了抗擦伤能力。

在线带压堵漏技术是20世纪70年代发展起来的密封新技术。它是在生产装置工作的情况下，对机械设备系统的各种泄漏部位进行有效的堵漏，保证生产装置安全运转。实践表明，该技术对于生产中突发性泄漏，如管道、法兰垫片破损泄漏、焊缝砂眼泄漏、接头螺柱结合面泄漏及管道腐蚀穿孔泄漏等十分有效；对于流淌和喷射的高中压蒸气、油、水、稀酸、碱及大多数有机溶剂都能够进行处理。

第三节 刮 研 技 术

刮研是利用刮刀、拖研工具、检测器具和显示剂，以手工操作的方式，边刮削加工，边研点测量，使工件达到规定的尺寸精度、几何精度和表面粗糙度等要求的一种精加工工艺。

一、刮研技术的特点

刮研技术具有以下一些优点：

1）可以按照实际使用要求将导轨或工件平面的几何形状刮成中凹或中凸等各种特殊形状，以解决机械加工不易解决的问题，消除由一般机械加工所遗留的误差。

2）刮研是手工作业，不受工件形状、尺寸和位置的限制。

3）刮研中切削力小，产生热量小，不易引起工件受力变形和热变形。

4）刮研表面接触点分布均匀，接触精度高，如采用宽刮法还可以形成油楔，润滑性好，耐磨性高。

5）手工刮研掉的金属层可以小到几微米以下，能够达到很高的精度要求。

刮研法的明显缺点是工效低，劳动强度大。但尽管如此，在机械设备修理中，刮研法仍占有重要地位。如导轨和相对滑动面之间、轴和滑动轴承之间、导轨和导轨之间、部件与部件的固定配合面、两相配零件的密封表面等，都可以通过刮研而获得良好的接触率，增加运动副的承载能力和耐磨性，提高导轨和导轨之间的位置精度；增加连接部件间的连接刚性；使密封表面的密封性提高。因此，刮研法广泛地应用在机械制造及修理中。对于尚未具备导轨磨床的中小型企业，需要对机床导轨进行修理时，仍然采用刮研修复法。

二、刮研工作中应用的工具和器具

刮研工作中常用的工具和器具有刮刀、平尺、角尺、平板、角度垫铁、检验棒、检验桥板、水平仪、光学平直仪（自准直仪）、塞尺和各种量具等。

1. 刮刀

刮刀是刮削的主要工具。为适应不同形状的刮削表面，刮刀分为平面刮刀和内孔刮刀两种。平面刮刀主要用来刮削平面，内孔刮刀主要用来刮削内孔，如刮削滑动轴承、剖分式轴承或轴套等。

刮刀一般采用碳素工具钢或轴承钢制作。在刮硬工件时，也可采用硬质合金刀头。刮刀的刀杆部分都采用45钢。刮刀经过锻造、焊接，在砂轮上进行粗磨刀坯，然后进行淬火。淬硬后的刮刀，再在砂轮上进行刃磨。但砂轮上磨出的刃口还不很平整，需要时可在油石上精磨。刮削过程中，为了保持锋利的刃口，要经常进行刃磨。

2. 基准工具

基准件是用以检查刮削面的准确性、研点多少的工具。各种导轨面、轴承的相对滑动表面都要用基准件来检验。常用于检查研点的基准件有以下几种：

1）检验平板由耐磨性较好、变形较小的铸铁经铸造、粗刨、时效处理、精刨、粗精刮研制作而成。一般用于检验较宽的平面。

2）检验平尺用来检验狭长的平面。桥形平尺和平行平尺均属检验平尺，其中平行平尺的截面有工字形和矩形两种。由于平行平尺的上下两个工作面都经过刮削且互相平行，因此还可用于检验狭长平面的相互位置精度。

角形平尺也属于检验平尺，它形成的相交角度的两个面经过精刮后符合所需的标准角度，如 55°、60° 等。用于检验两个组成角度的刮研面，如用于机床燕尾导轨的检验等。

各种平尺用完后，应清洗干净，涂油防锈，妥善放置和保管好。可垂直吊挂起来，以防止变形。

内孔刮研质量的检验工具一般是与之相配的轴，或定制的一根基准轴，如检验心轴等。

3. 显示剂

显示剂是工件刮削表面与基准工具互研后，保留在其上面的一种有颜色的涂料。常用的显示剂有红丹粉、普鲁士蓝油、松节油等。

使用显示剂时，应注意避免砂粒、切屑和其他杂质混入而拉伤工件表面。显示剂容器必须有盖，且涂抹用品必须保持干净，这样才能保证涂布效果。

4. 刮研的精度检查

刮研的精度检查一般以工件表面上的显点数来表示。无论是平面刮研还是内孔刮研，工件经过刮研后，表面上显点的多少和均匀与否直接反映了平面的直线度和平面度，以及内孔面的形状精度。一般规定用边长为 25mm×25mm 的方框罩在被检测面上，根据方框内显示的研点数的多少来表示刮研质量。在整个平面内任何位置上进行抽检，都应达到规定的显点数。各类机械中的各种配合面的刮削质量标准大多数不相同，对于固定结合面或设备床身、机座的结合面，为了增加刚度，减少振动，一般在每刮方（即 25mm×25mm）内应有 2～10 点；对于设备工作台表面、机床的导轨及导向面、密封结合面，一般在每刮方内应有 10～16 点；对于高精度平面，如精密机床导轨、测量平尺、1 级平板等，每刮方内应有 16～25 点；而 0 级平板、高精度机床导轨及精密量具等超精密平面，其研点数在每刮方内应有 25 点以上。

三、平面刮研

1. 刮研前的准备工作

刮研前，工件应平稳放置，防止刮削时工件移动或变形。刮削小工件时，可用虎钳或辅助夹具夹持。

待刮削工件应先去除毛刺和表面油污，锐边倒角，去掉铸件上的残砂，防止刮削过程中伤手和拖研时拉毛工件表面。

2. 工件的刮研工艺过程

平面刮研的常用方法有两种，一种是手推式刮削，另一种是挺刮式刮削。工件的刮削过程如下：

1）粗刮：用粗刮刀进行刮削，并使刀花连成一片。第一遍粗刮时，可按着刨刀刀纹或导轨纵向的 45° 方向进行，第二遍则按上一次的刮削在垂直方向进行（即 90° 交叉刮），连续推刮工件表面。在整个刮削面上刮削深度应均匀，不允许出现中间高，四周低的现象。当粗刮到每刮方内的研点数有 2～3 点时，就可进行细刮。

2）细刮：用细刮刀进行，在粗刮的基础上进一步增加接触点。刮削时，刀花宽度应为 6～8mm，长 10～25mm，刮深 0.01～0.02mm。按一定方向依次刮削。刀花按研点分布且可连刀刮。刮第二遍时应与上一遍交叉 45°～60° 的方向进行。在刮削中，应将高点的周围部分也刮去，以使周围的次高点容易显示出来，可节省刮削时间。同时要防止刮刀倾斜，在回程时将刮削面拉出深痕。细刮后的研点一般在每刮方内有 12～15 点即可。

3）精刮：在细刮后，为进一步提高工件的表面质量，需要进行精刮。刮削时，要用小型刮刀或将刀口磨成弧形，刀花宽度约3~5mm，长3~6mm，每刀均应落在研点上。研点可分为三种类型刮削，刮去最大最亮的研点，挑开中等研点，小研点留下不刮。这样连续刮几遍，研点会越来越多。在刮到最后两三遍时，交叉刀花大小要一致，排列应整齐，以增加刮削面美观。精刮后的表面要求在每刮方内的研点应有20点以上。

4）刮花：刮花可增加刮削面的美观，并能使滑动表面之间形成良好的润滑条件，此外还可以根据花纹的消失来判断平面的磨损程度。一般常见的花纹有斜花纹、鱼鳞花纹和半月形花纹等。

在平面刮削时工件的研点方法应随工件的形状不同和面积大小而异。对中小型工件，一般是基准平板固定，工件待刮面在平板上拖研。如果工件面积等于或略超过平板，则拖研时工件超出平板的部分不得大于工件长度的1/4，否则容易出现假研点；对大型工件，一般是将平板或平尺在工件被刮削面上拖研；对重量不对称的工件，拖研时应单边配重或采取支托的办法解决，才能反映出正确的研点。

当刮削面上有孔或螺纹孔时，应控制刮刀避免将孔口刮低。一般要求螺纹孔周围的研面要稍高些。如果刮削面上有窄边框时，应掌握刮刀的刮削方向与窄边夹角小于30°，以防止将窄边刮低。

四、内孔刮研

内孔刮研的原理和平面刮研一样。但内孔刮研时，刮刀在内孔面上做螺旋运动，且以配合轴或检验心轴作研点工具。研点时，将显示剂薄而均匀地涂布在轴的表面上，然后将轴在轴孔中来回转动显示研点。

1. 内孔刮研的方法

图4-23a所示为一种内孔刮研方法。右手握刀柄，左手用四指横握刀身。刮研时右手做半圆转动，左手顺着内孔方向做后拉或前推刀杆的螺旋运动。

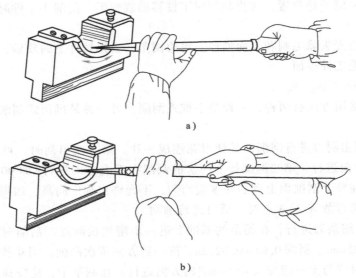

a)

b)

图4-23 内孔刮研方法

另一种刮研内孔的方法如图4-23b所示。刮刀柄搁在右手臂上，双手握住刀身。刮研时左右手的动作与前一种方法一样。

2．刮研时刮刀的位置与刮削的关系

当用三角刮刀或匙形刮刀刮内孔时，要及时改变刮刀与刮削面所成的夹角。刮削中刮刀的位置大致有以下三种情况：

1）有较大的负前角，如图 4-24a 所示，由于刮削时切屑较薄，故刮研表面粗糙度较低。一般在刮研硬度稍高的铜合金轴承或在最后修整时采用，而刮研硬度较低的锡基轴承时，则不宜采用这种位置，否则易产生啃刀现象。

2）有较小的负前角，如图 4-24b 所示，由于刮削的切屑极薄，能将显示出的高点较顺利地刮去，并能把圆孔表面集中的研点改变成均匀分布的研点。但在刮研硬度较低的轴承时，应注意用较小的压力。

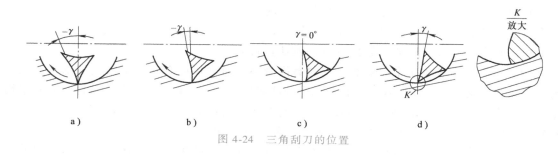

图 4-24　三角刮刀的位置

3）前角为零或不大的正前角，如图 4-24c、d 所示，这时刮削的切屑较厚，刀痕较深，一般适合粗刮。

当内孔刮研的对象是较硬的材料，则应避免采用图 4-24d 所示的产生正前角的刮刀位置，否则易产生振痕。振痕深时，修正也困难。而对较软的巴氏合金轴承的刮削，用这种位置反而能取得较好的刮研效果。

内孔刮研时，研点应根据轴在轴承内的工作情况合理分布，以取得良好的效果。一般轴承两端的研点应硬而密些，中间的研点可软而稀些，这样容易建立油楔，使轴工作稳定；轴承承载面上的研点应适当密些，以增加其耐磨性，使轴承在负荷情况下保持其几何精度。

五、机床导轨的刮研

机床导轨是机床移动部件的基准。机床有不少几何精度检验的测量基准是导轨。机床导轨的精度直接影响到被加工零件的几何精度和相互位置精度。机床导轨的修理是机床修理工作中最重要的内容之一，其目的是恢复或提高导轨的精度。未经淬硬处理的机床导轨，如果磨损、拉毛、咬伤程度不严重，可以采用刮研修复法进行修理。一般具备有导轨磨床的大中型企业，对于与"基准导轨"相配合的零件（如工作台、溜板、滑座等）导轨面以及特殊形状导轨面的修理通常也不采用精磨法，而是采用传统的刮研法。

1．导轨刮研基准的选择

机床导轨经过修理后，不仅要恢复导轨本身的几何精度，还应保证其与相关部件的安装平面（或孔、槽等）相互平行、相互垂直或成某种角度的要求。因此，在刮研导轨时，必须正确合理地选择刮研基准。

一般情况下，应选择能保持机床原有制造精度（精度应较高的），不需要修理或稍加修理的零部件安装面（或孔、槽）作为机床导轨的刮研基准。基准的数量，对于直线移动的一组导轨来说，在垂直平面内和在水平面内刮研基准应各选一个。例如，卧式车床床身导轨的刮研基准，在水平面内，可以选择进给箱安装平面和光杆、丝杠、操纵杆托架安装平面；在垂直平面内，可选主轴箱安装平面和纵向齿条安装平面。这样便于恢复机床整机精度和减少总装配的工作量。

图 4-25 所示为卧式车床的床身导轨截面，刮研基准通常有如下几种选择：

（1）以 2、3 面作为基准 它是溜板移动的主导性导轨，是车床几何精度检验的主要基准。面积大，修理工作量大，刮研中便于检查其他导轨面。缺点是该棱形导轨磨损最严重，不利于保持车床原始状态。因此刮研该基准时，应先以齿条安装面 7 作它的辅助基准，刮研中要防止扭曲变形并做成中凸的形状（导轨纵向在垂直平面内的直线度要达到中凸主要靠它来实现）。如果以其他导轨面作刮研基准，则造成 2、3 面的刮研量较大。

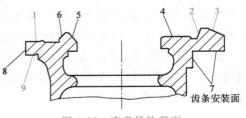

图 4-25 床身导轨截面

（2）选择尾座导轨面作为基准 它的磨损量小，通常保持有基本未磨损的部位，以它为基准有利于保持机床原始状态。有些车床的尾座导轨还是主轴箱的安装定位面，有利于箱体的安装找正。但 5、6 棱形导轨面较窄，不易刮成较高精度，还需要以 4 面作为辅助基准。刮研时可以用尾座底板作为研具并检查其他导轨，这样比较方便。

（3）以齿条安装面 7 为基准 它基本上没有磨损，有利于保持车床主要零部件原始的相互位置。但其原始加工精度较低，不便于检查其他导轨面，因此适合精刨、磨削时作为加工基准。还要注意床身变形对它的影响。

在刮研机床导轨时，应注意导轨磨损变化的规律性，以减少修刮工作量和避免不必要的返工。据资料介绍，CA6140 型卧式车床的床身导轨较正常地使用三年后各表面磨损量为：表面 4、5、6 为 0.03mm，表面 9 为 0.1mm，表面 1 为 0.08mm，表面 7（与压板接触的表面）为 0.05mm，表面 3 为 0.25mm，表面 2 为 0.35mm。可见负荷最重的导轨面为 2、3、9、1 面，且磨损最严重处为溜板经常工作的部位，一般在车床导轨的中部或中部偏向主轴箱的部分。大溜板下导轨面（纵向导轨）两端的磨损量比中间大，其左边（靠近主轴箱边）比右边的磨损严重。该导轨面的磨损量比床身导轨的磨损量高 1~1.5 倍。现在 CA6140 型卧式车床将 2、3 面做成对称的，加大了 2 面，有利于载荷和磨损的合理分布，从而提高导轨的使用寿命。

配刮导轨副时，选择刮研基准应考虑：变形小、精度高、刚度好、主要导向的导轨；尽量减少基准转换；便于刮研和测量的表面。

2. 导轨刮研顺序的确定

机床导轨随着各自运动部件形式的不同，而构成各种相互关联的导轨副。它们除自身有较高的形状精度要求外，相互之间还有一定的位置精度要求，修理时就要求有正确的刮研顺序。一般按如下方法确定：

1）先刮与传动部件有关联的导轨，后刮无关联的导轨。

2）先刮形状复杂（控制自由度较多）的导轨，后刮简单的导轨。

3）先刮长的或面积大的导轨，后刮短的或面积小的导轨。

4）先刮研施工困难的导轨，后刮施工容易的导轨。

对于两件配刮时，一般先刮大工件，配刮小工件；先刮刚度好的，配刮刚度较差的；先刮长导轨，配刮短导轨。要按达到精度稳定，搬动容易，节省工时等因素来确定顺序。

3. 导轨刮研的注意事项

（1）要求有适宜的工作环境　工作场地清洁，周围没有严重振源的干扰，环境温度尽可能变化不大。避免阳光的直接照射，因为在阳光照射下机床局部受热，会使机床导轨产生温差而变形，刮研显点会随温度的变化而变化，易造成刮研失误。特别是在刮研较长的床身导轨和精密机床导轨时，上述要求更要严格些。如果能在温度可控制的室内刮研最为理想。

（2）刮研前机床床身要安置好　在机床导轨修理中，床身导轨的修理量最大，刮研时如果床身安置不当，可能产生变形，造成返工。

床身导轨在刮研前应用机床垫铁垫好，并仔细调整，以便在自由状态下尽可能保持最好的水平。垫铁位置应与机床实际安装时的位置一致；这一点对长度较长和精密机床的床身导轨尤为重要。

（3）机床部件的重量对导轨精度有影响　机床各部件自身的几何精度是由机床总装后的精度要求决定的。大型机床各部件重量较大，总装后可能有关部件对导轨自身的原有精度产生一定影响（因变形所引起）。如龙门刨床、龙门铣床、龙门导轨磨床等床身导轨精度将随立柱的装上和拆下而有所变化；横梁导轨精度将随刀架（或磨架）的装上和拆下而有所变化。因此，拆卸前应对有关导轨精度进行测量，记录下来，拆卸后再次测量，经过分析比较，找出变化规律，作为刮研各部件及其导轨时的参考。这样便可以保证总装后各项精度一次达到规定要求，从而避免刮研返工。

对于精密机床的床身导轨，精度要求很高。在精刮时，应把可能影响导轨精度变化的部件预先装上，或采用与该部件形状、重量大致相近的物体代替。例如，在精刮立式齿轮磨床床身导轨时，齿轮箱预先装上，精刮精密外圆磨床床身导轨时，液压操纵箱应预先装上。

（4）导轨磨损严重或有深伤痕的应预先加工　机床导轨磨损严重或伤痕较深（超过0.5mm），应先对导轨表面进行刨削或车削加工后再进行刮研。另外，有些机床，如龙门刨床、龙门铣床、立式车床等工作台表面冷作硬化层的去除，也应在机床拆修前进行。否则工作台内应力的释放会导致工作台微量变形，可能使刮研好的导轨精度发生变化。所以这些工序，一般应安排在精刮导轨之前。

（5）刮研工具与检测器具要准备好　机床导轨刮研前，刮研工具和检测器具应准备好，在刮研过程中，要经常对导轨的精度进行测量。

4. 导轨的刮研工艺

导轨刮研一般分为粗刮、细刮和精刮几个步骤，并依次进行。导轨的刮研工艺过程大致如下：

1）首先修复机床部件移动的"基准导轨"。该导轨通常比沿其表面移动的部件导轨长，例如床身导轨、滑座溜板的上导轨、横梁的前导轨和立柱导轨等。

2）V—平面导轨副，应先修刮 V 形导轨，再修刮平面导轨。

3）双 V 形、双平面（矩形）等相同形式的组合导轨，应先修刮磨损量较小的那条导轨。

4）修刮导轨时，如果该部件上有不能调整的基准孔（如丝杠、螺母、工作台、主轴等装配基准孔等），应先修整基准孔后，再根据基准孔来修刮导轨。

5）与"基准导轨"配合的导轨，如与床身导轨配合的工作台导轨，只需与"基准导轨"进行合研配刮，用显示剂和塞尺检查与"基准导轨"的接触情况，可不必单独做精度检查。

下面以 CA6140 型卧式车床导轨刮研并与溜板拼装为例（各工序精度要求参考修理工艺）说

明导轨的刮研工艺:

1) 以 2、3 面为基准刮研床身导轨，首先如图 4-26 所示，检查棱形导轨面 2、3 对齿条安装面 7 在垂直平面和水平面两个方向上的平行度误差，确定 2、3 面的刮研方案。用平尺拖研 3 面并刮削至直线度要求，即研点均布(中间密集些)。同样用平尺刮研 2 面，并用角度底座(见图 4-26)拖研 2、3 面角度的一致性，实际操作中与平尺交替使用，并检查与 7 面的平行度，直至达到要求为止。

2) 用平尺拖研 1 面，如图 4-27 所示，检查导轨面 1 对 2、3 面的平行度，刮 1 面至要求。

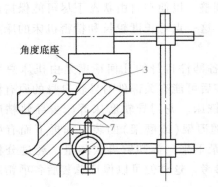

图 4-26　测量棱形导轨对齿条安装面的平行度

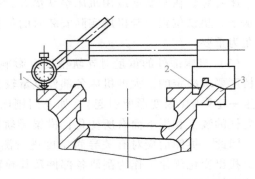

图 4-27　检查表面 1 对棱形导轨的平行度

3) 以 1、2、3 面为基准粗刮大溜板下导轨面，使其研点均布，此后精刮 1、2、3 面和大溜板下导轨面至研点要求(且导轨 1、2、3 面靠床身中部研点密集)。在大溜板上纵横方向各放置一个水平仪，检查导轨在垂直平面内的直线度(纵向)和横向导轨的平行度。图 4-28 所示为测量导轨

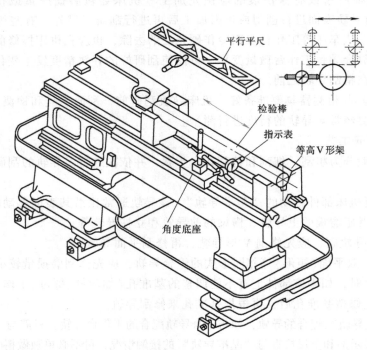

图 4-28　测量导轨在水平面内的直线度

在水平面内的直线度，用等高 V 形架支承并用指示表调整检验棒，测量直线度误差。各项要求如稍有超差可用垫铁调整，调整无效可刮研 2、3 面直至达到要求为止。

4）用平尺拖研并刮削其余各导轨面至要求，刮研前后均可按图 4-29 所示用大溜板放置指示表，指示表测头触及被测导轨面，拉动大溜板检查。尾座导轨刮研平直后再与尾座底板合研，分别精研至研点要求。检查导轨面也可用检验桥板拉表进行。

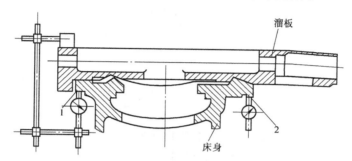

图 4-29　测量尾座导轨等对溜板导轨的平行度

5）床身与溜板拼装主要是配刮两侧压板，并进一步刮研下导轨面（压板面），如图 4-30 所示。目的是保证溜板在导轨全长上移动均匀、平稳。

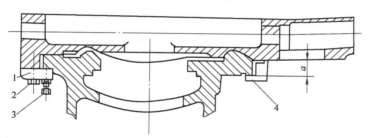

图 4-30　两侧压板的调整
1—外侧压板　2—紧固螺钉　3—调节螺钉　4—内侧压板

外侧压板为可调压板，将压板工作面按平板刮研至要求，用螺柱调整即可。

内侧压板为固定压板，修前安装在溜板上，用塞尺检查其与导轨面 7 的间隙，以确定压板固定结合面的加工余量，用机械加工或锉削加工后，安装并拖研。刮削内侧压板滑动结合面，安装并调整外侧压板 1，拖研并刮削床身下导轨面，达到全长上均匀滑动。由于床身导轨尾座端部分不经常使用，因此磨损量不大。压板与导轨面的间隙用厚度为 0.04mm 的塞尺检查，不得塞入。

第四节　机床导轨修理工艺

机床导轨的主要作用是导向和承载，所以要求有良好的导向精度和足够的刚度，导轨表面应耐磨，磨损后要便于调整。

机床导轨的种类，按运动形式可分为直线运动导轨和圆周运动导轨两类；按摩擦状态可分为滑动导轨、滚动导轨和静压导轨；按截面形状可分为 V 形导轨、矩形导轨、燕尾形导轨和圆柱形导轨四种。如图 4-31 所示的各分图中，上面一排为凸形导轨，下面的一排为凹形导轨。常见机床导轨副的组合形式见表4-13。

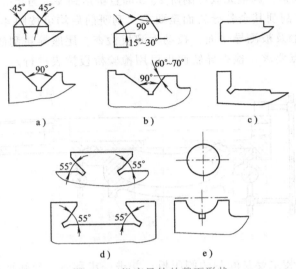

图 4-31　机床导轨的截面形状

a）对称V形　b）不对称V形　c）矩形　d）燕尾形　e）圆形

表 4-13　机床导轨副的组合形式

序号	润滑条件好 移动速度大	存油困难 移动速度小	用于立柱或横梁 导轨,移动速度小	特　性
1				导向性好,磨损后能自动补偿,制造困难,用于高精度机床
2				具有大部分上述优点,但制造较方便,用于精度较高的机床
3				制造容易,磨损后不能自动补偿,用于一般精度的机床
4				容易调整,不能承受大的颠覆力矩,用于高度小、移动速度不大的地方
5				具有上述大部分优点,用于有单向颠覆力矩的地方
6				制造容易,可采用淬火钢对铸铁导轨配对组合,耐磨损。用于对称轴向载荷

直线运动导轨是最常见的导轨形式。一般不仅要求单条导轨在垂直平面和水平面的直线度，还要求导轨副之间的平行度。对相互两导轨副之间，有的要求平行度，有的要求垂直度。在机床工作过程中，这些误差会影响机床的成形运动精度，从而直接影响加工零件的质量。这时，就需要由维修人员及时进行修理。

一、导轨面局部损伤的修复

机床导轨如果润滑不良或者使用维护不当，很容易出现碰伤、擦伤、拉毛、研伤等局部损伤。表面损伤后，如果不及时修复，损伤会很快扩大，使以后的修复更为困难，因此要及时进行修理。常用的修理方法如下：

1）焊接方法，如黄铜丝气焊、银锡合金钎焊、锡铋合金钎焊、特制镍铜焊条电弧冷焊、锡基轴承合金化学镀铜钎焊等。

2）粘结剂粘补方法，如用 KH—501 或 502 瞬干胶加还原铁粉、二硫化钼等填料粘补导轨的研伤。

3）刷镀方法。

二、机床导轨副的刮研修复方法

1. 矩形导轨的刮研

刮研前，先将机床床身水平调到最好的状态，然后用水平仪测量导轨的直线度，在同一图上分别绘制出导轨的直线度误差曲线。再将检验棒插入孔 A，如图 4-32 所示。用指示表及表座测量导轨与孔的中心线的平行度，分析测量结果，估算出导轨上各处应刮去的刮削量。

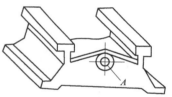

图 4-32 矩形导轨的刮研

为了减少在刮研过程中反复测量所耗费的大量时间，可根据前面测量分析的结果，在导轨上刮出预选基准，具体方法如下：

用平尺、等高垫铁和水平仪（或光学平直仪）为测量工具。以平尺长度的 5/9 为单位，将导轨等分成几段，各等分点作为基准点的位置，根据测量结果及估算出的刮削量，用特制的研具拖研各基准点。如图 4-33 所示，在基准点上用等高垫铁对称架起平尺，用水平仪读数，当刮至各段的水平读数一致时，各基准点即成一条直线。同时，应保证这条直线与检验棒的轴线平行，且与前面测出的导轨最低点等高（或稍低）。然后在导轨上涂上显示剂用平尺拖研粗刮，这时可免去中间测量，直刮至各基准点开始显点时，再测量出误差通过细刮进行修整。再用同样的方法刮研另一条导轨，使两条导轨在垂直方向平行。当直线度、平行度基本满足要求后，即可转入精刮提高接触点数。用水平仪测量各基准点时，应注意平尺和水平仪不准调头，水平仪在平尺上应放在固定位置，以免测量误差增大；等高垫铁的支承间距应为平尺长度的 5/9，这样可以减小因平尺自重而引起的测量误差。

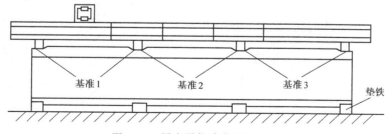

图 4-33 用水平仪确定预选基准

刮研两平行平面时，也可以采用类似的方法。先选定误差较小的平面为基准面，刮出几个成一条直线的预选基准，然后用平尺拖研刮削，这样不用多次测量即可将两平面刮得基本平行。其他组合形式的导轨，也可采用预选基准法刮研，只不过在刮研基准点时，要同时兼顾垂直平面内和水平面内的直线度以及导轨面的扭曲。

2. V—平面导轨副的刮研

将机床床身调整水平后，按选定的基准，先把 V 形导轨刮好，使其在垂直平面内和水平面内的直线度及其与基准的相互位置精度基本符合要求。再用平尺拖研，刮削平导轨。用水平仪和检验桥板（或平尺）测量两条导轨在垂直方向的平行度，如图 4-34 所示。测出的水平仪误差格数，可通过公式计算出刮削余量，并估计需刮几遍可将这部分余量去除。粗刮导轨使直线度、平行度都基本合格后，再精刮两导轨达到要求。

3. 双 V 形组合导轨的刮研

利用平尺、方形平尺等通用工具，先对单条导轨进行刮削。用水平仪和 V 形座检查单条 V 形导轨在垂直平面的直线度及扭曲，如图 4-35 所示。用拉钢丝法检查导轨在水平面内的直线度（如果导轨较短，也可用方形平尺或检验棒及指示表检查），使单条导轨达到精度要求。

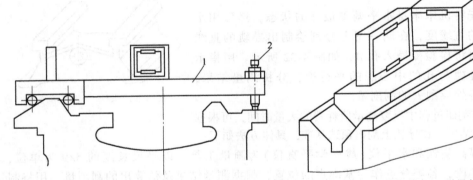

图 4-34　用水平仪和桥板测量导轨平行度　　　　图 4-35　刮研单条 V 形导轨时的测量

1—桥板　2—调整螺钉

再以已经刮好的导轨为基准，用检验桥板和水平仪为测量工具，如图 4-36 所示。用平尺拖研刮削另一条导轨的一个斜面，当一个斜面刮至与基准导轨平行的要求后，用同样的方法测量、刮削第二个斜面。当两个斜面都刮好后，配刮工作台导轨。同时进一步检查床身导轨的接触质量，进行精刮增加接触点数，最后复检导轨精度及工作台运动精度。

用通用工具拖研刮削，操作繁琐。若制造一个如图 4-37 所示的双 V 形导轨研具进行拖

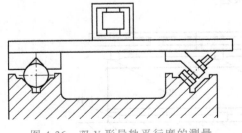

图 4-36　双 V 形导轨平行度的测量

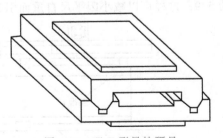

图 4-37　双 V 形导轨研具

研，则要简便得多。研具长度应为导轨跨度的 1~1.5 倍，上平面为放置水平仪的测量基面。

对中小型机床来说，若工作台刚度较好，可利用它作为研具对床身导轨进行拖研刮削。开始可先在床身磨损较小处将工作台对研、初步修整，再刮研床身导轨。当床身导轨在垂直平面内和水平面内的直线度及两条导轨在垂直方向的平行度基本刮好后，就配刮工作台，刮好后再对床身导轨进行精刮。

用双 V 形导轨研具或以工作台作为研具进行刮研时，不能只见到研点较理想，就认为导轨已合格。应该以测量结果为主要依据，研点只作为刮削时落刀的参考。通过精刮增加接触点数时，对测量的结果也要做到心中有数，正确处理研点的刮、留和下刀的力度。

4. 燕尾形导轨的刮研

燕尾形导轨一般是采用成对交替配刮的方法。如图 4-38 所示，先将动导轨 1 的平面导轨在平板上拖研刮削达到要求。再以此平面为基准，在调平的支承导轨 2 上拖研刮削平面导轨，并用指示表或水平仪测量两平面的平行度和这两平面在垂直方向与基准孔中心线的平行度，如图 4-39 所示。平面导轨刮削达到要求后，再用角形平尺拖研刮削基准斜面，并保证该斜面与基准孔中心线在水平方向的平行度。然后刮削另一斜面，保证其与基准斜面平行。两斜面的平行度和燕尾形导轨宽度，可用圆柱检验棒和千分尺进行测量，如图 4-38 所示，宽度 L 可按下式进行计算。即

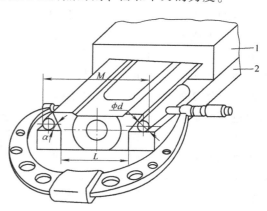

图 4-38　燕尾形导轨
1、2—导轨

$$L = M \pm d\left(1 + \cot\frac{\alpha}{2}\right) \tag{4-1}$$

式中，测量凸形导轨时取 "−" 号，测量凹形导轨时取 "+" 号。

支承导轨刮削全部达到要求后，再以支承导轨为基准，配刮动导轨的两燕尾面。

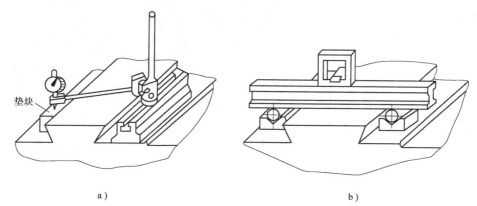

图 4-39　燕尾形导轨平面平行度的测量
a）用指示表测量　b）用水平仪和平尺测量

5. 导轨垂直度的刮研

图 4-40 所示为牛头刨床的横梁，有水平导轨 1 和升降导轨 2，使工作台能水平移动和垂直升降。刮研时，先将水平导轨的各导轨面刮研合格，再测量并刮研垂直导轨。测量方法是先将弯板 5 用水平仪 3 校正，固定在平台 4 上。把横梁水平导轨的基准面与弯板的竖直面靠严，并用水平仪 3 校正导轨 1 成垂直状态，然后用 C 形夹 6 夹牢，把水平仪 3 放在导轨 2 上，便可读出垂直度误差的读数，并可测量导轨 2 的直线度，然后按测量结果进行刮研。

图 4-41 所示为外圆磨床的床身，要求砂轮架导轨 3 和工作台导轨 1 垂直。按图示方法测量砂轮架的 V 形导轨相对方尺的另一个工作面的平行度，可得出两导轨间垂直度的误差值。按测量结果刮研砂轮架导轨，便可达到两组导轨间的垂直度要求。

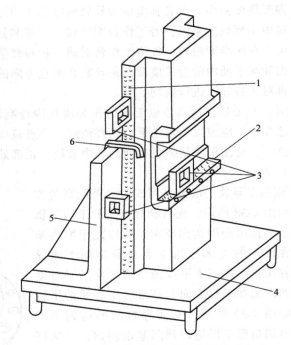

图 4-40　用水平仪测量两组导轨间的垂直度
1—水平导轨　2—升降导轨　3—水平仪
4—平台　5—弯板　6—C 形夹

图 4-42 所示为卧式铣床的床身，要求工作台升降导轨与主轴孔中心线垂直。检验时，在主轴孔内装入配合良好的检验棒和过渡套。沿床身的纵横方向及检验棒上，分别靠上水平仪，调整支承垫铁，使检验棒处于垂直位置。调好后，垫铁不得移动。用水平仪对导轨分段测量，即可分别测出导轨在纵横方向的垂直度误差，如图 4-42a 所示。

对于垂直度误差，可采用分段刮研法以节省时间。估计需要刮几遍才能刮平，就在导轨面上划分几段。如图 4-42b 所示，假设 5 次可以刮平，就把导轨全长分为 5 段。先刮第 1

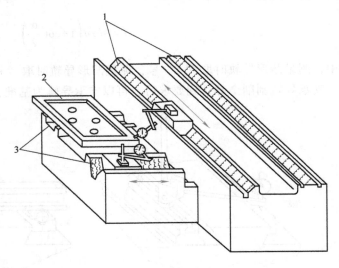

图 4-41　用方尺、指示表测量两组导轨的垂直度
1—工作台导轨　2—方尺　3—砂轮架导轨

段，再刮 1~2 段，依次逐步扩大，最后刮 1~5 段。这样，导轨面已大体和主轴孔中心线垂直，通过测量修刮后，就可进一步进行研点精刮。

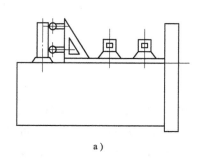

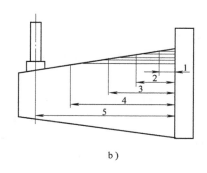

a)　　　　　　　　　　　　　　b)

图 4-42　导轨与主轴的垂直度测量及分段刮研法

三、机床导轨的精刨修理

导轨磨损与损伤严重时，可采用龙门刨床精刨进行修复。该方法修理的精度一般低于刮研法和精磨法。在精刨前一般要进行预加工，以去除导轨表面的磨损、拉毛或床身的扭曲变形等。在预刨导轨面时，要用指示表进行找正，使总装时各联系环节不变动。被加工件的装夹是否合理直接影响到精刨质量，要保证床身在自由状态下固定。

在精刨导轨面时，仍应保证工件的自由状态，用干净煤油不间断地润滑刀具，中途不准停车，否则会产生刀痕。用此法修理导轨，去除的金属量比刮研法和精磨法要多，因此每次修理加工应控制切削量，尽可能地减小对机床导轨刚度的影响。

四、机床导轨的精磨配磨

机床修理中，导轨的刮研工作量占整个大修工时的 40%。特别是近年来，为了提高导轨寿命，采用淬硬导轨面的机床越来越多。因此，采用"以磨代刮"工艺修理导轨对于降低工人劳动强度，缩短设备停修时间具有重要意义。目前在机床导轨修理中一般都采用磨削工艺。

导轨的磨削方法有两种：一种是砂轮端面磨削，另一种是砂轮周边磨削。周边磨削法的生产效率和精度比较高，表面质量好。但因磨头结构复杂，要求有专用的砂轮修整装置和较好的机床刚度，而且万能性不如端面磨削法，因此，目前机修车间很少采用。

端面磨削法难以在磨削过程中进行冷却润滑，生产效率和表面质量不如周边磨削法。但端面磨削法的磨头结构简单，万能性也强，因此目前在机修车间应用较为广泛。

1. 磨削设备

（1）导轨磨床　导轨磨床按其结构特点，可分为双柱龙门式、单柱工作台移动式和单柱落地式三种。前两种是工件移动，后一种是磨削时磨头移动，工件落地固定。

在缺乏专用导轨磨床时，可利用原有龙门刨床加装磨头进行磨削。磨床床身的精度是提高磨削精度的关键之一。假定床身导轨是半径为 R 的均匀中凸曲线，如图 4-43 所示。则它对工件加工后直线度影响的关系式为

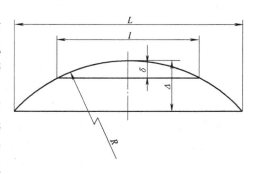

图 4-43　磨床导轨与工件直线度的关系

$$\delta = \Delta \left(\frac{l}{L} \right)^2 \qquad\qquad (4\text{-}2)$$

式中　δ——工件的直线度误差（mm）；

　　　Δ——磨床导轨的直线度误差（mm）；

　　　l——工件的磨削长度（m）；

　　　L——磨床床身导轨的长度（m）。

因此，正确调整工作母机床身导轨在垂直平面内和水平面内的直线度及两导轨的平行度是磨削出合格工件的基本保证。由于四季气温变化较大，床身固定在混凝土基础上，混凝土与铸铁床身的热膨胀系数不同，使床身的热胀冷缩受到基础的限制。同时床身上部导轨面摩擦生热，而床身下部与地基接触，散热条件好于上部，使得床身在工作中，上下两部分产生温差而引起变形。所以，四季及平时气温变化的影响都会使原来调整好的导轨直线度产生变化。为了使导轨精度适应工件磨削精度的要求，通常在春秋两季气温冷暖交替时，重新复检并调整床身导轨的直线度；或把进行导轨磨削的磨床安装在温度可以控制的车间内。

（2）磨头　磨头是导轨磨床的主要部件，它对加工导轨的精度和表面粗糙度起着重要作用。按磨削方法的不同，磨头结构形式分立式端面磨头和卧式周边磨头两种，目前生产上已应用有周边磨和端面磨两用磨头。

有一种精密的电动磨头，在电动机轴上直接安装砂轮，结构紧凑，操作方便。但电动机要特定制造，精度要求较高，主轴拆装、维修、调整均不方便。

2. 磨削工艺

（1）砂轮和切削用量的选择　磨削导轨对砂轮的要求是发热少、自砺性好，具有较好的切削性能和可得到较低的表面粗糙度值。一般选用的砂轮为：

1）端面磨削用：GC，F36，H～K　V。

　　　　　　　　WA，F36，H～K　V。

2）周边磨削用：WA，F60～F80，N　V。

碳化硅 GC 和白刚玉 WA 比较，白刚玉 WA 磨削获得的表面粗糙度值较低，而碳化硅大气孔砂轮，对散热和防止堵塞都有较好的效果。

由于受磨头结构、砂轮直径的限制，砂轮不容易平衡，也限制了磨削速度。一般切削用量为：

磨削速度　　　　　20～30m/s；

进给速度　粗磨　0.05～0.15m/s；

　　　　　精磨　0.015～0.035m/s；

背吃刀量　　　　　0.002～0.005mm。

背吃刀量一般通过观察磨削火花进行控制，以工件受热少为优先。

（2）工件的装夹　装夹时，要根据传动件与导轨的位置关系，正确选定基准进行找正。工件装夹的原则是尽可能使工件处于自由状态。为了避免工件在磨削时受力变形，要有适当的辅助支承，并注意使各支承点受力均匀，夹紧力不宜过大。尤其注意要合理布置夹紧点和夹紧方向，工件不可产生夹紧变形，夹紧后工件的水平应与自由状态时一致。

（3）磨头的调整　为了对不同形状的导轨及其组合形式准确地进行磨削，磨头需要按导轨的截面形状，转动一定的角度。对于精密电动磨头可根据分度盘上安装的水平仪进行精确调整。

（4）防止磨削时的热变形　如果采用湿磨，磨削发热变形量较小，但在一般机修车间较难办到。若采用干磨，工件磨削发热后中间凸起，会使导轨的中间部分多磨去一些金属，工件冷却后中间呈凹形，从而破坏了导轨的加工精度。

防止热变形的措施，首先是通过及时修整砂轮和合理选择切削用量，以减少产生的磨削热。修整砂轮可利用废砂轮块，用手稳当地捏住废砂轮块，勿使其跳动，先将外圆修圆，再修整端面。其次是通过冷却和合理安排各导轨面磨削顺序的方法，使磨削表面充分散热。一般采用风扇吹风及在磨削表面擦酒精，利用流动空气和酒精快速蒸发带走工件上的热量。还要合理安排磨削顺序，以卧式车床为例，磨完一侧导轨的一个表面后，再磨另一侧的导轨表面，利用这段磨削时间让先磨的导轨表面充分冷却，而不要对同一侧导轨的各表面连续磨削，以免热量集中引起导轨变形。根据具体情况，在磨削一段时间后，要放置一段时间，吹风"等冷"，尤其在精磨前要充分冷却。

3. 机床导轨的配磨工艺

近年来，在机床修理中已成功地采用了配磨工艺代替配刮工艺，配磨工艺在各地得到推广和应用，取得了明显的经济效果。

对较大溜板、工作台等移动件应采用配磨工艺代替配刮工艺，实现以磨代刮。导轨副配磨适用于平面组合导轨，配磨后的导轨副必须满足接触精度要求，即要求两组导轨，不仅要各导轨面平直、互相平行、角度相等，而且位置要正确。这就需要采取相应的技术措施和专用测量工具来保证。在大批量生产中采用互换性配磨，在机床修理中采用单配性配磨。

以 V—平面组合导轨副为例，如图 4-44 所示。若要使这一导轨副完全配合好，须满足下列三个条件：①两平面导轨平行；②V 形导轨半角相等，即 $\alpha_I = \alpha_{II}$，$\beta_I = \beta_{II}$；③V 形导轨的截形顶尖距基准面高度相等，即 $h_I = h_{II}$。卧式车床床身导轨副属于 V—平面导轨副，下面介绍 CA6140 型卧式车床的溜板导轨的配磨工艺。

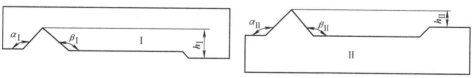

图 4-44　V—平面导轨副

（1）床身磨削　先将床身置于导轨磨床的调整垫铁上，按齿条安装面 A、B 找正，选择 1、2 两面为工艺基准面，分别放置等高垫铁和平行平尺，旋转磨头用装在角形表杆上的指示表找正，使两端读数相等，如图 4-45a 所示。换砂轮磨削 1、2 面后，再重复检查一次，两端读数相等，说明 1、2 面等高。然后磨削各导轨面，先磨削 3、B。磨削 V 形导轨面 4、5、6、7 时，按平尺上装置的角度尺来找正，角度尺按各导轨面角度制作，旋转磨头用角形表杆上的指示表找正后进行磨削，如图 4-45b 所示。

（2）溜板的磨削　溜板导轨面安装找正如图 4-46 所示。燕尾两端垫等高垫铁并压紧，防止变形，溜板丝杠孔插入专用检验棒横向找正，按溜板箱安装面找平。工艺基准面按专用检验棒上的母线找正，工作台上放一平行平尺与上母线平行以便放置角度尺，磨削 1、2、3 面。

配磨的关键是如何控制 $h_顶$。通过分析图 4-47 中的尺寸关系，看如何满足 $h_I = h_{II}$（见图 4-44）。在已磨削好的床身导轨上放一个检验桥板，调整螺钉使检验桥板的测量面 P 与床身

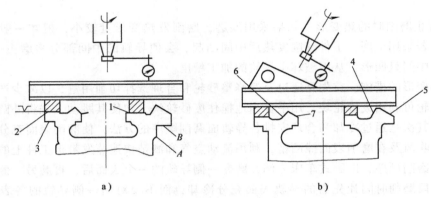

图 4-45 床身导轨磨削找正

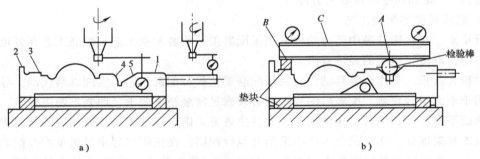

图 4-46 溜板磨削找正

平导轨平行。在床身导轨面 4、5(见图 4-45)内作一直径为 d' 的内切圆,引切线 MN 与 P 平行。由图可知,已定参数 d、l、t、d'、α、β、$H_{定}$ 为专用桥板的常数,可计算并打印在桥板上。$H_{测}$ 可由高度测量尺量出,$\delta = H_{定} - H_{测}$。磨削溜板导轨就转化成图 4-46b 所示情况,它的配磨是通过直径为 d_1 的检验棒和选好的 δ 厚度的垫块来达到 $h_{\mathrm{I}} = h_{\mathrm{II}}$ 这一目的,即控制了 $h_{顶}$。

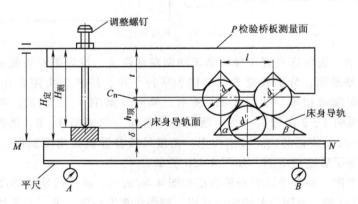

图 4-47 配磨控制尺寸分析图

CA6140 型卧式车床可选 $d_1 = 25\mathrm{mm}$,检验桥板及测量 $H_{测}$ 的方法如图 4-48 所示。

如图 4-46b 所示,用带表的高度尺测量 A、B 点的高度差,即溜板导轨面 4、5 的垂直磨

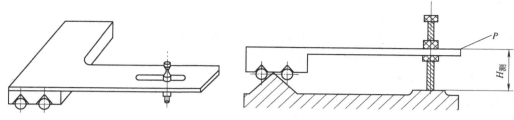

图 4-48 检验桥板及其测量方法

削量。磨头用角度尺找正，先将 4 面磨好，磨削 5 面时，边磨削边测量，待 A、B 两点等高时，磨削完毕。

配磨后进行质量检查，用 0.02mm 厚的塞尺不得塞入 25mm 以上，用涂色法检查接触率；纵向 70% 以上，横向 50% 以上。如前所述，其几何精度要靠导轨磨床和工艺措施来保证。

4. 提高导轨耐磨性的措施

1）采用表面强化技术提高导轨面的硬度是提高导轨耐磨性和抗研伤能力的主要措施之一。常用的导轨淬火方法有：中频感应淬火、高频感应淬火、接触电阻加热淬火、火焰淬火等，其中高频感应淬火效果最佳。

2）导轨镶钢。导轨镶钢可大大提高导轨硬度，从而大大提高导轨的耐磨性和抗研伤能力，延长导轨的使用寿命。材料选用以 GCr15 为最佳，也可用 65Mn、20Cr 或 15 钢渗碳淬火、40Cr 高频感应淬火、9SiCr 等，加工后淬硬至 58~62HRC。导轨长度大时，镶块可拼接，较短时做成整体，采用有机粘接剂和螺钉双重固定形式，螺钉头部不得外露。

3）在导轨上镶装、粘接、涂敷各种耐磨塑料和夹布胶木或有色金属板等，也是提高导轨耐磨性、抗研伤性、抗咬焊性的好方法。常用的材料有聚四氟乙烯、酚醛夹布胶木、HNT 耐磨涂料和铜锌合金薄板等。

4）重型导轨改装成静压导轨或静动压导轨，轻型导轨改装成滚动导轨。

5）完善导轨的防护装置，加强日常维护和润滑保养。发现擦伤、拉毛和研伤等现象时要及时修理，防止其恶化。

思考题与习题

4-1 旧件修理加工与加工制造相比，有哪些特点？

4-2 什么是修理尺寸法？修理尺寸应如何确定？

4-3 局部修换法与镶加零件法相比有何区别？应用局部修换法时，应主要考虑哪些问题？

4-4 简述金属扣合法的分类及其各自应用的范围。

4-5 镀铬与一般的金属电镀相比，工艺上有哪些特点？

4-6 简述刷镀技术的工艺特点、工艺过程及应用范围。

4-7 什么是热喷涂技术？它在机械设备修理中的主要用途是什么？

4-8 简述氧-乙炔火焰喷涂的特点、使用设备及工艺过程。

4-9 焊接技术在机械设备修理中有何用途？它的特点如何？

4-10 简述铸铁冷焊法的工艺过程。

4-11 如何合理选择粘结剂？

4-12 简述粘接工艺过程，并说明粘接工艺的关键步骤。

4-13 简述刮研修复方法的特点和步骤。

4-14 刮研工作中常用的工具和器具有哪些？

4-15 应如何确定修刮机床导轨的刮研顺序？

4-16 简述燕尾形导轨副的刮研过程。

第五章

机械设备修理的工量具、检具和研具的选用

第一节　常用工具的使用

一、普通工具

1. 螺钉旋具

螺钉旋具是用来拧动螺钉的工具，通常分为一字槽螺钉旋具、十字槽螺钉旋具。另外，还派生有弯头旋具和快速旋具。图 5-1 所示为螺钉旋具的示意图。

一字槽螺钉旋具用于拧紧或松开头部开有一字槽的螺钉，一般由旋具手柄和工作部分组成。工作部分用碳素工具钢制成，并经淬火处理。十字槽螺钉旋具用于拧紧或松开头部开有十字沟槽的螺钉，也是由旋具手柄和工作部分组成的。工作部分用碳素工具钢制成，并经淬火处理。

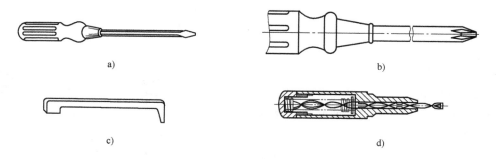

a)　　　　　　　　　　　　　b)

c)　　　　　　　　　　　　　d)

图 5-1　螺钉旋具的示意图

a）一字槽螺钉旋具　b）十字槽螺钉旋具　c）弯头旋具　d）快速旋具

2. 活扳手

活扳手是用来紧固或松开一般标准规格的螺母和螺柱的工具，它由固定扳唇、活动扳唇、蜗轮、销轴和手柄组成。它的开口尺寸能在一定的尺寸范围内任意调整，遇到尺寸不规则的螺母或螺柱时更能发挥作用，故应用较广泛。活扳手通常由碳素工具钢或铬钢制成，如图 5-2 所示。

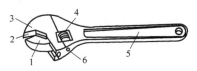

图 5-2　活扳手的示意图

1—活动扳唇　2—扳口　3—固定扳唇
4—蜗轮　5—手柄　6—销轴

3. 锤子

锤子俗称圆顶锤，其锤头一端（或两端）平面略有弧形，是基本工作面；另一端是球面，用来敲击凹凸形状的工件。锤头用 45 钢或 50 钢锻造，两端工作面经热处理后，硬度一般为 50~57HRC。此外，还派生有弹性锤子，一般用铜或硬橡胶制成，主要用来敲击零部件的精密表面或要受保护的表面。图 5-3 所示为锤子的示意图。

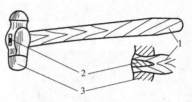

图 5-3　锤子的示意图
1—木柄　2—楔子　3—锤头

4. 手钳

常用的手钳有钢丝钳、鲤鱼钳和尖嘴钳，如图 5-4 所示。钢丝钳主要用于夹持圆柱形零件，也可以代替扳手拧动规格较小的螺柱、螺母，钳口后部的刃口可以剪切金属丝。鲤鱼钳的一片钳体上有两个互相贯通的孔，又有一个特殊的销子，操作时钳口的张开度可以很方便地变化，以适应夹持不同大小的零件。钳头的前部是平口细齿，适用于夹捏一般的小零件；中部凹口粗长，用于夹持圆柱形零件，也可以代替扳手拧动规格较小的螺柱、螺母，钳口后部的刃口可以剪切金属丝。尖嘴钳的头部细长，能在较小的空间使用。刃口也能剪切细小的金属丝，但使用时不能用力太大，否则钳口头部会变形或断裂。

　　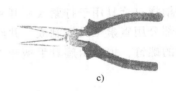

a)　　　　　　　　　　b)　　　　　　　　　　c)

图 5-4　手钳
a）钢丝钳　b）鲤鱼钳　c）尖嘴钳

二、专用工具

1. 呆扳手

呆扳手按形状有双头扳手和单头扳手之分，主要用来紧固或松开一般标准规格的螺母和螺柱。它开口的中间平面和本体的中间平面成 15°、45°、90°等，这样既能适应人手的操作方向，又可降低对操作空间的要求，以便在受到限制的部位中扳动，如图 5-5 所示。呆扳手通常是成套装备，有 8 件一套或 10 件一套，用 45 钢、50 钢锻造并经热处理而成。

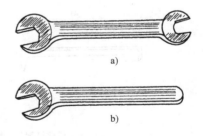

图 5-5　呆扳手
a）双头扳手　b）单头扳手

2. 梅花扳手

梅花扳手也是用来紧固或松开一般标准规格的螺母和螺柱的，它的两端是环状的，环状的内孔由两个正六边形相互同心错转 30° 而成。使用时，可将螺柱或螺母头部套住，扳动 30° 后，即可换位再套，因而适用于在空间狭窄的情况下操作，如图 5-6 所示。梅花扳手通常是成套装备，有 8 件一套或 10 件一套，用

图 5-6　梅花扳手

45 钢或 40Cr 钢锻造并经热处理而成。

3. 套筒扳手

套筒扳手除了具有一般扳手的用途以外，特别适用于紧固或松开旋转部位很狭小或隐蔽较深处的六角螺母和六角螺柱，其材料、环孔形状与梅花扳手相同，如图 5-7 所示。套筒扳手主要由套筒头、手柄、棘轮手柄、快速摇柄、接头及接杆等组成，各种手柄适用于各种不同的场合。由于套筒扳手的各种规格是组装成套的，使用方便，效率很高。

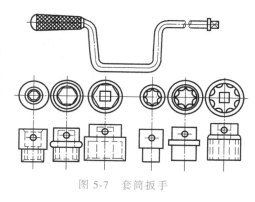

图 5-7　套筒扳手

4. 内六角扳手

内六角扳手是用来紧固或松开一般标准规格的内六角螺钉或螺塞的，其规格是以六角形对边尺寸 S 表示的，如图 5-8 所示。

5. 扭力扳手

扭力扳手是一种可以读出所施力矩大小的扳手，由扭力杆和套筒头组成。凡是对螺母、螺柱有明确规定力矩的（如气缸盖、曲轴与连杆的螺柱、螺母等），都要使用扭力扳手，其规格是以最大可测力矩来划分的，如图 5-9 所示。扭力扳手除用来控制螺纹件的旋紧力矩外，还可以用来测量旋转件的起动转矩，以检查配合、装配情况。

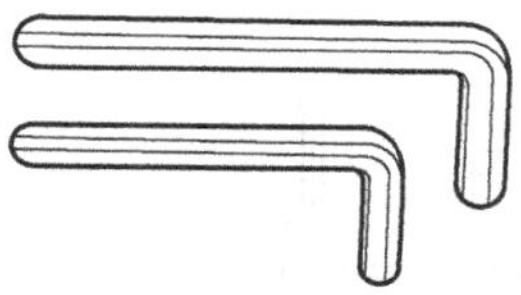

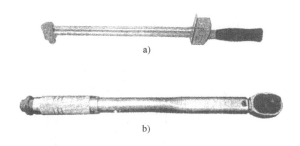

图 5-8　内六角扳手

图 5-9　扭力扳手

a）指示式扭力扳手　b）预调式铰接扭力扳手

6. 特殊用途扳手

圆螺母套筒扳手（见图 5-10a）用于扳动埋入孔内的圆螺母，将圆螺母套筒扳手的端面齿插入圆螺母槽中，双手握住手柄旋转，同时向下用力，就可以将圆螺母拧紧或松开。钳形扳手（见图 5-10b）也是用于扳动埋入孔内的圆螺母，将钳形扳手的叉销插入圆螺母槽或孔内，旋转钳形扳手即可拧紧或松开圆螺母。单头钩形扳手（见图 5-10c）用于扳动在圆周方向上开有直槽或孔的圆螺母，将钩头钩在圆螺母的直槽或孔中，转动钩形扳手，即可将圆螺母拧紧或松开。棘轮扳手（见图 5-10d）适用于拧紧或松开狭窄位置的螺母或螺柱，正转是拧紧螺母或螺柱，反转是空程。若要拧松螺母或螺柱，必须将棘轮扳手翻转 180° 使用。

7. 顶拔器

顶拔器（见图 5-11a）主要用于顶拔轴端零件，如齿轮和滚动轴承。顶拔时，将顶拔器的钩头钩住被顶零件，同时转动螺杆顶住轴的端面中心，用力旋转螺杆的手柄，即可将零件缓慢拉出来（见图 5-11b）。使用顶拔器时，应该使钩头尽量钩得牢固，以免打滑。顶拔时，

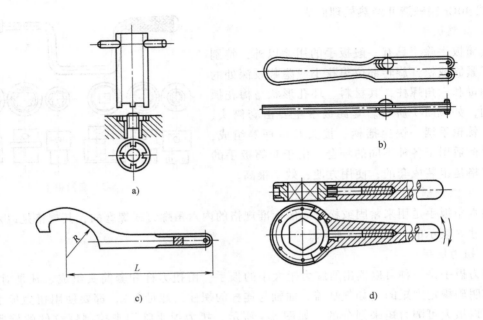

图 5-10　特殊用途扳手

a）圆螺母套筒扳手　b）钳形扳手　c）单头钩形扳手　d）棘轮扳手

应该使拧入的螺纹牙数尽量多。

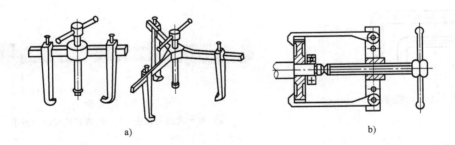

图 5-11　顶拔器

8. 弹性挡圈装拆用钳子

弹性挡圈装拆用钳子有轴用弹性挡圈装拆用钳子（见图 5-12a）和孔用弹性挡圈装拆用钳子（见图 5-12b），图中的Ⅰ型用于箱体内弹性挡圈的装拆，Ⅱ型用于箱体外弹性挡圈的装拆。

三、常用工具的使用方法

1. 螺钉旋具的使用

使用螺钉旋具时，右手握住螺钉旋具，手心抵住柄端，螺钉旋具与螺钉同轴线，压紧后用手腕扭转。松动后，用手心轻压螺钉旋具，用拇指、中指、食指快速扭转；使用长杆螺钉旋具时，可用左手协助压紧和拧动手柄，如图 5-13 所示。螺钉旋具的刃口应与螺钉槽口大小、宽窄、长短相适应，刃口不得残缺，以免损坏槽口和刃口。

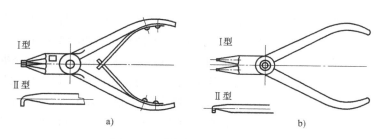

图 5-12 弹性挡圈装拆用钳子

使用螺钉旋具的注意事项如下。

1) 不能够用锤敲击螺钉旋具的头部（见图 5-14a）。

2) 不可以将螺钉旋具当撬棍使用（见图 5-14b）。

3) 不可以在螺钉旋具刃口附近用扳手或钳子来增加扭力（见图 5-14c）。

4) 弯头旋具用于螺钉头部空间狭小的部位。

5) 快速旋具用于快速装拆螺钉的场合。

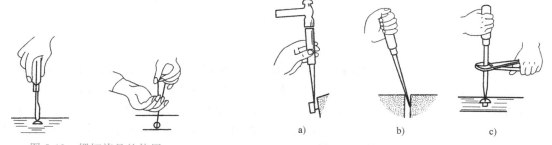

图 5-13 螺钉旋具的使用

图 5-14 使用螺钉旋具的注意事项

2. 活扳手的使用

活扳手可以通过旋转调节蜗轮改变扳口大小，适用于松动或紧固尺寸不规则的螺母或螺柱。使用时转动蜗轮调节扳口大小，使其夹紧螺母或螺柱，再将扳手外拉后拧动。取下扳手时，前推扳手，向上取出。活扳手的手柄不能够用套管任意加长（见图 5-15a）；活扳手工作时，应该使活动扳唇承受推力，固定扳唇承受拉力，且用力要均匀（见图 5-15b）。

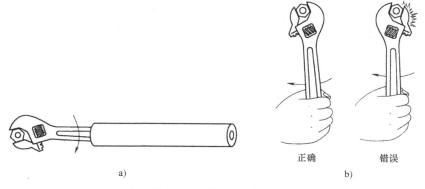

正确 　 错误

a) 　 b)

图 5-15 活扳手的使用

3. 锤子的使用

握锤有紧握法和松握法之分：紧握锤子时，右手五个手指紧握锤柄，大拇指合在食指上，虎口对准锤头方向（木柄椭圆的长轴方向），木柄尾端露出 15～30mm。在挥锤和锤击过程中，五指始终紧握，握力适度，眼睛注视工件（见图 5-16a）；使用松握法握锤时，大拇指和食指始终握紧锤柄。锤击时中指、无名指、小指在运锤的过程中依次握紧锤柄，挥锤时，按照相反的顺序放松手指（见图 5-16b）。锤子的手柄应安装牢固，用楔塞牢，防止锤头飞出伤人。锤击时，锤头应平整地击打在工件上，不得歪斜，防止破坏工件表面形状。

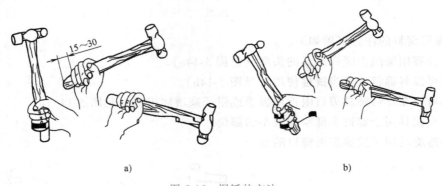

图 5-16　握锤的方法

a）紧握法　b）松握法

挥锤的方法有腕挥、肘挥和臂挥三种，如图 5-17 所示。腕挥就是仅用手腕的动作进行锤击运动，采用紧握法握锤，锤击力小，但准、快、省力（见图 5-17a）；肘挥是手腕与肘部一起挥动作锤击运动，采用松握法握锤，因挥动幅度较大，故锤击力也较大（见图 5-17b）；臂挥是手臂挥锤，用手腕、肘和全臂一起挥动，也就是大臂和小臂一起运动，锤击力最大（见图 5-17c）。挥锤要求准、稳、狠。准就是命中率要高，稳就是速度节奏为 40 次/min，狠就是锤击要有力。其动作要一下一下有节奏地进行，一般在肘挥时约 40 次/min，腕挥时约 50 次/min。

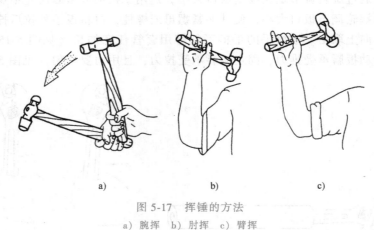

图 5-17　挥锤的方法

a）腕挥　b）肘挥　c）臂挥

4. 呆扳手的使用

所选用呆扳手的扳口尺寸，必须与螺柱或螺母的尺寸相符合，呆扳手的扳口过大容易滑脱，并损伤螺母或螺柱的六角边。为防止呆扳手损坏和滑脱，应该使拉力作用在扳唇较厚的一边，如图 5-18 所示。

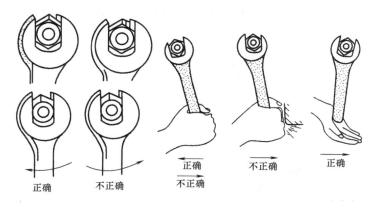

图 5-18　呆扳手的使用

5. 梅花扳手的使用

梅花扳手两端的环状内孔是双六角形的，可以很容易地套进六角形螺柱、螺母，很方便地在有限的凹进空间里或平面上紧固和松动六角形螺柱、螺母。同时，因为螺柱、螺母的的六角形表面是被环状内孔包住的，故不可能损坏六角形螺柱角、螺母角，并且可以施加较大的力矩。

使用时，应该选用尺寸合适的梅花扳手，否则极容易损坏梅花扳手和螺柱、螺母。同时，应该尽量使用拉力，如果空间限制无法拉动梅花扳手，可以用手推之。因为拧紧的螺柱、螺母可以通过施加冲击力轻松松开，但是不能够使用套管加长来增加力矩或用锤子敲击加长的套管增加力矩。梅花扳手的使用如图 5-19 所示。

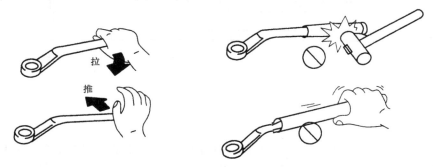

图 5-19　梅花扳手的使用

6. 棘轮扳手的使用

扳动棘轮扳手上的手柄，可以改变棘轮扳手的用力方向，往左转动可以拧紧螺柱、螺母，往右转动可以松开螺柱、螺母。因此可以不取下套筒头而往复操作，提高了工作效率。同时，棘轮扳手可以以较小的回转角锁住，可以在有限的空间中工作。但其内部的棘轮不能够承受较大的力，因此不要施加过大的力矩，否则可能损坏棘爪的结构，如图 5-20 所示。

7. 扭力扳手的使用

扭力扳手的使用方法如图 5-21 所示。使用时，一手按住扭力扳手套筒头的一端，另一只手平稳地拉动扭力扳手的手柄，并观察扭力扳手指针指示的转矩数值。切忌在过载的情况下使用扭力扳手，以免造成读数失准或扭力扳手的损坏。使用后，应该将扭力扳手平稳放置，避免重物撞压，造成扭力杆或指针变形而影响其测量精度，甚至损坏扭力扳手。

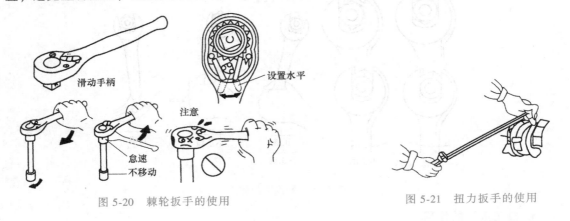

图 5-20　棘轮扳手的使用　　　　　　　　　　图 5-21　扭力扳手的使用

第二节　常用量具的使用

一、常用量具

1. 金属直尺

金属直尺是一种最简单的测量长度而直接读数的量具，用薄钢板制成。金属直尺常用于粗测工件的长度、宽度和厚度，如图 5-22 所示。

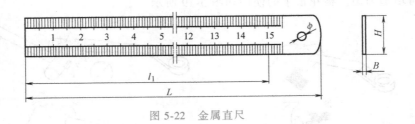

图 5-22　金属直尺

2. 游标卡尺

游标卡尺是一种较精密的量具，能较精确地测量工件的长度、宽度、深度及内外圆直径等尺寸。它由尺身、游标、外测量爪、刀口内测量爪、深度尺、紧固螺钉等组成，如图 5-23 所示。

内、外径固定测量爪与尺身制成一体，而内、外径活动测量爪和深度尺与游标制成一体，并且可以在尺身上滑动。尺身上的刻度每格为 1mm，游标上的刻度每格不足 1mm。当内、外测量爪合拢时，尺身与游标上的零线应该相重合；在内、外测量爪分开时，尺身与游标上的刻线相对错动。测量时，根据尺身与游标错动情况，即可以在尺身上读出以 mm 为单位的整数，在游标上读出以 mm 为单位的小数。为了使测量好的尺寸不致变动，可以拧紧紧固螺钉，使游标不再滑动。不同分度值的游标卡尺刻线原理和读数方法，见表 5-1。

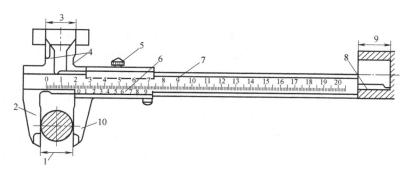

图 5-23　游标卡尺

1—测量外表面　2、10—外测量爪　3—测量内表面　4—刀口内测量爪
5—紧固螺钉　6—游标　7—尺身　8—深度尺　9—测量深度

表 5-1　游标卡尺的刻线原理和读数方法

分度值/mm	刻线原理	读数方法及示例
0.1	零线 0.9mm 1mm 尺身 游标	90 100 0.4mm
0.05	尺身 1 2 游标 5 10 15 20	3 4 0 5 10
0.02	尺身 0 1 2 3 4 5 0 1 2 3 4 5 6 7 8 9 0 游标	2 3 4 5 0 1 2 3 4 5

3. 千分尺

千分尺是比游标卡尺更为精确的一种精密量具，测量的分度值可以达到 0.01mm，按其用途可分为外径千分尺、内径千分尺、深度千分尺和螺纹千分尺等。

1）外径千分尺的构造。图 5-24 所示为外径千分尺的结构图。外径千分尺是用来测量工件外部尺寸的，由尺架、测砧、测微螺杆、螺纹轴套、固定套管、微分筒、调节螺母、测力装置、锁紧装置、隔

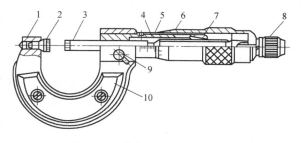

图 5-24　外径千分尺的结构图

1—尺架　2—测砧　3—测微螺杆　4—螺纹轴套
5—固定套管　6—微分筒　7—调节螺母
8—测力装置　9—锁紧装置　10—隔热装置

热装置等组成。

2）刻线原理。千分尺是利用螺旋副传动原理，借助测微螺杆与螺纹轴套的精密配合，将回转运动变为直线运动，以固定套管和微分筒（相当于游标卡尺的尺身和游标）所组成的读数机构读得被测工件的尺寸。

固定套管外面有尺寸刻线，上、下刻线每一格为1mm，相邻刻线间的距离为0.5mm。测微螺杆后端有精密螺纹，螺距是0.5mm，当微分筒旋转一周时，测微螺杆和微分筒一同前进（或后退）0.5mm。同时，微分筒就遮住（或露出）固定套管上的一条刻线。在微分筒圆锥面上，一周等分成50条刻线，当微分筒旋转一格时，即一周的1/50，测微螺杆就移动0.01mm，故千分尺的测量精度为0.01mm。

3）读数方法。先读固定套管上的整数（mm）和半整数（0.5mm）；再看微分筒上第几条刻线与固定套管的基线对正，即有几个0.01mm；将两个读数相加就是被测量工件的尺寸读数。

图5-25所示为千分尺的刻度和读数示意图。在图中，固定套管上露出来的数值是7.50mm，微分筒上第39格线与固定套管上的基线正好对齐，即数值为0.39mm。这时，千分尺的正确读数应该为7.50mm+0.39mm=7.89mm。

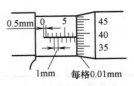

图5-25 千分尺的刻度和读数示意图

4. 指示表

指示表是一种精度较高的齿轮传动式测微量具，如图5-26所示。它利用齿轮齿条传动机构将测杆的直线移动转变为指针的转动，由指针指出测杆的移动距离。因指示表只有一个测量头，所以它只能测出工件的相对数值。指示表主要用来测量机器零件的各种几何形状偏差和表面相互位置偏差（如平面度、垂直度、圆度和跳动量），也可以测量工件的长度尺寸，常用于工件的精密找正。

指示表的工作原理是将测杆的直线位移，经过齿条与齿轮传动转变为指针的角位移。指示表的刻度盘圆周刻成100等分，其分度值为0.01mm，当主指针转动一周时，则测杆的位移量为1mm，当小指针转动一格时，测杆的位移量为0.01mm，这时的读数为0.01mm。表圈2和表盘3是一体的，可以任意转动，以便使指针对零位。小指针用以指示大指针的回转圈数。

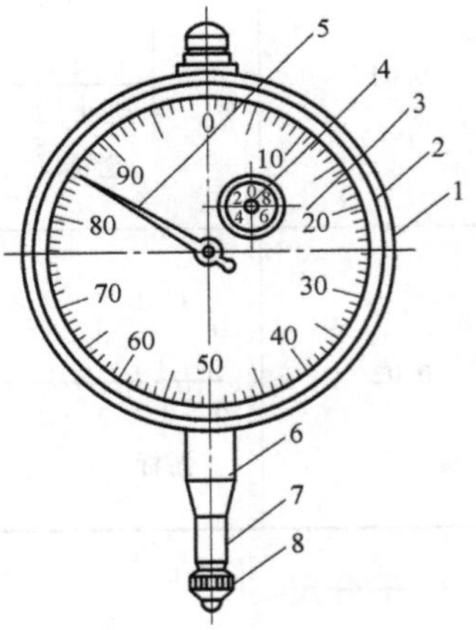

图5-26 指示表

1—表体 2—表圈 3—表盘 4—小指针 5—主指针 6—装夹套 7—测杆 8—测头

5. 内径指示表

内径指示表又称为量缸表，它以指示表为读数机构，配备杠杆传动系统或楔形传动系统的杆部。内径指示表是用比较法来测量孔径及其几何形状偏差的，主要用来测量缸体零件的内孔尺寸精度和形状精度，也可以用来测量工件上孔的尺寸精度和形状精度。

图5-27所示为内径指示表的结构示意图。它配备的是杠杆传动系统，其上部是指示表，下部是量杆装置，上、下部有联动关系。测量时，被测孔的尺寸偏差借助活动测头的位移，通过杠杆和传动杆传递给指示表。因传动系统的传动比为1，因而测头所移动的距离与指示

表的指示值相等。为了测量不同直径的缸体孔径，备有长短不同的固定量杆，并在各固定量杆上标有测量范围，以便于选用。

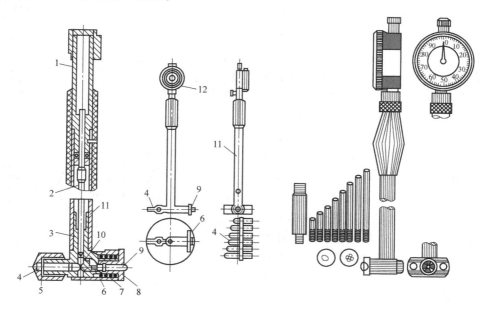

图 5-27 内径指示表的结构示意图

1—插口 2—活动杆 3—三通管 4—固定量杆 5、8—锁紧螺母 6—活动套 7—弹簧
9—活动量杆 10—杠杆 11—表管 12—指示表

6. 塞尺

塞尺一般是成套供应的，其外形如图 5-28 所示。塞尺由不同厚度的金属薄片组成，每个薄片有两个相互平行的平面，并有较准确的厚度。塞尺的规格以长度和每组的片数来表示，每组的片数有 11~17 片等，其长度制成 50mm、100mm、200mm 和 300mm 等。

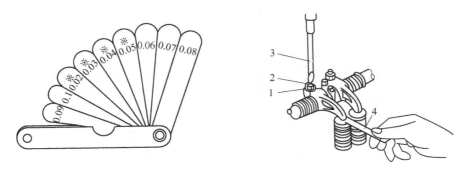

图 5-28 塞尺

1—锁紧螺母 2—调整螺柱 3—螺钉旋具 4—塞尺

二、常用量具的使用方法

1. 游标卡尺的正确使用

测量前，应该将被测工件表面擦拭干净，并使游标卡尺测量爪保持清洁。合拢测量爪，

检查尺身与游标的零线是否对齐。如未对齐，应该记下误差值，以便测量后修正读数。测量工件的内、外圆时，卡尺应该垂直于轴线；测量内圆时，还应该使两测量爪处于直径处。图 5-29 所示为使用游标卡尺时的几种错误方法。

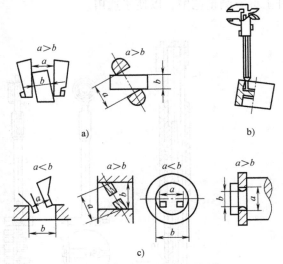

图 5-29 游标卡尺的错误使用方法
a）几种测量外径的错误方法 b）测量深度的错误方法
c）几种测量内径和沟槽的错误方法

测量工件外圆尺寸时，应该先使游标卡尺外测量爪间距略大于被测工件的尺寸，再使工件与尺身外测量爪贴合，然后使游标外测量爪与被测工件表面接触，并找出最小尺寸。测量时要注意外测量爪的两测量面与被测工件表面接触点的连线应该与被测工件表面相垂直。

测量工件内孔尺寸时，应该使游标卡尺内测量爪的间距略小于工件的被测孔径尺寸，然后将内测量爪沿孔中心线放入。先使尺身内测量爪与孔壁一边贴合，再使游标内测量爪与孔壁另一边接触，找出最大尺寸。同时，注意使内测量爪两测量面与被测工件内孔表面接触点的连线与被测工件内表面垂直。

使用游标卡尺的深度尺测量工件深度尺寸时，要使游标卡尺端面与被测工件的顶端平面贴合，同时保持深度尺与这个平面垂直。

2. 千分尺的正确使用

测量前，先将测量面擦拭干净，并检查零位。用测力装置使测量面或测量面与标准棒两端面接触，观察微分筒前端面与固定套管零线、微分筒零线与固定套管基线是否重合。如不重合，应该通过专用小扳手转动固定套管来进行调整。图 5-30 所示为千分尺零位调整方法的示意图。

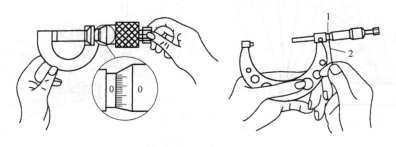

图 5-30 千分尺零位调整方法的示意图
1—固定套管 2—专用扳手

测量时，左手拿尺架的隔热装置，右手旋转微分筒，使千分尺测微螺杆的轴线与工件的中心线垂直或平行，不得歪斜。先用手转动调节螺母，当测微螺杆的测量面接近工件时，改用测力装置的螺母转动，直至听到"咔咔"的响声，表示测微螺杆与工件接触力适当，应该停止转动，这时千分尺上的读数就是工件的尺寸。严禁拧动微分筒，以免用力过度，造成测量不准确。为防止一次测量不准确，可以旋松棘轮，进行多次复查，以求得测量读数的准确性。

读数要细心，必要时用紧定手柄将测微螺杆固定，从工件上取下千分尺读出测量的数值，要特别注意不要读错了 0.5mm。

3. 指示表架及指示表的正确使用

如图 5-31 所示，是指示表架及指示表使用的示意图。使用指示表测量工件时，必须将其固定在可靠的支架上，并要注意指示表与支架在表座上安装的稳定性，不应该有倾斜或摆动现象。指示表的夹装要牢固，夹紧力适当，不宜过大，以免装夹套筒变形，卡住测杆。夹装后要检查测杆是否灵活，并且不可再转动指示表。依被测零件表面的不同形状选用相应形状的测头，如用平测头测量球面零件，用球面测头测量圆柱形或平面零件，用尖测头或曲率半径很小的球面测头测量凹面或形状复杂的表面。

测量时，应该轻提测杆，缓慢放下，使测杆端部的测头抵在被测零件的测量面上，并要有一定的压缩量，以保持测头一定的压力，再转动刻度盘，使指针对准零位。同时，使被测量的零件按一定的要求移动或转动，从刻度盘指针的变化，直接观察被测零件的偏差尺寸，即可测量出零件的平整程度或平行度、垂直度或轴的弯曲度及轴颈磨损程度等。

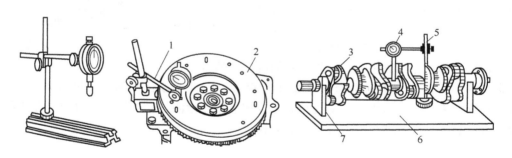

图 5-31 指示表架及指示表的使用示意图

1—固定支架 2—飞轮（工件） 3—曲轴 4—指示表

5—指示表支架 6—检验用平板 7—V 形铁

值得注意的是，测量时的测杆与被测零件表面必须垂直，否则会产生测量误差。同时，不使测头移动距离过大，不准将零件强行推至测头下，也不准急速放下测杆，使测头突然落到零件表面上，否则将造成测量误差，甚至损坏指示表。图 5-32 所示为使用指示表正确位置的示意图。

4. 内径指示表的正确使用

使用内径指示表测量缸体零件或一般零件的内孔尺寸时，先根据孔径尺寸选用合适的固定量杆，将内径指示表放入缸体零件或一般零件的孔内。如果表针能转动一圈左右，则为调整适宜，然后将量杆上的固定螺母锁紧。

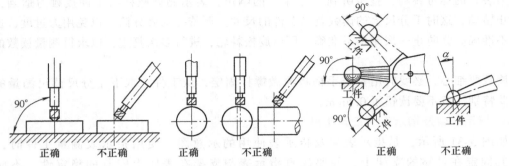

图 5-32　指示表的使用

测量孔径时，量杆必须与内孔轴线垂直，读数才能准确。为此，测量孔径时可以稍稍摆动内径指示表，如图 5-33 所示。当指针指示到最小数值（图中中间位置）时，即表明量杆已垂直于内孔轴线，记下该处的数值（大指针和小指针指示的数值都要记），然后用外径千分尺测量这个位置的读数值，即为孔的直径值。

三、其他常用诊断仪器

随着社会的进步以及人们对机器的动力性、经济性、安全性、舒适性和环保性能等方面的要求不断提高，机器技术日益向电子化、智能化方向发展，现代机器性能检测和故障诊断技术也随之不断更新，并已成为机器操作与维修人员必须和急需掌握的技术。

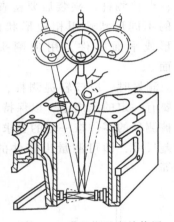

图 5-33　内径指示表的使用

在机器的操作和维修过程中，除了我们所提到的常用机械测量工具外，还经常用到自诊断检查（检测）仪、机器综合检测仪、机器异响听诊器、进气系统真空表，气缸压力表、漏气率表，冷却液冰点检测仪、润滑油压力表、燃油压力检测仪、真空表等检测仪器以及综合诊断故障仪等。

第三节　钳工常用设备

钳工是使用各种手工工具以及一些简单设备，按技术要求对工件进行加工、修整、拆卸、装配的工种。钳工的工作范围很广，工作任务主要有划线、加工零件、拆卸、装配、设备维修、检修和创新技术。

一、钳台

图 5-34 所示为钳台（钳桌）及台虎钳的合适高度。钳台（钳桌）用来安装台虎钳，放置工具和工件等（见图 5-34a）。钳台高度为 800~900mm，装上台虎钳后，钳

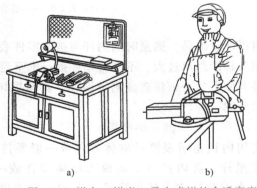

a)　　　　　　　　　b)

图 5-34　钳台（钳桌）及台虎钳的合适高度

口高度恰好与肘齐平为宜，即肘放在台虎钳最高点半握拳，拳刚好抵下颚（见图5-34b），钳台长度和宽度随工作需要而定。

二、台虎钳

　　台虎钳是用来夹持工件的，如图5-35所示。台虎钳分为固定式台虎钳（见图5-35a）和回转式台虎钳（见图5-35b）两种结构类型，其规格以钳口的宽度表示，有100mm、125mm、150mm等。

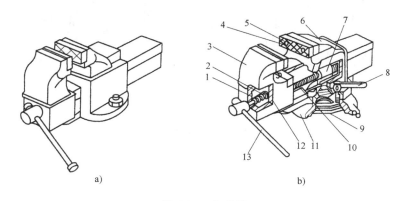

图 5-35　台虎钳

a）固定式台虎钳　b）回转式台虎钳

1—弹簧　2—挡圈　3—活动钳身　4—钢制钳口　5—螺钉　6—固定钳身　7—丝杠螺母
8—锁紧手柄　9—夹紧盘　10—丝杠　11—转座　12—开口销　13—施力手柄

　　回转式台虎钳主要由活动钳身、固定钳身、丝杠、丝杠螺母、施力手柄、弹簧、挡圈、开口销、钢制钳口、螺钉、转座、锁紧手柄以及夹紧盘等组成。其工作原理是：活动钳身通过导轨与固定钳身的导轨孔做滑动配合，丝杠装在活动钳身上，可以旋转，但不能轴向移动，并与安装在固定钳身内的丝杠螺母配合。当摇动手柄时，可以使丝杠旋转，则带动活动钳身相对于固定钳身做轴向移动，起夹紧或松开工件的作用。弹簧借助挡圈和开口销固定在丝杠上，其作用是松开丝杠时，可以使活动钳身及时地退出。

　　在固定钳身和活动钳身上，各装有钢制钳口，并用螺钉固定，钳口的工作面上制有交叉的网纹，使工件夹紧后不容易产生滑动，钳口经过热处理淬硬，具有较好的耐磨性。固定钳身装在转座上，并能绕转座轴线转动，当转到要求的方向时，扳动手柄使夹紧螺钉旋紧，固定钳身便在夹紧盘的作用下固定不动。转座上有三个螺柱孔，用以通过螺柱将转座固定在钳桌上。

三、砂轮机

　　砂轮机用来刃磨刀具和工具，它由电动机、砂轮、机座、托架和防护罩组成，如图5-36所示。砂轮质地较脆，工作时转速很高，使用砂轮时应遵守安全操作规程，严防发生砂轮碎裂造成人身事故。因此，安装砂轮时一定要使砂轮保持平衡，安装好后必须先试转3~4min，检查砂轮转动是否平稳，有无振动和其他不良现象。砂轮机起动后，应先观察运转情况，待转速正常后方可进行刀具和工具的刃磨。

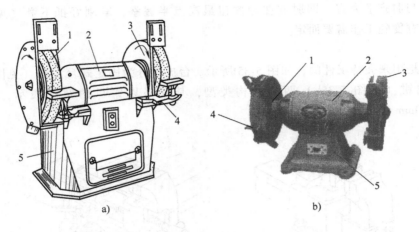

图 5-36　砂轮机

a) 立式砂轮机　b) 台式砂轮机

1—砂轮　2—电动机　3—防护罩　4—托架　5—机座

四、钻床

钻床是用来对工件进行孔加工的设备，有台式钻床、立式钻床和摇臂钻床等，如图 5-37 所示。台式钻床简称"台钻"，钻孔直径一般在 1～12mm 之间，由于加工孔径较小，所以台钻的主轴转速往往较高。台钻小巧灵活、使用方便，在仪表制造、钳工和装配中应用较多。

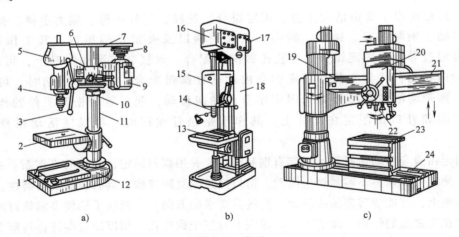

图 5-37　钻床

a) 台式钻床　b) 立式钻床　c) 摇臂钻床

1、2、13、23—工作台　3—进给手柄　4、14、22—主轴　5—V 带罩　6—主轴架　7—V 带
8—多级 V 带轮　9、17—电动机　10—保险环　11、18、19—立柱　12、24—底座
15—进给箱　16—主轴变速箱　20—主轴箱　21—摇臂

立式钻床简称"立钻"，动力由电动机经主轴变速箱传给主轴，带动钻头旋转。同时也把动力传进进给箱，使主轴在转动的同时能自动做轴向进给运动。利用手柄，也可以实现手

动轴向进给。工件通过夹具安装在工作台上，进给箱和工作台可以沿立柱导轨上、下移动，以适应加工不同高度的工件。

摇臂钻床的摇臂能绕立柱旋转并带着主轴箱沿立柱垂直移动，同时主轴箱可以在摇臂的水平导轨上移动。钻孔时，调整好刀具的位置，使其对准被加工孔的中心，而不需移动工件来进行加工。

五、个人安全防护及设备安全

1. 个人安全

1）眼睛的防护。在工厂车间工作时，眼睛经常会受到各种伤害，如飞来的物体、腐蚀性的化学飞溅物、有毒的气体或烟雾等，但这些伤害几乎都是可以防护的。

常见的保护眼睛的装备是护目镜和面罩。护目镜可以防护各种对眼睛的伤害，如飞来物体或飞溅的液体。在这些情况下，应考虑佩戴护目镜：进行金属切削加工、使用錾子或冲子铲剔、使用压缩空气、使用清洗剂等。面罩不仅能够保护眼睛，还能够保护整个面部。如果进行电弧焊或气焊，要使用带有色镜片的护目镜或带深色镜片的特殊面罩，以防止有害光线或过强的光线伤害眼睛。值得注意的是，在摘下护目镜或面罩时，要闭上眼睛，防止粘在护目镜或面罩外的金属颗粒掉进眼睛里。

2）听觉的保护。工厂车间是个噪声很大的场所，各种设备如冲击扳手、空气压缩机、砂轮机、发动机、机床等的噪声都很大。短时的高噪声会造成暂时性听力丧失，但持续的较低噪声则更有害。常见的听力保护装备有耳罩和耳塞，噪声极高时可以同时佩戴。在钣金车间，一般情况下必须佩戴耳罩或耳塞。

3）手的保护。手是身体经常受伤害的部位之一，保护手要从两方面着手：一是不要把手伸到危险区域，如发动机前部转动的传动带区域、发动机排气管道附近等；二是必要时应该戴上防护手套。不同的场合需用不同的防护手套，金属加工用劳保安全手套，接触化学品用橡胶手套。

4）衣服、头发及饰物。宽松的衣服、长袖子、领带都容易卷进旋转的机器中，所以在工厂车间里，一定要穿合体的工作服，最好是连体工作服，外套、工装裤也可以。如果戴领带则要把它塞到衬衫里。长发很容易被卷入运转的机器中，所以长发一定要扎起来，并戴上帽子。

在工厂车间里要穿劳保鞋，可以保护脚面不被落下的重物砸伤，且劳保鞋的鞋底是防油、防滑的。工作时不要戴手表或其他饰物，特别是金属饰物，在进行电气维修时可能会导入电流而烧伤皮肤，或导致电路短路而损坏电子元器件或设备。

2. 工具和设备的安全使用

1）手动工具的安全使用。手动工具看起来是安全的，但使用不当也会导致事故，如用一字槽螺钉旋具代替撬棍，会导致旋具崩裂、损坏，飞溅物会打伤自己或他人；扳手从油腻的手中滑落，掉到旋转的零部件上，再飞出来伤人等。另外，使用带锐边的工具时，锐边不要对着自己和工作同事。传递工具时，要将手柄朝向对方。使用千斤顶支承重物时，应当确保千斤顶支承在支承点较结实的部位。

2）动力工具的安全使用。所有的电气设备都要使用三相插座，地线要安全接地，电缆或装配松动的电器应该及时维护；所有旋转的设备都应该有安全罩，以免零部件飞出伤人。

在进行电子系统维修时，应该断开电路的电源，方法是断开蓄电池的负极搭铁线，这不仅可以保护人身安全，还能防止对电器的损坏。

3）工具和设备都要定期检查和保养。

3. 压缩空气的安全使用

使用压缩空气时，应该非常小心，不要将压缩空气对着自己或别人，不要对着地面或设备、车辆乱吹。压缩空气进入耳部会撕裂耳鼓膜，造成失聪；进入口中会损伤肺部或伤及皮肤；被压缩空气吹起的尘土或金属颗粒会造成皮肤、眼睛的损伤。

第四节　平尺、平板、直角尺

一、平尺

平尺主要用于检验工件的直线度、平面度误差，也可以作为刮研的基准，有时还用来检验零部件的相互位置精度。平尺有两种基本形式，即只有一个平面的桥形平尺（见表5-2A）和具有两个平行平面的平行平尺（有Ⅰ字形截面和Ⅱ字形截面之分，见表5-2B）。此外，还有刀口尺（见表5-2C）、四棱尺（见表5-2D）、角度平尺等。常用检验平尺的规格尺寸见表5-2。

表5-2　平尺的规格尺寸

序号	名称	简图	精度等级	主要尺寸/mm		
A	桥形平尺		1级和2级	L	B	
				1000	50	
				1250		
				1600	60	
				2000	80	
				2500	90	
				3000	100	
				4000		
				5000	110	
				6000	120	
B	Ⅰ字形平尺		0级1级和2级	L	H	B
				400	30	75
				500		
				630	35	80
				800		
				1000	40	100
				1250		

（续）

序号	名　称	简　图	精度等级	主要尺寸/mm		
C	刀口尺		0级和1级	L	H	B
				75	22	6
				125	27	6
				200	30	8
				300	40	8
				400	45	8
				500	50	10
D	四棱尺		0级和1级	L		B
				200		20
				300		25
				500		35

　　桥形平尺用优质铸铁经稳定性处理后制成，刚性好，使用时可任意支承，但受温度变化的影响较大。

　　由于平行平尺有上下两个相互平行的工作面，所以不仅用作直线度、平面度检查的测量基准，还可作相互位置精度的检查。因刚性较差，其自重产生的挠度不容忽视，使用时其最佳支承点位于距两端 $2/9L$ 处，当不在最佳支承点使用时，要计入自然挠度。平行平尺因受温度变化的影响少，且使用轻便，故应用比桥形平尺广。

　　如图 5-38 所示，角度平尺用于检查燕尾导轨的直线度、平面度及其与其他表面的相互位置精度。其结构形式、尺寸大小视具体导轨而定，如燕尾角度为 60°。则角度平尺角度也应设计为 60°。

图 5-38　角度平尺

　　检验平尺的技术要求有如下规定：

　　1）允许的挠度值：支承于平尺两端时，其自然挠度不得超过每米 10μm。

　　2）工作面的直线度、平面度：当支承在平尺最小自然挠度的最佳支承位置时，其误差不得超过 $(2+10L)$ μm（L 是以 m 为单位的工作长度）。如任意 300mm 长度上误差不超过 5μm。

　　3）工作面的平行度：$1.5(2+10L)$ μm。

　　4）侧面的直线度：$10(2+10L)$ μm。

　　5）侧面的平行度：$15(2+10L)$ μm。

　　6）侧面对工作面的垂直度：平尺高度上每 10mm 为 ±2.5μm。

　　7）工作面的表面粗糙度：工作面应精磨或刮研。

二、平板

　　平板，如图 5-39 所示，用于涂色法检查零件的直线度、平面度，作为测量基准；与其他量具、量仪配合还可检验尺寸精度、角度、几何公差，也常用作刮研基准。

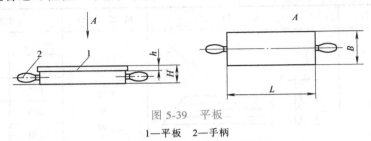

图 5-39 平板

1—平板 2—手柄

平板结构好坏对刚性和精度有很大影响。平板由优质铸铁，经时效处理，按较严格的技术要求制成，工作面需经过刮研达 25 点/25mm×25mm 以上。平板精度分为 00、0、1、2、3 五个等级。00 级 (公差为 0 级的一半)、0 级及 1 级为检验平板，2、3 级为划线平板。机床精度检验应用 0 级或 00 级平板。

用大理石、花岗石制造的平板获得了日益广泛的应用。其优点是不生锈，易于维护，不变形，不起毛刺。缺点是受温度的影响，不能用涂色法检验工件，不易修理。

三、直角尺

直角尺用于检验零部件的垂直度，也可对工件划垂直线。各种形式和规格的直角尺见表 5-3。

表 5-3 各种形式和规格的直角尺

名 称	简 图	精度等级	用 途	规格尺寸/mm	
				L	D
圆柱直角尺		00 级和 0 级	用于精确检验零部件的垂直度，也可对工件划垂直线	200	80
				315	100
				500	125
				800	160
				1250	200
				L	B
刀口形直角尺		0 级和 1 级	与圆柱直角尺相同	50	32
				63	40
				80	50
				100	63
				125	80
				160	100
				200	125

（续）

名　称	简　图	精度等级	用　途	规格尺寸/mm	
刀口矩形直角尺		00级和0级	与圆柱直角尺相同，但检验精度比圆柱直角尺稍差	L	B
				63	40
				125	80
				200	125
宽座直角尺		0级、1级和2级	与圆柱直角尺相同，但检验精度比圆柱直角尺差	L	B
				63	40
				80	50
				100	63
				125	80
				160	100
				200	125
				250	160
				315	200

直角尺用铸铁、钢或其他材料制成，经淬硬和稳定性处理。

机床精度检验通则对直角尺的精度要求做了如下规定：

1）工作面的平面度和圆柱直角尺工作面的直线度公差：（2+10L）μm（L的单位为 m）。

2）垂直度公差：每 300mm 为 5μm，可大于或小于 90°。

3）工作面的表面粗糙度：工作面应精磨或刮研。

4）普通直角尺的挠度公差：在直角尺长边的末端处平行于短边的方向，施加 2.5N 的负载，如图 5-40 所示，其挠度值（μm）应不超过 $0.7\sqrt{L}$（L 为直角尺长边以 mm 为单位的工作长度）。

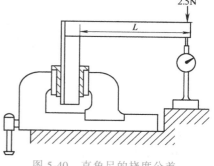

图 5-40　直角尺的挠度公差

在机床上通常遇到的垂直度公差为 0.03～0.05mm/m 不等的情况，直角尺适用于 0.04～0.06mm/m 的垂直度公差的检验。对于精度要求较高的地方，则应考虑所用直角尺本身的误差，或用其他方法检验。如采用 0 级直角尺，即可满足检验垂直度公差为 0.03mm/m 的要求。

第五节　检　验　棒

一、圆锥检验棒

圆锥检验棒是机床检验的常备工具。主要用来检验主轴、套筒类零件的径向圆跳动、轴向圆跳动，也用来检验直线度、平行度、同轴度、垂直度等。

圆锥检验棒由插入被检验孔的圆锥柄和作测量基准用的圆柱体组成，如图 5-41 所示。

用工具钢经精密加工制成，可镀铬或不镀。

对圆锥检验棒的技术要求如下：

1）两端具有供制造和检验用的经过研磨的带保护的中心孔。

2）具有机床检验时需要用的相隔90°的四条基准线r(1、2、3、4)，圆柱部分两端标记间的距离L表示测量长度(L:75、150、200、300或500mm)。

3）自锁的莫氏锥度和米制圆锥检验棒应带有一段供旋上螺母后拆卸检验棒的螺纹部分，螺纹应采用细牙。

4）当检验棒的锥度较大时(见图5-41b)，应提供紧固检验棒的螺纹拉杆的螺孔。

5）检验棒的自由端可带有一长14～32mm的直径略小于检验圆柱的工艺用加长部分P(见图5-41c)。

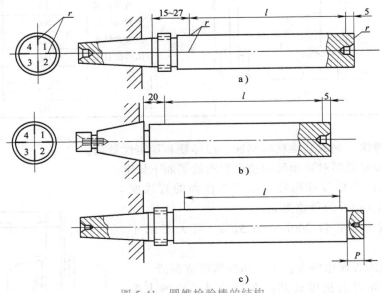

图5-41　圆锥检验棒的结构

对圆锥检验棒的检验包括：在两顶尖间安装检验棒，沿其轴线的若干等距点处测量其径向圆跳动；在对应于四条标记母线的两个轴向平面的全长上实测其直径差，检验棒的精度应符合表5-4的规定。

表5-4　圆锥检验棒的精度

测量长度 L/mm	75	150	200	300	500
径向圆跳动/μm	2		3		
圆柱体直径差/μm	2		3		
圆锥柄精度	应与锥度量规的精度相一致				

圆锥检验棒在使用时应注意以下几点：

1）圆锥柄和机床主轴的锥孔必须擦净，以保证接触良好。

2）检验径向圆跳动时，检验棒应在相隔90°的四个位置依次插入主轴锥孔，误差以四次测量结果的平均值计。

3）检验零部件的侧向位置精度或平行度时，应将检验棒和主轴旋转 180°，依次在检验棒圆柱面的两条相对的母线上进行检验，误差以两次测量结果的平均值计。

4）检验棒插入主轴锥孔后，应稍待一段时间，以消除操作者的手所传来的热量，使检验棒的温度稳定。

5）使用 0 号及 1 号莫氏锥度检验棒时应考虑其自然挠度。

二、圆柱检验棒

圆柱检验棒两端有顶尖孔，可安装于两顶尖间，其外圆柱面的素线作为测量用的直线基准，如图 5-42 所示。

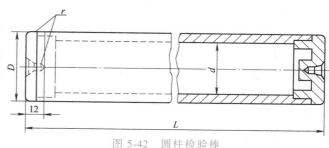

图 5-42　圆柱检验棒

圆柱检验棒一般用热拔无缝钢管制成，管子的壁厚应有足够的强度。两端堵头上有经过研磨的供制造和检验用的带保护的中心孔，外表面需精磨，精磨前需经淬硬和稳定性处理，也可镀硬铬，以提高其耐磨性。

用于测量精度为每 300mm 上 0.01μm 的检验棒，其直线度误差应不大于每 300mm 上 3μm。表 5-5 所列的四种圆柱检验棒适用于机床上需要的大多数检验。

表 5-5　圆柱检验棒的技术规格

总长度 L/mm	外径 D/mm	内径 d/mm	不带堵头 的质量/kg	自然挠度 /μm	精　　度		
					直径差 /μm	径向 圆跳动 /μm	表面粗糙度 /μm
150～300	40	0	1.5～3	0.02 ～0.4	3	3	
301～500	63	50	2.7～4.5	0.1 ～0.7	3	4	$\sqrt{Ra0.4}$～$\sqrt{Ra0.1}$
501～1000	80	60	8.3～16	0.5～8	4	7	
1001～1600	125	105	28.2 ～45	3～19	5	10	

使用圆柱检验棒检验平行度时，先在检验棒圆柱面上的一条素线上测取读数，然后将检验棒旋转 180°，在相对的素线上测取读数，将检验棒调头后在相同的那一对素线上再重复测取读数。四次读数的平均值即为平行度误差。用这种方法测量，可以消除因检验棒本身误差所引起的大部分测量误差。

第六节　研磨棒和研磨套

一、研磨棒

研磨棒是一种内圆柱表面的研磨工具，其结构有整体式和可调式两种。

1）整体式研磨棒如图 5-43 和图 5-44 所示。前者适用于研磨孔径大的孔，后者用于 $\phi5 \sim \phi8mm$ 的小孔。

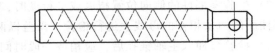

图 5-43　整体式研磨棒

整体式研磨棒制造简单，精度高，适用于精密孔和小直径孔的研磨，但整体式研磨棒磨损后尺寸无法补偿。为了使磨料和研磨液导入和均匀分布，研磨棒工作部分外圆通常车削有左右旋两条油槽，其导程约为直径的 $1/3 \sim 1/2$。为保证被研孔素线的直线度和圆柱度要求，研磨棒工作部分长度可取孔深的 $1 \sim 1.5$ 倍。

2）可调式研磨棒如图 5-45 和图 5-46 所示。

它们都是利用锥度调节，使研磨环胀大来补偿磨损量。常用的锥度为

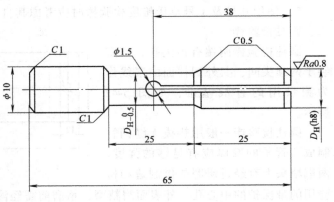

图 5-44　整体式研磨棒（$D_H = \phi5 \sim \phi8mm$）

$1:50$（用于 $\phi20mm$ 以下的小孔）和 $1:20$（用于 $\phi14 \sim \phi90mm$ 的孔）。

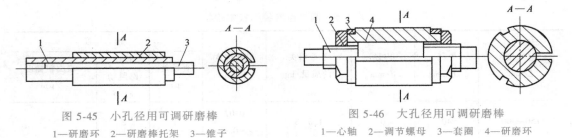

图 5-45　小孔径用可调研磨棒
1—研磨环　2—研磨棒托架　3—锥子

图 5-46　大孔径用可调研磨棒
1—心轴　2—调节螺母　3—套圈　4—研磨环

二、研磨套

如图 5-47 所示，研磨套是一种外圆研磨工具，一般做成可调节的，用锥度来补偿磨损（见图 5-47a）。常用的锥度有 $1:10$、$1:25$ 和 $1:30$ 等几种。此外，还有锯开式的研磨套，利用研磨套本身的弹性来实现调节（见图 5-47b）。一般研磨套的长度与孔径之比为 $1 \sim 2.5$。

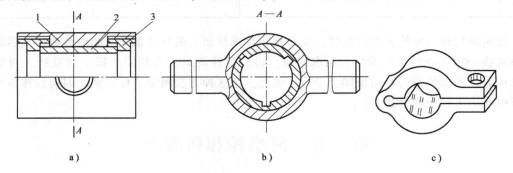

a)　　　　　　　　　　　b)　　　　　　　　　　　c)

图 5-47　研磨套
1—夹具　2—研磨套　3—调节螺母

研磨套是研磨中消除轴颈椭圆及棱度的主要工具。

第七节　水平仪和准直仪

一、水平仪

1. 普通水平仪

（1）水准管的结构原理　水准管是一种以重力方向为基准的精密测角仪器。当气泡在管中停住时，其位置必然垂直于重力方向。即当水平仪倾斜时，气泡本身并不倾斜，反映了一个不变的水平方向，因而可以作为角度测量的基准。

水平仪的主要组成部分是水准管，如图 5-48 所示。水准管是一个密闭的玻璃管，内装精馏乙醚，并留有

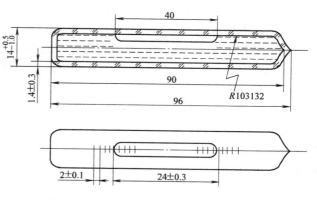

图 5-48　水准管

一定量的空气，以形成气泡，水准管倾斜度改变时，气泡永远保持在最上方，就是说液面永远保持水平。水准管内表面轴向截形为腰鼓形，如图 5-49a 所示，是经过研磨加工的弧面，管上的刻度可观测出倾斜度的变化量。管内腔的素线曲率半径决定了水准器的分度值。

以机床精度检验中最常见的分度值为 0.02/1000 的水平仪为例。分度值 0.02/1000 即分度值为 $4''$，从图 5-49b 可以看出，由于角度 ϕ 很小，则有 $\tan\phi \approx \phi$，$a = R\tan\phi \approx R\phi$。如果 $\phi = 4'' \approx 0.0000193927\mathrm{rad} \approx \dfrac{0.02}{1000}$，取刻度间隔 $a = 2\mathrm{mm}$，则有 $R = a/\phi = 2/0.0000193927 = 103132\mathrm{mm}$。如取 $4''$ 近似值 0.02/1000，则 $R \approx 100\mathrm{m}$。

就是说水准管内腔轴向截面素线曲率半径为 100m。水准管气泡每移动一格（一个格度间隔），则说明其倾斜度变动为 $4''$，或者说斜率改变 0.02/1000。如果气泡偏移 3 格，如图 5-50 所示。则两个表面之间的夹角为 $12''$，而在 400mm 长度上的高度差为

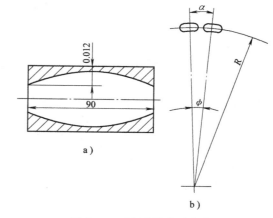

图 5-49　$4''$水准管内腔曲率

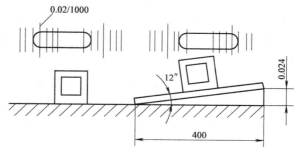

图 5-50　水平仪读数的换算

231

$$\frac{0.02}{1000}\times400\times3\text{mm}=0.024\text{mm}$$

（2）水准管的灵敏度与稳定性　水准管的灵敏度是指水准管倾斜至肉眼刚能觉察出气泡移动时的微小倾角，应不超过分度值的 15%。如对 4″水准管，当倾斜 0.6″时，用肉眼应能觉察出气泡开始移动。

水准管的稳定性是指气泡由工作范围边缘（即水准管最边缘的刻线处）回复并停止在居中位置所需要的时间，对 4″水准管应不多于 17s。

（3）水准管的示值精度　水准管的示值精度是指以下两项：

1）均匀性在 1±0.2 格范围之内。即按公称角值逐档测量时，相邻读数差都应在 0.8～1.2 格范围内。

2）平均角值与公称角值之差不应超过公称角值的 10%。关于平均角值的计算方法通过下面的实例来说明。

水准管的灵敏度、稳定性以及示值精度的检定需要在水平仪检定仪上进行。如图 5-51 所示，水平仪检定仪是利用正弦原理以实现小角度测量的装置。主要作用是可以根据需要产生一定的微小倾角。工作台 1 可绕左端支点旋转，左支点与右方测微螺柱 5 的支点距离为 429.7mm，测微螺柱螺距 $P=0.25$mm，旋转手轮 3 周，工作

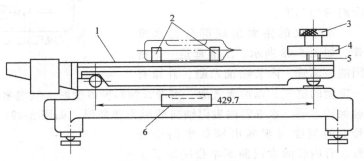

图 5-51　水平仪检定仪
1—工作台　2—V 形架　3—手轮　4—分度盘
5—测微螺柱，$P=0.25$mm　6—仪器水准器

台右端则升起（或降落）一个螺距，此时工作台倾角改变为 α，则有

$$\alpha=\frac{0.25}{429.7}=0.0005818012\text{rad}=120''$$

将分度盘 4 的圆周等分为 120 格，故每格对应工作台倾角 1″。转动手轮每转 4 格，水准管气泡应移动 1 格。

水准管示值精度的检定方法如下：

检定应在恒温室内进行，室温为（20±2）℃。检定前，被检水准管在恒温室内存放时间应不少于 1h。

将水平仪检定仪置于稳定的平台上，然后调整仪器底部的螺钉，使仪器本身的水准管气泡大致居中，在检定过程中应随时注意这个气泡位置是否变化，以断定仪器和平台是否平稳。

将被检水准管放在检定仪工作台的 V 形架上，转动手轮使气泡左端对准左部刻线内边线，每转动 4 格记录一次，向左直至最后一格为止；然后再使气泡右端对准右部刻线的内边线，同样检查至右端最后一格，并记录，要求每次读数值的相对误差不超过 20%。水准管在制造中，也如此检查，小于 0.8 格或大于 1.2 格时，则重新研磨直至合格为止。使用中的水平仪应定期检定其示值精度。

例 5-1 检定仪分度盘每格 1″，被检水准管分度值 4″，每次测量都将分度盘转过 4 格，对水准管的示值估读到 0.1 格。测量记录见表 5-6。

表 5-6 水准管示值测量记录

读数序号	分度盘转过格数累计值	左		右	
		读数/格	相邻读数差	读数/格	相邻读数差
0	0	0		0.2	
1	4	0.8	0.8	1.1	0.9
2	8	1.8	1.0	1.9	0.8
3	12	2.8	1.0	2.9	1.0
4	16	3.7	0.9	3.9	1.0
5	20	4.7	1.0	4.9	1.0
6	24	5.7	1.0	6.0	1.1
7	28	6.8	1.1	7.2	1.2
8	32	7.8	1.0	8.1	0.9

由表可见，相邻读数差未超过 0.8～1.2 格的范围，故合格。至于平均角值 τ 的计算方法有以下两种：

1）简单平均法。先按首尾读数之差分别计算出左、右两侧各自的平均值，然后再加以平均，作为水准管每个分度所反映的实际角值。则

$$\tau_{左} = \frac{32 \times 1″}{7.8 - 0} = 4.10″$$

$$\tau_{右} = \frac{32 \times 1″}{8.1 - 0.2} = 4.05″$$

$$\tau_{平} = \frac{\tau_{左} + \tau_{右}}{2} = \frac{4.10 + 4.05}{2} = 4.08″$$

因 4.08″-4″=0.08″，未超过公差 4″×10%=0.4″，故合格。

这种简单平均方法，在日常生产中常常被采用，但在对水准管作正式鉴定时应按加权平均法计算。

2）加权平均法。"加权"的含意是，在计算最后结果时考虑到各测量值不同的重要程度或不同的可靠程度，先分别乘上一个不同的系数（称"权因子"），然后再计算。

计算的方法见表 5-7，表中的数字首尾相减，相减后列在"读数差"栏中。

表 5-7 水准管加权平均角值计算

读数序号	分度盘转过格数		左		右	
	累计值	读数差	读数/格	读数差	读数/格	读数差
0	0	32	0	7.8	0.2	7.9
1	4	24	0.8	6.0	1.1	6.1
2	8	16	1.8	3.9	1.9	4.1
3	12	8	2.8	1.9	2.9	2.0
4	16		3.7		3.9	

（续）

读　数序　号	分度盘转过格数		左		右	
	累　计　值	读数差	读数/格	读数差	读数/格	读数差
5	20		4.7		4.9	
6	24		5.7		6.0	
7	28		6.8		7.2	
8	32		7.8		8.1	
和		80		19.6		20.1

$$\tau = \frac{80 \times 1'' + 80 \times 1''}{19.6 + 20.1} = 4.03''$$

表 5-7 中读数差的和 19.6 和 20.1 实际上是表 5-6 中"相邻读数差"分别乘"权因子"1、2、3、4 后的平均值，即

19.6 = 1×0.8+2×1.0+3×1.0+4×0.9+4×1.0+3×1.0+2×1.1+1×1.0

20.1 = 1×0.9+2×0.8+3×1.0+4×1.0+4×1.0+3×1.1+2×1.2+1×0.9

这里的权因子大小，基本上反映了使用机会的多少。例如中间两格最常用，权因子为 4；靠边上两格不常用，权因子为 1。就是说，这种加权后求平均角值的方法，让使用机会较多的区域，在检定结果中占较大的比重，因而是比较合理的。

3）水平仪示值零位的检定与调整　常用的普通水平仪有框式水平仪和条形水平仪（钳工水平仪），如图 5-52 所示。

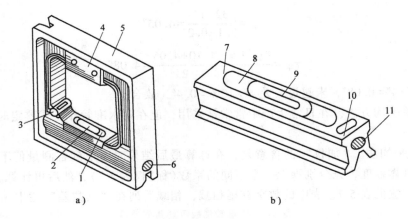

图 5-52　水平仪

a）框式水平仪　b）条形水平仪

1、8—盖板　2、9—主水准器　3、10—横向水准器　4—隔热手把

5、7—主体　6、11—零位调整装置

水准管牢固地安装于水平仪主体的可调支架上。水平仪下工作面称为基准面，当基准面处于水平状态时，气泡应在居中位置。气泡实际位置对居中位置的偏移量称为零位误差，要求不超过分度值的 1/4。其检定方法是：将 0 级平板调至大体水平状态，把被检水平仪放在平板上，按气泡任意一端读数，然后将水平仪原地转过 180°，在前一次读数的同侧再读一

次，两次读数差的一半就是水平仪的零位误差。

例 5-2　图 5-53 所示为同一水平仪在原位转过 180°前、后气泡的位置。现按左侧读数，则

$$零位误差 = \frac{(-2)-(+1)}{2} = -1.5 \text{ 格}$$

若按右侧读数，则

$$零位误差 = \frac{(+1)-(+4)}{2} = -1.5 \text{ 格}$$

显然，不管按哪侧读数其零位误差都一样。

大部分水平仪的零位都是可调整的，即调整水准管与下工作面的平行度。例 5-2 中零位误差为 -1.5 格，超过了 1/4 格，就需要将水准管的 N 端调高。图 5-54 所示为国产水平仪较多采用的一种安装方式，在水准管 2 上套两只聚乙烯套管 1，然后粘在水准管座 3 上。拧动调整螺钉 4，就可调整示值的零位。在调整合格后，过 4h 再复检一次。

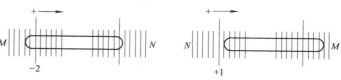

图 5-53　水平仪零位检定

2. 精密水平仪

常见的精密水平仪有光学合像水平仪、电子水平仪、电感式水平仪，广泛应用于精密机床在

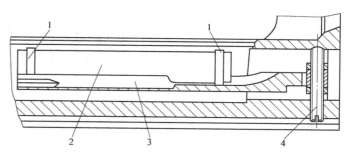

图 5-54　水准管安装方式

1—聚乙烯套管　2—水准管　3—水准管座　4—零位调整螺钉

修理中的测量，其测量精度可达 0.01/1000，0.005/1000 和 0.0025/1000。可精确地检验表面的平面度、直线度和相关零部件安装位置的准确度，同时还可以测量工件的微小倾角。

（1）光学合像水平仪　光学合像水平仪与普通水平仪相比，其特点是测量范围大，有 0~10mm/m（33′20″）和 0~20mm/m（1°6′40″）两种规格。其次是读数精度高，一般分度值为 2″（0.01/1000）。水准器只起定位作用，通过光学放大合像提高对准精确度，其曲率误差对示值精度无直接影响。其缺点是价格较贵，易损坏，受温度影响很大，使用时应尽量避免受热。

图 5-55a 所示为光学合像水平仪的外形，其结构原理如图 5-55b 所示。主要由目镜、微分调节旋钮、水准器、棱镜、底座等组成。水准器安装在杠杆架上特制的底板内，其水平位置可以通过调节旋钮，经丝杠螺母和杠杆系统调整。

水准器内气泡两端圆弧，通过棱镜反射至目镜（见图 5-55c），形成左右两半合像。当水平仪不在水平位置时，两半气泡 AB 差 Δ 值不重合（见图 5-55d），在水平位置时，两半气泡 AB 重合（见图 5-55e）。

对于机床导轨或大平面的直线度和平面度误差，可像普通框式水平仪一样用合像水平仪

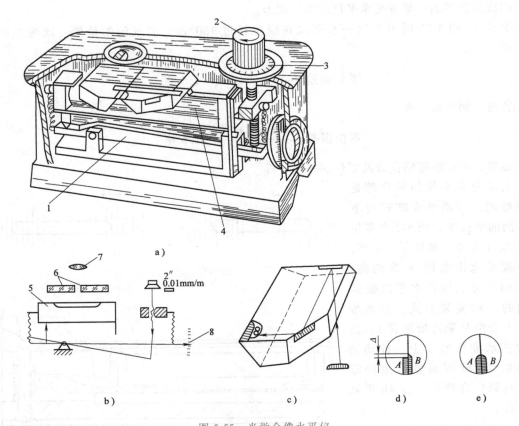

图 5-55 光学合像水平仪

1—杠杆 2—微分调节旋钮 3—微分刻度盘 4、5—水准器 6—棱镜 7—目镜 8—标尺指针

以节距法来测量，如图 5-56a 所示。将被测面分成若干定长段 b，选用合适长度和形状的垫板，将合像水平仪放置其上。观察目镜，转动调节旋钮，使两半气泡 AB 重合，便可由侧面的标尺指针读出整数，再从微分刻度盘上读出小数。刻度盘分为 100 格，刻度盘转一圈，精密丝杠带动标尺指针移动 1mm。因此刻度盘的每一格，代表 1m 长度内的高度差 0.01mm。当标尺指针所指的刻线为 1mm，微分刻度盘上的格数是 6 格，那么它的读数就是 1.06mm，即 1m 长度内的高度差为 1.06mm。

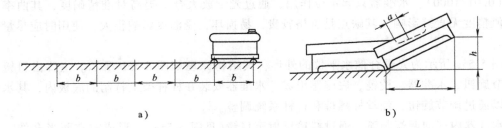

图 5-56 光学合像水平仪测量直线度误差

如图 5-56b 所示，若被测导轨已校至近似水平，则各段的倾斜值 h 可由下式计算。即

$$1000 : ai = L : h$$

$$h = a\,\frac{iL}{1000} \tag{5-1}$$

式中　i——水平仪的分度值（mm/m）；

　　　L——水平仪两支点间距（mm）；

　　　a——刻度的格数。

（2）电子水平仪　电子水平仪是一种测量灵敏度和精度更高的微小倾角测量仪器，读数方便，图 5-57 所示为电子水平仪的外形，主要由指示器、传感器、控制开关和调零旋钮等组成。

电子水平仪的工作原理，是传感器中的电子水准泡将微小角度变化转换成微小的电量变化。电子水准泡是一个在密封的玻璃管内注有导电溶液，并留有一个气泡。管内壁的前后位置上对称地贴了四片铂金电极。测量时当气泡偏移，就改变了四片铂金电极间的导电溶液呈现的电阻值，从而将机械位移转变成电量变化信号。电信号经过指示器中的电子电路的调制、放大、解调和滤波后形成一个具有线性和极性的直流电压输出，并由电表指示，表头指针的指示值即为相应的角度变化值。

（3）电感水平仪　电感水平仪和电子水平仪的工作原理完全不同。它不用水准泡而是靠重力作用改变电感的方法测出倾斜角度。

电感水平仪的测量范围比一般水平仪大，而且稳定时间短（一般不超过 1s）。图 5-58 所示为一种电感水平仪的结构原理示意图，此仪器是用摆锤原理进行工作的。悬丝 1、7（$\phi 0.07 \sim 0.10$mm）把带磁性瓷 8 的摆锤挂在框体 4 上，如果水平面发生变化，则磁性瓷 8 与线圈 6 之间的左、右间隙就发生变化，使左右线圈的电感量相应地变化，从所带的电表上读出读数。左右两个销 5 是用来限制框体 4 左、右位移的。框体 4 可由两个微动螺钉 2 通过顶销 3 调平至测量位置。在左、右两个微动螺钉 2 的手轮上刻有分度，用以读出粗读数。

这种水平仪常见的分度值为 0.5″（0.0025/1000）、2″（0.01/1000）和 5″（0.025/1000）等几种，使用方法和上述几种水平仪一样。

二、准直仪

在机械设备修理中，各种光学量仪已逐步得到应用，如光学准直仪、光学平直仪和自准测微平行

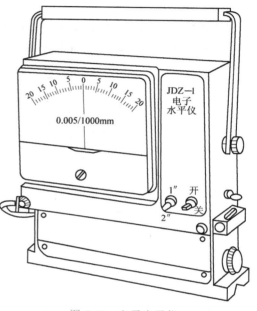

图 5-57　电子水平仪

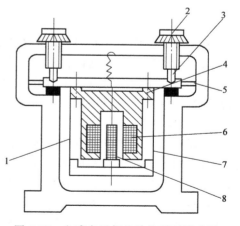

图 5-58　电感水平仪的结构原理示意图

1、7—悬丝　2—微动螺钉　3—顶销
4—框体　5—销　6—线圈　8—磁性瓷

光管。光学仪器优点很多，在测量过程中，仪器本身的测量精度受外界因素（温度、振动等）的影响很小，测量精度很高。准直仪可以精确地测量微小的角度，导轨在垂直平面内或水平面内的直线度、平面度误差，零件各表面间相对位置的平行度、垂直度。配置相应的附件后，还可以测量孔的同轴度、孔轴线与端面的垂直度，轴或丝杠的轴向圆跳动量。准直仪与多面棱体或其他仪器配合，可测量刻度盘的误差、各类分度机构的分度误差、工作台的回转误差等。

1. 光学准直仪

光学准直仪又称照直仪，由平行光管 a 和望远镜 b 组成，平行光管提供平行光束，望远镜用作瞄准方向。图 5-59 为光学准直仪的工作原理示意图。

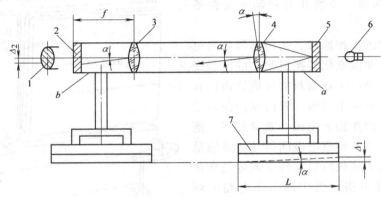

图 5-59　光学准直仪的工作原理示意图
1—目镜　2、5—分划板　3、4—物镜　6—光源　7—垫铁

平行光管由光源 6、刻有十字线的分划板 5 和物镜 4 组成。光源发出的光经分划板 5 和物镜 4，将十字线图像以平行光束射入望远镜内。望远镜中的分划板 2 位于物镜 3 的焦平面上，平行光束中的十字线图像便成像在带有瞄准线的分划板 2 上。当被测导轨的直线度误差 Δ_1 使平行光管的垫铁产生一个微小倾角 α 时，投射在分划板 2 上的十字线图像与瞄准线不重合，而有 Δ_2 的距离。由于 Δ_2 可从目镜的测微鼓轮上读得，且 L 和 f 为已知值。从而可得

$$\Delta_1 = \Delta_2 \frac{L}{f} \tag{5-2}$$

测量时，将固定在专用垫铁上的平行光管放置在导轨一端的被测面上，调整设置在导轨另一端可调支架上的望远镜，使平行光管分划板上的十字线图像与望远镜分划板的瞄准线对准。然后按水平仪测量直线度时分段测量的方法（节距法）测得一组 Δ_2 值，最后处理数据，用作图法或计算法求得被测导轨的直线度误差。

2. 光学平直仪

光学平直仪和光学准直仪的区别是将平行光管和望远镜做成一体，具有自准直性能，所以也称为自准直仪。其构成如图 5-60 所示，由仪器本体和反射镜两部分组成。检查时将本体固定，将反射镜稳定放置在移动部件、专用桥板或专用底座上。

在仪器本体里装有发光灯泡 1，刻有十字线的固定分划板 2，由双三棱镜组成的立方棱镜 3，两块相互平行的平面反射镜 4 及由两片透镜组成的物镜 5，并由上述部件组成平行光管；由可动分划板 6，放大目镜 7 及测微手轮 8 等组成读数显微镜。

光线由灯泡发出，将位于物镜焦平面上分划板 2 的十字线图像，经立方棱镜、两平面反

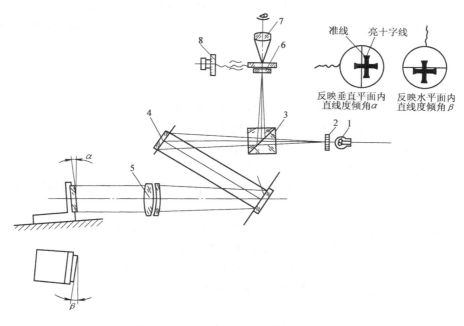

图 5-60 HYQ03 型光学平直仪原理图

1—发光灯泡 2—固定分划板 3—立方棱镜 4—平面反射镜 5—物镜
6—可动分划板 7—放大目镜 8—测微手轮

射镜及物镜形成平行光发射至反射镜，若反射镜的平面与平行光束垂直，则光线由反射镜经原光路反射回来，立方棱镜对角平面上涂有半透明膜，反射回来的光线一部分经此反射向上聚焦在可动分划板 6 上成像，可动分划板 6 位于目镜焦平面上，呈现清晰十字线图像。

若反射镜有微量倾斜，则经反射镜反射回来的光线在可动分划板上的十字线图像也随之产生位移，由手轮、丝杠和刻度盘组成的测微机构可测出此位移量，从而测出反射镜的倾角变化。因此光学平直仪属于测角仪器，它可用来测量直线度。通过测量倾角变化测量垂直平面内的直线度，此时测微机构如图 5-61a 所示。测微机构连同可动分划板还可转动 90°，如图 5-61b 所示，可测出反射镜座绕垂直轴的转角值，因此又可测量导轨在水平面内的直线度误差。光学平直仪加上光学直角器附件还可测量垂直度。

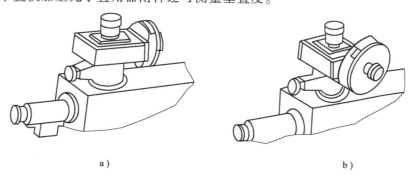

a) b)

图 5-61 读数目镜座的位置

a) 测量导轨垂直平面内的直线度 b) 测量导轨水平面内的直线度

光学平直仪在测量直线度时，与水平仪一样，其反射镜垫铁（或桥板、移动部件）的长度 L 同样是确定导轨直线度误差的一个参数。当光学平直仪刻度为 $1''$（0.005/1000）时，一格折算成直线度线值为：0.005/1000×L。

思考题与习题

5-1　游标卡尺的工作原理是什么？怎样使用游标卡尺？

5-2　千分尺的工作原理是什么？怎样使用千分尺？

5-3　指示表的工作原理是什么？怎样使用指示表？

5-4　平尺的作用是什么？它通常分为哪几种？

5-5　平尺的技术要求有哪些？其精度分为哪几级？普通机床精度检验时，应选哪一级精度的平尺？

5-6　平行平尺有几种规格？有何特点？使用时应注意什么问题？

5-7　平板有何作用？其精度等级是如何划分的？应如何选用？

5-8　直角尺有哪几种？机床精度检验中常用的直角尺是什么？

5-9　检验棒的作用是什么？使用时应注意哪些事项？

5-10　整体式研磨棒有何特点？

5-11　简述普通水平仪的结构特点与工作原理。

5-12　何谓水平仪的零位误差？并简述其检定方法。

5-13　精密水平仪分哪几种？其测量精度分别为多少？试比较它们工作原理的区别。

5-14　光学准直仪与光学平直仪在结构上有何区别？它们的优点、用途怎样？

第六章

机械设备修理精度检验

第一节　机械设备修理精度检验概述

一、修理精度标准

　　为了掌握设备的实际技术状态而进行的检验和测量工作称为设备检验，它包括设备到货或安装检验、预防维修检验、修后验收检验、设备保管期内的检验等。设备的种类繁多，各种设备均有各自的验收标准和检验方法，其中金属切削机床的精度检验应用最广。

　　为保证机床设备的性能、质量及其检验方法的统一协调，作为共同遵守的技术准则——精度标准，一般包括几何精度和工作精度。几何精度是指最终影响机床工作精度的那些零部件的精度。它包括基础件的单项精度、各部件间的位置精度、部件的运动精度、定位精度、分度精度和传动链精度等，是衡量机床设备精度的主要内容之一。工作精度则是指机床设备在正常、稳定的工作状态下，按规定的材料和切削规范，加工一定形状工件所测量的工件精度。

　　国际标准化组织（ISO）制定了各种机床的精度检验标准和机床精度检验通则，我国也制定了与国际标准等效或相近的标准。在这些标准中规定了机床精度的检验项目、内容、方法和公差，它们是机床精度检验的依据。

　　值得指出的是目前国际上正着手制定机床动态特性的验收标准，这是因为随着科学技术的发展，对机床的可靠性提出了更高的要求。诚然，规定几何精度和工作精度要求是保证可靠性的基础。但是，机床在工作状态下受到各种负荷的作用而产生变形、受温度升高影响而产生热变形、机床本身和外界振动的影响以及噪声等因素，使机床静态和动态的精度要有差别，这是机床虽然精度检验合格，而工作不稳定的主要原因，其次才是工具精度、工件装夹状态、切削液等其他因素的影响。为解决这一问题，目前一些国家在工作精度标准中增加了加工精度统计分析标准。一些发达国家已使用机床动态特性的一些鉴定方法，按动态特性客观而定量的将产品进行质量分级，机床制造厂可据此保证产品的动态特性，用户可据此客观地进行验收。近几年我国对机床动态特性的试验研究也做了大量有益的工作，取得了巨大成果，但动态精度运用于生产还需要一段时间。因此，目前机床修理中仍要按几何精度和工作精度标准进行验收。

二、检验方法和检验工具的应用

　　检验机床精度时，可以用检验其是否超过规定的允许偏差的方法（如用极限量规检验），或者用实测误差值的方法。一般多采用实测误差法。

　　实测误差法检验时必须考虑检验工具和检验方法所引起的误差。

正确地选择量具、量仪十分重要，所选择的量具和量仪必须与具体的测量工艺相适应，在很多场合下测量精度主要取决于所采用量具和量仪的精确度。选择量具和量仪时主要考虑以下几点：

1）分度值、示值范围、测量范围、测量力等应符合被测对象的需要。

2）示值误差、示值稳定性、灵敏度等应符合测量精度要求。量具和量仪因设计、制造、使用中磨损和测量方法所带来的误差的总称为测量极限误差。允许的测量极限误差 Δ_{lim} 与被测量对象公差 δ 的选择关系：$\Delta_{lim} = (1/3 \sim 1/10)\delta$，测量精度高时，取较小值。

3）量具和量仪应适应被测对象的结构特点和环境条件，不应片面追求高精度。这是因为：其一，高精度的量具和量仪成本高，使用维护要求严格；其二，对装配和测量场所的环境条件要求高，如恒温、恒湿、防振等，环境条件差时，不能达到预期的测量精度，同时容易损坏。因此，应在既保证测量的可靠性，又满足经济性要求的情况下来合理选择。

另一方面，要正确地运用测量方法，提高测量的可靠性，测量时要注意以下几点：

1）要按各种量具和量仪说明书的要求和具体测量对象实行正确地操作。

2）采取措施减小测量误差，主要是减小系统误差和剔除粗大误差。主要措施如下：

① 设法减少和消除测量装置由于加工、装配和使用中安装不当造成的轴线倾斜。注意使其符合阿贝原则。

② 测量前校正量具和量仪的零位，或在测量后的数据处理中将零位误差剔除。

③ 注意安装量具和量仪表面由于尺寸、位置的限制和表面不清洁造成的安装误差。

④ 精密测量时，按量具和量仪检定的修正表或修正曲线将数据加以修正。

⑤ 测量前使量具和量仪与被测机床等温，检验时防止光线、辐射热的影响。检验时间较长时，注意环境温度的变化。

⑥ 采用重复测量的方法，相应读数出现异常，应找出原因并消除，重新检验。有些移动的测量，记录数据后，移回初始位置，量仪应回零位（或相差在允许范围内），否则重新测量。有时还用两次读数法，将往返测量中相应两次读数取平均值，可减小测量误差。

3）在选择测量方法时，根据测量特点选择测量方法，减少其他误差对本项误差的影响。减少测量基准的转换。选择辅助基准时，应选精度高的配合面、作用稳定的表面。

4）精度检验标准中已规定了精度检验方法、测量基准、量具和量仪、测量应取的数据及处理方法、误差折算方法、减小测量误差的方法等，则应按标准规定来进行。同样，修理工艺文件中有相应规定时，也应遵照执行。

三、机床精度检验中误差的特点

机床在生产或修理中，为了控制其几何误差，除执行相应的尺寸公差与配合、几何公差、表面粗糙度等国家标准外，还要对相互运动件的运动精度规定相应的公差。

在机床精度检验标准中，对公差一般规定了计量单位、基准、公差值及其相对于基准的位置、测量范围等。一般情况下，当某一测量范围的公差已知时，另一个测量范围的公差可以按比例定律求得。例如镗床主轴轴线对工作台横向移动的垂直度公差为 0.03mm，测量长度为 1000mm，欲求测量长度 600mm 的公差值，则有

$$1000 : 0.03 = 600 : x$$

600mm 测量长度上的公差 $x = 0.018$mm。

检具的误差和测量误差通常包括在公差之内，例如：跳动公差为 T，检具和测量误差为 Δ，则检验时允许的最大读数差应为（$T - \Delta$）。但量块、基准圆盘等高精度检具的误差，计量时的测量误差，作为基准的机床零件的形状误差以及检具测头和支座所接触的表面形状误差

均忽略不计。

机床精度检验公差一般分为下面几类：

1. 试件和机床上固定件的公差

（1）尺寸公差　主要用于试件尺寸、机床上与刀具或检具安装连接部位的配合公差，尺寸公差用长度单位表示。

（2）形状公差　形状公差是限制被测几何形状对理论几何形状的允许偏差。形状公差用长度或角度单位表示。

（3）部件间的位置公差　位置公差是限制一个部件对于一条直线、一个平面或另一个部件的位置所允许的极限偏差，用长度单位或角度单位表示。在确定相对于一个平面的位置公差时，平面的形状误差应包括在公差之内。

2. 适用于部件位移和运动精度的公差

（1）定位公差　定位公差是限制移动部件上的一个点在移动后偏离其应达到位置的允许偏差。例如车床横向溜板在行程终点位置时，偏离其在丝杠作用下应达到的位置偏差 δ。

（2）运动轨迹形状公差　运动轨迹形状公差是限制一个点的实际运动轨迹相对于理论运动轨迹的偏差。该公差用长度单位表示。

（3）直线运动方向公差　直线运动方向公差是限制运动部件上一个点的轨迹方向与规定轨迹方向之间的允许偏差。该公差用角度单位表示，或在规定的测量范围内用连续的线性比值表示。

3. 综合公差

综合公差是若干单项偏差的综合，可以一次测得而无需区分各个单向误差值。在机床的精度检查中，部件之间的位置精度、主轴或工作台的回转精度、部件的运动精度、定位精度、分度精度、传动链精度等，都具有更大的综合性。如部件移动的直线度不但与单导轨的直线度有关，还与导轨的扭曲度、组合导轨之间的平行度、移动部件与导轨的接触精度等有关。如主轴锥孔中心线的径向圆跳动，不但与主轴自身的几何精度有关，还与轴承精度、箱体轴承座孔精度，以及它们之间的配合精度，检验棒的精度及其安装状态有关。又如部件（溜板、立柱、工作台、横梁等）移动时的倾斜度，与导轨的直线度、导轨之间的平行度、移动件与导轨的接触精度等有关，有时还与驱动机构的同步性有关（如横梁）。

4. 局部公差

在机床精度中，有时还规定了局部公差要求。一般几何公差，尤其是形状公差多规定在整个测量范围内。为了避免误差集中在一个较小的范围内，造成局部误差过大，机床精度的某些项目，对总公差附加一个局部公差，如车床精度标准中，导轨在垂直平面内的直线度，既规定了全长上的直线度公差，又规定了局部公差（如 500mm 长度上的直线度公差）。

四、机床精度检验前的准备工作

机床检验前，首先做好安装和调平工作。按机床使用说明书的要求，将机床安装在符合要求的基础上并调平，调平按使用说明书规定的项目和要求进行。调平的目的不是为了取得机床零部件处于理想水平或垂直位置，而是为了得到机床的静态稳定性，以利于检验时的测量，特别是那些与零部件直线度有关的测量。如卧式车床，首先进行初步调平，获得机床的静态稳定性，然后达到纵向导轨在垂直平面内的直线度和横向导轨的平行度的要求，即基础件必须先达到精度要求。这样其他项目的检验才是有效的。

机床精度检验前应使其处于正常工作状态。按规定条件进行空运转，使机床的零部件

（如主轴）达到适当的温度。然后再进行工作精度和几何精度的检验，以保证检验的可靠性。

几何精度检验一般在机床静态下进行，有的也可在空运转时进行。当制造厂或标准中有加载规定时，应按规定条件进行检验。

第二节　机械设备几何精度的检验方法

机床几何精度检验标准的规定按计量学的定义，所列的定义是对机床精度检验而言。计量学的定义比抽象的几何学定义具体，几何学定义往往未考虑实际结构和测量的可能性。这里考虑的是真实的线和面，并将所有微观和宏观的几何误差包括在同一测量结果中。为了对机床的线和面的形状的特征、位置、位移等进行几何精度检验，规定了定义、检查方法、工具和仪器、确定公差的方法。国家标准 GB/T 17421.1《机床检验通则　第 1 部分：在无载荷或精加工条件下机床的几何精度》对机床几何精度和工作精度的检验方法予以标准化，是进行机床几何精度检验的依据。

一、主轴旋转精度检验

旋转精度包括径向圆跳动、周期性轴向窜动和轴向圆跳动。

1. 径向圆跳动

径向圆跳动公差是指旋转表面某截面上各点轨迹的允许偏差，这个公差包括：旋转表面的圆度（形状误差），该表面的几何轴线相对于旋转轴线的偏摆（位置误差），以及由于轴颈表面或孔不圆而引起的旋转轴线的偏移（轴承误差）。在规定平面内或规定长度上检验径向圆跳动，一般以指示器读数的最大差值作为径向圆跳动误差。检验之前，应使主轴充分旋转，达到机床正常运转的温度。

1）外表面径向圆跳动的检验如图 6-1 所示。将指示表的测头垂直地触及被检验的旋转表面上，使主轴缓慢地旋转，测取读数。在测量时，尤其测量锥面的径向圆跳动时，会受到轴向移动的影响，为消除轴向游隙可加一轴向恒定力。必要时（锥角较大时）要

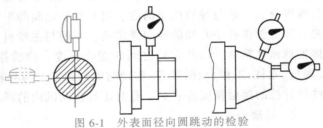

图 6-1　外表面径向圆跳动的检验

预先测量主轴的轴向窜动值，并根据锥角计算其对测量结果可能产生的影响。

2）内表面径向圆跳动的检验如图 6-2 所示。当主轴内孔不能直接用指示表时，可在该孔内装入检验棒，将指示表测头垂直地触及检验棒的圆柱面而进行检验。

如果仅在一个截面上检验，则规定截面与轴端的相对位置。为了避免检验棒轴线有可能在测量平面内与旋转轴线交叉，一般在规定长度的 A、B 两个截面上检验。

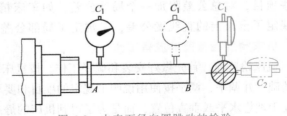

图 6-2　内表面径向圆跳动的检验

为消除检验棒在孔内的安装误差，每测量一次，将检验棒相对主轴孔旋转 90°重新插入，取四次测量的读数的算术平均值。每次检验应在垂直和水平两个位置分别进行。

2. 周期性轴向窜动

如图 6-3 所示，周期性轴向窜动是在消除了最小轴向游隙的轴向压力作用下，旋转件旋转

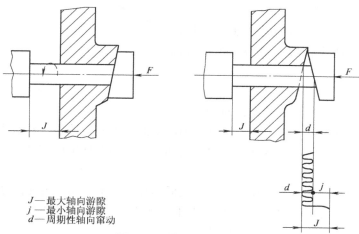

J—最大轴向游隙
j—最小轴向游隙
d—周期性轴向窜动

图 6-3　周期性轴向窜动

时，沿其轴线所做往复运动的范围。当轴向窜动保持在公差之内时，则认为该旋转件的轴向位置是不变的。最小轴向游隙是在静态下，绕其轴线旋转至各个位置时所测得的旋转件轴向移动的最小值。

周期性轴向窜动的检验方法是首先在测量方向上对主轴按规定加一轴向力，指示表测头触及前端面的中心，并对准旋转轴线，将主轴慢速旋转，测取读数，检验方法如图 6-4 所示。如主轴是空心的，则应安装一根带有垂直于轴线平面的短检验棒，将球形测头触及该平

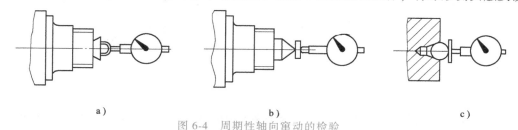

a)　　　　　　　　　　　b)　　　　　　　　　　　c)

图 6-4　周期性轴向窜动的检验

面进行检验（见图 6-4a）；也可用一根带球面的检验棒对平测头来检验（见图 6-4b）；如主轴带中心孔，可放一个钢球，用平测头触及其上检验（见图 6-4c）。

主轴检验时用一沿轴线方向加力和安放指示表的装置来检验，如图 6-5 所示。该装置也适用于丝杠和花盘的检验。对丝杠，可将开合螺母闭合，以溜板运动的阻力作为轴向力；对水平旋转的花盘以其自重作为轴向力。

当轴向加力装置和指示表不能同时安置在轴线上时，指示表可放置在距轴线很小的

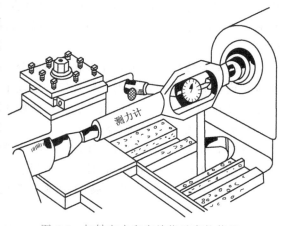

图 6-5　加轴向力和安放指示表的装置

距离处，可测得轴向窜动的近似值，检验时应
将指示表放在相隔180°的两个位置上进行，误
差以两次读数的平均值计，如图6-6所示。这
种方法一般用于检验车床或铣床主轴的周期性
轴向窜动，例如用测头检验花盘面或主轴端部
的端面(见图6-6)。

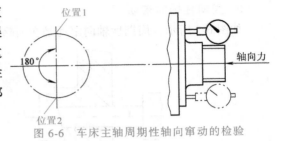

图 6-6　车床主轴周期性轴向窜动的检验

3. 轴向圆跳动

垂直于旋转轴线的平面的轴向圆跳动公差，
是指在被检验平面规定的圆周上各点轨迹在轴向上的最大允许偏差。它包含了端面的形状误
差，端面相对于旋转轴线的垂直度，径向偏摆和主轴的周期性轴向窜动，但不包括旋转件的
最小轴向游隙。

轴向圆跳动的检验如图6-7所示。主轴做低速连续旋转，并对主轴施加规定的轴向力，
指示表放置在距中心规定距离 A 处，并垂直于被测表面，在圆周相隔一定间隔的一系列位
置上检验，误差以测量结果中的最大值计。

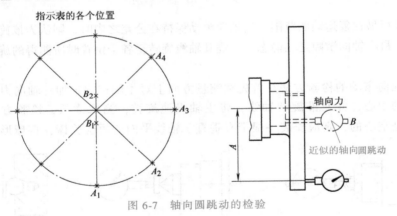

图 6-7　轴向圆跳动的检验

二、导轨直线度检验

直线度的几何精度检验包括一条线在两个平面内的直线度、部件的直线度和直线运动。其
中部件的直线度特别适用于机床导轨，部件直线运动的精度是以运动部件上一点的轨迹相对于
基准直线的最大公差来表示，它比检验导轨或床身的直线度更能综合反映可能影响运动的所有
因素。

导轨的直线度分解为相互垂直的两部分，即垂直平面内的直线度和水平面内的直线度。
机床精度检验通则规定：当一条规定长度线上各点到平行于该线总方向的两个相互垂直平面
的距离变化均分别小于规定值时，则该线段被认为是直的。该线总方向为该线段两端点的连
线。导轨直线度分解如图6-8所示。

导轨直线度公差是相对于连接被检验直线两端点的基准直线的最大允许偏差。检验方法
规定长度小于或等于1600mm时，用平尺、水平仪或光学仪器检验；长度大于1600mm时，
用水平仪或光学仪器(自准直仪、钢丝和显微镜)检验。

1. 水平仪检验法

(1) 水平仪读数的几何意义　如图6-9所示，如水平仪置于平尺上并为水平状态，则读

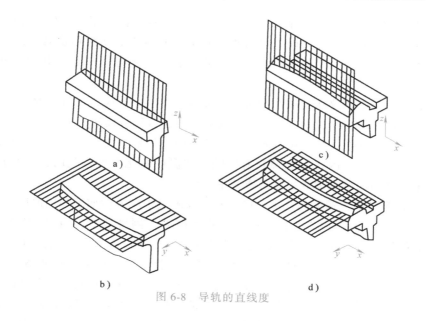

图 6-8　导轨的直线度

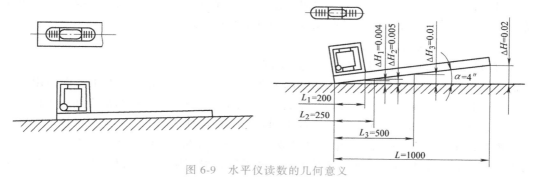

图 6-9　水平仪读数的几何意义

数为零，此时气泡对准水准管的长刻度线，若将平尺右端抬高 0.02mm，相当于平尺形成 4″ 倾角，0.02/1000 水平仪的气泡应向右(向高处)移动一格，读数线值为 0.02/1000，按三角形相似关系，距平尺左端起则有：

$$1000\text{mm 处：}\ \Delta H = \frac{0.02}{1000}\times 1000\text{mm} = 0.02\text{mm}$$

$$500\text{mm 处：}\ \Delta H_3 = \frac{0.02}{1000}\times 500\text{mm} = 0.01\text{mm}$$

$$250\text{mm 处：}\ \Delta H_2 = \frac{0.02}{1000}\times 250\text{mm} = 0.005\text{mm}$$

$$200\text{mm 处：}\ \Delta H_1 = \frac{0.02}{1000}\times 200\text{mm} = 0.004\text{mm}$$

　　用水平仪检测直线度误差时一般要将水平仪置于专用水平仪底座、移动部件或专用检验桥板之上，一是使水平仪安置稳定并防止磨损，二是符合被检验导轨表面的形状并有一定的接触精度。直线度误差的计算，与这些支承件支点间的距离(通常称为"跨距")有密切的关系。

（2）水平仪的读数方法 水平仪的读数方法有绝对读数法和相对读数法两种。

绝对读数法是气泡居中时，即气泡与水准管上的基准长刻度线相切时，读作"0"（按绝对水平位置读数），偏向起端时读为"−"，偏离起端时读为"+"，或用箭头表示气泡移动的方向。

相对读数法是将水平仪在起端测量位置总是读作零位（不管其是否绝对水平）。然后依次移动记下每一次相对于零位的气泡移动方向和读数，其正负读法同上。

水平仪气泡长度受温度变化影响较大，在使用中应尽量避免温度变化，如远离热源，包括照明灯、手、呼吸等，因这些热源均有影响。在温度变化不可避免时，可采用平均读数法，即从气泡两端边缘分别读数，然后取其平均值。

（3）水平仪测量中应遵循的几项原则 水平仪测量中应遵循如下几项原则：

1）基准：测量直线度时作为依据的理想直线称为"测量基准"。评定误差数值时作为依据的理想直线称为"评定基准"。这两者通常不重合，也没有必要一致，可以在测量后再做基准转换（数据处理）。测量基准的位置可以任意选择，前面提到的两种读数法的实质实际上就是测量基准选择的不同，绝对读数法是采用水平面为测量基准进行测量读数的，而相对读数法是以起端测量位置为测量基准进行读数的，相对读数法不仅可以起端位置为测量基准，还可以被测直线中间的任一档为测量基准，不管选择什么位置作测量基准，其直线度误差都是恒定不变的。评定基准的选择主要采用以下两种方式：

① 以曲线两端连线为评定基准。

② 按最小条件确定的理想直线作评定基准。

前者比较直观，数据处理简便，易判断曲线的"凸""凹"方向，在生产中使用比较适宜。后者符合国标原则，可以作为仲裁方法。在实际生产中，对导轨的最终加工无论采用磨削、精刨，还是手工刮研，大多呈单凸或单凹状态，在这种情况下，上述两种评定基准是重合的，因而评定结果是一致的。若导轨呈波折形（凸凹相间），则两者的评定结果不一致，以两端连线为评定基准的直线度误差稍大。机床精度检验通则规定是以两端连线作为评定基准来定义直线度误差的。

2）计量方向不变的原则：一般测量基准和评定基准不重合，理论上计量方向应垂直于评定基准，但实际采取"计量方向不变"的原则来处理，即垂直于测量基准（x 轴）。这是因为直线度误差值很微小，而且测量前被测表面相对于测量基准已经大体调平，测量基准与评定基准之间的夹角极其微小，由此而产生的误差可忽略不计。这个原则使数据容易进行处理，否则无法进行数据处理。

3）有限点测量原则：测量直线度误差一般不做连续测量，仅测量等距分布的若干点，并根据这些点的测量结果来评定全表面的直线度误差。

4）节距测量法原理：由于测量时是以假想的理想直线作为测量基准，桥板或其他移动部件在每档移过的距离应和跨距相等。例如若溜板长度为 500mm，而每次测量只移动 300mm，或超过 500mm，均不符合节距测量法原理，所以也无法计算直线度误差。

（4）直线度误差的图解法 用水平仪只能检测导轨在垂直平面内的直线度。以车床纵向导轨在垂直平面内的直线度检验为例，按上述原则，根据测量结果，把各测量点的误差顺次标在坐标图上，其横坐标为各测量点的顺序（即测量长度或称分段距离），纵坐标为各测量点相对于测量基准的高度差（即读数的累计值），把这些点连起来，所得折线就称为误差曲线或运动曲线。横坐标轴为测量基准在图上的体现，根据两端点连线画出评定基准后，按计量方向不变的原则，取纵坐标方向的误差为直线度误差。如果是根据读数的"格"画出的误差曲线，则图中的直线度误差为格值，最后还要根据水平仪的分度值和跨距换算为线值。也可以先将测量读数化为线值，再画误差曲线，则可从图中沿纵坐标方向直接量取直线度误差的线值。

例如最大工件长度 2000mm 的车床，溜板 500mm，当溜板处于近主轴端的极限位置时，记录一次水平仪的读数，移动溜板，每隔 500mm 记录一次，共记五次。五次的读数见表 6-1。

表 6-1　数据表

测量顺序	0	1	2	3	4	5
气泡位置						
读数（格）	0	+1	+2	-1	-0.5	-1
累加值	0	+1	+3	+2	+1.5	+0.5

将各累加值依次在直角坐标中画出，将首尾两点相连，即为导轨在垂直平面内的直线度误差曲线，如图 6-10 所示。

误差曲线 $0abcde$ 相对其评定基准 $0e$ 连线的最大纵坐标值 bb' 就是导轨全长上的直线度误差。线段 $0a$、ab、bc、cd、de 的两端点，相对 $0e$ 连线的坐标差就是它们的局部误差，其中最大差值是 $bb'-aa'$，即为该导轨的局部误差值。如果水平仪的分度值为 0.02/1000，则

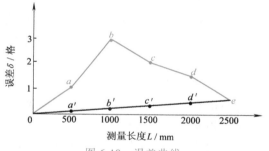

图 6-10　误差曲线

$$全长误差\ \delta_全 = \frac{0.02}{1000} \times 500 \times bb'$$

$$= \frac{0.02}{1000} \times 500 \times 2.8\,\text{mm} = 0.028\,\text{mm}$$

$$局部误差\ \delta_局 = \frac{0.02}{1000} \times 500 \times (bb'-aa')$$

$$= \frac{0.02}{1000} \times 500 \times (2.8-0.9)\,\text{mm} = 0.019\,\text{mm}$$

以上采用的是绝对读数法和"格值"画误差曲线并求出误差值，下面采用相对读数法和线值画误差曲线并求误差值，以示比较。

先求出跨距为 500mm 时的分度值 f，即

$$f = \frac{0.02}{1000} \times 500\,\text{mm} = 0.01\,\text{mm} = 10\,\mu\text{m}$$

再按相对读数法读数，取起端原始测量位置为测量基准（即将此时的气泡位置读作零），

其五次的读数见表 6-2。

表 6-2　数据表

测量序号	0	1	2	3	4	5
气泡位置						
读数（格）	0	0	+1	−2	−1.5	−2
线值读数/μm	0	0	+10	−20	−15	−20
累加值/μm	0	0	+10	−10	−25	−45

将各累加值依次在直角坐标中画出，连接 0abcde 各点，即为误差曲线（见图 6-10）。按两端点连线法作两平行直线包容误差曲线 0abcde，其直线度误差就是两平行包容线之间沿纵坐标方向的坐标值，从图 6-10 中可直接量出 $\delta_全 = 0.028\text{mm}$，$\delta_局 = bb' - aa' = 0.019\text{mm}$，由此可以看出，测量基准选择不同，误差曲线的形状会有很大差异，但最终的结果是完全一样的。

导轨要求凸时，即当导轨误差曲线上所有点均位于两端点连线 0e 上方时，则认为该导轨是凸的，否则为凹。

按机床精度检验通则的规定，测量数据应从床头到床尾测得数值并从床尾至床头按相同点读取数值，对应计算平均值作为画误差曲线的数据。同理，直线度误差也可用计算法。

2. 自准直仪测量法

用自准直仪测量导轨直线度同样要遵循前面所述的几条原则，测量原理和数据处理方法与水平仪检验法基本是相同的。

测量前要为仪器本体配制一个能升降调节及调整水平的刚性好的调节支架 1，按导轨形状配制一个安放反射镜座的垫铁 4（或安放在移动部件、专用桥板上），为方便计算，垫铁长度取 200mm、250mm 或 500mm。

安置方法如图 6-11 所示，由于自准直仪测量范围小，事前在调节支架 1 上纵横各放一个水平仪，进行水平调整。然后放上自准直仪本体 2，使灯泡发亮，转动反射镜 3，使十字形图像位于视场中心位置。然后移动垫铁至导轨远端，十字形图像仍应处于视场中，否则要调整至视场中。用压板或橡皮泥固定反射镜 3 在反射镜垫铁 4 上，在测量中出现微小移动，使数据不准确。

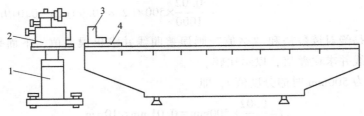

图 6-11　用自准直仪测量导轨直线度

1—调节支架　2—自准直仪本体　3—反射镜　4—反射镜垫铁

转动测微手轮使可动分划板黑色基准线对准十字形图像的一边，记下手轮刻度数值，顺序按垫铁长度移动垫铁，每次均要以基准线对准十字形图像同一边时记录数据，至最远端后再反向重复测量一次。相同位置往返两次读数差值各档次间不应超过2格，超过2格时，可能仪器或反射镜位置有变化，需重新测量。注意测量时不能以手按压仪器，否则会使支架产生变形而影响读数的真实性。

用图解法求直线度误差与前所述相同。用水平仪或自准直仪测量直线度误差还可用计算法。下面举例说明用自准直仪测量直线度误差的计算法。

例如导轨长2000mm、垫铁长200mm，测量两组的读数和计算的步骤填入表6-3。

表6-3　导轨直线度误差计算表　　　　　　　　　　（单位：格）

测量位置	0	200	400	600	800	1000	1200	1400	1600	1800	2000
由前向后读数	0	27.5	30	30.5	33	35.4	38	38	38.5	40.5	43
由后向前读数	0	28.5	31	31.5	34	36.2	39	40	39.1	41.5	44
平均读数	0	28	30.5	31	33.5	35.8	38.5	39	38.8	41	43.5
各减一个35	0	−7	−4.5	−4	−1.5	0.8	3.5	4	3.8	6	8.5
各点累加值	0	−7	−11.5	−15.5	−17	−16.2	−12.7	−8.7	−4.9	+1.1	+9.6
各点旋转量	0	−0.96	−1.92	−2.88	−3.84	−4.8	−5.76	−6.72	−7.68	−8.64	−9.6
求加后读数	0	−7.96	−13.42	−18.38	−20.84	−21	−18.46	−15.42	−12.58	−7.54	0

步骤如下：

1）由前向后读数按顺序填入第二行。

2）由后向前读数按顺序填入第三行。

3）计算两组读数平均值填入第四行。

4）由于测量的目的只是为了求出各档之间倾斜度的相对变化，所以为了简化读数，可以在各档原始读数之上同时减去任意一个数。现将平均读数各减一个35，填入第五行。

5）求出各测量点的绝对高度值（即纵坐标值），原点为零，加上第五行第一个测量点的数据−7，得−7填在下格，−7加第二个测量点的数据−4.5得−11.5也填入下格，以此类推，形成第六行。

6）求出各点的旋转量填入第七行。

7）各点对应相加后填入第八行，相加后的第十一个数据应为零。

从第八行中，取绝对值最大者为直线度误差的格值（−21），换成线值，则直线度误差δ应为

$$\delta = \frac{0.005}{1000} \times 200 \times 21\,\text{mm} = 0.021\,\text{mm} = 21\,\mu\text{m}$$

计算法的原理是基准转换（坐标旋转），就是绕坐标原点（测量"0"位置）将基准由测量基准（横坐标轴）向评定基准（两端点连线）旋转，使两基准重合。此时，原点的坐标仍为"0"，而另一端点的坐标也应变为"0"。故另一端的旋转量为−9.6，而中间各测量点的旋转量在0~−9.6之间，逐档均匀递减。因共分十档，故单位旋转量$z = -\dfrac{9.6}{10} = -0.96$，因此各点的旋转量为

测量点:	1	2	3	4	5	6	7	8	9	10
旋转量:	1z	2z	3z	4z	5z	6z	7z	8z	9z	10z
	0	-0.96	-1.92	-2.88	-3.84	-4.8	-5.76	-6.72	-7.68	-8.64	-9.6

求加后，即将测量基准旋转到了评定基准，两者重合，两端点的坐标为零。相加后的第八行数值为误差曲线各测量点的坐标值，其最大值即为直线度误差。同样，相邻两数差值最大者，即为局部误差。

如果用图解法，对平均值简化时减去 28，使第一个数据为零，目的是使误差曲线靠近 Ox 轴，以便于作图。计算的数据表见表 6-4（当然也可以用表 6-3 中的数据作图），其误差曲线与旋转后的误差曲线如图 6-12 所示。

表 6-4 导轨直线度误差数据表 （单位：μm）

测量位置	0	200	400	600	800	1000	1200	1400	1600	1800	2000
由前向后读数	0	28.5	31	31.5	34	36.2	39	40	39.1	41.5	44
由后向前读数	0	27.5	30	30.5	33	35.4	38	38	38.5	40.5	43
平均值	0	28	30.5	31	33.5	35.8	38.5	39	38.8	41	43.5
各减一个 28	0	0	2.5	3	5.5	7.8	10.5	11	10.8	13	15.5
各点累计值	0	0	2.5	5.5	11	18.8	29.3	40.3	51.1	64.1	79.6

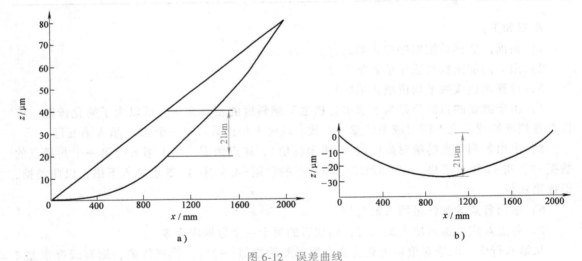

图 6-12 误差曲线
a) 误差曲线 b) 旋转后的误差曲线

当导轨全长不能被垫铁（或桥板、移动部件）长度整除，最后一档不足一个垫铁（或桥板、移动部件）长度时，仍按一档计，坐标轴相应延长。

用光学平直仪测量导轨直线度时，曲线的凸或凹不像水平仪那样容易判断，因为各种平直仪结构有差别，判断方法也不尽一样。可以用薄纸垫高反射镜垫铁一端来搞清十字形图像移动方向是否与测微手轮上的读数变化相一致来判定。一般可按光学平直仪说明书的有关说明来确定导轨弯曲方向。如 HYQ03 或 HYQ011 型光学平直仪说明书中，按表 6-5 中的方法确定导轨弯曲方向。

表 6-5　导轨弯曲方向的确定

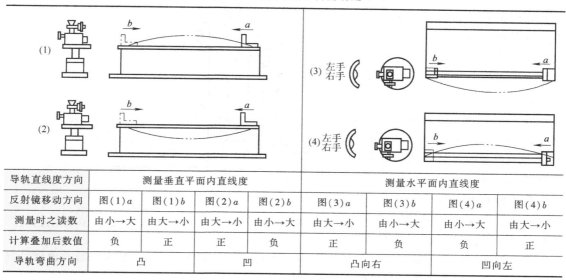

导轨直线度方向	测量垂直平面内直线度				测量水平面内直线度			
反射镜移动方向	图(1)a	图(1)b	图(2)a	图(2)b	图(3)a	图(3)b	图(4)a	图(4)b
测量时之读数	由小→大	由大→小	由大→小	由小→大	由大→小	由小→大	由小→大	由大→小
计算叠加后数值	负	正	正	负	正	负	负	正
导轨弯曲方向	凸		凹		凸向右		凹向左	

3. 其他检验方法

（1）研点法　用精度等级与被检验导轨精度要求相适应的平尺，在涂有均匀薄层红丹油的被检验导轨上拖研，如图 6-13 所示。研点在导轨全长上均匀分布，并达到每 25mm×25mm（每刮方）的研点数规定时，其直线度被认为是合格的。这种方法主要适用于刮研导轨，它不能测出导轨的直线度误差值，适于刮研加工导轨后的检验。

根据被检验导轨的特点常需配制与导轨相适应的检验工具，如图 6-14 所示的各种角度垫铁、检验棒和专用检验桥板等，以方便应用各种检验方法。

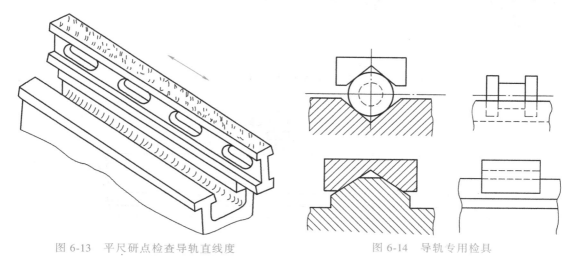

图 6-13　平尺研点检查导轨直线度　　　　　　　图 6-14　导轨专用检具

（2）平尺拉表法　如图 6-15 所示，调整块应尽可能放在平尺最佳支承处，使浮动架沿平尺移动进行测量，浮动架下端靠在被检验表面上，另一端装一指示表（常为百分表），其测头触及平尺。调整平尺使两端读数相等，则可直接求出直线度误差。如不调整到两端读数相等，则需画出误差曲线再求得。

图 6-16a 所示为测量导轨在垂直平面内的直线度，图 6-16b 所示为测量导轨在水平面内的直线度。同理在导轨不太长时，也可借助圆柱检验棒素线做为基准，拉表检查导轨直线度。

（3）钢丝和显微镜检查法　如图 6-17 所示，用钢丝和显微镜检查导轨在水平面内的直线度。张紧一根钢丝（$\phi0.1 \sim \phi0.3$mm），使其平行于被检验直线的总方向，将带有水平调整测微装置的显微镜垂直安装在可移动的垫铁（与导轨相适应）

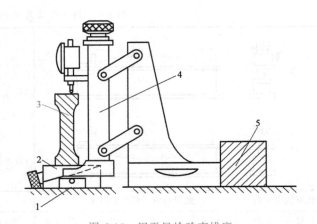

图 6-15　用平尺检验直线度

1—被检验表面　2—调整块　3—平尺　4—浮动架　5—导向用平尺

上，调整钢丝使两端读数相等，移动垫铁在全程上检验，显微镜读数的最大代数差值就是直线度误差。但必须考虑钢丝挠度时，应避免使用这种方法。

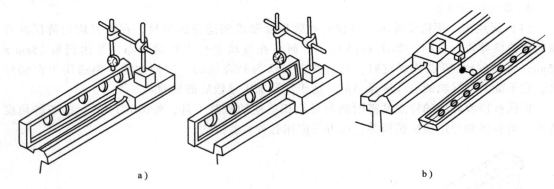

a)　　　　　　　　　　　　　　　　　b)

图 6-16　平尺拉表法

a）测量导轨在垂直平面内的直线度　b）测量导轨在水平面内的直线度

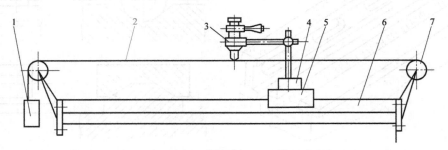

图 6-17　钢丝和显微镜测量导轨直线度

1—重锤　2—钢丝　3—读数显微镜　4—显微镜支架　5—垫铁　6—导轨　7—滑轮

三、平面度检验方法

在测量范围内，被检验面上的各点，到平行于该面总轨迹的基准平面的垂直距离的变化，小于规定值时，则该面是平的。基准平面可用一平板或用移动平尺所得的一组直线来表示，也可用水平仪或光束来表示。

（1）平板研点法　对于小尺寸较精密的平面，用平板在均匀涂以红丹油的被检验面上拖研，研点分布均匀，每刮方接触点达到规定数值时为合格。此法不能测出误差值，主要适用于刮研或磨过的平面。

（2）用移动平尺所得的一组直线来检验　在被检验平面上选择 a、b、c 三点作为基准点，如图 6-18 所示。将三块等厚的量块放在这三点上，这些量块上表面就是用作与被检验平面相比较的基准平面。将平尺放在 a 和 c 点上，在被检验平面上的 e 点放一可调量块，使其与平尺的下表面接触，这时 a、b、c 和 e 量块的上表面都在基准面内。再将平尺放在 b 和 e 点上，在 d 点处放一可调量块并做同样调整。将平尺分别放在 a 和 d、b 和 c、a 和 b、d 和 c 上，即可测得被检验面上各点的偏差。也可采用前面讲到的检验直线度用的量具检验（见图 6-15）。

（3）用水平仪检验　如图 6-19 所示，由两条直线 Omx 和 $OO'y$ 确定测量基准面，O、m 和 O' 是被检验平面上的三点。

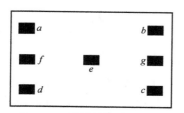

图 6-18　用平尺检验平面度

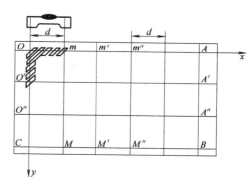

图 6-19　用水平仪检验平面度

直线 Ox 和 Oy 最好分别与被检验平面的轮廓边平行且相互垂直。检验从 O 沿 Ox 方向开始，按检验直线度的方法检验。沿 OA 和 OC 线测其轮廓，然后沿 $O'A'$、$O''A''$、…、CB 线测定它们的轮廓，使其包括整个平面。

可沿 mM、$m'M'$、…线测量作为辅助检验，以验证上述测量结果。当被检验平面的宽度与长度的比值较大时，一般按十字交叉检验，沿对角线测取读数。

（4）用光学方法测量　构成测量基准面的 Ox 和 Oy 与方法（3）相同，只是由望远镜的光轴确定，其他与检验直线度的方法相同。

平面度公差的表示方法：在两端之间允许凸和凹时，表示为："…μm/m 或 mm/m"。只允许凹时，为："凹…μm 或 mm"。只允许凸时，为："凸…μm 或 mm"。一般在纵横向进行检验，在各个方向应给出适当公差。

四、平行度、等距度、重合度的检验方法

1. 线和面的平行度

当测量一条线上若干点到一平面的距离时，在规定的范围内所求得的最大差值不超过规定值，则认为这条线平行于该平面。

当一条直线平行于两相交平面时，则该直线平行于这两平面交线。该直线对这两个面平行度公差可以不相同。

当测量一平面上若干点（至少要在两个方向上）至另一平面的距离时，如果在规定范围内的最大差值不超过规定值，则认为这两平面是平行的。

检验时，轴线应由形状精度高、有相应表面粗糙度和足够长度的圆柱面来代表，因此经常应用检验棒。

在主轴上安装检验棒代表旋转轴线时，应消除检验轴线与旋转轴线不重合的影响，如图 6-20 所示。在此条件下，平行度的检验可以在主轴处于任何位置处进行，但应将主轴旋转 180°后再重复检验一次，以两次读数的代数平均值作为在规定平面内的平行度误差。

（1）两平面的平行度检验　如图 6-21 所示，指示表装在带有水平基准面的支架上，并在其中一个平面上，按所规定的范围移动，测头沿第二个平面滑动。检验应在两个尽可能相互垂直的方向上进行。

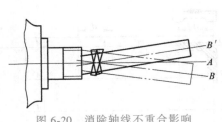

图 6-20　消除轴线不重合影响

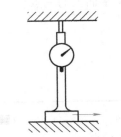

图 6-21　两平面的平行度检验

（2）两轴线平行度的检验　两轴线平行度的检验应在两个平面内进行。第一平面指通过其中的一根轴线并尽可能接近第二根轴线的平面。与第一平面垂直的平面称为第二平面。

1）在第一平面内检验如图 6-22 所示。指示表装在具有相应形状基准面的支架上，以便支架沿代表其中一轴线的圆柱面滑动。测头沿代表第二根轴线的圆柱面滑动，滑动测量时，指示表应在垂直轴线方向上慢慢摆动以记取最小距离。

2）在第二平面内检验如图 6-23 所示。将可调零的水平仪放在如图所示的专用桥板上，按规定范围沿轴线移动测量，测量结果按两轴线间的距离来表示。例如该距离为 300mm，水平仪读数最大差值为 0.06/1000，则平行度误差为：$300\text{mm}\times\dfrac{0.06}{1000}=0.018\text{mm}=18\text{mm}$。

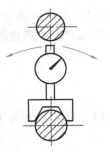

图 6-22　在第一平面内检验

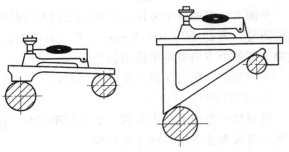

图 6-23　在第二平面内检验

如果有与两轴线平行的机床某表面作为辅助平面，则可按下面（3）的方法，分别测定每根轴对这个表面的平行度。

（3）轴线对平面的平行度检验　如图6-24所示，指示表装在带有水平基准面的支架上，支架沿该平面规定范围移动。在每一测点上，通过在垂直于该轴线的方向上，慢慢移动检具使测头在圆柱面上找到最小距离。

（4）轴线对两平面交线的平行度检验　如图6-25所示，检验时，需以相应的基准座放在两平面上。

（5）两平面交线对第三平面的平行度检验　如图6-26所示，检验时，需以相应的基准座放在两平面上。

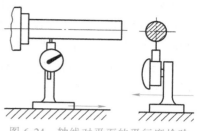

图6-24　轴线对平面的平行度检验

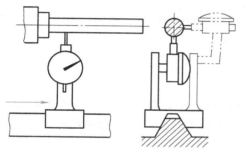

图6-25　轴线对两平面交线的平行度检验

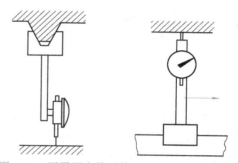

图6-26　两平面交线对第三平面的平行度检验

（6）分别由两平面的交线形成的两直线间的平行度的检验　图6-27a所示为用指示表检查，适于两直线较近的情况，指示表支架应具有足够的刚性，应在两相互垂直的平面内检查。图6-27b所示为用水平仪检验在垂直平面内的平行度。

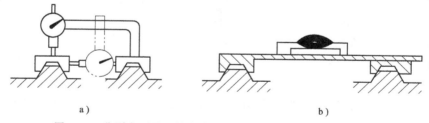

a)　　　　　　　　　　　　　　　b)

图6-27　分别由两平面的交线形成的两直线间的平行度的检验

2. 运动的平行度

运动的平行度是指运动部件上一点的轨迹相对于一个平面（支承面或导轨）、一直线（轴线、平面的交线）、机床另一个运动部件上一点轨迹的平行度。公差为其规定长度内最小距离的允许变化量，其规定与线和面的平行度相同，即平行度公差…μm或mm，有规定长度时，如300mm上为0.02mm，如有方向要求时应表示出来，如主轴自由端只许向上。

检验方法与检验线和面的平行度的方法相同。需要检具移动时，都应将检查工具固定在运动部件上，运动部件应尽可能按通常方法驱动。如果测头不能直接触及被检验面上（如狭槽的边），可以用一个形状适合的检验工具代替，如图6-28所示。

3. 等距度

当包含几根轴线的平面平行于基准平面，则这几根轴线与基准平面等距。这几根轴线可以是不同的几根轴线或者是一根轴回转后占有不同位置所形成的几根轴线。

检验方法与检验平面（包含几根轴线）和基准平面的平行度相同。如两轴线对一平面的等距度检验实际上是平行度检验，首先应检验该两轴线对平面的平行度，然后再用同一指示表在代表该两轴线的圆柱体上，检验它们与该平面的距离是否相等，如图 6-29 所示。两圆柱体半径不相等时，则必须把半径计算进去。

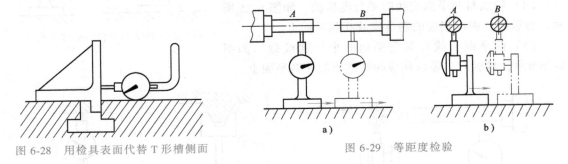

图 6-28　用检具表面代替 T 形槽侧面　　　　图 6-29　等距度检验

4. 重合度

在两条线或两轴线规定长度的几个点上，测量该两条线或两轴线距离的数值及其位置，当这个距离不超过规定值时，则认为这条线或两轴线是重合的。距离的测量可位于实际线上，也可位于它们的延长线上。

检验方法如图 6-30 所示，指示表装在一个支架上，并围绕着一轴线回转 360°，使指示表的测头触及第二根轴线圆柱体的规定截面 A 上。指示表读数的差值为重合度误差的 2 倍。由于所取截面可能位于两轴线的相交处，所以还应在第二截面 B 处进行检验。

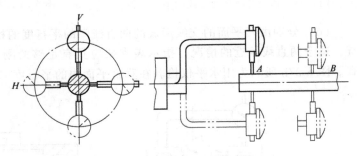

图 6-30　重合度检验

如误差规定在两个平面内（如图中的 H 平面和 V 平面）检验，则误差值在两平面内应分别计算。

注意支架应有较高的刚度，当要求高精度检验时，应同时采用两个相对 180°配置的检具。检验用的指示表应采用重量较轻的。

当重合度的公差与方向无关时，其公差表示轴线 1 对轴线 2 的重合度误差在规定长度上为…μm 或 mm。在特殊情况下，可根据工作条件给予规定，例如：轴线 1 只许高于轴线 2，或轴线 1 的自由端对轴线 2 的方向只许向外偏等。

5. 导轨平行度的有关检验方法实例

1）拉表检查法，如图 6-31 所示。

2）千分尺测量法，如图 6-32 所示。各在导轨前、中、后三点用千分尺检查。燕尾导轨

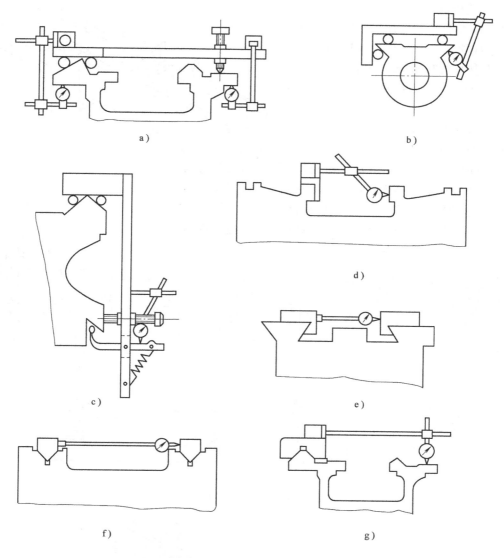

图 6-31 导轨平行度拉表检查

a）车床 b）牛头刨床滑枕 c）横梁 d）矩形导轨 e）燕尾导轨 f）龙门刨床床身导轨 g）车床床身导轨

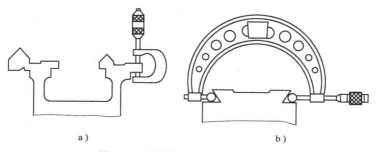

a）   b）

图 6-32 用千分尺测量导轨平行度

借助于检验棒进行检查。

3）桥板水平仪检查法，如图 6-33 所示（检查导轨在垂直平面内的平行度）。

桥板按导轨形式设计，如图 6-34 所示。

运动的平行度检验方法实例如图 6-35 所示。

为了保证导轨几何精度和与运动件接触精度良好，在修理中有时还要检查单导轨的扭曲度，如图 6-36 所示。移动垫铁检查，水平仪读数的最大代数差值为扭曲度误差。这项精度一般不列入精度标准，主要规定于刮研或配磨工艺中，尤其对长大导轨更为重要。

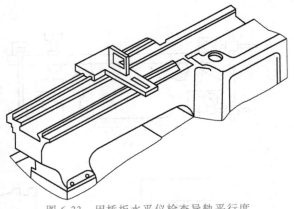

图 6-33　用桥板水平仪检查导轨平行度

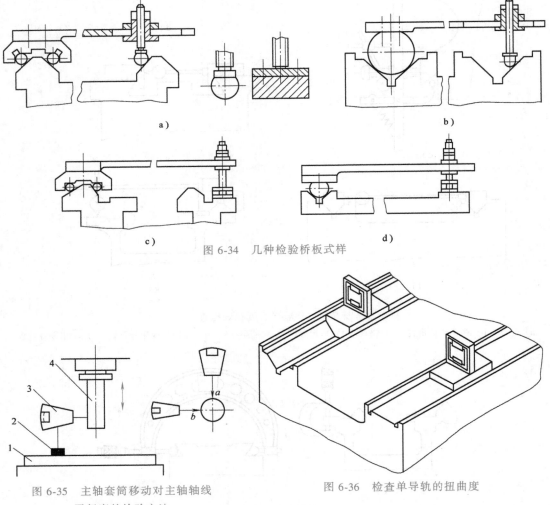

a)

b)

c)

图 6-34　几种检验桥板式样

d)

图 6-35　主轴套筒移动对主轴轴线
平行度的检验方法

1—工作台　2—表架　3—指示计　4—检验棒

图 6-36　检查单导轨的扭曲度

五、垂直度检验方法

1. 直线和平面的垂直度

当测量两平面、两直线或一直线和一平面在规定的范围内相对于标准直角尺的平行度的最大误差不超过规定值时，则认为它们是垂直的。这个直角尺可以是一个检验直角尺或一个框式水平仪，也可由运动平面或直线组成的直角代替。

垂直度检验实际上是平行度检验，在检验中要采用相应形状（如平面、V形面）基准座的指示表座或直角尺座。

对于旋转轴线可以采用如图6-37所示的方法。将带有指示表的臂装在主轴上，并将指示表测头调至平行于旋转轴线。当主轴旋转时，指示表测头便画出一个圆，其平面垂直于旋转轴线。用指示表测头检验被检验平面，就可以确定该圆平面与被检验平面间的平行度偏差，这个偏差应指明其旋转直径。

如果没有规定测量平面，将指示表旋转360°，取读数的最大差值；如果规定了测量平面

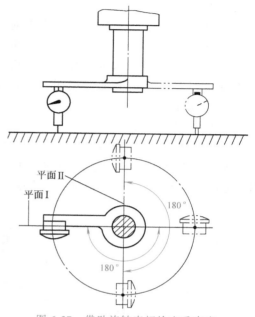

图6-37 借助旋转表杆检查垂直度

（如平面Ⅰ和Ⅱ），则分别在每个平面内相隔180°的两个位置上取读数差值。为了消除轴向圆跳动对检验精度的影响，可对称安置两个指示表，并取其读数的平均值；也可以将指示表在第一次检验后相对主轴转180°重复检验一次；或必要时加一个适当的轴向载荷来消除轴向游隙。

1）两平面间的垂直度检验如图6-38所示。

2）两轴线间的垂直度检验如图6-39所示。

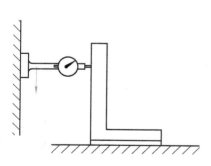

图6-38 两平面间的垂直度检验

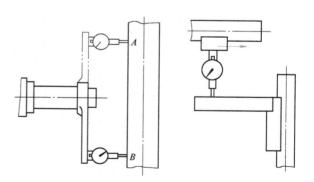

图6-39 两轴线间的垂直度检验

3）轴线和平面的垂直度检验如图6-40所示。旋转轴线的检验如图6-37所示。

4）一轴线对两平面交线的垂直度检验如图6-41所示。

5）两平面交线对平面的垂直度检验如图6-42所示。

6）分别由两平面的交线形成的两直线间的垂直度检验如图 6-43 所示。

当相对于直角的误差无方向要求时，则直线或平面的垂直度公差规定为：相对于直角的公差在规定长度上为±…μm 或 mm；当相对于机床的其他部件来确定误差时，则应加以说明，如：主轴自由端只许向支承面倾斜。

2. 运动的垂直度

运动的垂直度是指运动部件上一点的轨迹相对于一个平面（支承面或导轨）、一直线（轴线或两平面交线）或另一运动部件上一点轨迹的垂直度。

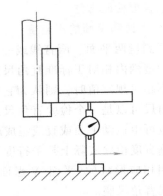

图 6-40　轴线和平面的垂直度检验

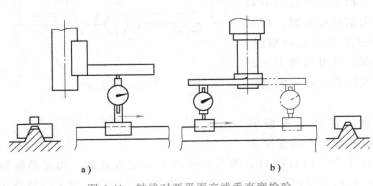

a)

图 6-41　轴线对两平面交线垂直度检验

a）固定轴线　b）旋转轴线

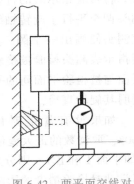

图 6-42　两平面交线对
另一平面的垂直度检验

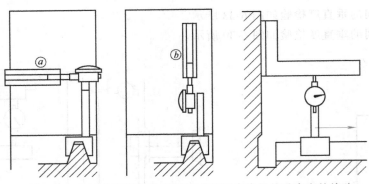

图 6-43　分别由两平面的交线形成的两直线间的垂直度的检验

一点的轨迹与一平面的垂直度检验，一点的轨迹对一轴线的垂直度检验，采用角尺拉表法，使用方法与前文所述基本一致。

两轨迹间的垂直度检验如图 6-44 所示，用适当安装在平尺上的直角尺来检验，借助指示表调整直角尺的一个边精确地与轨迹 I 平行，然后按检验平行度的方法检验轨迹 II。也可如图 6-45 所示，用光学方法来检验。

运动垂直度公差是运动部件上一点的轨迹和直角尺长边在规定长度内最小距离的允许变

化量。借助于框式水平仪做基准直角的检验实例如图 6-46 和图 6-47 所示。

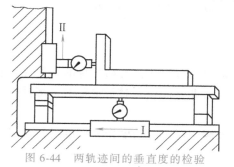

图 6-44　两轨迹间的垂直度的检验

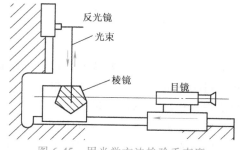

图 6-45　用光学方法检验垂直度

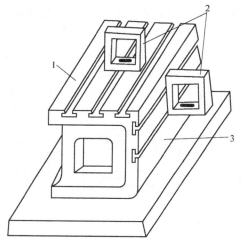

图 6-46　工作台表面垂直度的检验

1—工作台上表面　2—水平仪　3—工作台侧表面

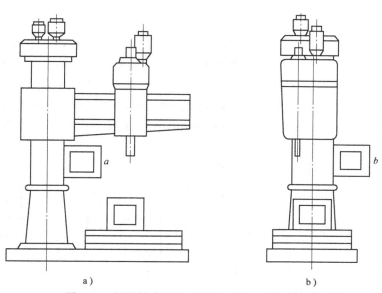

a)

b)

图 6-47　摇臂钻床立柱对底座工作面垂直度检验

第三节　装配质量的检验和机床试验

一、装配质量的检验

机床的装配质量主要从零部件安放的正确性，紧固的可靠性，滑动配合的平稳性，它们之间相对位置的准确性，外部质量以及几何精度等方面进行检查。对于重要的零部件应单独进行检查，以确保修理质量。

对机床装配质量，可按机床精度标准或按机床大修所规定的精度恢复标准进行检验。例如，对卧式车床几项主要几何精度的检验如下。

1. 纵向导轨在垂直平面内直线度的检验

如图 6-48a 所示，在溜板上靠近刀架的地方，放一个与纵向导轨平行的水平仪 1。移动溜板，在全部行程上分段检验，每隔 250mm 记录一次水平仪的读数。然后将水平仪读数依次排列，画出导轨的误差曲线。曲线上任意局部测量长度的两端点相对曲线两端点连线的坐标差值，就是导轨的局部误差（在任意 500mm 测量长度上应 ≤0.015mm）。曲线相对其两端点连线的最大坐标值就是导轨全长的直线度误差（$\Delta \leqslant 0.04$mm，且只许向上凸）。

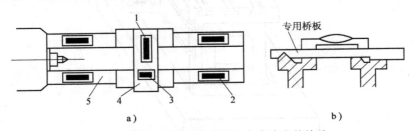

图 6-48　纵向导轨在垂直平面内直线度的检验

1、2、3—水平仪　4—溜板　5—导轨

也可将水平仪直接放在导轨上进行检验。

2. 横向导轨平行度的检验

横向导轨的平行度检验，实质上就是检验前后导轨在垂直平面内的平行度（见图6-48a）。检验时在溜板上横向放一水平仪 3，等距离移动溜板 4 检验，移动的距离等于局部误差的测量长度（250mm 或 500mm），每隔 250mm（或 500mm）记录一次水平仪读数。

水平仪在全部测量长度上读数的最大代数差值就是导轨的平行度误差（$\Delta_{平} \leqslant 0.04/1000$）。也可将水平仪放在专用桥板上，再将桥板放在前后导轨上进行检验（见图 6-48b）。

3. 溜板移动在水平面内直线度的检验

如图 6-49 所示，将长圆柱检验棒 1 用前后顶尖顶紧，将指示表 2 固定在溜板 3 上，使其测头触及检验棒的侧素线（测头尽可能在两顶尖间轴线和刀尖所确定的平面内），调整尾座，使指示表在检验棒两端的读数相等。移动溜板在全部行程上检验，指示表读数的最大代数差值就是直线度误差（$\Delta \leqslant 0.03$mm）。

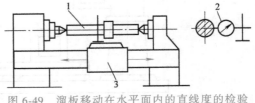

图 6-49　溜板移动在水平面内的直线度的检验

1—检验棒　2—指示表　3—溜板

4. 主轴锥孔轴线的径向圆跳动的检验

此项精度一般包含了两个方面：一是主轴锥孔轴线相对于主轴回转轴线的几何偏心引起的径向圆跳动；二是主轴回转轴线本身的径向圆跳动。

检验时如图 6-50 所示，将带有锥柄的检验棒 2 插入主轴内锥孔，将固定于机床床身上的指示表 1 测头触及检验棒表面，然后旋转主轴，分别在 a 和 b 两点检查，a、b 相距 300mm。为防止产生检验棒的误差，须拔出检验棒，相对主轴旋转 90°，重新插入主轴锥孔中依次重复检查三次，a、b 两点的误差分别计算。指示表四次测量结果的平均值就是径向圆跳动误差。

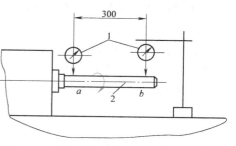

图 6-50 主轴锥孔轴线径向圆跳动的检验
1—指示表 2—检验棒

如果在 300mm 处 b 点检查超差，很可能是后轴承装配不正确。应加以调整，使误差在公差范围之内。如果 a 点误差为 0.01mm，b 点误差为 0.02mm。a、b 两点测量读数不一样，实质上反映了主轴轴线存在角向摆动，即 a、b 两点测量结果的差值为主轴回转轴线的角向摆动误差。

5. 主轴定心轴颈径向圆跳动的检查

主轴定心轴颈与主轴锥孔一样都是主轴的定位表面，即都是用来定位安装各种夹具的表面。因此，主轴定心轴颈的径向圆跳动也包含了几何偏心和回转轴线本身两方面的径向圆跳动。

检验时如图 6-51 所示，将指示表固定在机床上，使指示表测头触及主轴定心轴颈表面，然后旋转主轴，指示表读数的最大差值，就是主轴定心轴颈的径向圆跳动量，$\Delta_{径} \leqslant 0.01$mm。

6. 主轴轴向窜动的检验

主轴的轴向窜动量允许 0.01mm，如果主轴轴向窜动量过大，则加工平面时将直接影响加工表面的平面度，加工螺纹时将影响螺纹的螺距精度。

对于带有锥孔的主轴，可将带锥度的心棒插入锥孔内，在心棒端面中心孔放一钢球，用润滑脂粘住，旋转主轴，在钢球上用表测量，其指针摆动的最大差值即为主轴轴向窜动量。

如果主轴不带锥孔，可按图 6-52 所示的方法检验。检验时将钢球 2 放入主轴 1 顶尖孔中，平头指示表 3 顶住钢球，回旋主轴，指示表指针读数的最大差值即为主轴轴向窜动量。

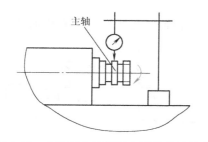

图 6-51 主轴定心轴颈径向圆跳动的检查

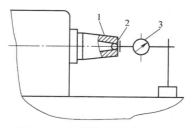

图 6-52 主轴轴向窜动的检验
1—主轴 2—钢球 3—指示表

7. 主轴轴肩支承面跳动的检验

主轴轴肩支承面跳动的检验，实际上这就是检验主轴轴肩对主轴中心线的垂直度，它反映主轴轴向圆跳动，此外它的误差大小也反映出主轴后轴承装配精度是否在公差范围之内。

由于轴向圆跳动量包含着主轴轴向窜动量，因此该项精度的检查应在主轴轴向窜动检验之后进行。

检验时如图 6-53 所示，将固定在机床上的指示表 1 测头触及主轴 2 轴肩支承面靠近边缘的地方，沿主轴轴线加一力，然后旋转主轴检验。指示表读数的最大差值就是轴肩支承面的跳动误差（$\Delta_1 \le 0.02\text{mm}$）。

8. 主轴轴线对溜板移动平行度的检验

这项精度是通过对检验棒上素线与侧素线的测量，而间接测量的。如图 6-54 所示，先把锥柄检验棒 3 插入主轴 1 孔内，指示表 2 固定于溜板 4 上，其测头触及检验棒的上素线 a，即使测头处在垂直平面内，移动溜板，记下指示表最小读数与最大读数的差值，然后将主轴旋转 180°，也如上述记下指示表最小读数与最大读数的差值，两次测量读数值代数和的一半，即为主轴轴线在垂直平面内对溜板移动的平行度误差，要求在 300mm 长度上小于或等于 0.02mm，检验棒的自由端只允许向上偏。

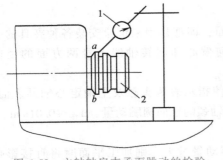

图 6-53　主轴轴肩支承面跳动的检验
1—指示表　2—主轴

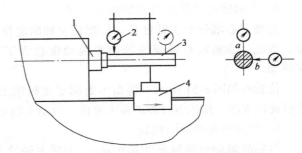

图 6-54　主轴轴线对溜板移动平行度的检验
1—主轴　2—指示表　3—检验棒　4—溜板

旋转主轴 90°，用上述同样方法测得侧母线 b 与溜板移动的平行度误差，要求在 300mm 长度上小于或等于 0.015mm，检验棒的自由端只允许向车刀方向偏。

如果该项精度不合格，将产生锥度，从而降低零件加工精度。因此该项精度检查的目的在于保证工件的正确几何形状。

9. 床头和尾座两顶尖等高度的检验

床头和尾座两顶尖等高度的检验，实际上是检验主轴轴线与尾座顶尖孔中心线的同轴度。如果不同轴，用前后顶尖顶住零件加工外圆时会产生直线度误差。尾座上装铰刀铰孔时也不正确，其孔径会变大。因此，规定尾座中心高出主轴中心的最大允许差值为 0.06mm。

检查时如图 6-55 所示。检验棒放于前后顶尖之间，并顶紧，指示表固定于溜板上，其测头触及检验棒的侧素线，移动溜板，如果指示

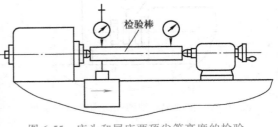

图 6-55　床头和尾座两顶尖等高度的检验

表读数不一致，则应对尾座进行调整，使主轴轴线与尾座中心线沿侧素线方向同轴。然后调换指示表位置，使其触及检验棒的上素线，移动溜板，指示表最大读数与最小读数的差值，即为主轴轴线与尾座顶尖孔中心线等高度误差。

二、机床试验

机床试验的目的，是通过预定的试验方法，考核机床的修理质量。尽管机床在总装后已对其装配精度进行过检验，但这是在静止状态（无机械运动和力的作用）下进行检查的，因此不能完全说明机床的修理质量。机床在运动状态下各部件之间的可靠性（温升及噪声），特别是在力的作用下，各部件之间的变动如何，以及把力去掉之后是否保持原有的几何精度，则必须通过机床的各种试验才能鉴定。

机床修理试验的内容，主要包括机床空运转试验、负荷试验以及工作精度试验等。

1. 机床空运转试验

机床空运转试验的目的，在于进一步鉴定机床各部件动作的正确性、固定的可靠性、操作是否方便正常，以及各运动部位的温升、噪声等是否正常。

机床空运转试验之前，须对机床外部进行认真的检查。各主要零部件，所有安全设施，润滑、冷却装置、电气照明、手柄、标牌和各附件等，都应装配妥当，齐备无缺。零件的配合质量，应达到规定的标准，用手拨动主轴，应能旋转自如，导轨面之间的滑动应平稳、均匀。同时，检查机床修理所规定的内容是否全部完成。待确认全部达到技术要求之后，再进行空运转试验。

机床空运转试验的主要内容是在试验主轴速度、进给速度的同时，检查有关部位的运转情况。机床在正式开始运转之前，应先对各油池加油，并对各润滑点加油。当试验主轴速度时，应从最低速度开始，逐次达到最高速度。在最高速度时，应连续旋转1~2h，使主轴温度达到稳定温度，随即停车检查。此时，主轴上安装的滚动轴承的温度应<70℃，滑动轴承的温度应<50℃。与此同时还应检查下列各项：

1）所有手把拨动灵活，固定牢靠，开停位置准确。

2）润滑系统效果良好，油路畅通，供油无中断现象。

3）冷却系统，应保证有足够的切削液连续供给。

4）电气设备的开停动作（特别是终点开关）必须保证可靠。

5）溜板移动平稳，没有振动。

6）齿轮传动啮合正确，无噪声。

此外，不应有漏油、渗油等现象。如出现异常情况，应立即停车检查。

2. 机床负荷试验

机床负荷试验的目的，在于鉴定加力之后，各部件之间的位置是否有变动，变动是否在允许范围之内，在力的作用下各部件工作是否正常，最终试验它承受载荷的能力，在允许载荷范围内机床的振动、噪声和温升等是否正常。

机床负荷试验，主要是进行切削负荷试验，即选择合适的刀具，试件材料和切削用量进行切削，一般以中等切削速度达到满负荷。

如果机床修理合格，在试验过程中机床应无振动，运动均匀，没有噪声，运转部位温度不超过规定范围，摩擦离合器应结合可靠，安全装置应十分可靠，机床全部机构工作正常。

机床在此负荷情况下，实际主轴转速以及进给量与理论数据相比，允许偏差在5%以内。

3. 机床工作精度试验

机床工作精度试验的目的在于试验机床在加工过程中，各个部件之间的相互位置精度能否满足被加工零件的精度要求。在试验之前，必须对其几何精度进行复查。根据情况，必要时需做动态检查。如果几何精度合格，则可选用适当切削刀具、试件材料和切削用量，通过对试件进行切削加工的方法进行机床工作精度试验。

被加工零件表面，其几何精度应在有关机床标准所规定的公差范围之内，而表面粗糙度不低于所规定的表面粗糙度标准。

第四节 机床的特殊检验

机床的特殊检验指分度精度、丝杠传动的位移精度、角度游隙、轴线的相交度等的检验。

一、丝杠传动的位移精度

为了保证丝杠传动的位移精度，在制造和修理中，有必要对所有影响位移精度的零部件进行几何精度检查，特别是传动丝杠。传动丝杠的螺距是影响位移精度诸因素中的一个重要因素，而某些零部件的游隙和弹性变形也可能会产生重大影响。在对所有影响位移精度的零部件的每一个误差因素规定公差时，应使各项公差综合后，符合机床的位移精度要求。在机床检验时，仅需用线位移精度检验或工作精度检验来确定丝杠的偏差。

（1）丝杠线位移精度检验　借助于丝杠线位移量仪或量具，旋转传动丝杠，测定运动部件在其运动方向上的位移，将测量结果与相应的理论位移做比较。

（2）工作精度检验　在机床上加工一个试件，在规定的长度上检验有关的误差项目。如卧式车床，加工一个不小于300mm长度的丝杠试件，然后借用专门的检验工具或测量仪器（如测长机）来检验试件的螺距误差。

二、轴线的相交度

轴线相交度的误差是以两条不平行轴线间的最短距离来表示的。当其最短距离在规定的公差之内，则认为这两条线相交。当工作条件对其公差表示如轴线1至轴线2的距离：±…μm或mm；当工作条件对公差有特殊条件要求时，则应明确规定，如轴线1只允许高于轴线2：…μm或mm。

两条不平行轴线的交点，可以通过检验代表这两条轴线的轴之间的距离来确定，检验方法与检验两轴线对一个辅助平面的等距度的方法相同（见图6-29）。

三、角度游隙

回转部件的角度游隙是指运动部件在定位时，由于定位系统中存在的间隙而可能产生的最大角度位移。

检验时，可在回转件上安装一根有足够长度的检验棒，在规定长度L上进行测量。在旋转平面内安装指示表，使其测头在离回转轴线为规定的距离L处触及检验棒。在回转件的两个回转方向上依次分别施加一个力矩，并记下指示表两次读数的差值α，则游隙表示为α/L，即角度游隙的公差以角位移的正切值表示。施加力矩的大小不应使回转件产生明显的弹性变形而影响测量结果。

四、角度分度装置的精度

角度分度装置的重复定位误差，是指在运动部件的一个径向方位上，该运动部件经转动后，再次回到原始位置时，同一条半径所产生的最大角度位移。

检查方法与角度游隙的检查方法相同。对于一个规定的分度装置，运动部件应回转一整圈再回转到原始位置定位锁紧，记下指示表读数，并应重复进行两次以上，各次指示表读数的最大代数差，即为该位置的重复定位误差。每个规定的分度位置均应分别进行同样的检验。重复定位误差的公差以角位移的正切值表示，其公差值中包括了角度游隙的公差。

五、分度精度

主要指刻线尺、丝杠、齿轮、分度盘等的分度精度。分度误差一般可分为：单个分度误差、相邻分度误差、局部分度误差、累积误差（或分度位置偏差）和总分度误差，如图 6-56 所示。

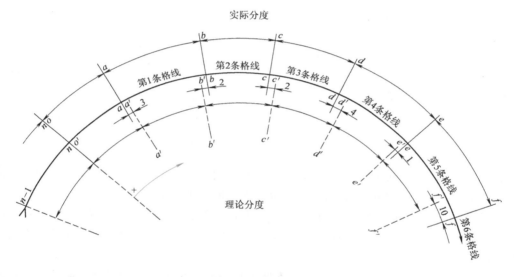

图 6-56　分度误差

（1）单个分度误差　是指一个分度的实际值与理论值之间的代数差。例如，图 6-56 中的第二个分度间距的单个分度误差为 $ab-a'b'$（这里的一个分度为一个分度间距，即是指两条相邻格线之间的量值）。

（2）相邻分度误差　指相邻两个分度的实际数值之差，它等于这两个分度的单个分度误差的代数差。例如，图 6-56 中第二与第三分度间距的相邻分度误差为：$(ab-a'b')-(bc-b'c')=ab-bc$。

（3）局部分度误差　指在规定的区域内，正单个分度误差与负单个分度误差的最大绝对值之和。例如，图 6-57 中的 0~6 区间内的局部分度误差为波幅 MN 所表示的数值。如果在规定区间内所有的单个分度误差均为相同符号时，则局部分度误差为绝对值最大的单个分度误差。

（4）累积误差（或分度位置偏差）　指在规定的区间内，所包含的 k 个分度实际数值的总和与理论数值的总和之差。分度位置偏差可以通过计算该区间内每个单个分度误差的代数和来确定，或通过指示表在实际分度位置的读数与理论位置的读数进行比较来确定。

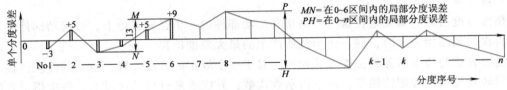

图 6-57　局部分度误差的确定

（5）总分度误差　指在规定的区间内，正分度位置偏差与负分度位置偏差的最大绝对值之和。例如，图 6-58 中全部刻度为 360° 范围内的总分度误差为波幅 RS 所表示的数值。

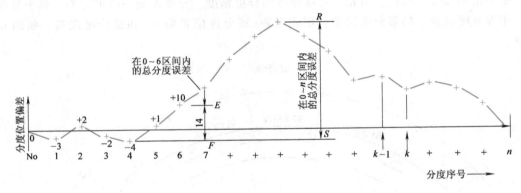

图 6-58　总分度误差的确定

分度误差可用图解法来表示。以刻度盘为例，实际刻度线与理论刻度线相比较，各格线的分度位置偏差分别见图 6-56 和图 6-57。分度误差的图解法如下：

1）在图 6-57 中，横坐标表示分度序号，纵坐标表示单个分度误差值，在 0~6 区间内的最大波幅 MN 就表示该区间的局部分度误差。对于刻度盘全部分度区间的局部分度误差则用波幅 PH 表示。

2）如图 6-59 所示，横坐标表示分度间距的序号，纵坐标表示相邻分度误差，从该曲线图中，便可以找出区间内的最大相邻分度误差。

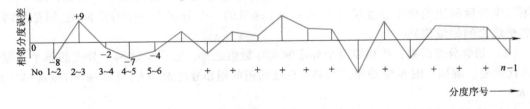

图 6-59　相邻分度误差

3）在图 6-58 中，横坐标表示分度序号，纵坐标表示每个分度的实际位置相对于理论位置的正偏差或负偏差，则该图中最大波幅 RS 表示刻度盘全部区间内的总分度误差。在 0~6 区间内的最大波幅 EF 则表示该规定区间内的总分度误差。

分度误差的检验往往需要一些专门的检验工具和量仪，如标准分度盘、光学分度头、经纬仪等。检查时，应参照相应的标准或技术文件的规定来进行。误差值的确定可采用分度误差的图解法。

对一种具体的检验对象通常不必规定五种分度误差的公差，对长分度，一般为规定区间内的累积误差规定公差；对圆分度，一般为单个分度误差和总分度误差规定公差。

六、传动链精度的测量

在工件表面形成复合运动的机床，如螺纹加工机床、齿轮加工机床等，它们不但要求保证一定的几何精度，而且还要求保证一定的传动链精度。如螺纹加工机床在加工螺纹时，机床应保证当主轴转一整转，车刀或砂轮应准确地移动一个工件螺纹的导程，此时影响工件精度的主要因素是传动链精度。又如齿轮加工机床的传动链精度是影响齿形精度和分齿精度的主要因素。测量内联系运动机床的传动链精度是评定机床精度的重要手段。测量机床传动链精度有间接测量和直接测量两种。

间接测量法是按机床说明书或精度检验标准的规定，加工一个零件，如加工一根丝杠、一个齿轮等，然后对其加工质量进行检验，用检验工件精度的方法，确定机床传动链的精度是否满足加工所要求精度等级的工件。这种方法所反映的是加工工艺的综合误差，它既反映传动链的误差，又包含其他因素造成的误差。

直接测量法是所测参数直接从测量器具获得，用直接测量法检测传动链精度有三种方法：

（1）静态测量法　使合成运动相应地各走一步，然后停下来，在静止状态测定各步是否合拍，通过采用单项分点的测量确定传动链的精度。例如滚齿机的分齿传动链，滚刀主轴每转过一整周，测量工作台是否转过一个齿距，即 $360°/z(z$ 为齿数$)$ 的角度。如果测量值与理论值之差在要求的公差范围内，则为合格。这种方法可以剔除其他因素引起的误差，较之间接测量方法在了解传动链精度上直接可靠，但测量手续麻烦、效率低。

（2）运动测量法　从运动学观点出发，来考虑被测对象的精度，其特点表现为测量过程的连续性，能较好地反映实际工作时的传动精度，一般是在轻载或无负荷下，低速运动时测量。如滚齿机工作台回转与刀架移动之间传动链误差的测量，如图 6-60 所示。在工作台中央装夹一个标准丝杠，将杠杆式千分表固定在刀架上，其测头触及标准丝杠

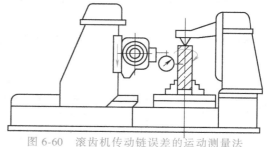

图 6-60　滚齿机传动链误差的运动测量法

的螺旋面上，按标准丝杠的螺距调整机床交换齿轮的传动比。慢速开动机床，使工作台回转和刀架向下移动，千分表读数的最大差值，就是工作台回转与刀架移动之间的传动链误差。

（3）动态测量法　从动力学观点出发来考虑测量过程，其特点是不但考虑机床的几何精度，同时也考虑被测系统的工作负荷或近似的工作负荷、振动、温度、加速度及传动系统的动态特性等，这将反映传动的实际工作精度。动态测量和运动测量虽然统称为动测技术，但动态测量不同于运动测量，运动测量在低速、无负荷或低载下测量，其测量结果与静态测量相一致。而动态测量在工作负荷状态，速度较大，承受着振动和动载荷和热变形等。因此，动态测量因为测量系统状态不同，测量结果也将随之而有差异。

第五节　机床大修质量检验通用技术要求

一、零件加工质量

1）更换和修复零件的加工质量，应符合图样要求。除特殊规定外，不得有锐边和尖角，已加工表面不得有磕、碰、划、伤、锈等缺陷。

2）滑移齿轮的齿端应倒角。丝杠、蜗杆等第一圈螺纹端部的厚度应大于 1mm，小于 1mm 部分应去掉。

3）刮研面不应有机械加工的痕迹和明显的刀痕，刮研点应均匀，用涂色检验时，在规定面积内计算，每 25mm×25mm 面积内，接触点不得少于表 6-6 的规定。

表 6-6　各类机床刮研面的接触点数

刮研面性质 触点数 机床类别	静压滑（滚）动轴承		移置导轨		主轴滑动轴承		镶条压板滑动面	特别重要固定结合面
	每条导轨宽度/mm				直径/mm			
	≤250	>250	≤100	>100	≤120	>120		
高精度机床	20	16	16	12	20	16	12	12
精密机床	16	12	12	10	16	12	10	8
普通机床	10	8	8	6	12	10	6	6

4）各类机床刮研接触点计算面积按下列规定：高精度机床、精密机床和机床质量≤10t 的普通机床，按 $100cm^2$，机床质量>10t 的普通机床按 $300cm^2$。

5）两配合件的结合面一件采用机械加工，另一件是刮研面，用涂色法检验刮研面接触点不少于表 6-6 规定的 75%。

6）两配合件的结合面均采用机械加工时，用涂色法检查，接触应均匀，接触面积不得小于表 6-7 的规定。

表 6-7　各类机床配合件结合面接触指标

结合面性质 接触面积（%） 机床类别	滑、滚动导轨		移置导轨		特别重要固定结合面	
	全长上	全宽上	全长上	全宽上	全长上	全宽上
高精度机床	80	70	70	50	70	45
精密机床	75	60	65	45	65	40
普通机床	70	50	60	40	60	35

7）零件刻度部分的刻线、数字和标记应准确均匀清晰。

二、装配质量

1）装配到机床上的零件、部件，要符合质量要求。不允许放入总装图样上未规定的垫片和套等。

2）变位机构应保证准确定位。啮合齿轮宽度≤20mm 时，轴向错位不得大于 1mm；齿轮宽度>20mm 时，轴向错位不得超过齿轮宽的 5%，但不得大于 5mm。

3）重要固定结合面应紧密贴合，紧固后用 0.04 塞尺检验时，不得插入。特别重要的固定结合面，除用涂色法检验外，在紧固前、后均应用 0.04 塞尺检验，不得插入。

4）滑动结合面除用涂色法检验外，还用 0.04 塞尺检验，插入深度按下列规定：机床质量≤10t，小于 20mm；机床质量>10t，小于 25mm。

5）采用静压装置的机床，其"节流比"应符合设计要求，"静压"建立后，运动应轻便、灵活。静压导轨空载时，运动部件四周的浮升量差值不得超过设计要求。

6）装配可调整的轴承和镶条时，应有调修的余量。

7）有刻度装置的手轮、手柄反向空程量不得超过下列规定：高精度机床，1/40 转；机床质量≤10t 的普通机床和精密机床，1/20 转；机床质量>10t 的普通机床和精密机床，1/4 转。

8）手柄、手轮操纵力，在行程范围内应均匀，不得超过表 6-8 的规定。

表 6-8　转动手柄、手轮的操纵力

类　别	高精度机床		精密和普通机床	
机床质量/t	经常用的	不常用的	经常用的	不常用的
≤2	4	6	6	10
>2	6	10	8	12
>5	8	12	10	16
>10	10	16	16	20

9）机床的主轴和套筒锥孔与心轴锥体的接触面积采用涂色法检验，锥孔的接触点应靠近大端，且不得低于下列数值：高精度机床，工作长度的 85%；精密机床，工作长度的 80%；普通机床，工作长度的 75%。

10）机床在运转时，不应有不正常的周期性尖叫声和不规则的冲击声。

11）机床上滑（滚）动配合面，结合缝隙，润滑系统，滑动（滚动）轴承，在拆、装过程中应清洗干净，机床内部不应有切屑和污物。

三、机床液压系统装配质量

1）液压设备拉杆、活塞、缸、阀等零件修复或更换后，工作表面不得有划伤。

2）液压传动在所有速度下，不应发生振动、噪声以及显著的冲击、停滞和爬行现象。

3）压力表必须灵敏可靠，字面清晰。调节压力的安全装置可靠，并符合说明书的规定。

4）液压系统工作时，油箱内不应产生泡沫，油温一般不得超过 60℃，当环境温度>35℃ 时，连续工作 4h，油箱油温不得超过 70℃。

5）液压的油路应排列整齐，管路尽量缩短，油管内壁要清洗干净，油管不得有压扁、明显坑点和敲击的痕迹。

6）储油箱及进油管口应有过滤装置及油面指示器，油箱内外清洁，指示器清晰明显。

7）所有回油路的出口，必须深入油面以下防止产生泡沫和吸入空气。

四、润滑系统的质量

1）润滑系统必须完整无缺，所有润滑元件、油管、油孔必须清洗干净，保证畅通。油管排列整齐，转弯处不得弯成死角，接头处不准有漏油现象。

2）所有润滑部位，都应有相应的注油装置，如油杯、油嘴、注油孔。油杯、油嘴、注油孔必须有盖或堵，防止切屑、尘土落入。

3）油位的标志，要清晰能观察油面或润滑油滴入情况。

4）用毛细管作润滑滴油方式的润滑系统均须装置清洁的毛线绳，油管必须高出储油部位的油面。

五、电气部分质量

1）对不同的电路如电力电路、控制电路、信号电路、照明电路等，应采取不同颜色的电线，如用一色电线，必须在端部装有不同颜色的绝缘管。

2）在机床的控制电路中，电线两端应装有与接线板上表示接线位置的数字标志。标志数字应不易脱落和被污损。

3）机床电气部件应保证安全，不受切削液和润滑油及切屑等有害物影响。

4）机床电气部件，全部接地处的绝缘电阻，用 500V 摇表摇测不得低于 $1M\Omega$，电动机绕组（不包括电线）的绝缘电阻不得小于 $0.5M\Omega$。

5）用磁力接触器操纵的电动机，应有零压保护装置，在突然断电或供电电路电压降低时，能保证电路的切断，电压复原后能防止自行接通。

6）为了保护机床电动机和电气装置不发生短路，必须安装熔断器或类似的保险装置，并要符合电气装置的安全要求。

7）机床照明电路应采用 $\leq 36V$ 电压。

8）机床底座及电气箱柜上，应装有专用的接地螺钉和地线。

9）电气箱、柜的门盖，应装有扣闩。

六、机床外观质量

1）机床不加工的外表面，应有浅灰色涂装或按规定的其他颜色。

2）电气箱、储油箱、主轴箱、变速箱和其他箱体内壁涂装成白色或其他浅色。

3）涂装应符合标准，不得有起皮、脱落、皱纹及表面不光泽的现象。

4）机床各种标牌应齐全、清晰、安装位置正确牢固。

5）操纵手轮、手柄表面光亮，不得有锈蚀。

6）机床所有护罩及其他孔盖等均应保持完整。

7）机床的附属电气及附件的未加工表面，均应与机床的表面涂装颜色相同。

七、机床运转试验

1）机床主传动机构应从最低速度到最高速度，依次进行运转，每级速度运转不得少于 2min，最高速运转不得少于 30min，并使主轴轴承达到稳定温度。用交换齿轮、带传动变速和无级变速的机床，可作低、中、高速运转。

2）在主轴轴承达到稳定温度时，检验主轴轴承的温度和温升，不得超过下列规定：滑动轴承温度 60℃，温升 30℃；滚动轴承温度 70℃，温升 40℃。温度上升幅度每小时不得超过 5℃。

3）进给机构应做低、中、高进给速度空运转试验，快速移动机构应作快速空运行试验。

4）机床在运转试验中，各机构的起动、停止、制动、自动动作变速转换、快速移动等均应灵活可靠。

5）所有液压、润滑、冷却系统，不得有渗漏现象。

6）气动系统及管道不得有漏气现象。

7）安全防护、保险装置齐全、牢固、灵敏可靠。

8）负荷试验前后，均应检验机床的精度，不做负荷试验的机床在空运转试验后进行。

思考题与习题

6-1　何谓机床的几何精度？何谓机床的工作精度？

6-2　如何正确地选择检验工具，即选择检验工具时应考虑哪些因素？

6-3　车床主轴径向圆跳动产生的原因是什么？如何测量其径向圆跳动？

6-4　在水平仪的读数方法中，何谓绝对读数法？何谓相对读数法？它们之间的区别是什么？

6-5　何谓测量基准？何谓评定基准？它们如何选择？

6-6　如图 6-61 所示，用分度值为 0.02/1000 的水平仪，跨距为 250mm 的桥板对1000mm 长的导轨进行测量，共测四档，试分别用绝对读数法和相对读数法进行读数，并用图解法求出直线度误差。

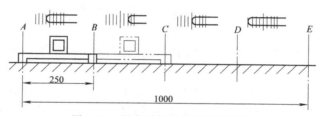

图 6-61　用水平仪测量直线度误差

6-7　如图 6-62 所示，用分度值为 1″的光学平直仪和跨距为 250mm 的桥板测量，共测十档，读数为：46、52、47、53、54、52、56、54、48、44。试分别用图解法和计算法求直线度误差。

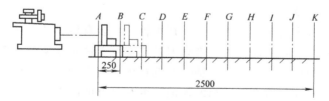

图 6-62　用平直仪测量导轨在垂直平面内的直线度误差

6-8　试简述平面度误差的检验方法。

6-9　车床主轴锥孔中心线的径向圆跳动产生的原因是什么？对加工精度有何影响？如何进行检验？

6-10　为什么规定车床尾座中心线允许比主轴轴线高？如何检验？

6-11　分度误差可分为几种？试比较它们之间的区别。

6-12　传动链误差的检测方法有几种？试比较它们的特点。

第七章

典型机械设备的修理

机械设备种类繁多,不同机械设备的总体结构与综合性能大不相同,但就其局部结构和单一性能而言,却有许多相同之处。从某种角度可以讲,所有机械设备是由有限的几种典型运动副组合而成的,机械零部件是构成机械设备的基本单元。

机械设备产生机械故障的主要原因是组成设备的机械零部件出现了故障。因此,机械零部件的修理是机械设备修理的重要工作内容之一。

机械零部件的修理包括轴类、轴承类、传动丝杠螺母类、壳体类、曲轴连杆类、分度蜗轮、齿轮类等零件的修理及螺纹连接件的修理,以及过盈配合零件的调整与装配。

第一节 轴与轴承的修理

轴与轴承是机械设备中实现回转运动的零件,它们的主要作用是支承其他零件,承受载荷和传递转矩。

轴与轴承间的相对运动,轴上所承受载荷的变化和冲击,易于造成轴的弯曲变形和局部磨损,也造成轴承的损伤和失效。因此,修复轴的尺寸精度,更换和修复轴承,恢复其回转精度是轴和轴承修理的主要工作之一。

一、主轴的修理

在机械设备的结构中,有各种形式的轴,例如:主轴、传动轴、外花键、曲轴等。其作用主要是支承零件,传递动力或运动。轴的形式不同,承受的载荷不同,失效的形式也就不同,修理和调整的方法就不一样。

主轴是金属切削机床的关键部件之一,在主轴上安装有传递动力的传动装置和装夹工件的夹紧机构。主轴的作用是传递动力,带动刀具或支承工件实现切削运动。主轴精度的高低直接影响所加工零件的精度。因此,主轴一般选择优质碳素钢经机械加工和适当的热处理后制成。要求主轴具有较高的精度,适当的表面硬度和足够的刚性。

主轴一般制造成中空结构,其目的在于提高主轴的刚性,减小主轴的惯性,同时便于安装和装夹工件。

(1) 主轴的主要失效形式 图 7-1 为 CA6140 型卧式车床的主轴,主轴上各零件的安装方式如图 7-2 所示。将这两图对照从中可以看出,$\phi75.25\,\mathrm{mm}(1:12)$ 和 $\phi105.25\,\mathrm{mm}(1:12)$ 处为主轴前后轴承的支承轴颈,$\phi80^{\,0}_{-0.013}\,\mathrm{mm}$ 和 $\phi90^{-0.012}_{-0.027}\,\mathrm{mm}$ 为安装空套齿轮的轴颈。动力是由外径为 $\phi89^{-0.036}_{-0.071}\,\mathrm{mm}$、键宽为 $14\,\mathrm{mm}$ 的矩形花键上安装的滑移齿轮传入主轴。

由此可见,主轴的主要失效形式为 $\phi75.25\,\mathrm{mm}(1:12)$ 和 $\phi105.25\,\mathrm{mm}(1:12)$ 的轴颈

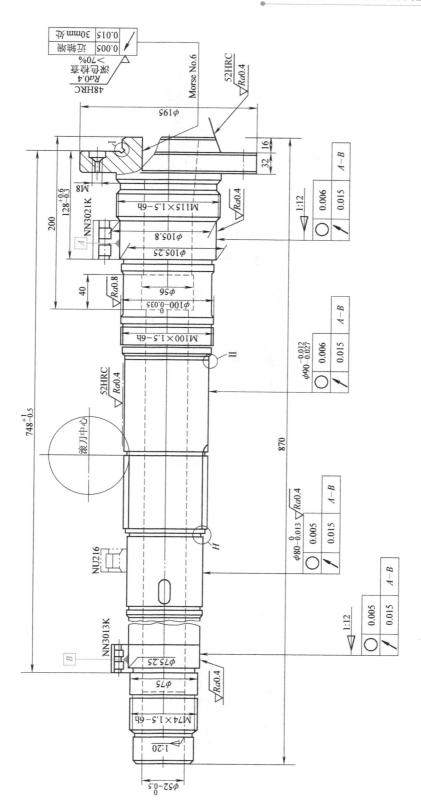

图 7-1 CA6140 型卧式车床主轴零件

277

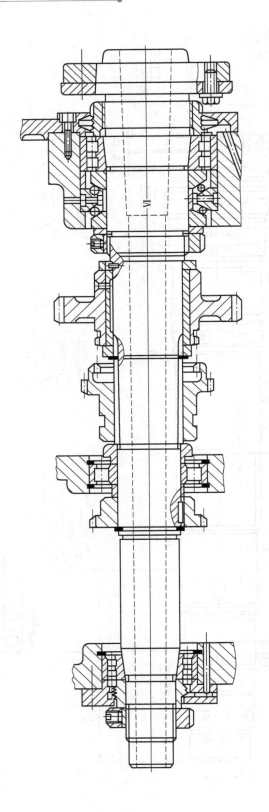

图 7-2 CA6140 型卧式车床主轴零件安装方式

磨损以及莫氏锥孔的磨损及主轴因受外载而产生的弯曲变形。

（2）主轴精度测量方法　在主轴修理前，首先应检验主轴的精度、表面质量和损伤形式。检验方法如图7-3所示，将主轴支承轴颈用等高V形架支承着，放置在倾斜的平板上，在主轴尾端安装与轴孔配合的堵头，在堵头中心作中心孔，用ϕ6mm的钢球将主轴支承在挡铁上，将指示表的触头靠在主轴各安装轴颈上，然后旋转主轴，分别测得主轴各安装轴颈的几何精度误差。

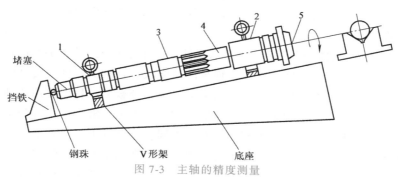

图 7-3　主轴的精度测量

主轴各重要安装面精度要求如下：

1）表面1、2的圆度公差为0.005mm。

2）表面3、4轴线对表面1、2轴线的同轴度公差为0.005mm。

3）锥孔表面5对表面1、2轴线的径向圆跳动公差为0.005mm。

（3）主轴的修复　若上述精度公差超差，可视其超差程度采取相应的修复方法。当主轴支承轴颈磨损时，可采用修复尺寸法或刷镀的方法修复。若是安装滚动轴承的轴颈，只能用精加工后刷镀的方法修复尺寸；若是安装滑动轴承，轴颈磨损尺寸不大时，可精磨轴颈，配以新轴承，磨损尺寸较大时，只能用涂镀修复尺寸层后再精加工恢复尺寸精度。

主轴莫氏锥孔易磨损，在修理时通常采用磨削方法修复表面精度。若经多次修磨后，尺寸超差较大时，一般用镶套的方法修复尺寸。

主轴变形时视其变形方式及主轴精度确定修复方法，对于弯曲变形的普通精度主轴，可用校直法修复；对于高精度主轴，一般校直后难以恢复精度，多采用更换新轴的方法。对于主轴的扭转变形若不影响使用，可不予修复。主轴出现隐裂时（检测发现小裂纹），可采用修磨裂纹层的方法修复；若出现大裂纹，则应更换。主轴的键槽、花键等部位产生局部损伤时，可采用局部涂复或焊补后重新加工的方法修复。

需要指出的是，主轴修复后因为尺寸的变化或应力的残存易使主轴的刚度及稳定性发生变化。在修复后应采取相应措施，避免这些缺陷对主轴使用性能造成不利的影响。

二、传动轴的修理

在机械设备中，传动轴的作用是支承零件旋转，传递动力及运动。传动轴有细长轴、外花键、转轴、齿轮轴等。在传动轴上，一般装有齿轮、带轮、离合器。在传动轴的轴颈上台阶面较多，往往存在键槽、沟槽、螺纹、销孔等结构。传动轴一般用滚动轴承支承在箱体或机架上。

传动轴的失效形式主要有：轴颈的磨损，轴的弯曲，轴上局部定位面或传递转矩面损伤，轴在修理安装时因操作不当而引起的螺纹、轴端的局部变形等。

传动轴的修复方法与主轴相仿，不过精度要求较主轴低。对于传动轴的变形，一般采用冷校直法，对于安装轴颈的磨损，可采用刷镀方法，也可用镶套法修复。对于传动轴的局部变形或损伤可采用换位加工或焊补法修复。螺纹的局部变形可用车削加工或手工修锉的方法修复，螺纹的整体变形或螺纹损伤，可采用堆焊后重新车制螺纹的方法修复。轴端的局部塑性变形，可用修磨法修复。

上述各种修复方法应根据轴的使用场合、损伤形式及生产现场的工艺情况灵活选定，原则上任何一种失效都是可修复的。在实际情况下，从经济性、可靠性及修理工期角度考虑，有些备件充足且造价不高的轴，多采用更换新件的方法而不是采用修复法。

三、轴承的修理

轴承是轴与机架（箱体）连接的运动支承零件，在轴或机架（箱体）孔的精度恢复后，轴承的精度直接影响轴的回转精度。因此，轴承的精度状态是轴类零件回转精度的重要保证。

由于轴的承载方式多种多样，轴承的结构形式也十分繁多，目前常用的轴承主要有滚动轴承和滑动轴承两大类。滚动轴承又分为球轴承和滚子轴承，滑动轴承分为动压滑动轴承和静压滑动轴承。对于不同的轴，轴承的配置形式不同，修理的方法也就不一样。

轴的承载状态与润滑方式决定了轴承的失效形式。在润滑充分的情况下，滚动轴承的主要失效形式为点蚀，而滑动轴承的主要失效形式为磨损；在润滑不良的情况下，滚动轴承和滑动轴承主要的失效形式均为磨损。

1. 液体动压滑动轴承的修理

液体动压滑动轴承的结构形式主要有单油楔式和多油楔式。单油楔式轴承分为整体式和对开式，多油楔式轴承主要分为三片瓦式和五片瓦式两种结构。液体动压滑动轴承具有运转平稳，承载能力大，吸振性强等优点，但也有对润滑条件要求高、转速较低时承载能力差等缺点。

（1）液体动压滑动轴承的结构形式 普通传动轴用的轴承，一般均可用整体式或对开式的标准轴承座，在轴承座内安装轴承，如图7-4所示。

机床主轴所用的动压滑动轴承，通常称为主轴轴瓦，图7-5a、b所示为内锥外圆式轴承，在调整轴承间隙时，可分别轴向移动轴或轴承；图7-5c所示为内圆外锥式轴承，其上对称切削四条槽，其中一条槽切削通，以张开或收缩切口来调整间隙；图

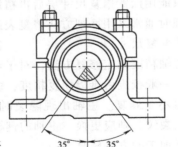
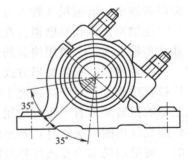

图 7-4 普通滑动轴承

7-5d所示为靠薄壁变形而形成的固定多油楔轴承；图7-5e所示为活动多油楔轴承；图7-5f所示为阿基米德螺线式轴承；图7-5g所示为固定多油楔轴承。这些轴承虽然结构不同，但工作原理却是相类似的。

（2）油孔的位置及油槽的形式 油孔的作用是给轴承与轴之间不断补充润滑油，因此油孔在轴承上的位置很重要。油槽的作用是保存润滑油，它与油孔相通。对一般卧式轴承，油槽应开在工作承压区的两侧，有些时候考虑到供油方便，也将油孔开在工作承压区的对面，此时油槽应开成螺旋形。由于工作压力方向恰好是油膜厚度最小处，为使其承载能力不减小，油槽和油孔不应置于工作承压区。

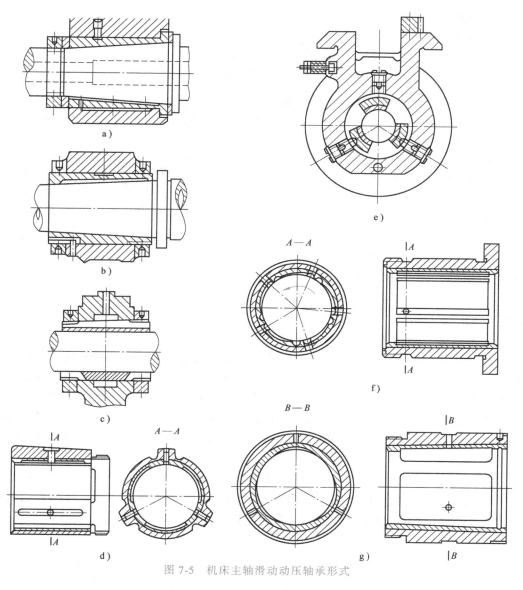

图 7-5 机床主轴滑动动压轴承形式

（3）轴瓦的刮研与调整 一般传动轴用的滑动轴承座都是标准的，在修理时更换标准轴承（或轴套）即可。对于机床主轴用轴承，配合间隙要求严格，除专门制作外，还要进行刮研和研磨等加工。

1）主轴轴瓦刮研的方法：主轴轴瓦刮研常用的刀具为曲面刮刀，常见的曲面刮刀有三角刮刀、圆头刮刀、柳叶刮刀等。刮研用的研具多为各种检验棒、相配轴径或假轴等。当刮研大型轴瓦、精密轴瓦时，一般都制造假轴作研具，假轴的精度应与相配轴径一致。基本刮削合格后，才能以相配轴径对研精刮。刮削余量多是以轴瓦孔的直径和长度来确定，一般为 0.02～0.08mm，轴瓦孔径大，长度大时取最大值。在刮瓦操作时，刀具角度要随时变化，应保持刮刀的切削角度基本一致，避免产生振纹和毛刺，保证刮削表面的精度。

2）对开式轴瓦的刮研：对开式轴瓦的结构如图 7-6 所示，这种轴瓦一般用在普通机械传动轴、曲轴和重型机床主轴上。

在刮研对开式轴瓦前，将下轴瓦装于轴承座的圆弧内，下轴瓦的台肩靠紧轴承座的两端面，并达到一定的配合要求，一般传动轴为H7/f7，机床主轴为H7/g7 或 H6/h6，使下瓦外圆与轴承座圆弧紧密配合，用木锤敲击时应听到实音。刮研前将油孔、油槽等加工好，并用棉纱将油孔口堵塞，防止切屑进入油孔。

刮研对开式轴瓦时，研具可用其相配轴，也可用心轴。只有在机床主轴精度要求很高时才做假轴。在研点时，可先在下轴瓦滑动面涂显示剂，装

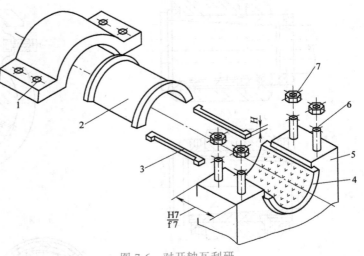

图 7-6　对开轴瓦刮研

1—轴承盖　2—上轴瓦　3—垫片　4—下轴瓦
5—轴承座　6—双头螺柱　7—螺母

好配刮轴或假轴，均匀紧固轴承盖的螺柱，同时轻轻转动轴，达到适当松紧度。轴在轴瓦内应能轻松转动、松紧适当，松了不易显点，紧了旋转困难且易引起变形，可通过调整垫片的厚度 H 调整轴与轴瓦的间隙。在刮研显点过程中，一般控制轴瓦结合面附近不得有研点，以防止轴瓦变形时造成"卡帮"，轴瓦口部点数较内部密，以便于存油。在刮研重型承载轴瓦时，有时刮研后还要在轴上按其工作状态适当施加载荷，进一步研点以使轴与轴瓦间的接触情况更适合工作状态。

3）活动多油楔轴瓦的刮研：活动多油楔轴承结构如图7-7所示，主要分三片瓦活动多油楔轴承（见图7-7a）和五片瓦活动多油楔轴承（见图7-7b）等形式。每种又分为长轴瓦和短轴瓦，长、短轴瓦的轴承在结构和性能上都有一定区别。

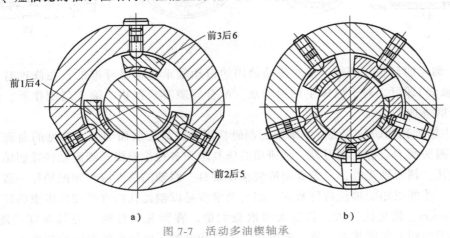

a）　　　　　　　　　　　　　　b）

图 7-7　活动多油楔轴承

短轴瓦活动多油楔轴承的回转精度高且稳定，油膜刚度较好，支承螺钉的球形端面与相

配轴瓦背面上的球形凹坑需经配研，使之具有良好的接触状态。

短三片瓦活动多油楔轴承，是目前许多磨床砂轮主轴部件上应用最广泛的一种轴承，这种轴承的工作原理如图 7-8 所示。轴瓦被支承在压力中心 $b_0 \approx 0.4B$ 的位置上，进油口的缝隙 h_1 大于出油口的缝隙 h_2。当载荷增加时，h_2 减小量较 h_1 要大，油楔流出边侧的油压增大，使轴瓦绕支承点做逆时针方向摆动，但仍保持最佳间隙比（$h_1/h_2 \approx 2.2$）。由于油楔的楔缝减小，使各处的油压都随之增高，但仍以支点处为压力中心。可见，这种活动轴瓦轴承的承载能力可随载荷的增加而提高，同时油楔刚度也随之提高。短三片瓦活动多油楔轴承除了因严重"抱轴"发热而使轴承合金中的铝析出外，一般都可修复使用。

修复活动多油楔轴承时要注意以下问题：

① 拆卸轴承时，注意将每个轴瓦与其成对相配的球头螺钉用线扎在一起，以免装配时调错。

② 将球头螺钉夹在车床上，以 300r/min 的速度和 F14 刚玉研磨剂对轴瓦球面接触部分进行研磨，要求接触率 ≥70%，表面粗糙度 Ra 值不大于 $0.08\mu m$。

③ 刮削轴瓦时，需用圆头刮刀沿轴线 45° 方向交叉刮削。对研时可以以标准研棒为研具，也可直接用修复后的主轴轴颈作研具，显点精度不少于 $18\sim20$ 点/25mm×25mm，显点细密，分布均匀，刮削刀痕应小而深且无棱角，刮研后需再一次超精磨削主轴轴颈。轴瓦进油端应刮出深 $0.8\sim1$mm，宽 $3\sim4$mm 的封闭进油槽，封闭进油槽应距离轴瓦两端 $5\sim6$mm。

④ 刮研后需在研棒上涂以 F14 刚玉研磨剂，将刮好的轴瓦进行研磨以提高接触精度。研磨时注意轴的转动方向与实际方向一致。轴瓦刮研后的安装调整的精度将直接影响主轴的回转精度。短三片瓦活动多油楔轴承的安装调整方法及安装顺序十分重要，有严格的工艺要求(可查阅《机修手册》磨床修理工艺的有关部分)。

4) 内锥外圆式轴承刮研：内锥外圆式滑动轴承如图 7-9a 所示，刮研时可用三角刮刀刮削内孔。其显点方法通常有两种：

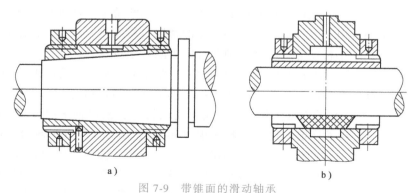

图 7-9 带锥面的滑动轴承
a) 内锥外圆式 b) 内圆外锥式

① 箱体竖起，使轴承锥孔中心线处于垂直状态，用轴(或假轴)研点，这种方法因自动定心研点较准确。因此这种刮研易满足精度要求，但刮削操作困难、易疲劳。

图 7-8 短三片瓦活动多油楔轴承工作原理

② 箱体横放，使轴承锥孔中心线水平，刮削操作方便，但需在研点时附加很大轴向力，且易出现虚假着色斑点。

5）内圆外锥式轴承刮研：内圆外锥式滑动轴承如图7-9b所示，其外锥面及所配合的锥孔需配刮才能达到精度要求，因此刮研顺序十分重要。

刮研时首先要刮削与轴承外锥配合的外套孔或箱体孔，以标准锥度检验棒研点刮削，达到所需精度要求。然后以外套孔或箱体孔为基准，刮研轴瓦外锥面，研点时按工作位置转动45°，转角不易过大。刮削时也应交叉刮削，不可按一个方向一刮到底，最后再刮研内孔至要求。

由于这类轴承开有通槽易产生变形，因此刮削完内孔后还应复核外锥接触情况，如发现问题，锥体和内孔要重新刮研直至满足要求为止。

2. 滚动轴承的选配与调整

滚动轴承是支承轴和轴上回转零件的重要部件。它与滑动轴承相比具有起动阻力小、回转精度高、温升小、寿命长、结构紧凑、调整迅速方便和具有互换性等特点。随着轴承工业的发展，出现了各种性能优良、精度高的滚动轴承。

滚动轴承属于标准零件，出现故障后，一般均采用更换的方式，不进行修复。而更换后的轴承有时需进行间隙的调整和精度的选配，特别是机床主轴用高精度滚动轴承时还需定向装配以提高其回转精度。

（1）主轴部件滚动轴承的选用与配置 主轴轴承是主轴部件的重要组成部分，主轴部件的回转精度、刚度、抗振性等工作性能在很大程度上由轴承性能决定，因此轴承必须满足主轴部件的使用要求。在选用与配置主轴部件的滚动轴承时应考虑以下几个问题：

1）适应承载能力和刚度的要求：在径向承载能力和刚度方面，线接触的圆柱或圆锥滚子轴承比点接触的球轴承好。特别是双列推力圆柱滚子轴承，它的滚子数目多，两列滚子交错排列，所以承载能力大、刚度好，内孔有1:12锥度，可通过轴向位移精确地调整轴承间隙，回转精度高。在轴向承载能力和刚度方面以推力球轴承为最好，其次为圆锥滚子轴承和推力角接触球轴承。

2）适应转速的要求：在允许极限转速内选用合适的转速可以减少轴承发热，保持工作精度。在各种滚动轴承中，允许转速较高的是深沟球轴承和角接触球轴承，其次是圆柱滚子轴承，而圆锥滚子轴承由于滚子端面和内环凸缘的摩擦容易发热，故允许极限转速较低。在同一类轴承中，直径越小精度等级越高，则允许的极限转速也越高。

3）适应精度的要求：滚动轴承的精度应适应主轴精度要求。一般机床主轴前端轴承精度较后端轴承精度高一个等级，这样有利于提高主轴部件的回转精度。

4）适应温升和热变形的需要：机床经一定时间运转后，滚动轴承温度上升幅度不超过每小时5℃，可认为达到了稳定温度，其稳定温度不超过70℃，温升不超过40℃。机床的一些专业标准还作了更详细的规定。轴承的温升引起热变形，使其回转中心轴线位置发生变化，直接影响加工精度，同时还会改变轴承间隙，破坏正常润滑条件以致加剧轴承磨损。

（2）滚动轴承的调整和预加负荷 把轴承调整到完全消除间隙并且产生一定过盈量的方法称为轴承的预紧。轴承预紧后由于滚动体和内外圈滚道接触处发生了弹性变形，使它们的接触面积加大，各个滚动体受力均匀，增加了轴承的刚度，延长了轴承的寿命。滚动轴承的寿命、回转精度与刚度除与轴承本身精度有关外，主要靠调整来保证。一般机床主轴都设有轴承间隙调整装置。

1）轴承间隙的调整方法：角接触球轴承间隙的调整的方法如图 7-10 所示。图 7-10a 表示将内圈相靠的两端面各磨去厚度 a，然后用螺母将两个内圈夹紧；图 7-10b 所示为在两个轴承之间装两个套，内套比外套短 $2a$。上述两种方法的 a 值应根据所需要的预紧量而定。

图 7-10c 所示为利用圆周上均布的几根弹簧保持一个基本不变的预紧力，轴承磨损后能自动补偿并且不受热膨胀的影响。这种预紧方式常用在内圆磨具上。图 7-10d 所示的方式在装配或使用中都可调整，预紧力的大小可由操作者控制。

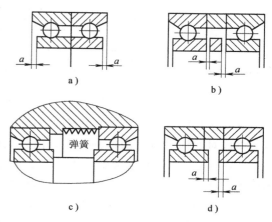

图 7-10 角接触球轴承间隙的调整

圆锥孔调心圆柱滚子轴承的调整方法及结构如图 7-11 所示：图 7-11a 所示的调整方式结构简单，调整时拧紧螺母使轴承内圈往轴颈大端移动，轴承内圈胀大，轴承径向间隙减小，形成预加负荷，这种结构控制调整比较困难；图 7-11b 所示的轴承结构右侧设计有调整螺母，调整方便，但主轴右端需加工螺纹，工艺复杂；图 7-11c 所示的轴承将垫圈 1 做成两半，调整时可取下修磨垫圈厚度以控制轴承间隙的调整量，套环 2 用以防止垫圈 1 松脱。

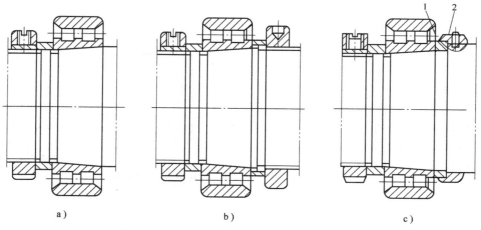

a)   b)   c)

图 7-11 圆锥孔调心圆柱滚子轴承间隙的调整

1—垫圈 2—套环

2）滚动轴承的预加负荷量：在滚动轴承上预加适当负荷，对提高轴承刚性和回转精度，延长轴承寿命，提高轴承抗振性都有很大好处。轴承的预加负荷大小应适当，过大会降低轴承寿命和承载能力，并使轴承极限转速下降很快；过小会使轴承滚动体受力集中、使轴承刚度降低。

在一般情况下，滚子轴承比球轴承允许的预加负荷要小。轴承精度越高，达到同样刚度所需的预加负荷越小，转速越高；轴承精度越低，则正常工作所需的间隙越大。角接触球轴承预加负荷量可参考表7-1选取。

表 7-1　角接触球轴承预加负荷量　（单位：N）

轴承内径/mm		17	20	25	30	35	40	45	50
主轴最高转速 /r·min⁻¹	$n<1000$	140	180	220	320	450	580	630	680
	$1000<n<2000$	100	120	150	210	300	380	420	450
	$n>2000$	70	90	110	160	230			

3）轴承预加负荷量的测量方法：轴承预加负荷量的测量方法有感觉法和测量法两种。

感觉法是凭借修理实践中积累的经验来确定内外隔圈的厚度差。这种方法如图7-12所示，将成对的轴承面对面排列，装好内外隔圈，先在隔圈的120°方向上分别钻三个$\phi2\sim\phi3mm$的通孔，在轴承上端施加相当于预加负荷量的载荷，用检验棒顺次通过三个小孔触动内隔圈，感觉内隔圈在两轴承端面间的阻力，要求感到隔圈阻力适当。当内外隔圈阻力相差较大时，可通过研磨隔圈厚度以调整两轴承端面间的阻力。

测量法是用如图7-13所示的测量装置测量，把轴承外圈套筒放在轴承外圈上，在套筒上施加载荷，然后用杠杆千分表测量轴承内外圈轴向位移a值，a值的大小即反映了重物作用下的预加负荷量的大小。

（3）滚动轴承的选配　主轴轴颈和轴承内外圈都有一定的制造误差，在装配时适当选择误差偏向，可降低误差的影响，进一步提高主轴部件的回转精度。

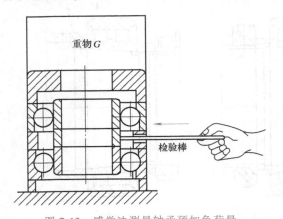

图 7-12　感觉法测量轴承预加负荷量

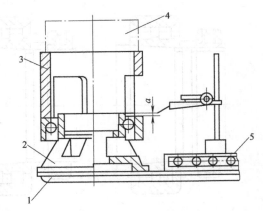

图 7-13　用杠杆千分表测量轴承预加负荷量
1—平板　2—圆座体　3—套筒　4—重物　5—水平尺

图7-14所示为单轴承选配的情况，假定轴承滚动体回转中心与轴承内环滚道中心一致，则主轴的回转中心为滚动体内环滚道中心。图中O_1为主轴轴颈的中心，O为主轴前端定心表面的中心，两者间的偏心距为Δ_1；Δ_2为轴承内环滚道的中心O_2与其回转中心（与O_1重合）的偏心量。当Δ_1和Δ_2方向相同时，则误差叠加，如图7-14a所示，此时主轴定心表面径向圆跳动为

$$2\delta_1 = 2(\Delta_1 + \Delta_2)$$

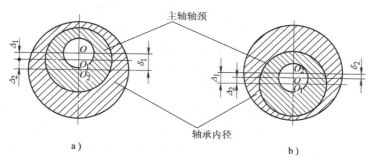

图 7-14 单轴承选配

当 Δ_1 和 Δ_2 方向相反时，则误差抵消一部分，如图 7-14b 所示，此时主轴定心表面径向圆跳动为

$$2\delta_2 = 2(\Delta_1 - \Delta_2)$$

在后一种情况下若偏心 O_1 与 O_2 越接近，则主轴定心表面径向圆跳动也就越小。由此可见，为了提高主轴的回转精度可事先测量主轴配合轴颈和轴承内圈的径向圆跳动量。采用图 7-14b 所示的方式装配，可获得较高的回转精度。

在实际情况下主轴有两个或三个支承，如能正确选配前后轴承，也能抵消一部分误差，使主轴前端径向圆跳动量减小。

（4）滚动轴承的定向装配　当轴承轴线与主轴轴线在同一平面内时，调节相关零件制造偏差的位置使之部分抵消，可使主轴前端定心表面中心距理想中心偏差最小。

图 7-15 为双支承主轴轴承定向装配示意图。假设经过选配后主轴前后支承径向圆跳动分别为 δ_1、δ_2，两支承跨度为 L，主轴悬伸长为 l，主轴前端与理想轴线的偏差为 δ。

若两支承偏差按图 7-15a 所示的方式装配，则有

$$\frac{\delta_1 + \delta_2}{L} = \frac{\delta + \delta_2}{L + l}$$

即

$$\delta = \delta_1 \left(1 + \frac{l}{L}\right) + \frac{\delta_2 l}{L} \qquad (7\text{-}1)$$

若两支承偏差按图 7-15b 所示的方式装配，则有

$$\frac{\delta_2 - \delta_1}{L} = \frac{\delta_2 - \delta}{L + l}$$

即

$$\delta = \delta_1 \left(1 + \frac{l}{L}\right) - \frac{\delta_2 l}{L} \qquad (7\text{-}2)$$

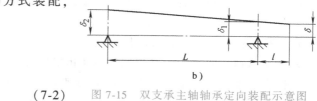

图 7-15 双支承主轴轴承定向装配示意图

由式（7-1）和式（7-2）可得出结论如下：

1）装配前后轴承时，在单个轴承选配后，使前后支承最大径向圆跳动点在同一轴向平面内，位于主轴轴线两侧，则前后轴承误差将叠加；若位于主轴轴线的同侧，则误差将抵消一部分；当 $\delta_1(1 + l/L) = \delta_2 l/L$ 时，误差相互抵消。

2）因为 $(1 + l/L) > l/L$，当轴承径向圆跳动量一定时，将轴承用作前支承比用于后支承对主轴端部的径向圆跳动影响大，因此前轴承比后轴承精度高一等级。

(5) 滚动轴承的代用 随着进口设备的增多，滚动轴承备件有时不能及时供应，为不影响生产，有时需用国产轴承代替进口轴承。因此滚动轴承的代用成为进口机械设备修理工作中不可忽视的问题之一。在滚动轴承代用时一般应考虑以下问题：

1）根据拆下的旧轴承或机床说明书，找到轴承代号，再从"各国轴承型号对照表"中查到相应国产轴承代号。然后再按"轴承精度等级对照表"查出国产轴承相应的精度等级，再依照轴承使用条件，查出相应的国产轴承(上述两种表格在《轴承手册》中可以查到)。

2）根据轴承的结构、尺寸、类型查找国产同类轴承的尺寸和结构，并参考国内同类轴承精度等级确定代用轴承精度等级，安装后要密切注意代用轴承的工作状况。

3）若原轴承精度达不到使用要求，可选用高一级精度的轴承代用，但在安装之前要对所安装部位的轴颈尺寸精度作相应的加工或提高，否则不能达到提高轴的回转精度的目的。

4）代用轴承的合适与否可通过实践经验方法判断：代用轴承在使用中的温升是否正常；代用轴承在使用一段时间后精度保持性如何；代用轴承在高速运转时，轴的工作性能是否达到规定要求；代用轴承振动噪声是否在正常的范围以内；代用轴承使用寿命是否受到较大影响。

第二节 丝杠螺母副和曲轴连杆机构的修理

一、丝杠螺母副的修理

丝杠螺母副是将旋转运动变成直线运动的传动机构。丝杠螺母副在机床上主要用于实现直线进给运动。这种传动方式具有传动平稳性好，具有自锁能力(滚珠丝杠副除外)等优点，也存在摩擦阻力大、润滑不良等缺点。在普通机床上常用的丝杠螺母副大部分是梯形螺纹或矩形螺纹。

普通丝杠螺母副的主要失效形式是螺纹表面的磨损和划伤，丝杠弯曲及丝杠支承轴颈的磨损，有时也会出现螺纹工作表面研伤。若丝杠发生了弯曲，在丝杠传动过程中会产生附加摩擦力，使传动运动阻力增加，运动部件易产生爬行；若丝杠磨损，则丝杠与螺母间的间隙加大，影响运动部件移动的平稳性；若螺母和丝杠螺纹出现划伤，使传动接触面积减小，传动表面接触力增加，摩擦力增加，同样会使运动部件产生爬行，还会使螺母温升加大。这些都会影响机床的运动性能，必须采取措施，进行修复。

1. 丝杠螺母副的精度检验

丝杠精度检验项目主要有丝杠直线度误差、丝杠螺纹磨损程度、丝杠螺距误差和螺距累积误差、支承轴颈的尺寸误差和螺纹表面粗糙度等。

丝杠直线度检验可用顶尖或等高 V 形架将丝杠两端支承起来，用平头千分表靠在丝杠外圆表面上转动丝杠，观测表针摆动情况。检测时应将千分表置于丝杠不同轴向位置检测，以最大读数为丝杠直线度误差。用这种方法检验丝杠直线度时要注意支承顶尖孔和轴颈的表面质量，如有损伤要先进行修研，否则检验误差会增大。丝杠螺纹磨损程度可用检测螺纹厚度方法检验，也可用检测螺母丝杠间隙变化程度检验。当测量螺纹厚度时可用公法线长度千分尺或齿轮固定弦齿厚游标卡尺测量螺纹中径齿厚变化量；检测丝杠螺母的间隙可测量螺母在丝杠不同位置(主要是常用工作位置和不常使用位置)的轴向间隙。丝杠螺距误差和螺距累积误差可用工具显微镜测量，也可用量块和指示表测量。

2. 丝杠螺母副的修复

失效丝杠螺母副的修复方法由丝杠的失效形式、失效程度及生产现场的技术条件确定。一般要求修复后的丝杠除满足使用要求外，还应有足够的强度。

（1）丝杠的校直　直线度超差的丝杠一般都要进行校直，校直的方法主要采取冷校直法，丝杠冷校直方法主要有压力校直法和锤击校直法两种。

压力校直法是用通用的压力机或自制的简易校直工装完成。校直方法如图 7-16 所示，将丝杠用等高 V 形架支承在校直工作

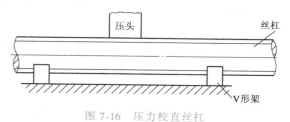

图 7-16　压力校直丝杠

台上，用平头指示表靠在丝杠径向表面，然后转动丝杠，分别测出丝杠弯曲的最高点和最低点并做标记，然后用 V 形架支承在相邻最低点，用压力机下压高点，下压时用力要恰当并适当超过平衡位置。如此反复，直到丝杠直线度恢复到允许范围。

锤击校直法如图 7-17 所示，是用上述方法测出丝杠弯曲点后将丝杠弯曲部分用硬质木块垫实，用专用钢冲顶在丝杠弯曲低点的螺纹内径表面上，用手锤打击钢冲，使丝杠的局部表面产生塑性变形，以形成局部的压应力。如此反复，直至丝杠校直。专用钢冲可以自己磨制，磨制时应使其圆弧部分曲率稍大于丝杠内

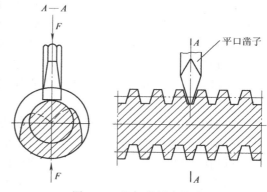

图 7-17　丝杠的锤击校直

径，其厚度稍小于丝杠内径宽度。这种方法虽简便易行，但只适用于中小直径丝杠的校直。

（2）磨损丝杠的修复　丝杠的磨损主要是丝杠齿形的磨损。一般磨损后的丝杠大部分都有不同程度的弯曲，因此在修复这种丝杠时往往首先要对丝杠进行校直。

磨损丝杠的修复方法一般采用修复丝杠螺纹、更换新螺母的方法。在精车修复螺纹时一般要经过以下几道工序：

1）校直丝杠，使其直线度在规定的范围内。

2）精修丝杠外径，因丝杠外径是丝杠螺纹加工的基准。因此在车削修理螺纹前必须精车（或精磨）丝杠外径，使其在全长上直径一致。

3）精车螺纹，在精车前要校核丝杠的强度，根据丝杠允许的最小直径，确定丝杠最大允许加工余量，丝杠修复后，直径减少过多则会影响丝杠强度。

（3）磨损螺母的修换　因丝杠一般采用调质后的碳素结构钢，硬度和耐磨性较高。而螺母多采用黄铜、青铜或铸铁制造，硬度较低，工作部分长度较短，因此一般螺母首先磨损。在通常情况下，凡修复后的丝杠都要更换螺母。

更换螺母时需注意螺母的轴线位置，在修理过程中，由于尺寸链的变化，往往使丝杠与螺母间的轴线发生偏移，在加工新螺母时需重新设置螺母轴线位置以补偿轴线的偏移。另外，螺母的尺寸及牙形也应按新加工的丝杠配制，这样才能满足使用要求。

二、曲轴连杆机构的修理

曲轴连杆机构一般由曲轴、飞轮、连杆、活塞等零件组成，它是动力机械、制冷机械等往复运动机械的重要组成部分。曲轴连杆机构担负着将往复直线运动转化成旋转运动，或者将旋转运动转化成往复直线运动的任务。该机构受力复杂、工作条件恶劣，易于产生损伤和失效。

曲轴连杆机构的主要失效形式是曲轴的弯曲、裂纹与轴颈的磨损，连杆轴瓦的磨损与杆体变形，活塞的裙部磨损及环槽的崩溃与断裂等。

1. 曲轴的修理

曲轴是一种重要的动力传递零件。曲轴的结构复杂，各断面尺寸变化大，曲拐处有较大的应力集中。在工作时，曲轴的轴颈与连杆轴瓦接触处承受较大的接触应力，并产生滑动摩擦，由于散热条件不好，摩擦力大，曲轴各轴颈的磨损较大。由于曲轴承受较大的径向冲击力，且冲击力的周期性较强，而曲轴刚度不大，因此曲轴在工作状态下产生复杂的弯扭变形，在应力集中处易产生疲劳裂纹，在轴颈处易产生磨损。由此可见，曲轴的技术条件要求较高，对曲轴的材质、热处理、加工精度及运转平稳性要求较高。

（1）曲轴轴颈磨损的修复　曲轴轴颈磨损的修复方法，可根据其磨损程度确定其修复方法。在修复前，一般要检查曲轴的弯曲程度，当弯曲大于 0.5mm 时应先校直后才可修复轴颈。

当曲轴轴颈磨损较小时，可用磨削的方法直接修磨轴颈，配以缩小孔径的轴瓦。轴颈磨削尺寸以轴瓦的最接近一组尺寸为限。当曲轴轴颈磨损较大时，可采用热喷涂方法修复，修复完后再用曲轴磨床磨削至标准尺寸，这种修复方法对曲轴的刚度、强度削弱不大，涂层厚度一般不大于1mm。当轴颈磨损较大时，可用埋弧堆焊方法修复，焊层一般控制在2mm 以下，施焊到一定厚度（约1mm）后应进行校直。施焊时曲轴应预热到300℃，施焊后需经低温退火处理以消除因焊接受热不均匀而产生的内应力。

（2）曲轴裂纹的修复　曲轴受力复杂，承受交变应力大，在曲拐与曲拐臂的交接处易产生横向裂纹，在油孔处易产生纵向裂纹，横向裂纹危害较大。曲轴裂纹可用磁力检测或渗透检测方法检测。对于浅表的裂纹可用磨削的方法将裂纹磨去。在磨削时对曲拐臂与曲拐连接处的圆角要严格控制，表面粗糙度值要小，有时还要进行滚压加工；对于较深的裂纹可用焊补的方法修复。焊修时，在裂纹处开坡口采用热焊工艺，并严格控制焊接参数，焊后对曲轴进行整体退火以消除应力。

（3）曲轴变形的修复　曲轴使用一段时间后，大部分会产生一定的变形。这种变形除弯曲外有时还会产生扭曲变形。曲轴变形后将影响活塞的止点工作位置，使余隙变大，影响发动机的工作效率。

曲轴弯曲变形可用压力冷校直法进行，对于直径较大的曲轴，也可以采用热校直法修复，校直后需注意曲轴的尺寸精度变化情况。

2. 活塞连杆组的修理

活塞连杆组由活塞组件和连杆组件两部分组成，由于发动机燃油的爆燃使活塞连杆组件在高温高压和冲击力的作用下工作，活塞连杆组件易产生失效和损伤。因此，活塞连杆组件的检修是发动机修理的重要工作内容之一。

（1）活塞组件的修理　活塞组件包括活塞、活塞环、活塞销等零件。在长期使用后，这些零件均产生不同形式的失效，需逐项检查修整。

由于活塞一般由铝合金制造，其强度和耐磨性能较差，易产生损伤，活塞的损伤形式主要有活塞顶部产生裂纹或穿洞，活塞环槽边缘变形或断裂，活塞销孔磨损或变形，活塞裙部磨损或变形。对于这些失效形式，除活塞环槽与销孔有少量磨损可修复外，其他失效均无修复价值，需要更换。更换活塞时，应选用同一厂牌的成组活塞，直径差和质量差均应在规定的范围内，否则发动机工作效率将变低，振动和噪声将增加。

活塞销孔的磨损主要发生在其受力较大的上下方向，形成椭圆。修理时可按加大尺寸的活塞销尺寸修复，用可调长刃铰刀同时铰两个销孔达到所需配合尺寸，然后更换活塞销。

活塞环槽的磨损部位发生在轴向与活塞环端面接触的部位，使其截面变成阶梯形或外大内小的梯形，环槽变宽，第一道环槽磨损最大。环槽磨损后，活塞环密封性变差，从而造成漏气、窜油、烧机油等现象，大大降低了发动机的效率。活塞环槽的磨损可用专用夹具在车床上按照加大尺寸的活塞环槽尺寸车削环槽端面，使其恢复平整，恢复活塞环的密封性能。

缸体修磨或活塞修配后，活塞环必须更换。更换活塞环时，需与气缸及活塞的尺寸相适应。活塞环要与缸壁做漏光检查和端隙检查，与活塞做背隙和边隙检查。漏光圆弧不大于20mm，端隙在规定的数值内（可查资料），背隙在 0.1～0.35mm 之间，边隙应保证活塞环在槽内有适当的轴向移动量。安装时活塞环槽口要周向错开，均匀分布以防止漏气和窜油。

（2）连杆组件的修理 连杆是将活塞得到的动力传递到曲轴的构件。连杆组件由连杆体、大头轴瓦和小头衬套、连杆螺柱组成。连杆组件的失效形式主要有：衬套和轴瓦的磨损、杆体的变形及裂纹、螺柱的裂纹及拉长等。

连杆变形后会使连杆大小头孔的轴线的平行度超差，影响连杆的运动性能。因此，连杆变形可用检验棒装入连杆大小头孔，用等高 V 形架支承其大头孔检验棒，用指示表检验小头孔检验棒对大头孔检验棒的平行度，如图 7-18 所示。

连杆的变形超差时可用压力冷校直法校正其弯曲变形，用相对转动两心轴校正其扭曲变形。校正后需将连杆加热到 400～500℃保温 1h后再一次校验连杆变形，以保证校正的稳定性。

连杆大头轴瓦和小头衬套磨损时应按修后的曲轴和选配后的活塞销尺寸更换和修配。小头衬套更换时可用压力机将衬套压入连杆孔，注意两者的配合尺寸和油孔的位置。大头轴瓦更换时要注意与曲轴轴颈的配合及接触精度，对于巴氏合金轴瓦按配合尺寸装配后即可使用，

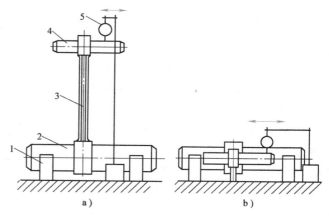

图 7-18 连杆大小头孔平行度检验
a）垂直面内平行度 b）水平面内平行度
1—V 形架 2、4—检验棒 3—连杆 5—指示表

对于铜轴瓦一般应与曲轴进行刮研，刮研时应注意参考对开轴瓦刮研时的技术要求。

连杆螺柱失效后，一般无修复价值，直接更换新螺柱。在安装螺柱时，要注意螺柱的拧紧力矩大小和锁紧机构的可靠性，一般应使用扭力扳手。

第三节 分度蜗杆副的修理和传动齿轮的修理调整

一、分度蜗杆副的失效形式

机床上的分度蜗杆副分两类，一类用来传递连续的精确分度运动，如齿轮机床的分度蜗杆副传动，另一类用作静态的间断分度，如坐标镗床的回转工作台和分度头的分度回转。分度蜗杆副精度要求较高，制造周期长，成本高。因此，分度蜗杆副一旦精度超差，采用修复的方法比较经济。

分度蜗杆副的传动属于摩擦传动，这种传动方式摩擦阻力大，润滑条件不良，在工作过程中易产生磨损类的失效形式。当蜗杆副高速运转且润滑不良时，易造成滑动面在高速高压作用下发生油膜损坏而形成金属直接接触，此时温度不断升高将齿面烧伤，严重时产生表面局部咬焊后又撕开，形成金属转移而发生粘接磨损；当蜗杆副低速运转且润滑不充分时，齿面无法建立稳定的油膜，造成金属间相对摩擦力加大，产生类似研磨的机械磨损现象；当润滑油酸值过高，或因长期使用而氧化时，油中腐蚀性介质将齿面腐蚀出许多点状小坑，随时间延长，小坑变深从而形成化学点蚀腐蚀；当蜗轮外观检查无上述磨损情况，但精度超差时，则可能是蜗杆副定位精度下降，或制造质量不高造成的精度下降。

二、分度蜗杆副的精度检查

分度蜗杆副的精度检测方法主要分为蜗杆副单个要素检测和蜗杆副综合要素检测两种方法。前者是检测蜗杆副中每一零件的各项几何精度，后者是检查蜗杆副啮合过程中分度精度的状况。在设备的维修和使用过程中经常使用的方法是后者。

蜗杆副分度综合精度的检验方法主要包括静态综合测量法和动态综合测量法。

1. 静态综合测量法

这种方法是将蜗杆副装入机器内，调整各部分间隙和跳动等技术指标使之符合技术要求，然后用仪器测出蜗杆准确回转一周（或 $1/z_1$ 转），蜗轮所转过的实际角度（或弦长）对理论正确值的偏差。

蜗杆输入转角的测量可用刻度盘与读数显微镜定位法，光学准直仪与多面体定位法及水平仪定位法等多种检测方法。图7-19所示是刻度盘与读数显微镜定位法。这种方法是将刻度盘固定在分度蜗轮轴3上，用读数显微镜8对准刻度盘4找正，分度蜗轮轴转动的准确圈数即可从显微镜中读出。微动蜗杆1可带动刻度盘4实现微调。

蜗轮转角计量法可用经纬仪计量法和比较仪测量法。图7-20所示为经纬仪检测滚齿机工作台分度精度示意图。在图中，用夹具把经纬仪5固定在蜗轮的回转中心线上（经纬仪回转中心线与蜗轮的回转中

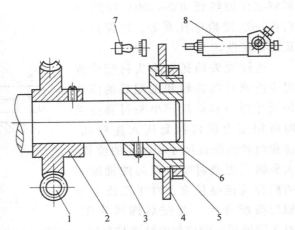

图 7-19 刻度盘与读数显微镜定位法

1—微动蜗杆 2—蜗轮 3—分度蜗轮轴 4—刻度盘
5—螺母 6—刻度盘支架 7—光源 8—读数显微镜

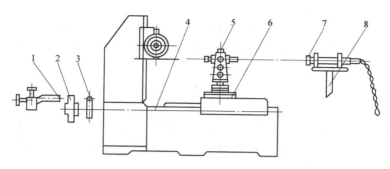

图 7-20 经纬仪检测滚齿机工作台分度测量示意图

1—读数显微镜 2—高精度分度盘 3—微调蜗杆 4—蜗杆中心线
5—经纬仪 6—工作台 7—平行光管 8—支架

心重合，同轴度误差不超过 0.015mm，回转平面与蜗轮回转平面平行，平行度公差为每米长度内不超过 0.02mm），用平行光管 7 作为定位基准，调整平行光管的位置和经纬仪的焦距，使平行光管的十字线在经纬仪 5 望远镜划板上成像并对中，这时再将经纬仪水平刻度线对准零位。测量时，蜗杆转过 $1/z_1$ 转，蜗轮便转过一个齿角，经纬仪随之偏离基准标志。松开经纬仪垂直轴的锁紧手柄，转动经纬仪，直至成像近似重合时锁紧，转动微调手轮直到成像图完全成像后，转动经纬仪光学千分尺手轮，使正像与倒像刻度线完全重合。这时在读数显微镜 1 中便可读出该位置的实际角度值。如此重复操作，直至全部齿测量完毕，并记录全部实测角度值。这种测量方法属于绝对测量法，经纬仪上测出的角度值与理论角度值之差就是分度误差。

2. 动态综合测量法

静态综合测量法的缺点是间歇测量，不能连续反映运动误差。在有条件的情况下，应尽量采取动态综合测量。

蜗杆副的动态综合测量应在单面啮合仪上进行。一对蜗杆副，在中心距一定的条件下进行单面啮合测量，十分接近实际使用情况，能较真实地反映蜗杆副的运动误差、累积误差和周期误差三项综合指标。

图 7-21 所示为动态测量蜗轮运动误差的磁分度检查仪原理图。在蜗杆轴上输入连续旋转运动后，磁分度盘便连续分度，它可以在机床运转过程中测量蜗杆副的运动误差。由图中可以看出，在蜗杆 3 上和蜗轮 2 上分别装有磁分度盘 1、5，其电磁波数的比值等于其传动比。由于磁头 4、8 拾取信号的相位是不变的，运动中每一个不均匀的运动都将使磁分度盘 1、5 的比值发生变化，从而使磁头记录的相位差发生变化。这种变化经比相仪 6 后，由记录器 7 记录下来，即可得到一个周期的误差曲线。

由上述两种综合测量法可知，综合测量所得的

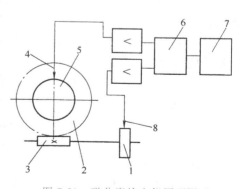

图 7-21 磁分度检查仪原理图

1、5—磁分度盘 2—蜗轮
3—蜗杆 4、8—磁头
6—比相仪 7—记录器

偏差是蜗杆副在啮合状态下的传动精度和工作台回转精度在某瞬间的综合值，除包括蜗轮蜗杆本身制造误差外，还包括工作台的精度、蜗轮蜗杆的安装精度、回转精度。因此，其测量结果接近于蜗杆副的实际工作状态，对蜗杆副修理前、修理中和修理后的检验十分有用。

三、分度蜗杆副的修复方法

1. 机械加工修复方法

分度蜗杆副的修复方法主要有精滚、剃齿、珩磨、刮削等切削方法。各种修复方法的选择主要是由蜗轮蜗杆传动的结构形式、蜗杆副的精度等级、磨损程度和精度下降程度、修理部门的工艺技术装备情况确定。

对于固定中心距蜗杆副的修复，无论采用精滚、剃齿、珩磨或刮削中的哪一种方法修复，都需配制新的蜗杆保证啮合间隙。在精滚或剃齿时，除了必须严格控制加工时的中心距外，还必须严格控制刀具齿厚和轴向窜刀量，并按照滚刀或剃齿刀的齿厚配制蜗杆，严格控制齿厚。通常所用的滚刀和剃齿刀是特制的，并在加工滚刀和剃齿刀时，将工作蜗杆一并制造出以保证两者的相应齿面压力角完全一致。当采用珩磨修复蜗轮时，也可采用上述方法制造专用珩磨蜗杆加工蜗轮。

对于可调中心距的蜗杆副分度机构的修复，因为可以调整中心距，通常采用径向变位修正蜗轮，精磨修复蜗杆的方法。精磨蜗杆时，蜗杆的齿面压力角也要和所修复蜗轮齿面滚刀的压力角一致，但齿厚可不必像固定中心距蜗杆副那样严格控制。当采用精滚或剃齿法修复蜗轮时，应在精密滚齿机上加工，齿厚减薄量参考值为：滚齿 $0.26 \sim 0.5$mm，剃齿 $0.1 \sim 0.2$mm。蜗杆应在精密螺纹磨床或蜗杆磨床上加工，修理齿厚减薄量参考值为：$0.15 \sim 0.3$mm。

2. 手工修复方法

分度蜗杆副的机械加工修复方法具有劳动强度低，修复效率高等优点，但需配制专用刀具，修复成本较高。若采用手工修复方法（即刮削修复方法），可省去配制专用刀具，其修复精度不受加工设备的影响，虽效率不高，但对于单件生产的修理工作来说更具有实用价值。刮削修复法的操作过程是：

1）将需刮削的蜗轮安装在分度机构上，调整好各项安装精度及间隙，装入蜗杆并调整到啮合位置。

2）在分度蜗轮的每个齿上写上序号，并用静态综合测量法测出蜗杆每转一转（或 $1/z$）时蜗轮的分度误差 ΔT。

3）计算出每个齿面的刮削量，刮削量的计算方法及步骤如下：

① 根据测量所得的分度误差 ΔT，换算成齿距误差 $\Delta t (\mu m)$。即

$$\Delta t = \frac{1000\Delta T}{57.324 \times 3600} \times \frac{d_{f2}}{2} = 0.0024 \Delta T d_{f2}$$

式中　d_{f2}——分度蜗轮节圆直径。

② 绘制齿距累积误差（Δt）曲线图，计算累积误差值。

③ 在同一侧齿面中，选取一个基准齿面作为刮削其余齿面的基准。一般将齿距最小的齿面（在曲线上的最低点）作为基准，基准确定以后，便可以计算出其余各齿的刮削量。根据刮削量的大小，将全部刮削量分成若干组，分批分组地依次刮削。

④ 刮削时用力要均匀，并测量出每刮一次齿面误差的修正量。

⑤ 刮点以着色法研点为准，并应交叉刮削，刮痕要浅，无尖锐的凸凹痕迹，花纹要相互细密排列，刮研点数控制在 20 点／（25mm×25mm）以内。

例如，某厂有一机床分度蜗轮采用刮削修复法进行修复。其参数为 $m=4\text{mm}$，$z=33$，单头蜗杆。

首先将蜗轮轮齿编号并用静态综合测量法，测出蜗轮每个齿的分度误差 ΔT，并将测量结果填在表 7-2 内，并绘制成齿距累积误差曲线图，如图 7-22 所示。根据误差的大小，将全部余量分三次刮削：第一次刮削 EF 直线以上所包含的各齿；第二次刮削 EF 和 CD 直线间所包含的各齿；第三次刮削 CD 和 AB 直线间所包含的各齿。

表 7-2 蜗轮齿面刮削量

齿序号	ΔT (′)	总刮削量 角值 (″)	总刮削量 线值 (μm)	第三次刮削量 (CD 和 AB 线间) 角值 (″)	第三次刮削量 (CD 和 AB 线间) 线值 (μm)	第二次刮削量 (EF 和 CD 线间) 角值 (″)	第二次刮削量 (EF 和 CD 线间) 线值 (μm)	第一次刮削量 (EF 线以上) 角值 (″)	第一次刮削量 (EF 线以上) 线值 (μm)
1	−17	+43	+14	+43	+14				
2	+24	+67	+21	+50	+16	+17	+5		
3	+22	+89	+28	+50	+16	+39	+12		
4	+15	+104	+33	+50	+16	+50	+16	+4	+1
5	0	+104	+33	+50	+16	+50	+16	+4	+1
6	+16	+120	+38	+50	+16	+50	+16	+20	+6
7	−24	+96	+31	+50	+16	+46	+15		
8	−12	+84	+27	+50	+16	+34	+11		
9	+24	+108	+35	+50	+16	+50	+16	+8	+3
10	+13	+121	+39	+50	+16	+50	+16	+21	+7
11	+21	+142	+45	+50	+16	+50	+16	+42	+13
12	+10	+152	+49	+50	+16	+50	+16	+52	+17
13	0	+152	+49	+50	+16	+50	+16	+52	+17
14	+3	+155	+50	+50	+16	+50	+16	+55	+18
15	+10	+165	+53	+50	+16	+50	+16	+65	+21
16	−16	+149	+48	+50	+16	+50	+16	+49	+16
17	−29	+120	+38	+50	+16	+50	+16	+20	+6
18	−9	+111	+35	+50	+16	+50	+16	+11	+3
19	−24	+87	+28	+50	+16	+37	+12		
20	−33	+54	+17	+40	+16	+4	+1		
21	−20	+34	+11	+34	+11				
22	+7	+41	+14	+41	+13				
23	+12	+53	+17	+50	+16	+3	+1		
24	−23	+30	+10	+30	+10				
25	−19	+11	+4	+11	+4				
26	+10	+21	+7	+21	+7				
27	−15	+6	+2	+6	+2				
28	0	+6	+2	+6	+2				
29	−6	0	0	0	0				
30	+20	+20	+6	+20	+6				
31	+19	+39	+12	+39	+12				
32	+28	+67	+21	+50	+16	+17	+5		
33	−7	+60	+19	+50	+16	+10	+3		

由图 7-22 可知，第三次刮削时，除第 29 齿不需刮削外，其余各齿均需要刮削，这样刮削量就加大了。为了减少刮削量，如果第二次刮削后，精度已满足要求，可不进行第三次刮削。

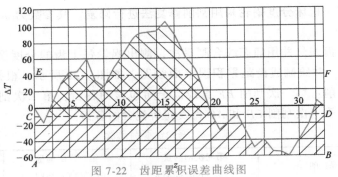

图 7-22　齿距累积误差曲线图

四、齿轮传动的失效与修复

齿轮传动具有传递运动准确，传动精度高，传动效率高等优点，但齿轮传动具有加工制造困难，装配精度要求高等缺点。

齿轮传动是靠轮齿间的啮合实现动力传动的机构，由于传递力矩和工作条件的影响，在传动过程中易产生不同形式的磨损。在开式齿轮传动中，由于粉尘等杂质的侵入，易使齿面产生磨料磨损；在闭式齿轮传动中，在交变接触力的作用下，齿面易产生疲劳点蚀；传力较大的齿轮在交变力和冲击力的作用下轮齿齿根易产生裂纹甚至断裂；润滑不良的齿轮传递力矩较大时易产生齿面烧伤和胶合。

齿轮的失效形式是多种多样的，其修复方法主要根据齿轮的失效形式，生产技术条件和使用要求确定。对于中小模数齿轮，备件充足时，一般不进行修复，直接更换新齿轮。但在更换齿轮时，一般成对更换，以保证啮合性能。当备件无法满足要求时，可用精整方法修复大齿轮，更换小齿轮。对于单侧齿面点蚀的齿轮，当齿轮结构允许时，可将齿轮反装让没有磨损的齿面参与工作。对于大模数齿轮的磨损，可用喷涂方法修复尺寸，然后再精整齿面。对于断齿和有裂纹的大模数齿轮，用镶齿或焊补法修复。

五、齿轮传动的装配与调整

齿轮修复并加工精度合格后，其传动性能的优劣主要取决于装配质量的高低。

（1）装配前的准备工作　为了保证装配质量，齿轮传动机构在装配前首先要对相关零件进行检查与试装，检查项目主要有：

1）齿轮在装配前，首先要检查箱体孔的各项精度，主要有：孔的尺寸精度、形状精度、位置精度，孔之间的中心距及孔的表面粗糙度等。这些精度将影响齿轮的啮合性能，因此使这些精度满足技术要求十分重要。

2）检测齿轮和轴的装配尺寸精度，必要时试装齿轮，检测轴上键的配合性能，修整安装表面的毛刺及倒角。

（2）装配中的调整方法　齿轮装配后必须经调整才能达到精度要求。齿轮调整时应达到下列要求：

1）轴向定位要准确，齿轮副安装时要逐一检查与调整，相啮合的齿轮应以轴向中心平面为基准对中。当轮缘宽度小于 20mm 时，轴向错位不得大于 1mm；当轮缘宽度大于 20mm 时，轴向错位不得大于轮缘宽度的 5%，但最多不得大于 5mm。

2）啮合间隙要正确，齿轮啮合间隙可用塞尺、指示表或压铅丝的方法检查，其间隙应符合标准规定。用千分表检查啮合间隙 Δ 的方法可用图 7-23 所示的方法，即将表座 1 放在箱体上，把检验杆 2 装在齿轮 A 的轴上，千分表测头顶住检验杆，使齿轮 B 不动，转动齿轮 A 记下千分表指针读数。即

$$\Delta = \delta_0 \frac{r}{L} \tag{7-3}$$

式中　δ_0——千分表读数（mm）；

　　　r——转动齿轮 A 的节圆半径（mm）；

　　　L——检验杆中心到千分表测头间距离（mm）。

3）啮合位置要正确，齿轮啮合位置的检验可用着色法通过检查接触斑点判断。齿轮正确的啮合位置应当在节圆附近和齿宽中段，如图 7-24a 所示。图 7-24b、图 7-24c 所示为齿轮中心距不合适，图 7-24d 所示为轮齿歪斜，这些均需查找原因予以修正。

4）配合要适当，用花键或滑键连接的齿轮应能在轴上灵活的轴向滑移，但周向间隙小。

5）装配后的齿轮要求转动平稳，无异常的声响。对于精密传动的齿轮，要采取定向装配，检测装配精度。

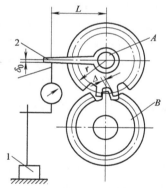
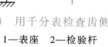

图 7-23　用千分表检查齿侧间隙

1—表座　2—检验杆

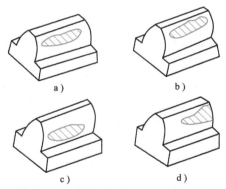

图 7-24　用涂色法检验齿轮啮合情况

六、齿轮传动的精度补偿调整法

在齿轮传动副装配时，如果用普通装配法难以达到精度要求，可采用精度补偿调整法提高齿轮的传动精度。补偿调整法又称相位补偿法，它是通过调整齿轮齿距最大误差的方向补偿装配后综合性误差的一种装配方法。目前通常采用以下方法：

（1）轴、轴承及轴孔的相位补偿　对于压入箱体的轴套应使轴套外径的尺寸公差与箱体孔的公差相适应，对于安装滚动轴承的轴应使安装后轴颈的径向圆跳动误差与轴承的径向圆跳动误差相补偿；对于固定不转的轴，可调整轴的周向位置，使之适当补偿轴的中心距误差。

（2）齿轮在轴系上的相位补偿　就是将齿轮与轴的误差相位调至 180°，抵消相位误差，即使齿轮的最大径向圆跳动处与轴的最小径向圆跳动处相补偿。

第四节　固定连接和壳体类零件的修理

在机械设备中，固定连接主要指机件间的螺纹、键及过盈配合等可拆卸的连接方式，这些连接经过长时间的使用、修理和拆装，因而都会发生不同程度的损伤或变形。在设备的修理过程中，经常会遇到这些连接的修理与调整问题。

壳体类零件主要包括箱体、箱盖、机体、缸体、缸盖等零件。这些零件一般作为基础零件且多为铸铁件，对壳体类零件要求具有一定的刚性和强度、良好的密封性和抗振性。在使用过程中，由于使用不当或设计制造缺陷的存在，壳体类零件易产生局部磨损、局部泄漏或锈蚀，有时甚至产生开裂等缺陷。这些情况均会影响壳体类零件的性能，使之无法正常使用。

一、螺纹连接的修理与调整

螺纹连接属于可拆卸的固定连接，具有结构简单、连接可靠、拆卸方便等特点，在机械设备中应用十分普遍。

1. 螺纹连接的失效与修复

螺纹连接是靠螺纹的齿形的接触实现机械零部件的结合，靠螺纹斜面的摩擦实现自锁。经多次拆装和锁紧力的作用，螺纹部位易产生磨损、损坏、断裂等失效形式，有时安装不当还会出现螺纹错乱现象，这些失效都会使螺纹失去正常的连接功能。

螺纹连接的修复方法是由其失效形式和螺纹种类而定的。对于标准件和较简单的螺纹连接件的失效，一般无修复的必要，经常采取更换新件的方法。对于非标准件螺纹或较大的形状复杂零件上的螺纹部位可采取修复方法，以降低修理成本，缩短修理周期。对于箱体零件或壳体零件上螺柱孔的失效，可采用扩大钻孔后加工螺纹的方法，也可用堵塞原孔重新加工螺纹孔的方法修复。对于轴类零件的螺纹可采用堆焊填充螺纹后重新加工螺纹的方法，也可用车削螺纹后新配制螺母的方法修复。无论采用哪种修复方法，都要防止机械零部件的变形和机械零部件强度和刚度的削弱。

2. 螺纹连接的调整

螺纹连接的装配，可根据其紧固部件的结构形式选用相应的扳手和旋具。要注意旋向和锁紧方式，对于不通孔螺纹还要注意螺孔深度和螺柱长度，锁紧力矩根据螺柱直径和锁紧力要求确定。

（1）螺纹的防松　螺纹连接具有自锁作用，在正常情况下，螺纹不会自行松脱，但在冲击、振动、交变载荷条件下或在工作温度变化很大的情况下工作的螺纹连接机构，必须采取防松措施以保证连接可靠。目前常用的螺纹防松方法主要有摩擦防松、机械防松、铆冲防松和粘合防松。

（2）双头螺柱调整　螺纹中径的配合性质主要有普通配合、过渡配合和间隙配合三种，双头螺柱多为过渡配合，或带轴肩的间隙配合。装入机体时可用图 7-25 所示的拧紧方法，装入后应检查螺柱的垂直度，若垂直度超差，应修正螺纹孔。

（3）螺纹连接的预紧　对于一些特殊的螺纹连接，预紧力都有相应的规定，可查找有关资料进行计算。对于一般要求的螺纹连接，预紧力矩可查找有关的经验数据确定。预紧力矩的控制方法可用指针式扭力扳手等。

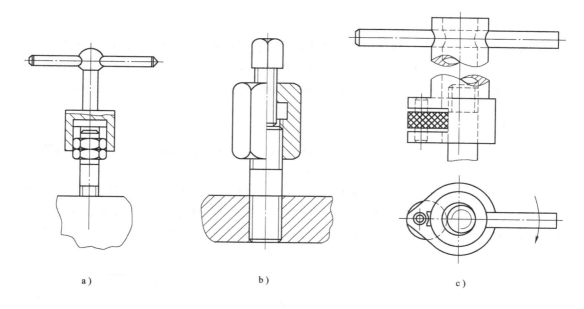

a)   b)   c)

图 7-25 双头螺柱拧紧方法

a）双螺母拧紧 b）长螺母拧紧 c）专用工具拧紧

二、键连接的修理与调整

键是连接传递转矩的一种标准件，按结构特点和用途不同可分为松键、紧键和花键三种。

1. 键的失效与修整

键在传递转矩过程中，长期受到挤压和剪切力的作用，容易产生键侧磨损变形、键槽挤压变形等，使键传递转矩大大减小，以至无法正常使用。

键的修整主要由键的结构形式确定，由于松键和紧键大多数为标准件且造价不高。因此，键体的损伤一般没有修复的价值，多采用配制新键的方法；键槽的损伤，可采取扩大尺寸加工法，也可采用换位加工法，加工后要配制新键。对于花键的磨损可采用焊补修复尺寸后再用机械加工的方法修复，也可用局部更换内花键的方法修复花键，当采用焊补修复法时要防止外花键变形。

2. 键连接调整

松键的装配要在装前检查键侧直线度、键槽对称度，键体与键槽试装后，清理键和键槽毛刺，用铜棒垫着打入或用压力机压入。装配后要检查被装件的位置精度及键的配合情况，在非配合面键顶要留有间隙。

对于紧键装配要注意上下工作表面分别与轴槽、轮毂槽底部贴紧，在两侧留有间隙，用着色法检查表面接触情况，钩头和轴套件端面应留有一定间隙。

对于花键，装配前应按图样检查相配件的尺寸精度，对于固定连接花键，若稍有过盈时，可用铜棒打入，过盈量较大时应将套件加热到 80~120℃ 后热装。滑动连接花键装配后应滑动自如无阻滞，用手转动轴套时应没有晃动间隙的感觉。

三、过盈连接件的修理与调整

　　1. 过盈连接件的失效与修复方法

　　过盈连接件属于不常拆卸连接，这种连接方式在振动和力的作用下有时会出现松动或断裂等失效形式。对于过盈松动可用镀涂的方法修复；对于尺寸变化且受力不大处，也可采用塑性变形法修复尺寸；对于开裂的零件一般应更换，受力不大处也可采用焊补修复尺寸的方法。

　　2. 过盈连接的调整

　　过盈配合件的装配方法要根据机械零部件的使用要求和过盈量大小选用合适的装配方法，常用的装配方法有压装法、热（冷）装法和液压套合法等。

　　（1）压装法　图7-26a所示为加垫块敲击装入零件的方法，此法适用于精度要求低，配合长度短的过盈配合，多用于单件生产。图7-26b、c、d所示为利用压力机压装零件的方法，这种方法导向性好，在机修中经常使用。图7-26e所示为气动杠杆压力机，多用于批量生产。

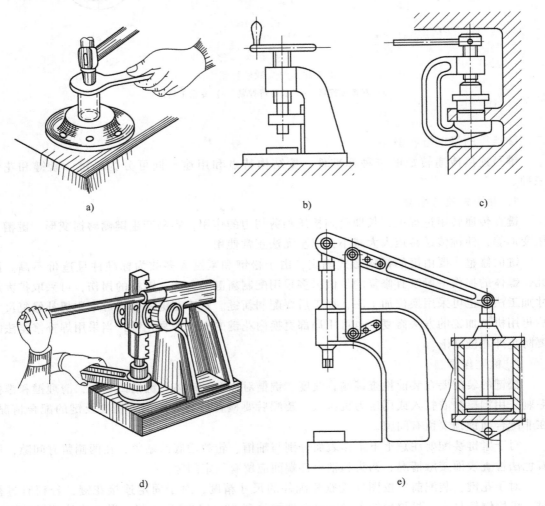

图 7-26　过盈配合压装法

（2）热（冷）装法　这种方法多用于过盈量较大的配合。采用热（冷）装法时，将被装零件的孔加热膨胀以后把轴（未经加热）装入，冷却后即呈过盈配合连接状态。冷装法是用液氮或干冰将轴冷却缩小后装入孔（未经冷却）内，待温度均衡后达到过盈连接状态。热（冷）装法的加热（冷却）温度可根据室温下过盈量和装配时所需要的最小间隙用下式计算，即

$$t = K \frac{\delta + \Delta_{min}}{\alpha d}$$ 　　（7-4）

式中　t——加热后温度与室温之差（℃）；

K——装配热损失系数（热天 $K = 1.1 \sim 1.15$，冷天 $K = 1.15 \sim 1.2$）；

δ——室温下实际过盈量（mm）；

Δ_{min}——装配最小保证间隙（见表 7-3）；

α——材料线胀系数（K^{-1}）；

d——配合名义直径（mm）。

表 7-3　最小保证间隙　　　　　　　　　　　　　　（单位：mm）

零件质量/kg	配合直径				
	>80~120	>120~180	>180~260	>260~360	>360~500
	最小间隙				
<16	0.04~0.05	0.05~0.06	0.06~0.07		
>16~50	0.06~0.07	0.08~0.09	0.09~0.10	0.10~0.12	
>50~100	0.10~0.12	0.13~0.15	0.15~0.17	0.13~0.20	0.22~0.24
>100~500	0.15~0.17	0.18~0.20	0.22~0.24	0.26~0.28	0.30~0.32
>500~1000		0.21~0.23	0.25~0.27	0.29~0.31	0.34~0.36
>1000			0.28~0.30	0.33~0.36	0.38~0.40

（3）液压套合法　对于有特殊要求的薄壁零件（如主轴的滚动轴承内、外圈）可在轴上加工出液压套合装配油路，用专用液压装置进行装配。图 7-27 所示为主轴轴承液压套合装配装置图，用手动液压泵产生高压油，经管路进入轴颈的环形油槽内，由于轴承内环与轴颈贴合在一起，使环形槽有一封油空间使高压油进入后将轴承内环孔胀大，与此同时，在轴承端面施加轴向力将轴承压入。

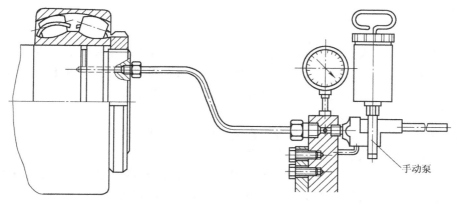

手动泵

图 7-27　主轴轴承液压套合装配装置图

四、壳体类零件的修理

由于壳体类零件形状比较复杂，制造周期较长，备件不足，因此除损坏十分严重外，一般修复后继续使用。随着技术的发展，对壳体类零件修复的方法也呈多样性，对不同壳体类零件的不同部位损伤应用不同方法修复。

1）对于基础件导轨的磨损可采用磨削或刮削的方法修复，有时修整后要在表面镶条以补偿其修磨的尺寸层。对于导轨上的划伤、气孔等局部缺陷可采用焊补或用环氧树脂与金属粉末相混合后粘补的方法修复。

2）对于安装孔磨损的壳体类零件可采用刷镀修复孔径尺寸，也可选用热喷修复技术，对于孔径较大而孔间距尺寸足够的孔可采用镶套的方法修复。

3）对于受力较大而产生裂纹的机体零件可采用焊补的方法修复，也可采用金属扣合的方法修复。

4）对于一般的箱体零件产生的裂纹，可采用焊补或粘接后安装加强板的方法修复。

5）对于密封性要求较高的壳体类零件如发动机缸体等，可采用焊补或粘接的方法修复。

6）对于箱体与箱盖、缸体与缸盖的结合面，由于变形等原因使配合不严密失去密封性时，可采用磨削或刮研方法修复。

7）对于气缸孔的磨损可采用镗缸的方法修复。若修理尺寸加大较多时，如汽油机的气缸孔加大尺寸超过标准尺寸 1.5mm，或柴油机的气缸孔超过 2mm 时，应考虑更换新缸套。不超过上述尺寸范围时，应按规定级别确定各次修理尺寸，选取 0.25mm 为一级，通常采用 0.5mm、0.75mm、1.00mm、1.50mm 四级。在镗缸以后，更换加大直径的活塞。

需要说明的是：在修复壳体类零件选择各种修复方法时，除要考虑强度、刚度条件外，还要考虑修复方法对零件精度的影响。如同是壳体类零件的裂纹，精度要求不高时可用焊补修复，而精度要求较高时则只能采用粘接或金属扣合方法修复。

第五节 卧式车床的修理

卧式车床是加工回转类零件的金属切削设备。它具有用途广、通用性强、便于操作等优点，适用于多种零件的表面加工，在结构上具有一定的典型性，是代表加工回转类零件的金属切削机床。

一、卧式车床修理前存在的主要问题

卧式车床经过一个大修理周期的使用后，由于主要零件的磨损和变形，使机床的精度和主要力学性能大大降低，需要进行大修理。通常，机床在修理前，要对其主要零部件的工作状况和故障程度进行认真的检查，针对存在的问题，做好技术准备。

1. 卧式车床加工精度的超差

卧式车床加工精度的超差是由多种因素造成的，其表现形式也具有多样性。以其所加工零件精度超差的形式分类，主要有以下几种：

（1）加工零件的圆柱度超差　卧式车床所加工零件圆柱度的超差，主要是床身和床鞍间接触导轨面的磨损引起的。由于横向切削刃的作用和运动频繁程度的差异，使床身导轨靠近主轴部分磨损严重，从而引起所加工零件表面的圆柱度超差。当车削圆柱外表面时会形成

鼓形，当车削内孔时会形成锥孔，如图 7-28 所示。

卧式车床床身导轨（与床鞍接触部分）呈"山—平型"结构，切削加工时，各导轨面受力情况不同，导轨导向面的磨损程度也不一样，导轨的磨损对所加工零件的综合影响如图 7-29 所示。若平导轨磨损量为 δ_1，山形导轨磨损量分别为 δ_2 和 δ_3，导轨磨损后，刀具由 1 位置变化为 2 位置，所加工工件的直径由 d_0 变化为 d，即产生误差 Δ。理论分析表明，上述几何量之间的关系为

$$\Delta = \frac{d-d_0}{2} = 1.71\delta_2 + 0.15\delta_3 - 0.0633\delta_1$$

由上式可以看出，山形导轨靠近主轴斜面的磨损量 δ_2 对所加工的零件几何精度影响最大。

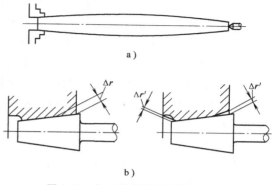

图 7-28　加工轴类零件圆柱度超差

a）外圆柱超差　b）内孔超差

（2）加工零件的平面度超差　在车削零件端面时，刀具在中滑板的带动下，沿床鞍导轨作横向直线运动。当床鞍横向导轨磨损后，刀具运动的轨迹产生了倾斜，从而引起了加工零件端面的平面度超差。由于横向导轨靠主轴一侧的导轨面磨损严重，机床所加工出零件的端面将出现中凸现象。

（3）加工零件表面粗糙度超差　机床主轴轴承磨损后，主轴零件的回转平稳性受到影响。机床床身导轨磨损后，溜板箱下沉，

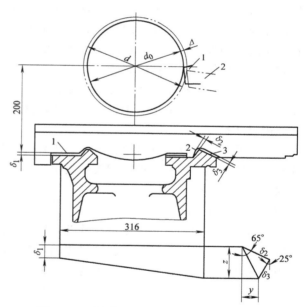

图 7-29　导轨磨损对所加工零件的综合影响

使丝杠和光杆产生弯曲，也引起驱动床鞍移动的齿轮与齿条啮合间隙变大，从而造成床鞍移动速度的均匀性受到影响。这些因素都会造成加工零件的表面粗糙度超差。

（4）其他因素引起的加工精度超差　除了上述因素会引起加工零件的精度超差外，主轴箱产生不正常温升，导轨面间接触刚度降低，主轴支承的刚度降低，以及各运动件的磨损引起机床振动的加剧，都会使卧式车床的加工精度降低。因此，若要恢复卧式车床的加工精度，应从多方面入手，恢复卧式车床各部件的几何精度和配合精度。

2. 主轴部件刚度降低

主轴部件的刚度是指在外力作用下，主轴抵抗变形的能力。卧式车床主轴部件的刚度是由许多因素决定的，它不但取决于主轴的结构和尺寸、主轴轴承的类型和配置形式、轴承间

隙的调整等。还与主轴上传动件的布局形式和各零件的制造精度与装配精度有关。

主轴部件刚度降低的主要原因，是由于主轴长期运转及切削力的作用，造成主轴部件中零件的磨损。其中影响最大的是主轴支承轴承的磨损，特别是前轴承的磨损。当采用滑动轴承时，由于磨损使主轴轴颈变细，同时主轴与轴承间的接触面积减小，降低了主轴的刚度；当采用滚动轴承时，滚动体及滚道的磨损，会使轴承的预紧力减小，轴承内外圈及相应的轴孔的磨损，使轴承产生松动，这些都将造成主轴的刚度降低。卧式车床主轴刚度将直接影响车床加工精度。

3. 车床振动、噪声及温升的增加

卧式车床的传动方式多为齿轮传动，当齿轮磨损后，齿轮的啮合间隙及轮齿间的接触部位发生变化，传动轴上轴承间隙增加，传动轴上零件产生松动，这些都使车床在运转时振动增加，同时引起噪声增加。振动的加剧还会影响加工零件的表面质量，噪声的增加会污染环境，引起操作者的疲劳。另外，由于磨损使运动副间润滑状况变差，会引起主轴箱温度异常升高。主轴箱和主轴部件的温升使机床产生热变形会引起主轴回转精度降低。

以上分析表明，卧式车床在使用一段时间后，特别是在主要零件磨损后，会表现出各种各样的故障现象。卧式车床在修理前，应认真调查其工作状况，了解其运转状态，以期在修理过程中做到有的放矢，集中力量解决主要问题。

二、卧式车床主要修理尺寸链的分析

卧式车床在使用过程中，各种运动部件之间产生的磨损和变形，使卧式车床的尺寸链发生了变化。卧式车床修理的主要工作之一，就是修理和恢复这些尺寸链各环间的精度关系，以保证装配尺寸精度。

在分析卧式车床修理尺寸链时，首先要研究卧式车床的装配图，分析它的装配特点，根据卧式车床各零件表面间存在的装配关系或相互尺寸关系，查明主要尺寸链，为正确制订修理工艺提供依据。

1. 修理尺寸链的分析

分析机床尺寸链时应从最基本的尺寸链开始，根据各部件的装配技术要求，查明其他相关尺寸链。通常，基本的尺寸链是保证机床加工精度的相关尺寸链。在分析尺寸链时，我们可以利用机床精度检验标准和装配精度要求，确定修理尺寸链的封闭环及其公差，再以各零部件的位置和装配关系确定尺寸链的其他环。为了查找和分析方便，应当将所确定的各主要尺寸链的相互关系分别标明在机床总体布局图上。图 7-30 所示为卧式车床的主要修理尺寸链，现将尺寸链分析如下。

（1）保证前后顶尖等高的尺寸链　前后顶尖的等高性是保证加工零件圆柱度的主要尺寸，也是检验床鞍沿床身导轨纵向移动直线度的基准之一。这项尺寸链由下列各环组成：床身导轨基准到主轴轴线高度 A_1，尾座垫板厚度 A_2，尾座轴线到其安装底面距离 A_3，以及尾座轴线与主轴轴线高度差 A_Σ 组成。其中 A_Σ 为封闭环，A_1 为减环，A_2、A_3 为增环。各组成环关系为

$$A_\Sigma = A_2 + A_3 - A_1$$

卧式车床经过长时期的使用，由于尾座的来回拖动，尾座垫板与车床导轨接触的底面受到磨损，使尺寸链中组成环 A_2 减小，而扩大了封闭环 A_Σ 的误差。大修时，A_Σ 尺寸的补偿是必须完成的工作之一。

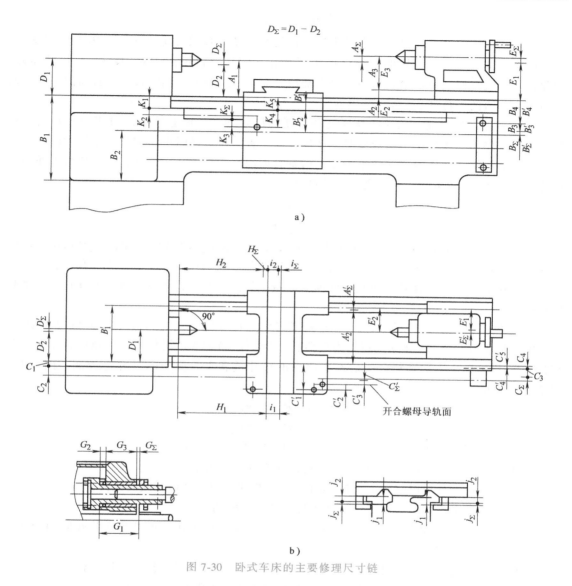

$$D_\Sigma = D_1 - D_2$$

a)

b)

图 7-30 卧式车床的主要修理尺寸链

（2）控制主轴轴线对床身导轨平行度的尺寸链 主轴轴线与床身导轨的平行度是由垂直面内和水平面内两部分尺寸链控制的。如图 7-30a 所示，主轴轴线在垂直面内与床身导轨间的平行度是由主轴理想轴线到主轴箱安装面（与床身导轨面等高）间距离 D_2、床身导轨面与主轴实际轴线间距离 D_1 及主轴理想轴线与主轴实际轴线间距离 D_Σ 组成。D_Σ 为封闭环，D_Σ 的大小为主轴实际轴线与床身导轨在垂直面内的平行度。上述尺寸链中各组成环间的关系为

$$D_\Sigma = D_1 - D_2$$

同理，由图 7-30b 可以看出，控制主轴轴线在水平面内与床身导轨（指床身山形导轨中线）平行度的尺寸链是由主轴理想轴线到床身导轨面间距离 D_2' 和床身导轨面与主轴实际轴线间距离 D_1' 及主轴理想轴线与主轴实际轴线间距离 D_Σ' 组成，D_Σ' 为封闭环，各环之间的关系为

$$D'_\Sigma = D'_1 - D'_2$$

在卧式车床的修理过程中，由于床身导轨的修刮整形使尺寸链中 D_2 和 D'_2 发生了变化，从而使主轴轴线与床身导轨的平行度产生了变化，即尺寸链中封闭环 D_Σ 和 D'_Σ 尺寸超差。为此，可以通过修刮主轴箱底面和调整主轴箱底面螺柱来调整主轴轴线在垂直面内和水平面内与床身导轨的平行度。

(3) 控制尾座套筒轴线对床身导轨平行度的尺寸链　尾座套筒轴线对床身导轨的平行度，会影响尾座套筒伸出不同长度时的尾座顶尖位置精度，同时也影响加工零件的圆柱度。

尾座套筒轴线对床身导轨的平行度，由垂直面内尺寸链 E_1、E_2、E_3、E_Σ 和水平面内的尺寸链 E'_1、E'_2、E'_Σ 组成。它们之间的关系是

$$E_\Sigma = E_2 + E_3 - E_1$$
$$E'_\Sigma = E'_2 - E'_1$$

为了保证尾座套筒轴线与床身导轨的平行度，要求 $E_\Sigma \leq 0.05/1000$，$E'_\Sigma \leq 0.01/1000$。在使用过程中，尾座在床身上的拖动造成了尾座垫板底面与床身导轨的磨损，使 E_Σ 和 E'_Σ 超差。这时可通过镶补和修整尾座垫板底面与床身接触的导轨面，来保证和恢复尾座轴线的位置精度。

(4) 控制丝杠(光杠)轴线与床身导轨平行度的尺寸链　当床鞍在床身上纵向移动时，穿过溜板箱上开合螺母孔(安全超越离合器孔)的丝杠(光杠)必须与床身导轨保持平行，丝杠(光杠)与床身导轨的平行度，由水平面内的尺寸链和垂直面内的尺寸链控制。图7-30a、图7-30b 所示尺寸链各组成环间的关系为

$$B_1 - B_2 - B_3 - B_4 = B_\Sigma$$
$$C_1 + C_2 - C_3 - C_4 = C_\Sigma$$

式中　B_1——在垂直面内床身导轨面到进给箱定位线间的距离；

B_2——在垂直面内进给箱定位线到丝杠(光杠)孔轴线的距离；

B_3——在垂直面内支架上丝杠(光杠)孔轴线到支架定位销之间的距离；

B_4——在垂直面内支架定位销到床身导轨面间距离；

B_Σ——在垂直面内丝杠(光杠)轴线与丝杠(光杠)支架孔、进给箱安装孔间轴线连线的距离；

C_1——在水平面内床身导轨上 V 形导轨的基准线到进给箱安装面间距离；

C_2——水平面内进给箱安装面到其丝杠(光杠)安装孔轴线间距离；

C_3——水平面内支架安装面到丝杠(光杠)安装孔轴线间距离；

C_4——水平面内支架安装面到床身 V 形导轨基准线间距离；

C_Σ——水平面内丝杠(光杠)轴线与支架孔、进给箱安装孔轴线连接间的距离。

卧式车床床身导轨和床鞍导轨的磨损都会使上述两组尺寸链中 B_Σ 和 C_Σ 尺寸发生变化，导致丝杠(光杠)轴线与床身导轨的平行度超差。在垂直面内 B_Σ 的修复可以从两方面着手：镶垫溜板导轨面，使导轨磨损得到补偿；修刮进给箱安装面，使 B_2 尺寸减小和调整支架定位销孔位置使尺寸 B_2 增加。在水平面内 C_Σ 的修复也可以从两方面入手：调整溜板箱在床鞍上的位置；修整进给箱定位面，调整组成环 C_3 的尺寸。

(5) 控制丝杠轴线与开合螺母轴线同轴度的尺寸链　丝杠轴线与开合螺母轴线的同轴度也是由垂直面内的尺寸链和水平面内的尺寸链控制的。在垂直面内组成环为：床身导轨到

溜板箱安装面内距离 B_1' ，开合螺母轴线到溜板箱安装面间距离 B_2' ，支架上丝杠孔轴线到支架定位销之间的距离 B_3' ，支架定位销到床身导轨面间距离 B_4' 及丝杠轴线与溜板箱开合螺母轴线间距离 B_Σ' 。在水平面内组成环为：溜板箱定位销到床身 V 形导轨基准线间距离 C_1' ，开合螺母导轨面到溜板箱定位销的间距 C_2' ，开合螺母导轨面与开合螺母轴线间距 C_3' ，支架安装面到丝杠安装孔轴线间距离 C_4' ，支架安装面到床身 V 形导轨基准线间距离 C_5' ， C_Σ' 为丝杠轴线与支架丝杠孔、开合螺母孔间轴线连线间的距离。上述各组成环之间的关系为

$$B_1' + B_2' - B_3' - B_4' = B_\Sigma'$$
$$C_1' - C_2' - C_3' - C_4' - C_5' = C_\Sigma'$$

当床身导轨和溜板的导轨磨损后，安装在溜板箱上的开合螺母的轴线位置也发生了变化，使开合螺母轴线与丝杠轴线同轴度的误差加大。恢复这项精度时，可采用修整丝杠与床身导轨间位置；也可采用修整溜板箱与床鞍安装定位面及定位销的位置；还可单独配做开合螺母，重新确定开合螺母轴向位置。在生产实践中常采用第三种方法。

影响卧式车床加工精度及安装精度的尺寸链还很多，在此不逐一分析。为便于卧式车床大修时分析，现将卧式车床各主要修理尺寸链列于表 7-4。

表 7-4　卧式车床各主要修理尺寸链分析　　　　　　　　　　（单位：mm）

代号	简 要 说 明	方　程　式	封闭环及其公差	解　法	解　法　说　明
A	保证前后顶尖等高性尺寸链	$A_\Sigma = A_2 + A_3 - A_1$	$A_\Sigma = 0 + 0.06$	修配法	用修刮主轴箱底面减小 A_1 或修刮垫板加大 A_2 办法，增加补偿量，最后修刮尾座垫板顶面
A'	保证床鞍用床身导轨对尾座用床身导轨在水平面内平行度的尺寸链	$A_\Sigma' = A_2' - A_1'$	$A_\Sigma' = \pm 0.015/1000$	修配法	补偿环是 A_2' ，修刮尾座用棱形导轨
B	保证丝杠轴线在垂直面内与床身导轨平行度的尺寸链	$B_\Sigma = B_1 - B_2 - B_3 - B_4$	$B_\Sigma = \pm 0.1$	修配法	修配丝杠支架定位销孔，补偿环是 B_4 ；或修刮进给箱下支承面，补偿环是 B_2
B'	保证丝杠轴线与开合螺母轴线在垂直面内同轴度的尺寸链	$B_\Sigma' = B_1' + B_2' - B_3' - B_4'$	$B_\Sigma' = \pm 0.1$	修配法	修配床鞍下平面（与溜板箱结合的面）或在溜板导轨面上喷涂塑料
C	保证丝杠与开合螺母轴线在水平面内与床身导轨平行度的尺寸链	$C_\Sigma = C_1 + C_2 - C_3 - C_4$	$C_\Sigma = \pm 0.1$	修配法	修配后支架底面改变 C_3 或修配进给箱底面 C_2
C'	保证丝杠轴线与开合螺母轴线在水平面内的同轴度的尺寸链	$C_\Sigma' = C_1' - C_2' - C_3' - C_4' - C_5'$	$C_\Sigma' = \pm 0.1$	修配法	修配床鞍与溜板箱的定位销孔，补偿环是 C_1' 、 C_2'

（续）

代号	简要说明	方程式	封闭环及其公差	解法	解法说明
D	控制主轴轴线在垂直面内对床身导轨平行度的尺寸链	$D_\Sigma = D_1 - D_2$	$D_\Sigma = 0.02/300$	修配法	修刮主轴箱底面
D'	控制主轴轴线在水平面内对床身导轨平行度的尺寸链	$D'_\Sigma = D'_1 - D'_2$	$D'_\Sigma = 0.015/300$	调整法	用调整主轴箱底面的调整螺钉调整主轴轴线
E	尾座轴轴线对床身导轨在垂直面内平行度的尺寸链	$E_\Sigma = E_2 + E_3 - E_1$	$E_\Sigma = 0.015/100$	修配法	修刮尾座垫板
E'	尾座轴轴线对床身导轨在水平面内平行度的尺寸链	$E'_\Sigma = E'_2 - E'_1$	$E'_\Sigma = 0.01/100$	修配法	修刮尾座底板的V形槽或尾座底面的V形槽
G	控制丝杠窜动的尺寸链	$G_\Sigma = G_1 - G_2 - G_3$	$G_\Sigma = 0.1^{+0.1}_0$	调整法	用调整螺母调整 G_Σ
H	控制床鞍横导轨对主轴轴线垂直度的尺寸链	$H_\Sigma = H_1 - H_2$	$H_\Sigma = 0.02/300$	修配法	修刮床鞍导轨斜面
i	控制横丝杠轴线对床鞍横导轨平行度的尺寸链	$i_\Sigma = i_1 - i_2$	$i_\Sigma = 0.07/500$	修配法	修理床鞍导轨时保证
j	控制床鞍与床身导轨间隙的尺寸链	$j_\Sigma = j_1 - j_2$	$j_\Sigma = 0.015 + 0.015$	修配法	修刮压板
k	控制齿轮齿条啮合间隙的尺寸链	$k_\Sigma = k_4 + k_5 - k_1 - k_2 - k_3$	$k_\Sigma = 0.1^{+0.1}_0$	修配法	更换齿轮齿条

2. 修理尺寸链中修理基准的确定

分析卧式车床修理尺寸链的目的是选择合适的基准，了解各零部件的修理尺寸关系，确定合理的修理顺序。在确定基准时，尽可能使基准统一，即使所有待修面都以此为基准，这样可以减少误差。另外，在选择修理基准时还应考虑设计、磨损、变形、加工等因素。具体应遵循以下原则：

1）选择尺寸链中磨损较少或变形较小的面作为修理基准。这样使修理基准与机床原制造基准尽可能重合，以减少修理工作量，也使各零件的修整量减少，对机床刚度的削弱减轻。

2）选择尺寸链中刚性好的零件作为修理基准。这样可较好的保持设备的修理精度，减少因基准变形而造成的误差。

3）选择尺寸链中的公共环作为修理基准。在混联尺寸链中公共环是连接各相关尺寸链的纽带，选择此环为基准往往可大大减少修理工作量，起到事半功倍的效果。

4）在一组尺寸链中应选择便于修复又易于测量的环作为基准修复环。这样可使修理工作简化，缩短修理周期。

遵循上述原则，我们选择卧式车床的床身导轨作为修理基准。

3. 根据修理尺寸链确定机床的修理顺序

在确定卧式车床的修理顺序时，要考虑卧式车床尺寸链各个组成环之间的相互关系。当尺寸链中各环的排列顺序和装配顺序一致时，零件修复面的修理顺序应该按其装配顺序依次进行。当尺寸链并联时，可先从公共环开始修理，然后逐项修复其他各环。当尺寸链串联时，可先从公共基准面开始修理，再依次修理各相关环。对于混联尺寸链，应具体分析各环间的关系，先从重要的相关性强的组成环入手，分别修复各组成环。

三、卧式车床的修理工艺

如图 7-31 所示，卧式车床主要由床身、主轴箱、进给箱、溜板箱、床鞍及刀架、尾座等部件组成。在制订卧式车床的修理工艺时，首先要对待修的车床进行综合分析，然后确定修理方案，做好技术准备。

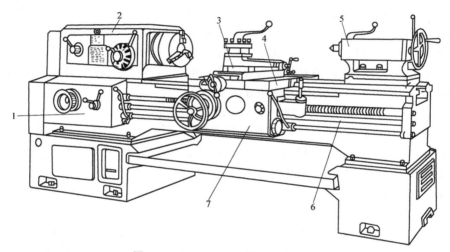

图 7-31 CA6140 型卧式车床外形图

1—进给箱 2—主轴箱 3—刀架 4—床鞍 5—尾座 6—床身 7—溜板箱

1. 床身导轨的修理

床身导轨是卧式车床的基础部件，也是卧式车床上各部件的移动和测量的基准。床身导轨精度状况直接影响车床的加工精度，导轨的精度保持性对机床的使用寿命的影响很大。在使用过程中，由于床身导轨暴露在外面，直接与灰尘和切屑接触，导轨的润滑状况难以得到保证，导轨的磨损是不可避免的。床身导轨的修复是车床大修理中必须完成的工作之一。

（1）修复方案的确定 床身导轨的修复方案是由导轨的损伤程度、生产现场的技术条件及导轨表面材质的情况确定的。导轨表面的大面积磨损，可用刮削、磨削、精刨等方法修复；导轨表面的局部损伤可用焊补、粘补、涂镀等方法修复。在机床的大修理中经常遇到的是床身导轨磨损的情况。

1）确定导轨的修复加工方法。当床身导轨磨损后，可选用的修复方法有几种，选用时应考虑各种方法的可行性和经济性。对于长导轨或经过表面淬火的导轨，多采用磨削加工方法修复；对于特长或磨损较重的导轨可用精刨的方法修复；对于短导轨或磨损较轻的导轨或需拼装的导轨多用刮削的方法修复；当导轨较长但位置精度要求项目较多且磨损量不大时，往往也采用刮削的方法修复。对于 CA6140 型卧式车床的床身，一般采用磨削的方法修复。

2）确定导轨修复基准。经过一个大修理周期的使用，床身导轨面受到不同程度的磨损，使其原加工基准失去精度，因此需重新选择基准。在选择床身导轨的修复基准时，通常选择磨损较轻，或在加工中一次装夹加工出而又没有磨损的非重要安装表面作为导轨测量基准。在机床床身导轨的修理中，可以选择齿条安装面或原导轨上磨损较轻的面作为导轨修复时的测量基准。在生产实际中，刮削时多采用齿条安装面作为测量基准，磨削时多采用原导轨上磨损较轻的面作为测量基准。

3）确定尺寸链中补偿环位置的方法　导轨表面加工后，必然使在导轨表面安装的各部件间的尺寸链发生了变化，这种变化会影响机床运动关系和加工精度，因此必须采取措施予以恢复。恢复尺寸链通常采用增设补偿环法，补偿环的位置可选择在固定导轨面上，也可选择在移动导轨面上，为了减少工作量，通常将补偿环选择在较短的相对移动的导轨面上。

（2）床身导轨的修理工艺　机床床身导轨的修复，主要采用磨削和刮削两种工艺方法。

1）床身导轨的磨削。机床床身导轨的磨削可在导轨磨床或龙门刨床上（加磨削头）进行。磨削时将床身从床腿上拆下后，置于工作台上垫稳，并调好水平后找正。

床身导轨找正时，可以齿条安装面为直线度基准（也可以作为进给箱安装平面与导轨等高性能的基准）。方法为：将千分表座固定在磨头主轴上，测头靠在床身基准面上移动砂轮架（或工作台），使表针摆动不大于0.01mm；再用直角尺紧靠进给箱安装平面，表测头触在直角尺另一边上，转动磨头，使表针摆动近于零。找正后将床身夹紧，夹紧时要防止床身变形，如图7-32所示。

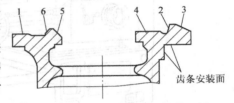

图7-32　卧式车床床身导轨截面图

在磨削过程中应首先磨削导轨面1、4，然后磨削压板导向面，再调整砂轮角度，磨削导轨2、3、5、6面。磨削时应采用小进给量多次进给法，防止导轨表面温升过高，以手感导轨面不发热为好。若导轨表面温升过高，会引起导轨产生热变形，降低床身的精度。

床身导轨修磨后，需使导轨面呈中凸状，导轨面的中凸可用三种方法磨出：一种为反变形法，即安装时使床身导轨适当变形产生中凹，磨削完成后床身自动恢复变形形成中凸；另一种是控制进给量法，即在磨削过程中使砂轮在床身导轨两端多进给几次，然后精磨一刀形成中凸；第三种是靠加工设备本身形成中凸，即将导轨磨床本身的导轨调成中凸状，使砂轮相对工作台走出凸形轨迹，这样在调整后的机床上磨削床身导轨时即呈中凸状。

2）床身导轨的刮削。机床床身导轨较长，刮研工作量较大，一般无特殊情况，不采用这种修复方法。

① 床身的安装，将床身置于调整垫铁上（按机床说明书的规定调整垫铁的位置和数量），在自然状态下，测量床身导轨在垂直平面内的直线度误差和两条导轨的平行度，并将误差调整至最小数值，记录运动曲线，如图7-33所示。

② 床身导轨测量，刮削前首先测量导轨表面2、3对齿条安装面的平行度，如图7-34所示。

分析该项误差与床身导轨运动曲线之间的相互关系，确定修理方案。在刮削的过程中要随时测量导轨的各项精度，以确定刮削量和刮削部位。

在测量机床床身导轨时，除了用指示表及水平仪等各种通用量仪外，还要用到专用桥板

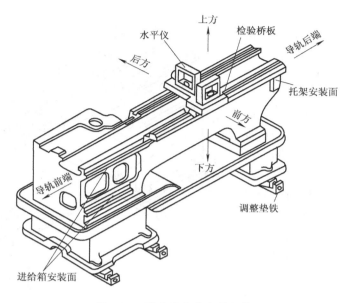

图 7-33 卧式车床床身的安装

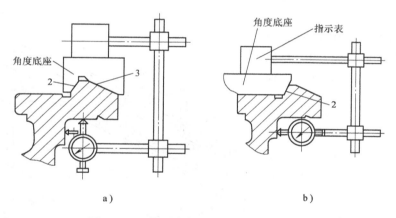

a) b)

图 7-34 导轨对齿条安装面平行度的测量

a) V 形导轨对齿条安装面平行度的测量 b) 导轨面 2 对齿条安装面平行度的测量

和检验心轴等辅助量具和检具。

③ 床身床鞍导轨的粗刮，床身导轨刮削时，首先要利用床身导轨面磨损较轻的部分配刮床鞍导轨和尾座垫板导轨，为床身导轨的精刮做好准备。然后以平行平尺为研具分别粗刮导轨面 1、2、3（见图 7-32）。在刮削时应随时测量导轨面 2、3 相对齿条安装面的平行度，并用先与导轨形状配刮好的角度底座拖研，保持导轨角度（见图 7-34）。粗刮时应保证导轨全长上的直线度误差不大于 0.1mm，但需呈中凸状；并保证与对研平尺的平面接触均匀。

④ 床身床鞍导轨的精刮，将修刮好的床鞍与粗刮后的床身相互调研，精刮导轨面。精刮时需用检验桥板、等高垫块、检验心轴、千分表、水平仪等，随时测量导轨在水平面内的直线度，如图 7-35 所示，以及测量导轨在垂直面内的直线度（见图7-33）。

床身床鞍导轨精刮后，导轨运动曲线仍需达到中凸形状，但为使导轨具有更好的精度保持性，应使导轨 1 的中凸低于 V 形导轨的高度。

3）床身尾座导轨的刮削。床身尾座导轨面的刮削方法及操作步骤与床鞍导轨面刮削方法相同。需要说明的是，当刮削尾座导轨时，应测量它与床身床鞍导轨面间的平行度，如图 7-36 和图 7-37 所示。

（3）床身导轨修理后的精度要求 卧式车床床身导轨经修理后，要满足如下精度要求：

1）床身导轨面 1、2、3（见图 7-32）在垂直面内直线度误差每 1000mm 测量长度上不大于 0.02mm，全长不大于 0.04mm，只允许向上凸起，凸起部位最高点应在靠近主轴端的 1/3 处；在水平面内直线度误差每 1000mm 测量长度上不大于 0.015mm，全长不大于 0.03mm。

2）床身导轨面 1 相对于 V 形导轨面 2、3 倾斜度误差，每 1000mm 测量长度上不大于 0.02mm，全长不大于 0.03mm。

3）尾座导轨对床鞍导轨平行度误差，在垂直方向每 1000mm 测量长度上不大于 0.02mm，全长不大于 0.05mm；在水平方向每 1000mm 测量长度上不大于 0.03mm，全长不大于 0.05mm。

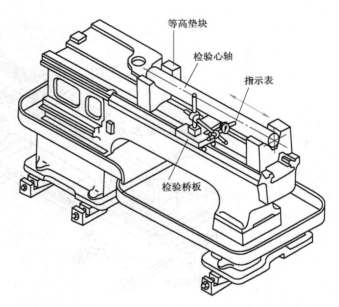

图 7-35　床身导轨在水平面内的直线度测量

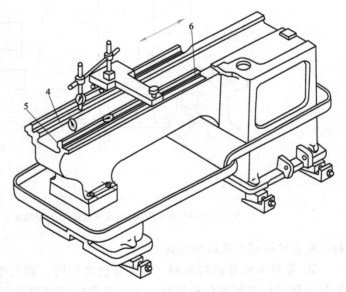

图 7-36　床身导轨上尾座单条导轨对床鞍导轨的平行度测量

4）床鞍导轨面对齿条安装面的平行度误差不大于 0.05mm。

5）床鞍与床身导轨面间接触精度不少于 12～14 点/25mm×25mm。

2. 溜板部件的修理

溜板部件是由床鞍、中滑板和横向进给丝杠副组成，它的作用是带动刀架部件上的刀具实现纵向、横向进给运动，溜板部件的精度状况直接影响所加工零件的加工精度。溜板部件的修理工作主要包括修复床鞍及中滑板导轨的精度，补偿因床鞍及床身导轨磨损而改变的尺寸链。

（1）**修复溜板部件相关的尺寸链**　由于床身导轨面（包括床鞍下导轨面）的磨损及修整，必然引起溜板箱和床鞍的下沉，至使以床身导轨为基准的所有相关尺寸链发生变化，如图7-38 所示。因而造成与进给箱相关的尺寸链产生了误差 ΔB，与托架相关的尺寸链产生了误差 ΔC，与齿轮齿条啮合相关的尺寸链产生了误差 ΔD。

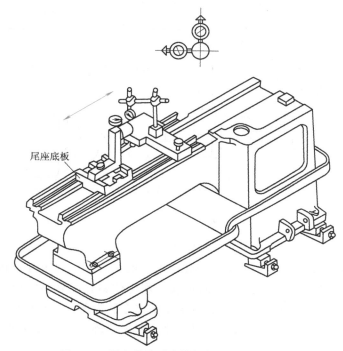

图 7-37　尾座导轨对床鞍导轨的平行度测量

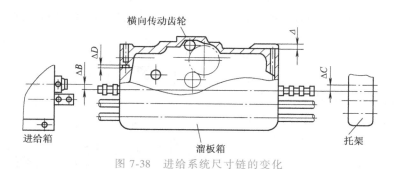

图 7-38　进给系统尺寸链的变化

由于溜板部件修复时涉及这些尺寸链，所以在修理之前，首先要确定方案，分析如何修复尺寸链。修复这些尺寸链时通常可采用如下三种方法：

1）在共有基准面的一侧增加补偿环。由于床身导轨面是几组尺寸链的共有基准面，此面经过磨损和修整下沉了 Δ，引起上述三组尺寸链出现了误差 ΔB、ΔC、ΔD，可在床鞍导轨上增加一补偿环来修复这些误差。在增加补偿环时，通常采取在床鞍导轨下面粘接一层铸铁板或聚四氟乙烯胶带的方法，这种方法简便易行，并可多次使用。需注意的是：粘接层的厚度除保证补偿床鞍下沉量 Δ 外，还要考虑修刮余量。

床鞍下沉量 Δ 的测量，可采用图 7-39 所示的方法进行，即将进给箱和丝杠托架按工作位置安装好，将床鞍置于修复后的床身导轨上，测量丝杠托架上光杠支承孔轴线到床鞍结合面的尺寸 A，然后再测量溜板箱的光杠安装孔到床鞍结合面的尺寸 H，则床鞍下沉量为

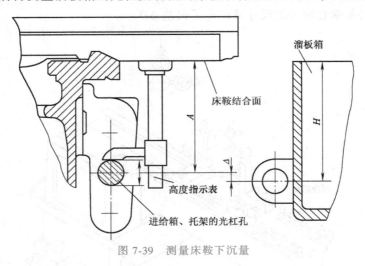

图 7-39　测量床鞍下沉量

$$\Delta = H - A$$

2）移动进给箱、丝杠托架、齿条的安装位置。根据修复后的床身导轨面及溜板箱安装后的实际位置，分别调整 ΔB 和 ΔC，然后重新修配定位销孔或修整定位面，还需更换溜板箱上与床身上齿条啮合的纵向进给齿轮，或重新定位安装齿条，以补偿由于溜板箱的下沉而造成的两者啮合间隙的变化。这种方法虽可修复三组尺寸链，但不能多次使用，一般只作为个别尺寸调整之用。

3）修整床鞍上的溜板箱结合面。即用机械加工的方法将床鞍上安装溜板箱的结合面切去一定尺寸的金属，使溜板箱的安装位置向上移，以此补偿由于床身导轨磨损和修整造成的尺寸链误差。

这种方法虽然也是通过调整一个补偿环节恢复了各有关环的尺寸链关系，但是床鞍厚度的减薄，势必影响床鞍的刚性。另外，溜板箱的向上移动，横向进给丝杠上安装的齿轮与溜板箱内安装的相啮合的齿轮之间的中心距发生了变化，必须使用变位齿轮才能正常啮合传动。这些因素限制了此方法的采用。

由此分析可知，溜板部件尺寸链的恢复，最好采用在床鞍导轨面粘接补偿板的方法。

（2）溜板部件的刮削工艺　溜板部件的刮削主要是指床鞍及中滑板导轨的

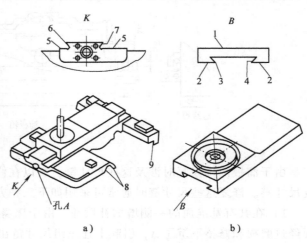

图 7-40　溜板部件的修理示意图

a）床鞍　b）中滑板

刮削，如图 7-40 所示。这项工作是在床身导轨修复后和溜板部件尺寸链补偿后进行的。如前所述，在卧式车床大修时溜板部件尺寸链的补偿通常采用在床鞍导轨 8、9 面粘贴补偿尺寸层的方法。这时在溜板部件刮削时，主要完成下列工作：

1）刮削床鞍纵向导轨 8、9 面。将床鞍与修刮好的床身导轨对研，刮削床鞍导轨 8、9，直到达到接触精度要求。刮削时要测量床鞍上溜板箱结合面对床身导轨的平行度，如图 7-41 所示。同时，要测量床鞍上溜板箱结合面对床身进给箱安装面的垂直度，如图 7-42 所示，使之在规定的范围之内。

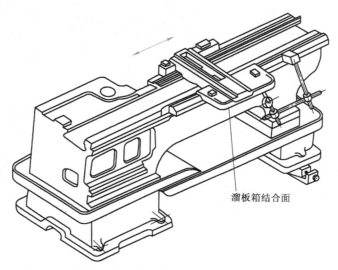

溜板箱结合面

图 7-41　测量床鞍上溜板箱结合面对床身导轨的平行度

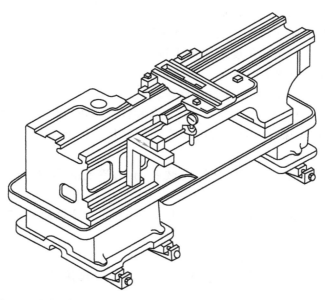

图 7-42　测量床鞍上溜板箱结合面对床身进给箱安装面的垂直度

2）刮削中滑板导轨面。以平板为研具，分别刮削中滑板上的转盘安装面 1 和导轨面 2

（见图7-40），要求1、2面间的平行度误差不大于0.02mm，两者的平面度以与平板的接触点均匀为准，用0.03mm的塞尺检查不得塞入。

3）刮削床鞍横向导轨面5（见图7-40）。用刮好的中滑板对研床鞍导轨面5，刮研时需测量和控制床鞍导轨对横向进给丝杠安装孔A的平行度，如图7-43中的点a。并注意中滑板拖研时受力应均匀，移动距离不可过长。

4）刮削床鞍横向导轨面6、7（见图7-40）。用55°角度平尺拖研床鞍横向导轨面6，刮研时需测量和控制床鞍导轨对横向进给丝杠安装孔A的平行度，如图7-43中的点b。用55°角度平尺拖研床鞍横向导轨面7，刮研时需测量和控制床鞍两横向导轨间的平行度，如图7-44所示。

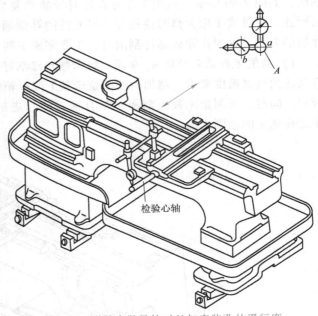

图7-43　测量床鞍导轨对丝杠安装孔的平行度

5）刮削中滑板导轨面3（见图7-40），以刮好的床鞍导轨面6与中滑板导轨面3对研，使之达到精度要求。

6）刮削床鞍上下导轨之间的垂直度，将修刮好的中滑板在床鞍横向导轨上安装好，分别移动中滑板与床鞍，用千分表和角度尺测量床鞍上下导轨之间的垂直度，如图7-45所示。若垂直度超差，应在床身上拖研，修刮床鞍下导轨修正。

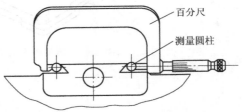

图7-44　测量床鞍两横向导轨面间的平行度

（3）对溜板部件的修理要求　溜板部件上各零件的导轨修刮后应达到下列精度要求：

1）溜板箱结合面对床身导轨平行度误差全长不大于0.06mm，对进给箱、托架安装面垂直度误差不大于0.03mm。

2）床鞍燕尾导轨面5、6对丝杠安装孔A的平行度误差在300mm长度上不大于0.05mm。

3）床鞍导轨7对6的平行度误差不大于0.02mm，导轨面6、7的直线度误差不大于0.02mm。

4）中滑板1、2面的平行度误差不大于0.02mm。

5）中滑板与床鞍导轨面接触精度及床鞍与床身导轨接触精度均不少于10~12点/25mm×25mm。

（4）床鞍的拼装　床鞍的拼装主要包括床鞍与床身的拼装和中滑板与床鞍的拼装。

1）床鞍与床身的拼装，主要是指床鞍压板与床身导轨背面的配刮。刮削时要求床身导轨背面与导轨面间的平行度误差每1000mm测量长度上不大于 0.02mm，全长不大于 0.04mm，床鞍压板与导轨背面间的接触精度不少于 6~8 点/25mm×25mm，刮削后将压板用紧固螺柱在床鞍上压紧后，用 250~300N 的推力使床鞍在床身全长上移动，要求移动过程中无阻滞现象，再用 0.03mm 塞尺检查接触精度，端部插入深度应小于 20mm。

2）中滑板与床鞍的拼装，主要包括刀架中滑板塞铁的安装和横向进给丝杠的安装。

① 中滑板塞铁的安装。塞铁是调整刀架中滑板与床鞍燕尾导轨间隙的调整环节，在使用中塞铁磨损严重，需重新配置。

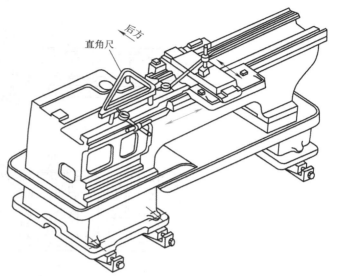

图 7-45　测量床鞍上下导轨之间的垂直度

塞铁的配置方案有几种：可用原有旧塞铁在大头上焊接加长一段，再将塞铁小头截去一段，使塞铁工作段的厚度增加；也可在原有旧塞铁上粘一层聚四氟乙烯胶带，使塞铁的磨损层得到补偿；还可更换新塞铁，更换新塞铁时应使新塞铁的斜度与旧塞铁的斜度保持一致。无论是修复旧塞铁还是更换新塞铁，都要使之留有一定余量，即让塞铁的大端长出一段，通过配刮，使塞铁与燕尾导轨面接触精度达到要求后，最后截取塞铁。

塞铁的刮削方法，是将加工后涂有红丹粉的塞铁插入床鞍导轨面与中滑板导轨面之间楔紧，然后刮削塞铁上与床鞍导轨接触面间的擦痕，如此反复多次，直到塞铁与床鞍导轨达到接触精度后为止。要求两者间的接触精度不少于 10~20 点/25mm×25mm。

② 横向进给丝杠的安装。在大修时经常会遇到横向进给丝杠磨损比较严重的问题。丝杠的磨损会引起刀具在承受横向切削力时刀架窜动、刀具定位不准确、操纵手柄空行程变大等缺陷，影响零件的加工精度和表面粗糙度，在大修时应予以修复或更换。

丝杠的修复方法可参考前面有关章节的内容。丝杠的安装应参照图 7-46b 进行：首先垫好螺母垫片（可估计垫片厚度 Δ 值并分成多层），再用螺柱将左、右半螺母及楔形块挂住（不拧紧），然后转动丝杠，使之依次穿过丝杠右半螺母、楔形块、丝杠左半螺母，再将小齿轮（包括键）、法兰盘（包括套）、刻度盘及双锁紧螺母，按顺序安装在丝杠上。旋转丝杠，同时将法兰盘压入床鞍安装孔内，然后紧固锁紧螺母，如图 7-46a 所示。最后紧固丝杠左、右半螺母的连接螺柱，在紧固左、右半螺母的螺柱时，要连续旋转丝杠，使之带动中滑板在床鞍上往复移动，同时感觉丝杠的松紧程度，若感觉松紧程度不均匀或中滑板移动受阻时，则需调整垫片厚度 Δ 值，直到运行自如、松紧程度适宜为止。调整后应达到转动手柄灵活，转动力不大于 80N，正反向转动手柄空行程不超过回转圆周的 1/3 转。

3. 刀架部件的修理

刀架部件主要包括转盘、小滑板、方刀架等零件，其结构如图 7-47 所示。刀架部件的作用是夹持刀具，实现刀具的转位、换刀，刀具的短距离调整及短距离斜向手动进给等运动。

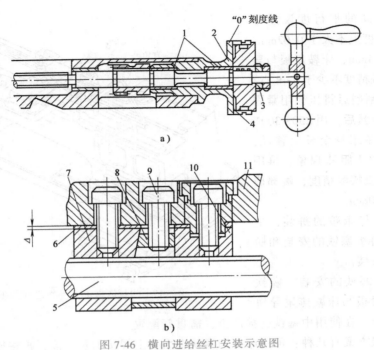

图 7-46 横向进给丝杠安装示意图
a）丝杠支承件结构 b）丝杠螺母结构
1—镶套 2—法兰盘 3—锁紧螺母 4—刻度盘 5—横进给丝杠 6—垫片
7—左半螺母 8—楔形块 9—调节螺钉 10—右半螺母 11—刀架下滑座

刀架部件的主要损伤形式为小滑板及转盘导轨的磨损，方刀架定位支承面及刀具夹持部分的损伤等，转盘回转面的磨损并不多见。

（1）刀架部件修理的主要内容 刀架部件修理的主要内容是恢复方刀架移动的几何精度，恢复方刀架转位时的重复定位精度和刀具装夹时的可靠性和准确性。为达到这些要求，必须对转盘、小滑板、方刀架等零件的主要工作面进行修复，如图 7-48 所示。

小滑板修理内容为：修复刀架座定位销 φ48mm（见图 7-47）的配合面，可通过镶套或涂镀的方法恢复它与方刀架定位中心孔的配合精度。刮削小滑板燕尾导轨面 2、6，如图 7-48a 所示，保证导轨面的直线度与丝杠孔的平行度。更换小滑板上的刀架转位定位销锥套（见图 7-47），保证它与小滑板安装孔 φ22mm 之间的配合精度。转盘修理的内容为：刮削燕尾导轨面 3、4、5，如图 7-48b 所示，保证各导轨面的直线度和导轨相互之间的平行度。

小滑板与转盘间燕尾导轨的刮研方法及顺序，与中滑板和床鞍之间的燕尾导轨的刮研方法相同。

方刀架修理的内容为：配刮方刀架与小滑板间的接触面 8、1（见图 7-48a、c），用方刀架上的定位销与小滑板上镶嵌的定位销锥套孔配研，达到接触精度，修复刀架夹紧螺纹孔。

（2）刀架部件修理的要求 刀架部件修理时应达到以下要求：

1）小滑板 φ48mm 定位销轴与刀架座孔配合公差带为 H7/h6（见图 7-47）。

2）小滑板上四个转位定位销锥套与孔的配合公差带为 H7/k6（见图 7-47）。

3）转动方刀架，用锥销定位时定位误差不大于 0.01~0.02mm。

4）转盘导轨面 3 的平面度误差不大于 0.02mm，导轨面 4 的直线度误差不大于 0.01mm，

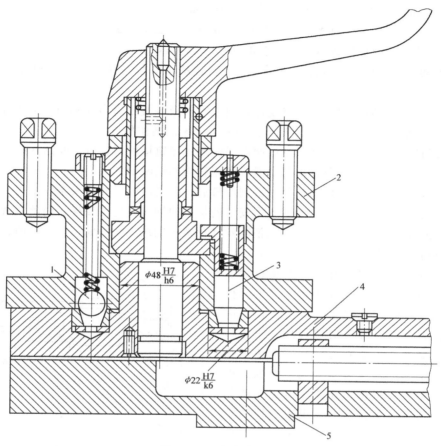

图 7-47　刀架部件结构

1—钢球　2—刀架座　3—定位销　4—小滑板　5—转盘

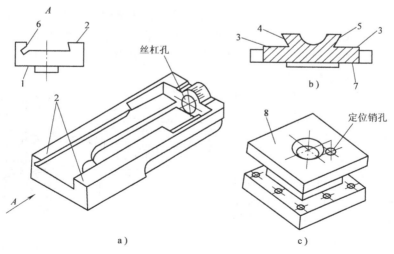

图 7-48　刀架部件主要零件修理示意图

a) 小滑板　b) 转盘　c) 方刀架

导轨面 3 对转盘表面 7 的平行度误差不大于 0.03mm。

5）小滑板与转盘导轨面接触精度不少于 10~12 点/25mm×25mm。

6）方刀架与小滑板接触精度不少于 8~10 点/25mm×25mm。

（3）刀架部件的拼装　刀架部件拼装，主要包括小滑板与转盘的组装和方刀架与小滑板的组装。

方刀架与小滑板的拼装，是在修复好各相关零件及恢复了零件接触面间的配合关系后，按图 7-47 的装配关系逐一安装。装配后需检验方刀架的转位精度。

小滑板与转盘的拼装，需在配刮好两者间的燕尾导轨接触面之后，配刮塞铁、安装丝杠螺母机构。塞铁的配刮方法及要求与中滑板和床鞍的塞铁配刮方法相同。

当小滑板及转盘间的燕尾导轨经过刮削修整后，两者间的尺寸链关系发生了变化。在小滑板上安装的丝杠的轴线相对于在转盘上安装的螺母的轴线产生了偏移，因此两者无法正常安装。在小滑板与转盘拼装时，需设法消除丝杠与螺母轴线之间的偏移量。目前，修整丝杠螺母偏移量通常采用的方法有以下两种：

1）设置偏心螺母法。在卧式车床花盘上安装专用三角铁，如图 7-49 所示。将小滑板和转盘用配刮好的塞铁楔紧一同安装在专用三角铁上；加工一未开孔的螺母坯，使之与转盘上螺母安装孔过盈配合，并压入转盘孔内；在卧式车床花盘上调整专用三角铁，以小滑板丝杠安装孔找正，并使小滑板导轨与卧式车床主轴轴线平行，加工出螺母坯的螺纹底孔；然后再卸下螺母坯，在卧式车床单动卡盘上以螺母底孔找正切出螺母螺纹，最后再精切螺母外径。

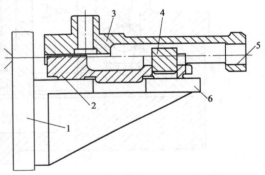

图 7-49　车削刀架螺母螺纹底孔示意图

1—花盘　2—转盘　3—小滑板
4—实心螺母体　5—丝杠孔　6—专用三角铁

2）设置丝杠偏心套法。将修复后的丝杠螺母副安装在转盘上；将小滑板在转盘上安装调整好；测量丝杠与小滑板上丝杠安装孔间的偏心量；然后加工出丝杠新轴套，使其内外径的偏心量稍大于上述测出的偏心量；最终将加工后的丝杠轴套安装在小滑板上，旋转偏心套，装入丝杠并转动，当丝杠达到灵活转动时，再将丝杠轴套在小滑板上定位固紧。

小滑板与转盘拼装后，需检验小刀架移动对主轴轴线的平行度，要求其数值小于 0.04mm。检验方法如图 7-50 所示。

4. 主轴箱部件的修理

主轴箱部件是支承主轴实现主轴的回转、变速、变向运动的工作部件。对此部件的要求是有足够的支承刚性、可靠的传动性能、灵活的变速操纵机构、较小的热变形、低振动噪声、高回转精度等。

CA6140 型卧式车床主轴箱展开图，

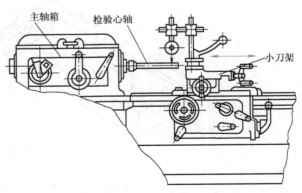

图 7-50　测量小刀架移动对主轴轴线的平行度

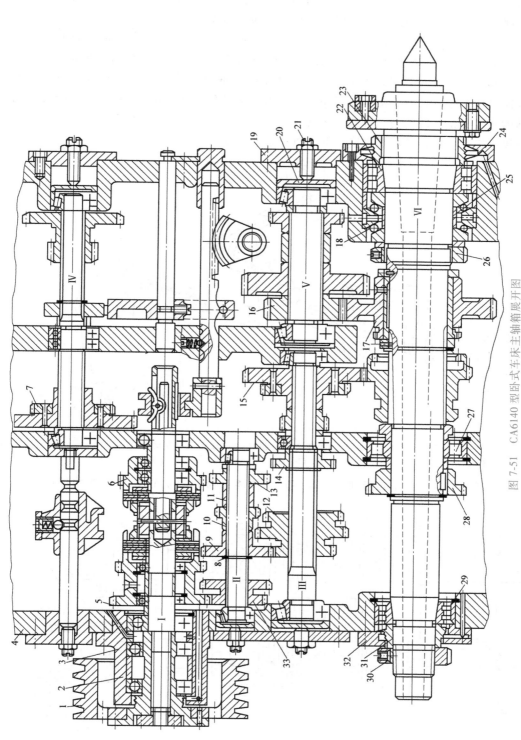

图 7-51　CA6140 型卧式车床主轴箱展开图

1—带轮　2—花键套　3—法兰　4—主轴箱体　5—双联空套齿轮　6—空套齿轮　7、33—双联滑移齿轮　8—弹簧卡环　9、10、13、14、28—固定齿轮　11、25—隔套　12—三联滑移齿轮　15—双联固定齿轮　16、17—斜齿轮　18—双向推力角接触球轴承　19—盖板　20—轴承压盖　21—调整螺钉　22、26、30—螺母　23、29—双列圆柱滚子轴承　24、32—轴承端盖　27—圆柱滚子轴承　31—套筒如图 7-51 所示。由图可知，主轴箱是由主轴部件、箱体零件、变速机构及离合器机构、操纵机构等部分组成。主轴箱部件的修理就是对这些部分的修理。

（1）主轴部件的修理　CA6140 型卧式车床的主轴部件的修理，是该机床大修的重要工作之一。它主要包括主轴的检验、主轴的修复、轴承的选配与预紧、轴套的配磨等。

（2）主轴开停和变速操纵机构的修理　卧式车床主轴开停操纵机构如图 7-52 所示，主要包括双向多片摩擦离合器、制动装置和变速操纵机构三个组成部分。它的主要功能是实现车床主轴的开停和正反向转动。卧式车床的频繁开停和制动，使部分零件磨损严重。在修理时，必须逐项检验各零件的磨损程度，并予以更换或修复。

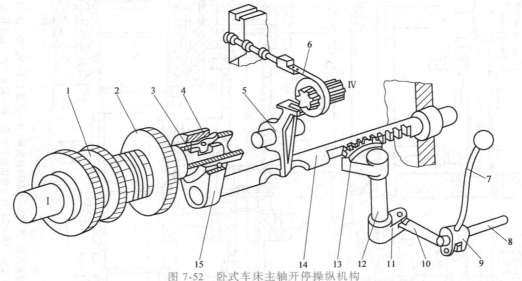

图 7-52　卧式车床主轴开停操纵机构

1—双联齿轮　2—齿轮　3—元宝形摆块　4—滑套　5—杠杆　6—制动带　7—手柄
8—操纵杆　9、11—曲柄　10—拉杆　12—轴　13—扇形齿轮　14—齿条轴　15—拨叉

1）双向多片摩擦离合器的修理。双向多片摩擦离合器如图 7-53 所示，在使用过程中，

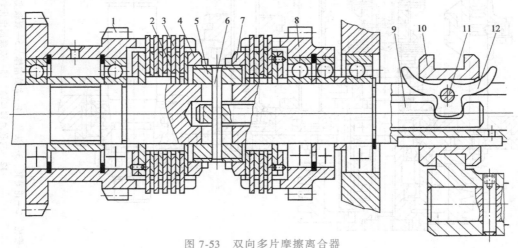

图 7-53　双向多片摩擦离合器

1—双联齿轮　2—内摩擦片　3—外摩擦片　4、7—螺母　5—压套
6—长销　8—齿轮　9—拉杆　10—滑套　11—销轴　12—元宝形摆块

由于机床的频繁开停，使离合器的零件产生磨损，如摩擦片、长销、压套、元宝形摆块、拉杆、滑套等。大修时需逐件检查，视其具体情况确定更换或修复。

摩擦片属于易磨损件，其表面经喷砂处理并具有许多径向条纹，要求摩擦片的平面度误差不大于 0.2mm。检查时若发现摩擦片两侧表面有明显的磨痕、特别是出现亮点或平面度超差时，需更换摩擦片。元宝形摆块虽经表面淬火处理，但其内侧与滑套接触部位仍易产生磨损，磨损后可用焊补修复后经淬火处理。滑套的磨损易发生在两端面与元宝形摆块接触处，一般不采用修复方法，多更换新件。

摩擦离合器安装后，摩擦片的间隙需调整合适，如摩擦片间的间隙过大，压紧力不足，不能传递足够的摩擦力矩，还会使摩擦片相对打滑，造成摩擦片磨损加剧，使主轴箱内温升过高；若摩擦片间隙过小，不能完全脱开，也会引起摩擦片相对打滑，主轴箱发热，并会引起主轴制动失灵。

2）制动机构的修理。卧式车床的制动机构如图 7-54 所示，由制动钢带、制动轮、杠杆、齿条轴和调节螺钉等

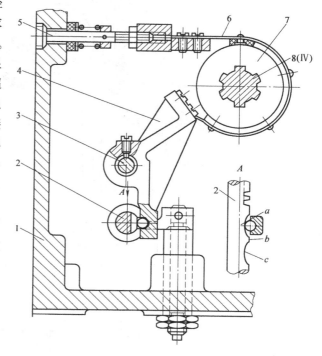

图 7-54　卧式车床制动机构

1—箱体　2—齿条轴　3—杠杆支承轴
4—杠杆　5—调节螺钉　6—制动钢带
7—制动轮　8—外花键

零件组成。主轴制动机构的功用是当离合器脱开时，使主轴迅速制动。由于卧式车床的频繁开停使制动机构中制动钢带和制动轮磨损严重，所以制动钢带的更换、制动轮的修整、齿条轴凸起（图 7-54 中的 b 部位）的焊补是制动机构修理的主要任务。

3）主轴箱变速操纵机构的修理。CA6140 型卧式车床主轴箱的变速操纵机构，如图7-55所示。此机构靠转动变速手柄 9，通过链条 8、盘形凸轮 6、杠杆 11 和拨叉 3、12 实现主轴的变速。因卧式车床主轴在变速时，各齿轮均处于非工作状态，因此变速机构受力不大。但变速机构各传动副均为滑动摩擦，且润滑状态难以保证，容易引起滑块、拨叉及盘形凸轮的磨损。在大修时，需逐个检查各相对运动件间的接触面，特别是盘形凸轮 6 的凸轮曲线，若出现严重磨损则需进行更换或修复。

（3）主轴箱体的检修　图 7-56 所示为 CA6140 型卧式车床的主轴箱体，要求 $\phi158H7$ 主轴轴承前孔及 $\phi150J6$ 轴承后孔圆柱度误差不超过 0.015mm，圆度误差不超过 0.01mm，两孔的同轴度误差不超过 0.015mm。卧式车床在使用过程中，轴承外圈的游动，造成了主轴箱轴承安装孔的磨损，影响主轴回转精度和主轴的刚性。不规范的维修有时会造成箱体的局部开裂，铸造的缺陷造成箱体的漏油。在大修时需逐项检查并修复。

主轴箱检验可用内径千分表首先测量前后轴承孔的圆度和尺寸，观察孔的表面质量，是

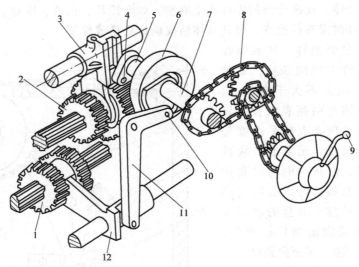

图 7-55　CA6140 型卧式车床主轴箱的变速操纵机构

1—双联齿轮　2—三联齿轮　3、12—拨叉　4—拨销　5—曲柄
6—盘形凸轮　7—轴　8—链条　9—变速手柄　10—圆销　11—杠杆

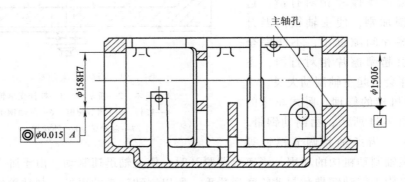

图 7-56　CA6140 型卧式车床主轴箱体

否有明显的磨痕、研伤等缺陷。然后在镗床上用镗杆和杠杆千分表测量前后轴承孔的同轴度，彻底清理主轴箱内部，用煤油检验箱体的渗漏情况，仔细检查箱体的薄弱处，针对具体情况采取修复措施。若轴承孔圆度、圆柱度确已超差，但超差不大，可采用磨削法消除形状误差后刷镀修复；若主轴孔超差较大，则宜采用镶套法修复；若主轴箱出现裂纹，可用焊补或粘补法修复；若主轴箱渗漏，可用粘补法修复。

（4）润滑装置的修理　CA6140 型卧式车床采用转子液压泵集中供油、强制循环的润滑方式，如图 7-57 所示。这种润滑方式有润滑充分、润滑油温升小等优点。在大修时需清洗或更换过滤器，检修液压泵供油状态，检查各润滑油管供油情况，更换润滑油。

（5）主轴箱部件的装配　主轴箱内零件的装配同其他箱体的装配一样，根据装配图所示的装配关系，采取先下后上、先内后外、先主后次的顺序，逐轴及逐对齿轮地装配调整。边装配边测量精度，最终达到主轴箱工作性能及精度要求。

主轴箱部件装配后，除达到齿轮传动平稳、操纵机构灵活、开停机构可靠、箱体温升正常等一般要求外，主轴的几何精度还需达到下列要求：

1）主轴定心轴颈的径向圆跳动误差小于 0.01mm。

2）主轴轴肩的轴向圆跳动误差小于 0.015mm。

3）主轴轴向间隙小于 0.01～0.02mm。

（6）主轴箱与床身的拼装　主轴箱内各零件装配并调整好后，将主轴箱与床身拼装。在主轴锥孔插入检验心轴，测量床鞍移动对主轴轴线的平行度，配研修刮床身导轨的接触面，使主轴轴线达到下列要求：

1）床鞍移动对主轴轴线的平行度误差在垂直面内不大于 0.03mm，在水平面内不大于 0.015mm。

2）主轴轴线的偏斜方向只允许心轴伸进端向上和向前偏斜，检测方法如图 7-58 所示。

5. 进给箱部件的修理

进给箱部件的功用是将机床主轴箱传递的运动经变速后传递给溜板箱。图 7-59

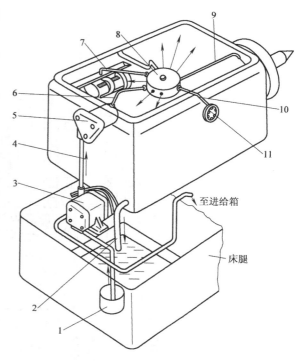

图 7-57　主轴箱润滑系统

1—网式过滤器　2—回油管　3—液压泵　4—进油管
5—过滤器　6、7、9、10—油管　8—分油器　11—油标

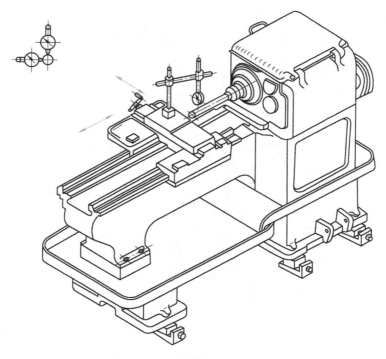

图 7-58　主轴轴线平行度测量

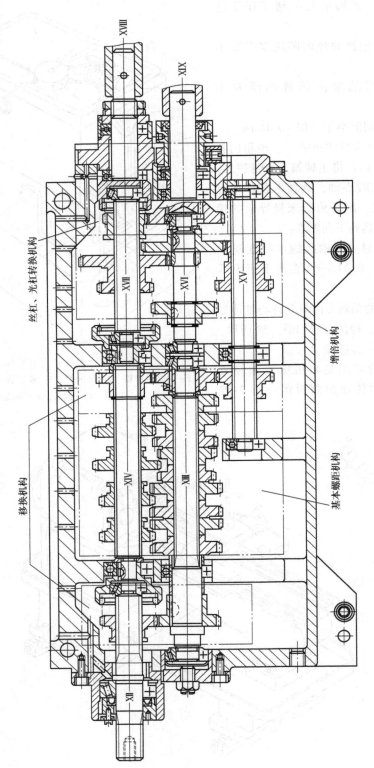

丝杠、光杠转换机构

移换机构

增倍机构

基本螺距机构

图 7-59 CA6140 型卧式车床进给箱结构图

所示为 CA6140 型卧式车床的进给箱，由 XⅡ轴将主轴的动力经交换齿轮组输入，经箱内基本组和增倍组变速机构变速后，由 XⅧ轴联轴器和 XⅨ轴联轴器分别将运动传递给丝杠和光杠。

进给箱部件的修理，主要是将磨损或失效的齿轮、轴承、轴等零件进行修理或更换，修理丝杠轴承支承法兰及进给箱变速操纵机构。这些零件经修换与调整后必须严格按图样规定的要求装配，特别是基本组齿轮的装配，要注意顺序与位置，否则将无法实现卧式车床标牌上所指示的螺距及进给量。

进给箱部件的修理安装精度要求，除保证各齿轮的啮合间隙、接触位置、轴承的回转精度外，还应保证丝杠连接轴的轴向窜动量不超差。丝杠连接轴轴向窜动量的测量方法如图 7-60a 所示，要求窜动量不大于 $0.01 \sim 0.015mm$。若窜动量超差，可通过选配推力球轴承和刮研轴承支承法兰表面修复。丝杠轴承支承法兰修复法如图 7-60b 所示，特制一个刮研心轴（要求心轴轴线与端面垂直，外圆与法兰内孔呈 H7/h6 配合），分别刮研法兰两端面 1、2，要求修复后的法兰端面对其轴孔轴线的垂直度误差小于 $0.006mm$。若支承法兰修复后，丝杠连接轴向窜动量仍超差，则应研磨推力球轴承两端表面以达到相应的要求。

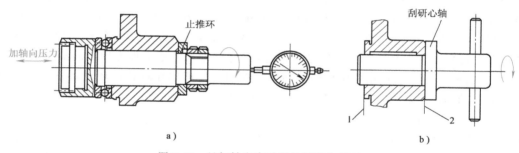

图 7-60 丝杠轴向窜动量的测量与修复

a) 丝杠连接轴轴向窜动量测量 b) 刮研丝杠法兰

6. 溜板箱部件的修理

溜板箱部件的主要功用是：将进给箱传递来的运动转换成床鞍的纵向进给运动和中滑板的横向进给运动，实现纵横向快速运动及过载保护功能。溜板箱部件修理的工作主要有丝杠传动机构的修理，光杠传动机构的修理，安全离合器的修理及操纵机构的修理。

（1）丝杠传动机构的修理 丝杠传动机构主要由传动丝杠、开合螺母、开合螺母体及溜板箱安装控制部分组成。当丝杠及操作机构磨损后，使丝杠的螺距、牙形、表面粗糙度都发生了变化；操纵机构的磨损，主要是指开合螺母及螺母体导轨磨损，当上述情况发生后，开合螺母在溜板箱上产生晃动，导致螺母与丝杠的啮合不能保持在确定的位置上。这样当加工螺纹时，刀具相对被加工螺纹侧面产生微量变动，难以控制稳定的切削厚度。这些原因都使所加工出的螺纹表面粗糙度数值变大，尺寸精度降低。

对于丝杠的修复可采取精车和校直的方法，对丝杠操纵机构的修复可参考下列方法进行。

1）开合螺母体及溜板箱导轨的修理。在车削螺纹时，开合螺母频繁地开合，使螺母体的燕尾导轨产生磨损，经调整垫片，虽然能保证导轨间的间隙，但螺母的轴线位置发生了变化（向溜板箱方向移动），使丝杠旋转时受到侧弯力矩作用。在修理时，要补偿开合螺母体燕尾导轨的磨损，加工或更换新螺母。

开合螺母体燕尾导轨修复的补偿环，一般选在开合螺母体燕尾导轨的平导轨面上，用粘接铸铁板或聚四氟乙稀胶带的方法修复。补偿环尺寸的测量方法如图 7-61 所示。

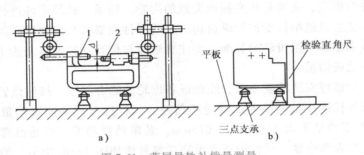

图 7-61 燕尾导轨补偿量测量
a) 开合螺母修复补偿量的测量 b) 溜板箱的找正

测量时将开合螺母体安装在溜板箱导轨内并调整好，在溜板箱光杠孔内插入专用心轴 1，用开合螺母体夹持另一专用心轴 2，然后用千斤顶将溜板箱在测量平台上垫起，调整溜板箱的高度，使溜板箱结合面与检验直角尺直角边贴合（见图 7-61b），心轴 1、2 母线与测量平台平行（见图 7-61a），测量光杠心轴与开合螺母心轴高度差 Δ 值。丝杠、光杠间 Δ 的大小即是开合螺母体燕尾导轨修复的补偿环尺寸（实际补偿尺寸还应加上导轨的刮研余量）。

2）开合螺母体及溜板箱燕尾导轨的刮研。在螺母体燕尾导轨补偿环设置好后，刮研螺母体与溜板箱间的导轨面。刮研工艺如图 7-62 所示。

① 刮研溜板箱体导轨，用小平板配刮导轨平面 1（见图 7-62），用专用角度底座配刮导轨面 2，刮研时要用直角弯尺测量导轨表面 1、2 对溜板箱结合面垂直度，要求为：导轨表面 1、2 对溜板箱结合面垂直度误差在 200mm 测量长度上不大于 0.08～0.1mm；导轨面与研具间的接触点达到均匀即可。

② 刮研开合螺母体，刮研时首先车制一

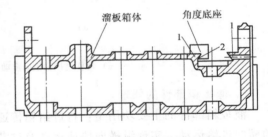

图 7-62 溜板箱燕尾导轨的刮研

实心的螺母坯，其外径与螺母体配合，并用螺钉与开合螺母体装配好，然后将开合螺母体与溜板箱导轨面配刮，要求两者间的接触精度不低于 8～10 点/25mm×25mm，用心轴检验螺母体轴线与溜板箱结合面的平行度，误差控制在 200mm 测量长度上不大于 0.08～0.10mm，然后配刮调整垫片。

3）重新加工开合螺母。开合螺母的加工是在溜板箱体与螺母体间燕尾导轨修复后进行的。用实心螺母坯和刮好的螺母体安装在一起并装配在溜板箱上，将溜板箱安装在卧式镗床的工作台上；用图 7-61 所示的方法找正溜板箱结合面；以光杠孔中心为基准，按孔间距的设计尺寸平移工作台，找出丝杠孔中心的位置；在镗床主轴孔内安装钻头，在螺母坯上钻出螺纹底孔；然后以此孔为基准找正，在车床上加工出螺母螺纹。用这种方法，可以消除螺母孔与丝杠体的误差，也可以补偿因刮研造成的螺母体轴线的偏移。

（2）纵、横向机动进给操纵机构的修理 图 7-63 所示为 CA6140 型卧式车床纵向、横向机动进给操纵机构，其功用是实现床鞍的纵向快慢速运动和中滑板的横向快慢速运动的操纵和转换。由于使用频繁，操纵机构中的凸轮槽和操纵圆销易产生磨损，致使拨动离合器不到位，控制失灵。另外离合器 M8、M9 齿形端面易产生磨损，造成传动打滑。这些磨损件的修理，一般采用更换方法，从经济性和可靠性角度分析不宜采用修复法。

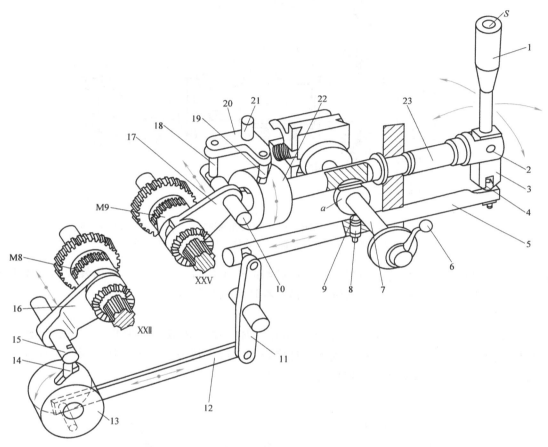

图 7-63 CA6140 型卧式车床纵向、横向机动进给操纵机构

1—手柄 2—轴销 3—手柄座 4、9—球头销 5、7、23—轴 6—手柄 8—弹簧销 10、15—拨叉轴
11、20—杠杆 12—连杆 13—凸轮 14、18、19—圆销 16、17—拨叉 21—销轴 22—凸轮

（3）安全离合器的修理 安全离合器如图 7-64 所示，由超越离合器 M6 和安全离合器 M7 组成。它的作用是防止刀架快速运动与工作进给运动的相互干扰，并在刀具工作进给超载时起安全保护作用。

安全离合器的主要失效形式是安全离合器和超越离合器的表面磨损，当安全离合器失效时，卧式车床在大进给量切削时出现打滑，无法正常工作；当超越离合器磨损后，卧式车床也无法实现满负荷运转。此机构修复的主要方法是更换磨损的离合器零件，调整弹簧压力使之能正常地传动。

（4）光杠传动机构的修复 光杠传动机构由光杠、传动滑键和传动齿轮组成。光杠传动机构的失效形式主要有光杠的弯曲、光杠键槽及键侧的磨损、齿轮的磨损等。这些零件的

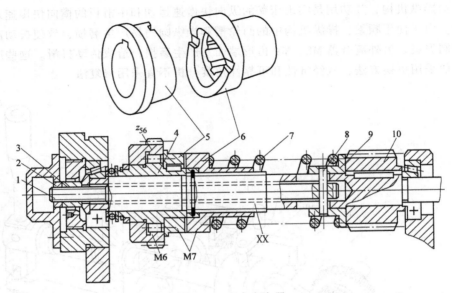

图 7-64 安全离合器

1—拉杆 2—锁紧螺母 3—调整螺母 4—超越离合器的星轮 5—安全离合器左半部

6—安全离合器右半部 7—弹簧 8—圆销 9—弹簧座 10—蜗杆

损伤会引起光杠传动不平稳，溜板纵向工作进给时产生爬行。光杠传动机构修理的主要工作是：光杠校直、修整键槽、更换滑键、更换磨损严重的齿轮等。

7. 尾座部件的修理

尾座部件装配图如图 7-65 所示，主要由尾座体、尾座垫板、顶尖套筒、尾座丝杠、丝杠螺母等组成。尾座部件的作用是支承零件完成加工或夹持刀具加工零件。要求尾座顶尖套筒移动灵便，在承受切削载荷时定位可靠。

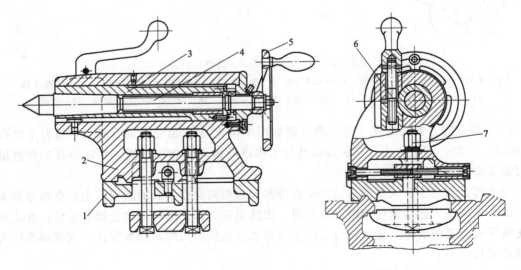

图 7-65 尾座部件装配图

1—尾座垫板 2—尾座体 3—顶尖套筒 4—丝杠 5—手轮 6—锁紧机构 7—压紧机构

尾座部件的主要失效形式是尾座体孔及顶尖套筒的磨损、尾座底板导轨面磨损、尾座丝杠及螺母磨损等。这些零件的失效使卧式车床车削零件产生圆柱度误差，在大修时应当视各零件磨损的程度，采取不同的修理方案。

（1）尾座体孔的修理　由于顶尖套筒承受径向载荷并经常处于夹紧状态下工作，容易引起尾座体孔的磨损与变形，使尾座体孔口呈椭圆形及喇叭形。在修复时，一般都是先修复尾座体孔的精度，然后根据该孔修复后的实际尺寸配制顶尖套筒。如尾座体孔磨损较轻时，可用研磨的方法进行修正；若尾座体孔磨损严重时，应在修镗后再进行研磨修正，修磨余量要严格控制在最小范围，避免影响尾座的刚度。

在研磨尾座体孔时可用图7-66所示的专用研磨棒，并将尾座体孔口向上竖立放置进行研磨，以防止研磨棒的重力影响研磨精度。

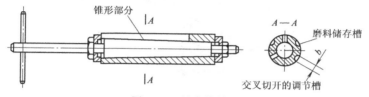

图7-66　研磨棒结构

（2）尾座顶尖套筒的修理　尾座体孔修磨后，必须配制相应的顶尖套筒才能保证两者间的配合精度。顶尖套筒的配制可根据尾座体孔修复情况而定，当尾座体孔磨损较轻，采用研磨法修复时，顶尖套筒可采用原件经修磨外径及锥孔后整体镀铬，然后再精磨外圆。修磨锥孔时，要求锥孔轴线对顶尖套筒外径的径向圆跳动误差在端部小于0.01mm，在300mm处小于0.02mm；锥孔修复后安装标准顶尖检验，顶尖的轴向位移不超过5mm。顶尖套筒的外圆柱面的圆度及圆柱度误差不大于0.01mm，其轴线的直线度误差不大于0.02mm。当尾座体孔磨损严重，经镗削修复后，按修复的孔重新配制新的顶尖套筒，所配制的顶尖套筒的精度要求与上述要求相同。

（3）尾座垫板导轨的修复　尾座垫板导轨的磨损，直接影响尾座顶尖套筒轴线与主轴轴线高度方向的尺寸链，使卧式车床加工轴类零件时圆柱度超差。床身导轨的修磨也使这项误差变大。修复卧式车床主轴轴线与尾座顶尖套筒轴线高度方向尺寸链的方法有两种：一种是修刮主轴箱底面，将主轴轴线高度尺寸作为修配环，因主轴箱质量大难以翻转，修刮十分困难，较少采用。另一种是增加尾座垫板高度，即把尾座垫板厚度尺寸作为修配环。后者简单易行，并可多次使用。在生产实际中，一般在尾座垫板底面粘贴一层铸铁板或聚四氟乙烯胶带，然后与床身导轨配刮。

（4）尾座部件与床身导轨的拼装　在刮研尾座底板导轨时，除了补偿高度尺寸外，还要检验尾座安装后的顶尖套筒轴线对床身导轨的平行度，测量方法如图7-67所示；顶尖套筒锥孔轴线对溜板移动的平行度测量方法如图7-68所示。尾座与床身导轨拼装后应达到下列要求：

1）主轴锥孔轴线和尾座顶尖套筒锥孔轴线对床身导轨的等高度误差不大于0.06mm，只允许尾座端高，测量方法如图7-69所示。

2）溜板移动对尾座顶尖套筒伸出方向的平行度误差，在100mm测量长度上，上素线不大于0.03mm，侧素线不大于0.01mm。

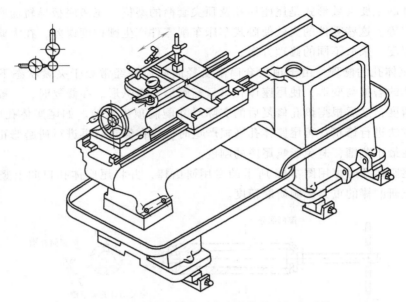

图 7-67　顶尖套筒轴线对床身导轨的平行度测量

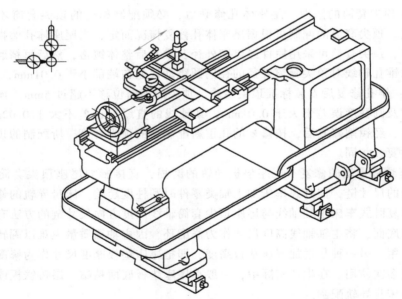

图 7-68　顶尖套筒锥孔轴线对溜板移动的平行度测量

3）溜板移动对尾座顶尖套筒锥孔轴线的平行度误差，在 100mm 测量长度上，上素线和侧素线都不大于 0.03mm。

8. 卧式车床的总装配

卧式车床的总装有两种装配方式：一种是将床身安装调整好水平后，逐步修复和拼装各部件，边修复边调整各部件的安装精度和部件间位置精度，直到所有部件修理安装完毕。另一种是分别修理各部件，调整各自的精度达到要求后，统一拼装部件，这时只注意调整部件间的精度关系和传动关系。后者常用于大型设备的大修，前者常用于中小型设备的修理。

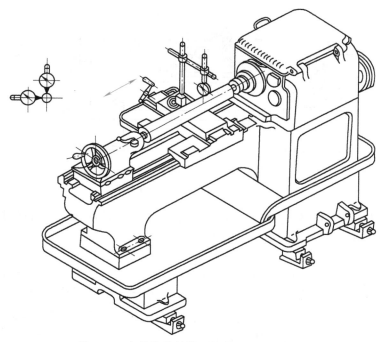

图 7-69 主轴锥孔轴线和尾座顶尖套筒锥孔
轴线对床身导轨的等高度测量

（1）溜板箱和齿条的安装 安装溜板箱时，主要调整床鞍与溜板箱之间横向传动齿轮副的中心距，如图 7-70 所示，使齿轮副正确啮合。可通过纵向（图 7-70 右方向）调整溜板箱位置来调整齿轮的啮合间隙。调整好后，重新铰制定位销孔并配制定位销。

安装齿条时注意调整齿条的安装位置，使之与溜板箱纵向进给齿轮啮合间隙适当，检查在床鞍和在床身上移动行程的全长上两者间的啮合间隙。调整完成后，重新铰制齿条定位锥销孔安装齿条。

（2）丝杠和光杠的安装 在丝杠安装时，要先调整进给箱、溜板箱和托架三支承件的同轴度。在床鞍的刮研中已经保证了溜板箱

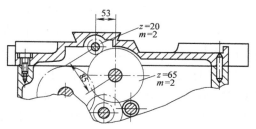

图 7-70 床鞍与溜板箱横向传动齿轮的安装

结合面与进给箱及托架安装面的垂直度（托架安装面与进给箱安装面平行），所以在检测三支承两孔同轴度时，只要保证了丝杠安装孔的同轴度，光杠及开停操纵杆的同轴度也就得到了保证。

丝杠孔三支承同轴度的测量可以采用图 7-71 所示的方法，用检验心轴测量。也可用丝杠本身代替检验心轴（此时要防止丝杠弯曲）。无论哪种方法检测，都需在开合螺母合拢的条件下检测。要求心轴（丝杠）轴线对床身导轨的平行度误差在上素线和侧素线都不大于 0.02mm。若上述精度超差，可调整进给箱和托架的位置，然后重新铰制进给箱与托架的定位销孔。丝杠安装后，还要测量丝杠的轴向窜动，如图 7-72 所示，使之小于 0.015mm；晃

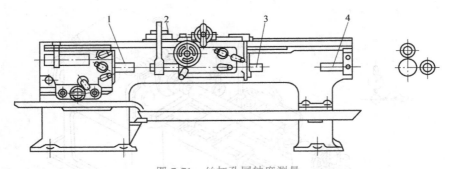

图 7-71 丝杠孔同轴度测量

1、3、4—检验心轴 2—专用表座

动丝杠，测量丝杠轴向间隙使之小于 0.02mm。若上述两项精度超差，可通过修磨丝杠安装轴法兰端面和调整推力轴承的间隙予以消除。

四、卧式车床的试车与验收

卧式车床修理完毕，需进行机床运转试验、机床几何精度检验和机床工作精度试验。

（1）卧式车床空运转试验 卧式车床的空运转试验主要是检验机床各运动件是否运转灵活，紧固件是否紧固牢靠，结合面是否符合要求，各手柄是否操作轻便灵活等。需要达到以下要求：

1）固定结合面应紧密贴合，用 0.03mm 塞尺检验时应插不进去，滑动导轨的表面用涂色法检验，除达到接触斑点要求外，还要用 0.03mm 塞尺检验，在端部插入深度 ≤20mm。转动手轮所需的最大操纵力不超过 80N。

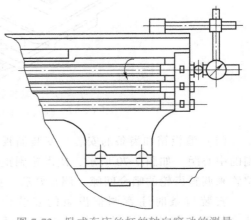

图 7-72 卧式车床丝杠的轴向窜动的测量

2）从低速开始依次运转主轴的所有转速，进行主轴空运转试验，在高速时运转时间不得少于半小时。运转时，要求滚动轴承的主轴温升不得超过 40℃；滑动轴承的主轴温升不得超过 30℃；其他轴承的主轴温升不得超过 20℃；主轴箱的振动和噪声不得超过规定值。

3）在主轴空运转试验时，主轴箱中润滑油面不得低于油标线，液压泵供油润滑时，供油量要充分。变速手柄调节要灵活，定位要准确可靠。调整摩擦离合器，使其在工作位置时能传递额定功率不发生过热现象；处于非工作状态时，主轴能迅速停止运转。制动闸带调整松紧合适，达到主轴在处于 300r/min 转速运转时，制动后主轴转动不大于 2~3r；非制动状态闸带能完全松开。

4）尾座部件的顶尖套筒由套筒孔最内端伸出至最大长度时，无不正常的间隙和滞塞现象，手轮转动轻便，顶尖套筒夹紧装置操作灵活可靠。

5）床鞍与刀架部件在空运转试验时，要达到床鞍在床身导轨上移动平稳，中、小滑板在其燕尾导轨上移动平稳，塞铁、压板调整松紧适当。各丝杠旋转灵活准确，带有刻度的手轮（手柄）反向时空程不超过 1/20 转。

6）进给箱输出的各种进给量应与转换手柄标牌指示的数值相符。在进给箱内各齿轮定位可靠，变速换位准确，各级速度运转平稳。

7）溜板箱各控制手柄转换灵活准确，无卡阻现象，纵横向快速进给运动平稳。丝杠开合螺母控制灵活。安全离合器弹簧调节松紧适当，传力可靠，脱开迅速。

8）带传动装置调节适当，四根 V 带松紧一致。

9）电气设备控制准确可靠，电动机转向正确。润滑、冷却系统运行可靠。机床外观完整、齐全。

（2）卧式车床几何精度试验 卧式车床几何精度检验主要按 GB/T 4020—1997 要求的主要检验项目检验，其检验项目的方法及要求的精度指标可参考上述标准。

（3）卧式车床工作精度试验 卧式车床工作精度试验是检验卧式车床动态工作性能的主要方法。其试验项目有：精车外圆、精车端面、精车螺纹及切断试验。以这几个试验项目，分别检验卧式车床的径向和轴向刚度性能及传动工作性能。其具体方法为：

1）精车外圆试验。用高速钢车刀车削 $\phi30 \sim \phi50\text{mm} \times 250\text{mm}$ 的 45 钢棒料试件，要求所加工零件的圆度误差不大于 0.01mm，圆柱度误差不大于 0.01mm，表面粗糙度 Ra 值不大于 1.6μm。

2）精车端面试验。用 45°的标准右偏刀加工 $\phi250\text{mm}$ 的铸铁试件的端面，加工后其平面度误差不大于 0.02mm，只允许中间凹。

3）精车螺纹试验。精车螺纹主要是检验机床传动精度。用 60°高速钢标准螺纹车力加工 $\phi40\text{mm} \times 500\text{mm}$ 的 45 钢棒料试件。加工后要达到螺纹表面无波纹及表面粗糙度 Ra 值不大于 1.6μm，螺距累计误差在 100mm 测量长度上不大于 0.06mm，在 300mm 测量长度上不大于 0.075mm。

4）切断试验。用宽 5mm 标准切断刀切断 $\phi80\text{mm} \times 150\text{mm}$ 的 45 钢棒料试件，要求切断后试件切断底面不应有振痕。

五、卧式车床常见故障及排除方法

卧式车床经大修以后，在工作时往往会出现故障，卧式车床常见故障及排除方法见表 7-5。

表 7-5 卧式车床常见故障及排除方法

序号	故障内容	产生原因	消除方法
1	圆柱类工件加工后外径发生锥度	（1）主轴箱主轴轴线对床鞍移动导轨的平行度超差 （2）床身导轨倾斜，这一项精度超差过多，或装配后发生变形 （3）床身导轨面严重磨损，主要三项精度均已超差 （4）两顶尖支承工件时产生锥度 （5）刀具的影响，切削刃不耐磨 （6）由于主轴箱温升过高，引起机床热变形 （7）地脚螺钉松动（或调整垫铁松动）	（1）重新校正主轴箱主轴轴线的安装位置,使工件精度误差在公差范围之内 （2）用调整垫铁来重新校正床身导轨的倾斜度 （3）刮研导轨或磨削床身导轨 （4）调整尾座两侧的横向螺钉 （5）修正刀具,正确选择主轴转速和进给量 （6）如冷态检验(工件时)精度合格而运转数小时后工件即超差时,可按"主轴箱的修理"中的方法降低油温,并定期换油,检查液压泵油管是否堵塞 （7）按调整导轨精度方法调整并紧固地脚螺钉

（续）

序号	故障内容	产　生　原　因	消　除　方　法
2	圆柱形工件加工后外径发生椭圆及棱圆	（1）主轴轴承间隙过大 （2）主轴轴颈的圆度超差过大 （3）主轴轴承磨损 （4）主轴轴承（套）的外径（环）有椭圆，或主轴箱体轴孔有椭圆，或两者的配合间隙过大	（1）调整主轴轴承的间隙 （2）修理后的主轴轴颈圆度没有达到要求，这一情况多数反映在采用滑动轴承的结构上。当滑动轴承尚有足够的调整余量时，可将主轴的轴颈进行修磨，以达到圆度要求 （3）刮研轴承，修磨轴颈或更换滚动轴承 （4）主轴箱体的轴孔修整，并保证它与滚动轴承外环的配合精度
3	精车外径时在圆周表面上每隔一定长度距离上重复出现一次波纹	（1）溜板箱的纵向进给小齿轮与齿条啮合不正确 （2）光杠弯曲，或光杠、丝杠、操纵杆三孔不在同一平面上 （3）溜板箱内某一传动齿轮（或蜗轮）损坏或由节径振摆而引起的啮合不正确 （4）主轴箱、进给箱中的轴弯曲或齿轮损坏	（1）如波纹之间距离与齿条的齿距相同时，这种波纹是由齿轮与齿条啮合引起的，应设法使齿轮与齿条正常啮合 （2）这种情况下只是重复出现有规律的周期波纹（光杠回转一周与进给量的关系）。消除时，将光杠拆下校直，装配时要保证三孔同轴且在同一平面 （3）检查与校正溜板箱内传动齿轮，遇有齿轮（或蜗轮）已损坏时必须更换 （4）校直转动轴，用手转动各轴，在空转时应无轻重现象
4	精车外径时在圆周表面上与主轴轴线平行或成某一角度重复出现有规律的波纹	（1）主轴上的传动齿轮齿形不良或啮合不良 （2）主轴轴承的间隙太大或太小 （3）主轴箱上的带轮外径（或带槽）振摆过大	（1）出现这种波纹时，如波纹的头数（或条数）与主轴上的传动齿轮齿数相同，就能确定。一般在主轴轴承调整后，齿轮副的啮合间隙不得太大或太小，在正常情况下侧隙保持在0.05mm左右。当啮合间隙太小时可用研磨膏研磨齿轮，然后全部拆卸清洗。对于啮合间隙过大或齿形磨损过度而无法消除该种波纹时，只能更换主轴齿轮 （2）调整主轴轴承的间隙 （3）消除带轮的偏心振摆，调整它的滚动轴承的间隙
5	精车外圆时圆周表面上有混乱的波纹	（1）主轴滚动轴承的滚道磨损 （2）主轴轴向游隙太大 （3）主轴的滚动轴承外环与主轴箱孔有间隙 （4）用卡盘夹持工件切削时，因卡爪呈喇叭孔形状而使工件夹紧不稳 （5）四方刀架因夹紧刀具而变形，导致其底面与上刀架底板的表面接触不良	（1）更换主轴的滚动轴承 （2）调整主轴后端推力球轴承的间隙 （3）修理轴承孔达到要求 （4）产生这种现象时可以改变工件的夹持方法，即用尾座支承住进行切削，如乱纹消失后，即可肯定是由于卡盘法兰的磨损所致，这时可按主轴的定心轴颈及前端螺纹配制新的卡盘法兰。如卡爪呈喇叭孔时，一般加垫铜皮即可解决 （5）在夹紧刀具时用涂色法检查方刀架与小滑板结合面接触精度，应保证方刀架在夹紧刀具时仍保持与它均匀地全面接触，否则用刮研修正

（续）

序号	故障内容	产生原因	消除方法
5	精车外圆时圆周表面上有混乱的波纹	（6）上、下刀架（包括床鞍）的滑动表面之间间隙过大	（6）将所有导轨副的塞铁、压板均调整到合适的配合，使移动平稳、轻便，用 0.04mm 塞尺检查时插入深度应小于或等于 10mm，以克服由于床鞍在床身导轨上纵向移动时，受齿轮与齿条及切削力的颠覆力矩而沿导轨斜面跳跃一类的缺陷
		（7）进给箱、溜板箱、托架的三支承不同轴，转动有卡阻现象	（7）修复床鞍倾斜下沉
		（8）使用尾座支承工件切削时，顶尖套筒不稳定	（8）检查尾座顶尖套筒与轴孔及夹紧装置是否配合合适，如轴孔松动过大而夹紧装置又失去作用时，修复尾座顶尖套筒达要求
6	精车外径时圆周表面上在固定的长度上（固定位置）有一节波纹凸起	（1）床身导轨在固定的长度位置上有碰伤、凸痕等	（1）修去碰伤、凸痕等毛刺
		（2）齿条表面某处凸出或齿条之间的接缝不良	（2）将两齿条的接缝配合仔细较正，遇到齿条上某一齿特粗或特细时，可以修整至与其他单齿的齿厚相同
7	精车外径时圆周表面上出现有规律性的波纹	（1）因为电动机旋转不平稳而引起机床振动	（1）校正电动机转子的平衡，有条件时进行动平衡
		（2）因为带轮等旋转零件的振幅太大而引起机床振动	（2）校正带轮等旋转零件的振摆，对其外径、带轮三角槽进行光整车削
		（3）车间地基引起机床振动	（3）在可能的情况下，将具有强烈振动来源的机器，如砂轮机（磨刀用）等移至离开机床一定距离，减少振源的影响
		（4）刀具和工件之间引起的振动	（4）设法减少振动，如减少刀杆伸出长度等
8	精车外径时主轴每一转在圆周表面上有一处振痕	（1）主轴的滚动轴承某几粒滚柱（珠）磨损严重	（1）将主轴滚动轴承拆卸后用千分尺逐粒测量滚柱（珠），如确系某几粒滚柱（珠）磨损严重（或滚柱间的尺寸相差很大）时，须更换轴承
		（2）主轴上的传动齿轮节径振摆过大	（2）消除主轴齿轮的节径振摆，严重时要更换齿轮副
9	精车后的工件端面中凸	（1）溜板移动对主轴箱主轴轴线的平行度超差，要求主轴轴线向前偏	（1）校正主轴箱主轴轴线的位置，在保证工件正确合格的前提下，要求主轴轴线向前偏（偏向刀架）
		（2）床鞍的上、下导轨垂直度超差，该项要求是溜板上导轨的外端必须偏向主轴箱	（2）对经过大修理以后的机床出现该项误差时，必须重新刮研床鞍下导轨面只有尚未经过大修理而床鞍上导轨的直线度精度磨损严重，而形成工件中凸时，可刮研床鞍的上导轨面
10	精车螺纹表面有波纹	（1）因机床导轨磨损而使床鞍倾斜下沉，造成母丝杠弯曲，与开合螺母的啮合不良（单片啮合）	（1）修理机床导轨、床鞍达要求
		（2）托架支承孔磨损，使丝杠回转轴线不稳定	（2）托架支承孔镗孔镶套
		（3）丝杠的轴向游隙过大	（3）调整丝杠的轴向间隙

（续）

序号	故障内容	产生原因	消除方法
10	精车螺纹表面有波纹	（4）进给箱交换齿轮轴弯曲、扭曲 （5）所有的滑动导轨面（指方刀架中滑板及床鞍）间有间隙 （6）方刀架与小滑板的接触面间接触不良 （7）切削长螺纹工件时，因工件本身弯曲而引起的表面波纹 （8）因电动机、机床本身固有频率（振动区）而引起的振动	（4）更换进给箱的交换齿轮轴 （5）调整导轨间隙及塞铁、床鞍压板等，各滑动面间用 0.03mm 塞尺检查，插入深度应≤20mm。固定结合面间应插不进去 （6）修刮小滑板底面与方刀架接触面间接触良好 （7）工件必须加以合适的随刀托架（跟刀架），使工件不因车刀的切入而引起跳动 （8）摸索、掌握该振动区规律，避开共振频率
11	方刀架上的压紧手柄压紧后（或刀具在方刀架上固紧后），小刀架手柄转不动	（1）方刀架的底面不平 （2）方刀架与小滑板底面的接触面不良 （3）刀具夹紧后方刀架产生变形	均用刮研刀架座底面的方法修正
12	用方刀架进给精车锥孔时，锥孔呈喇叭形或表面质量不高	（1）方刀架的移动燕尾导轨不直 （2）方刀架移动对主轴轴线不平行 （3）主轴径向回转精度不高	（1）、（2）参阅"刀架部件的修理"刮研导轨 （3）调整主轴的轴承间隙，按"误差相消法"提高主轴的回转精度
13	用割槽刀割槽时产生"颤动"或外径重切削时产生"颤动"	（1）主轴轴承的径向间隙过大 （2）主轴孔的后轴承端面不垂直 （3）主轴轴线（或与滚动轴承配合的轴颈）的径向振摆过大 （4）主轴的滚动轴承内环与主轴锥度的配合不良 （5）工件夹持中心孔不良	（1）调整主轴轴承的间隙 （2）检查并校正后端面的垂直度 （3）设法将主轴的径向振摆调整至最小值，如滚动轴承的振摆无法避免时，可采用角度选配法来减少主轴的振摆 （4）修磨主轴 （5）在校正工件毛坯后，修顶尖中心孔
14	重切削时主轴转速低于标牌上的转速或发生自动停车	（1）摩擦离合器调整过松或磨损 （2）开关摇杆手柄接头松动 （3）开关摇杆和接合子磨损 （4）摩擦离合器轴上的弹簧垫圈或锁紧螺母松动 （5）主轴箱内集中操纵手柄的销子或滑块磨损，手柄定位弹簧过松而使齿轮脱开 （6）电动机传动 V 带调节过松	（1）调整摩擦离合器，修磨或更换摩擦片 （2）打开配电箱盖，紧固接头上螺钉 （3）修焊或更换摇杆、接合子 （4）调整弹簧垫圈及锁紧螺钉 （5）更换销子、滑块，将弹簧力量加大 （6）调整 V 带的传动松紧程度

(续)

序号	故障内容	产生原因	消除方法
15	停车后主轴有自转现象	(1)摩擦离合器调整过紧,停车后仍未完全脱开 (2)制动器过松没有调整好	(1)调整摩擦离合器 (2)调整制动器的制动带
16	溜板箱自动进给手柄容易脱开	(1)溜板箱内脱落蜗杆的压力弹簧调节过松 (2)蜗杆托架上的控制板与杠杆的倾角磨损 (3)自动进给手柄的定位弹簧松动	(1)调整脱落蜗杆 (2)将控制板焊补,并将挂钩处修锐 (3)调紧弹簧,若定位孔磨损可铆补后重新配作孔
17	溜板箱自动进给手柄在碰到定位挡铁后还脱不开	(1)溜板箱内的脱落蜗杆压力弹簧调节过紧 (2)蜗杆的锁紧螺母紧死,迫使进给箱的移动手柄跳开或交换齿轮脱开	(1)调松脱落蜗杆的压力弹簧 (2)松开锁紧螺母,调整间隙
18	光杠、丝杠同时传动	溜板箱内的互锁保险机构的拨叉磨损、失灵	修复互锁保险机构
19	尾座锥孔内钻头、顶尖等顶不出来	尾座丝杠头部磨损	修焊加长丝杠顶端
20	主轴箱油窗不注油	(1)过滤器、油管堵塞 (2)液压泵活塞磨损、压力过小或油量过小 (3)进油管漏压	(1)清洗过滤器,疏通油路 (2)修复或更换活塞 (3)拧紧管接头

思考题与习题

7-1 怎样检验机床主轴的精度?为什么检验卧式车床主轴时要将主轴倾斜放置?

7-2 机床主轴动压轴承的主要形式有几种?各有什么特点?

7-3 多油楔动压滑动轴承刮研时,应注意什么问题?简述短三片瓦动压轴承的刮研工艺过程。

7-4 为什么要在滚动轴承上施加预加负荷?怎样测量预加负荷量?

7-5 怎样选配滚动轴承可以使其所支承的主轴回转精度最高?

7-6 丝杠校直可用什么方法?各有什么特点?

7-7 分度蜗轮的修复应选择什么修理方案?刮研时怎样确定修理方案?

7-8 螺纹连接预紧力怎样控制?怎样测量?

7-9 齿轮装配时怎样保证装配精度?怎样测量齿侧间隙?

7-10 影响卧式车床加工精度的主要因素有哪些?

7-11 从卧式车床尺寸链分析过程可以了解,修理尺寸链封闭环的确定有什么规律?

7-12 卧式车床床身修理时怎样确定修理基准？可用什么工艺方法修复？

7-13 卧式车床床身修理后导轨曲线呈什么形状？用什么方法可加工出此形状的曲线？

7-14 卧式车床床身导轨和床鞍导轨修复后，溜板箱的相关尺寸链会受到什么影响？如何修复？

7-15 床鞍导轨刮研时怎样测量床鞍上中滑板横向导轨与其纵向导轨的垂直度？

7-16 床鞍导轨刮研时为什么要保证床鞍上溜板箱结合面与床身导轨的平行度和与进给箱结合面的垂直度？如何测量？如何控制？

7-17 卧式车床的中滑板与小滑板的塞铁如何配制？怎样加工？

7-18 中滑板横向进给丝杠如何安装？如何调整？达到什么要求？

7-19 卧式车床刀架部件修理的主要内容是什么？

7-20 如何配制小滑板螺母？如何消除小滑板修复后丝杠与原螺母孔轴线间的偏斜量？

7-21 溜板箱丝杠开合螺母体导轨如何修复？怎样补偿相关尺寸链？怎样测量补偿量？

7-22 尾座部件修理的主要内容是什么？怎样修复尾座套筒与尾座体间的间隙？

7-23 卧式车床丝杠安装时如何保证丝杠轴线与床身导轨的平行度？

7-24 卧式车床常见故障有哪些？如何排除？

参 考 文 献

［1］ 晏初宏. 机械拆装实训 ［M］. 北京：机械工业出版社，2017.
［2］ 吴先文. 机电设备维修技术 ［M］. 2 版. 北京：机械工业出版社，2015.
［3］ 李立江. 机电设备维修技术 ［M］. 北京：科学出版社，2012.
［4］ 王丽芬. 机械设备维修与安装 ［M］. 北京：机械工业出版社，2011.
［5］ 吴拓. 实用机械设备维修技术 ［M］. 北京：化学工业出版社，2013.
［6］ 丁加军. 设备故障诊断与维修 ［M］. 北京：机械工业出版社，2006.
［7］ 董晓冰，于向和，等. 零件的手动工具加工 ［M］. 2 版. 北京：机械工业出版社，2017.